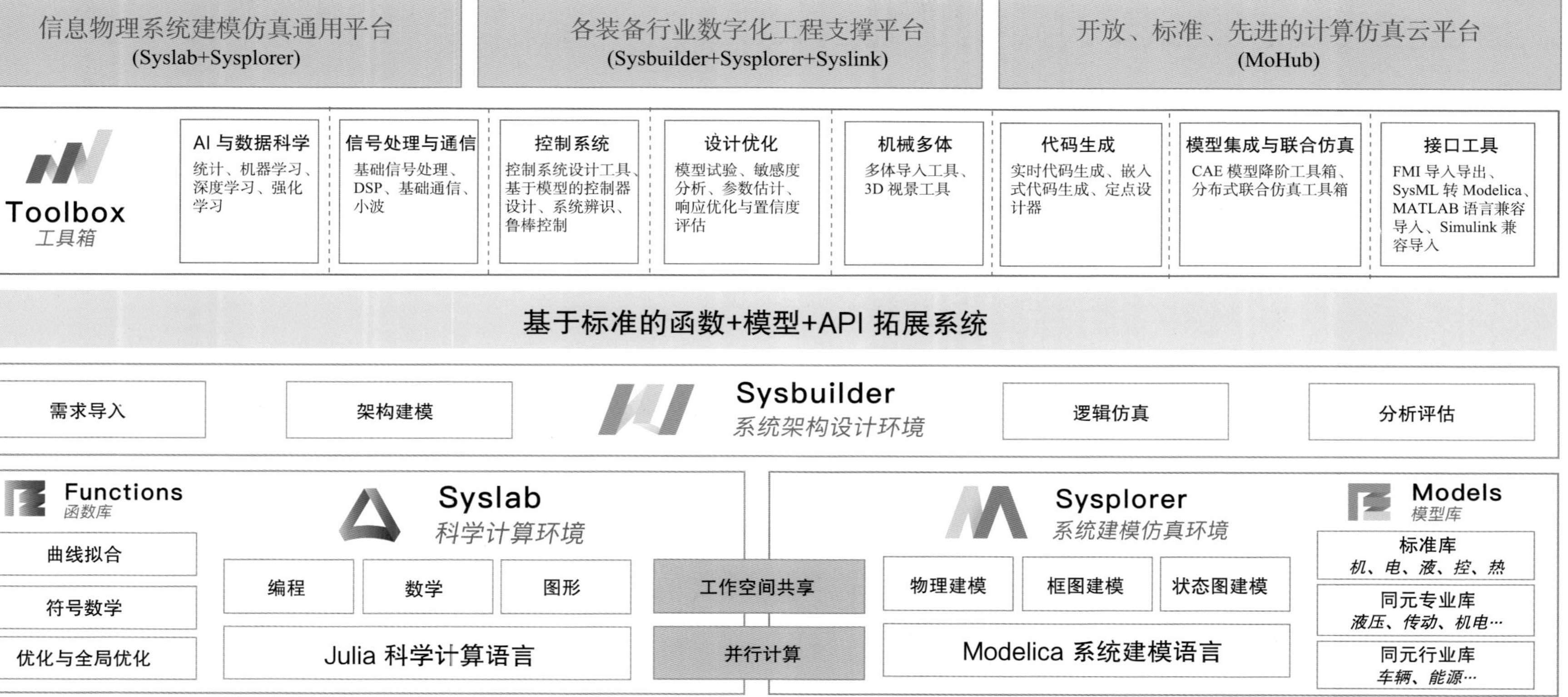
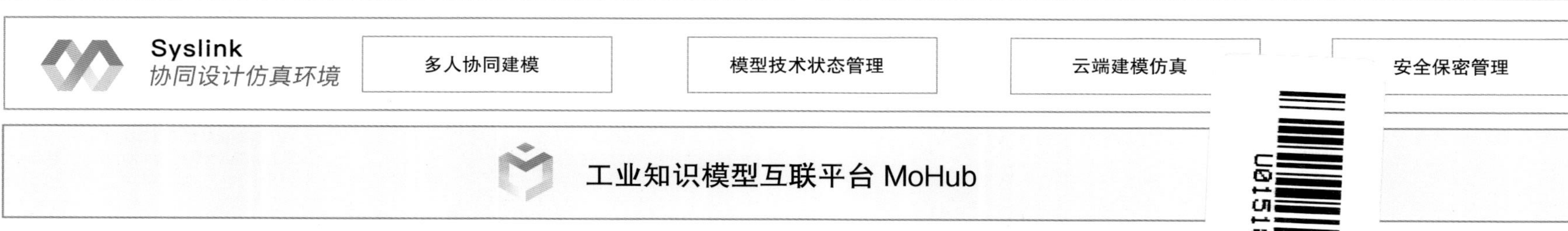

科学计算与系统建模仿真平台 MWORKS 架构图

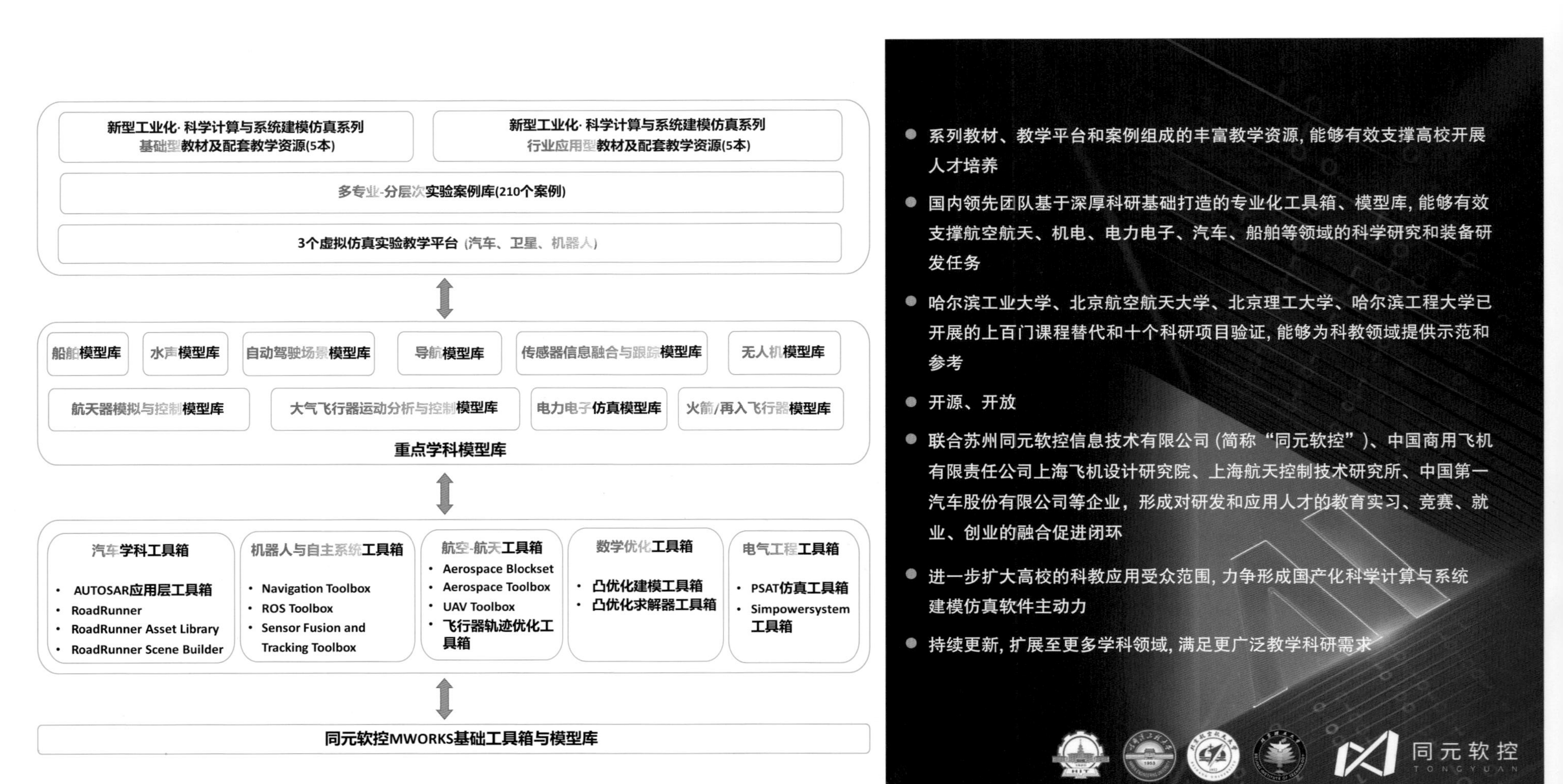

科教版平台（SE-MWORKS）总体情况

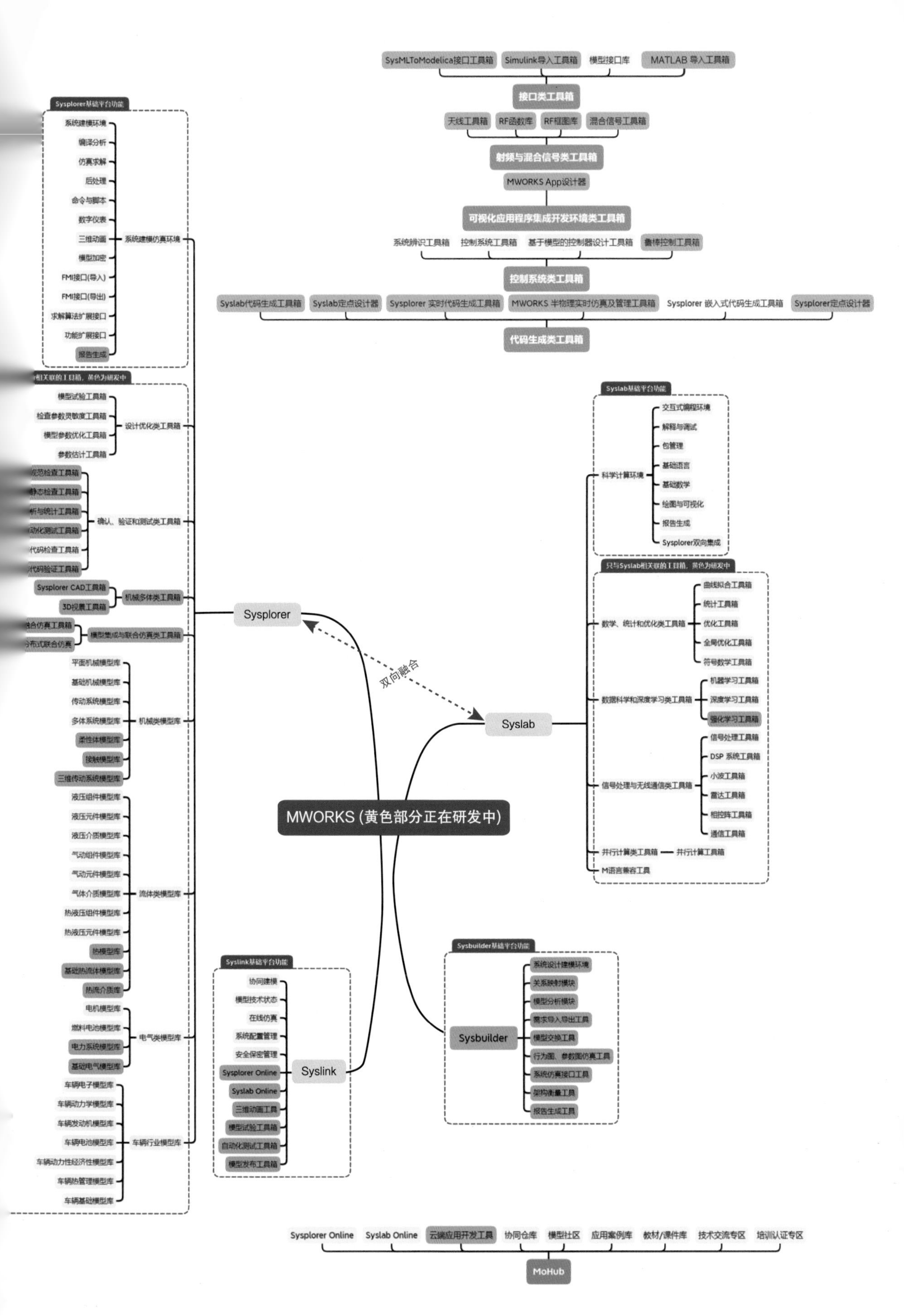

MWORKS 2023b 功能概览思维导图

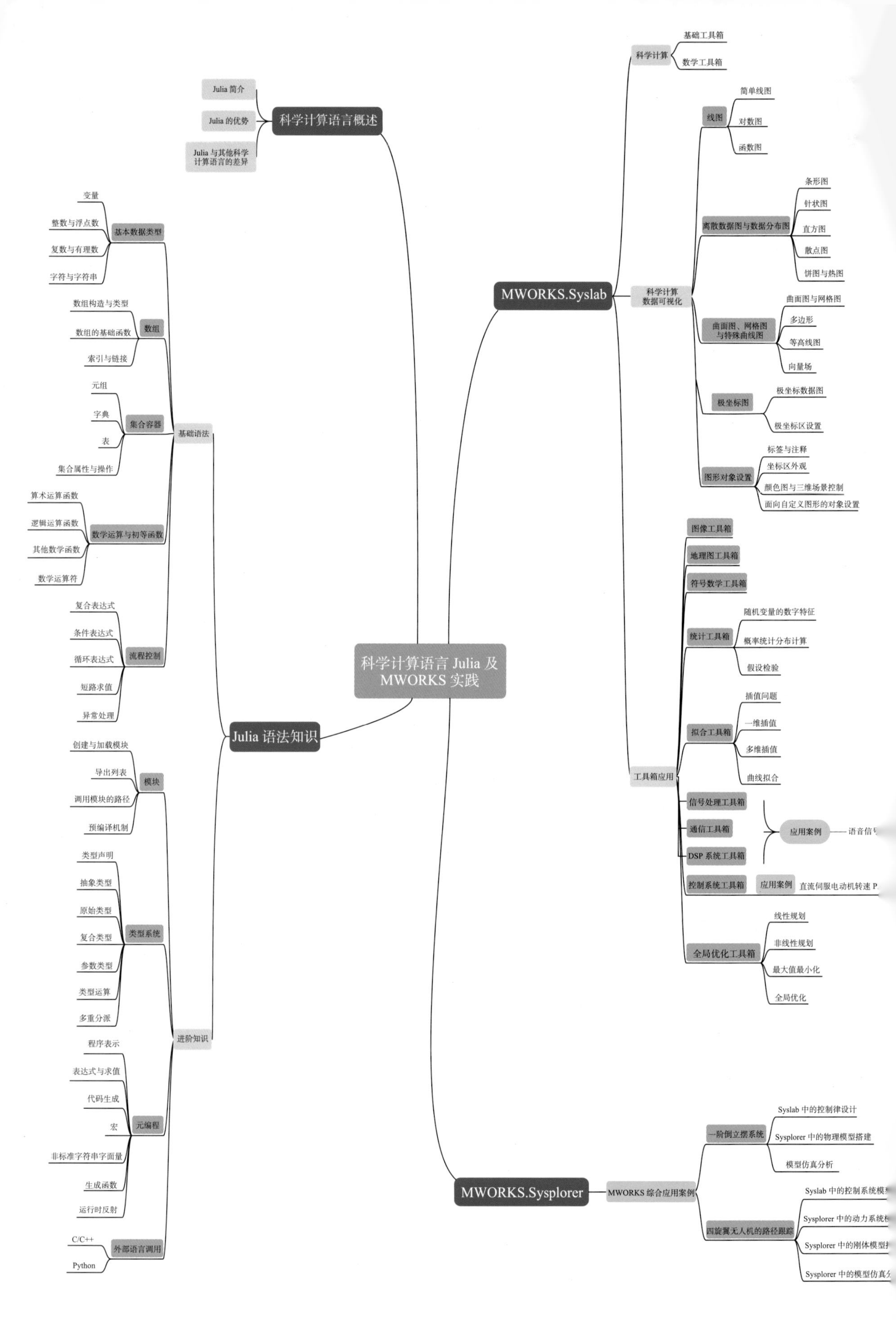
科学计算语言 Julia 及 MWORKS 实践
科学计算语言概述
Julia 简介
Julia 的优势
Julia 与其他科学计算语言的差异
Julia 语法知识
基础语法
基本数据类型
变量
整数与浮点数
复数与有理数
字符与字符串
数组
数组构造与类型
数组的基础函数
索引与链接
集合容器
元组
字典
表
集合属性与操作
数学运算与初等函数
算术运算函数
逻辑运算函数
其他数学函数
数学运算符
流程控制
复合表达式
条件表达式
循环表达式
短路求值
异常处理
进阶知识
模块
创建与加载模块
导出列表
调用模块的路径
预编译机制
类型系统
类型声明
抽象类型
原始类型
复合类型
参数类型
类型运算
多重分派
元编程
程序表示
表达式与求值
代码生成
宏
非标准字符串字面量
生成函数
运行时反射
外部语言调用
C/C++
Python
MWORKS.Syslab
科学计算
基础工具箱
数学工具箱
科学计算数据可视化
线图
简单线图
对数图
函数图
离散数据图与数据分布图
条形图
针状图
直方图
散点图
饼图与热图
曲面图、网格图与特殊曲线图
曲面图与网格图
多边形
等高线图
向量场
极坐标图
极坐标数据图
极坐标区设置
图形对象设置
标签与注释
坐标区外观
颜色图与三维场景控制
面向自定义图形的对象设置
工具箱应用
图像工具箱
地理图工具箱
符号数学工具箱
统计工具箱
随机变量的数字特征
概率统计分布计算
假设检验
拟合工具箱
插值问题
一维插值
多维插值
曲线拟合
信号处理工具箱
通信工具箱
DSP 系统工具箱
应用案例
语音信
控制系统工具箱
应用案例
直流伺服电动机转速
全局优化工具箱
线性规划
非线性规划
最大值最小化
全局优化
MWORKS.Sysplorer
MWORKS 综合应用案例
一阶倒立摆系统
Syslab 中的控制律设计
Sysplorer 中的物理模型搭建
模型仿真分析
四旋翼无人机的路径跟踪
Syslab 中的控制系统模
Sysplorer 中的动力系统
Sysplorer 中的刚体模型
Sysplorer 中的模型仿真

本书知识图谱

新型工业化·科学计算与系统建模仿真系列
北京理工大学“十四五”规划教材
北京高校“优质本科教材”

Scientific Computing Language Julia and MWORKS Practice

科学计算语言Julia及MWORKS实践

编　　著◎许承东
参　　编◎贺媛媛　孙　睿　鲁智威　武　明
　　　　　石默然　钟贤发　黄国限
丛书主编◎王忠杰　周凡利

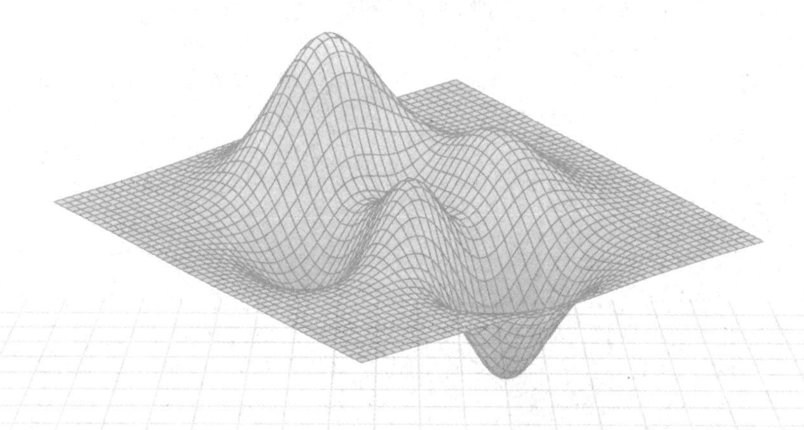

電子工業出版社
Publishing House of Electronics Industry
北京·BEIJING

内容简介

本书为北京高校“优质本科教材”、北京理工大学“十四五”规划教材、“新型工业化·科学计算与系统建模仿真系列”之一。本书简要介绍了科学计算语言的基本情况和发展历程，讲述了科学计算语言 Julia 的起源、特性和程序开发过程，重点讲解了 Julia 的基本数据类型及运算、数组与多维数组、函数、流程控制、模块及数据可视化，详细介绍了 Syslab 工具箱的组成和功能，演示了 Syslab 环境下初等数学、线性代数、数据插值、曲线拟合和数理统计等科学计算实例，最后介绍了 MWORKS 及其产品体系，分析了 Syslab 系统组成及功能，利用一阶倒立摆系统和四旋翼无人机的路径跟踪两个综合应用案例演示了 Syslab 和 Sysplorer 系统建模与协同仿真。

本书共 8 章，内容包括 Julia 及 MWORKS 简介、Syslab 入门、Julia 的基础语法、Julia 进阶、科学计算数据可视化、Syslab 工具箱应用、Syslab 的科学计算实例和 MWORKS 综合应用案例。每章正文之前有内容提要和本章重点，每章正文之后有本章小结和习题，以满足教师教学和学生自学的需要。

本书可作为高等学校机械电子、控制工程、航空宇航、光电通信、电子信息、计算机等专业本科生和研究生的教学用书，也可作为相关专业科研人员、工程技术人员的参考书。

图书在版编目（CIP）数据

科学计算语言 Julia 及 MWORKS 实践/许承东编著. —北京：电子工业出版社，2023.12
ISBN 978-7-121-46931-2

Ⅰ. ① 科…　Ⅱ. ① 许…　Ⅲ. ① 程序语言–程序设计　Ⅳ. ① TP312

中国国家版本馆 CIP 数据核字（2023）第 248459 号

责任编辑：章海涛　戴晨辰　　特约编辑：张燕虹
印　　刷：北京天宇星印刷厂
装　　订：北京天宇星印刷厂
出版发行：电子工业出版社
　　　　　北京市海淀区万寿路 173 信箱　　邮编：100036
开　　本：787×1 092　1/16　印张：20.5　字数：524.8 千字　彩插：2
版　　次：2023 年 12 月第 1 版
印　　次：2024 年 11 月第 5 次印刷
定　　价：69.00 元

凡所购买电子工业出版社图书有缺损问题，请向购买书店调换。若书店售缺，请与本社发行部联系，联系及邮购电话：（010）88254888，88258888。

质量投诉请发邮件至 zlts@phei.com.cn，盗版侵权举报请发邮件至 dbqq@phei.com.cn。

本书咨询联系方式：dcc@phei.com.cn。

编 委 会

杜小菁（北京理工大学）

李　伟（哈尔滨工程大学）

李冰洋（哈尔滨工程大学）

李　晋（哈尔滨工程大学）

李　雪（哈尔滨工业大学）

李　超（哈尔滨工程大学）

张永飞（北京航空航天大学）

张宝坤（苏州同元软控信息技术有限公司）

张　超（北京航空航天大学）

陈　娟（北京航空航天大学）

郑文祺（哈尔滨工程大学）

贺媛媛（北京理工大学）

聂兰顺（哈尔滨工业大学）

徐远志（北京航空航天大学）

崔智全（哈尔滨工业大学（威海））

惠立新（苏州同元软控信息技术有限公司）

舒燕君（哈尔滨工业大学）

鲍丙瑞（苏州同元软控信息技术有限公司）

蔡则苏（哈尔滨工业大学）

丛书序

2023 年 2 月 21 日，习近平总书记在中共中央政治局就加强基础研究进行第三次集体学习时强调："要打好科技仪器设备、操作系统和基础软件国产化攻坚战，鼓励科研机构、高校同企业开展联合攻关，提升国产化替代水平和应用规模，争取早日实现用我国自主的研究平台、仪器设备来解决重大基础研究问题。"科学计算与系统建模仿真平台是科学研究、教学实践和工程应用领域不可或缺的工业软件系统，是各学科领域基础研究和仿真验证的平台系统。实现科学计算与系统建模仿真平台软件的国产化是解决科学计算与工程仿真验证基础平台和生态软件"卡脖子"问题的重要抓手。

基于此，苏州同元软控信息技术有限公司作为国产工业软件的领先企业，以新一轮数字化技术变革和创新为发展契机，历经团队二十多年技术积累与公司十多年持续研发，全面掌握了新一代数字化核心技术"系统多领域统一建模与仿真技术"，结合新一代科学计算技术，研制了国际先进、完全自主的科学计算与系统建模仿真平台 MWORKS。

MWORKS 是各行业装备数字化工程支撑平台，支持基于模型的需求分析、架构设计、仿真验证、虚拟试验、运行维护及全流程模型管理；通过多领域物理融合、信息与物理融合、系统与专业融合、体系与系统融合、机理与数据融合及虚实融合，支持数字化交付、全系统仿真验证及全流程模型贯通。MWORKS 提供了算法、模型、工具箱、App 等资源的扩展开发手段，支持专业工具箱及行业数字化工程平台的扩展开发。

MWORKS 是开放、标准、先进的计算仿真云平台。基于规范的开放架构提供了包括科学计算环境、系统建模仿真环境以及工具箱的云原生平台，面向教育、工业和开发者提供了开放、标准、先进的在线计算仿真云环境，支持构建基于国际开放规范的工业知识模型互联平台及开放社区。

MWORKS 是全面提供 MATLAB/Simulink 同类功能并力求创新的新一代科学计算与系统建模仿真平台；采用新一代高性能计算语言 Julia，提供科学计算环境 Syslab，支持基于 Julia 的集成开发调试并兼容 Python、C/C++、M 等语言；采用多领域物理统一建模规范 Modelica，全面自主开发了系统建模仿真环境 Sysplorer，支持框图、状态机、物理建模等多种开发范式，并且提供了丰富的数学、AI、图形、信号、通信、控制等工具箱，以及机械、电气、流体、热等物理模型库，实现从基础平台到工具箱的整体功能覆盖与创新发展。

为改变我国在科学计算与系统建模仿真教学和人才培养中相关支撑软件被国外"卡脖子"的局面，加速在人才培养中推广国产优秀科学计算和系统建模仿真软件 MWORKS，提供产业界亟需的数字化教育与数字化人才，推动国产工业软件教育、应用和开发是必不可少的因素。进一步讲，我们要在数字化时代占领制高点，必须打造数字化时代的新一代信息物理融合的建模仿真平台，并且以平台为枢纽，连接产业界与教育界，形成一个完整生态。为此，哈尔滨工业大学、北京航空航天大学、北京理工大学、哈尔滨工程大学与苏州同元软控信息技术有限公司携手合作，2022 年 8 月 18 日在哈尔滨工业大学正式启动“新型工业化·科学计算与系统建模仿真系列”教材的编写工作，2023 年 3 月 11 日在扬州正式成立“新型工业化·科学计算与系统建模仿真系列”教材编委会。

首批共出版 10 本教材，包括 5 本基础型教材和 5 本行业应用型教材，其中基础型教材包括《科学计算语言 Julia 及 MWORKS 实践》《多领域物理统一建模语言与 MWORKS 实践》《MWORKS 开发平台架构及二次开发》《基于模型的系统工程（MBSE）及 MWORKS 实践》《MWORKS API 与工业应用开发》；行业应用型教材包括《控制系统建模与仿真（基于 MWORKS）》《通信系统建模与仿真（基于 MWORKS）》《飞行器制导控制系统建模与仿真（基于 MWORKS）》《智能汽车建模与仿真（基于 MWORKS）》《机器人控制系统建模与仿真（基于 MWORKS）》。

本系列教材可作为普通高等学校航空航天、自动化、电子信息工程、机械、电气工程、计算机科学与技术等专业的本科生及研究生教材，也适合作为从事装备制造业的科研人员和技术人员的参考用书。

感谢哈尔滨工业大学、北京航空航天大学、北京理工大学、哈尔滨工程大学的诸位教师对教材撰写工作做出的极大贡献，他们在教材大纲制定、教材内容编写、实验案例确定、资料整理与文字编排上注入了极大精力，促进了系列教材的顺利完成。

感谢苏州同元软控信息技术有限公司、中国商用飞机有限责任公司上海飞机设计研究院、上海航天控制技术研究所、中国第一汽车股份有限公司、工业和信息化部人才交流中心等单位在教材写作过程中提供的技术支持和无私帮助。

感谢电子工业出版社有限公司各位领导、编辑的大力支持，他们认真细致的工作保证了教材的质量。

书中难免有疏漏和不足之处，恳请读者批评指正！

编委会

2023 年 11 月

前　言

科学计算是解决数学模型分析、数据统计、工程计算等科学问题的技术手段。科学计算语言是利用计算机完成科学计算过程的程序开发语言。Julia 是一种高性能动态程序设计语言，其开源免费、面向未来发展，可用于科学计算和数据分析，兼具易用性和最佳科学计算效率。MWORKS 是苏州同元软控信息技术有限公司（简称“同元软控”）基于国际知识统一表达和互联标准打造的系统智能设计与仿真验证平台，是面向数字工程的科学计算与系统建模仿真系统。Syslab（全称为 MWORKS.Syslab）是 MWORKS 产品系列中的科学计算软件，是基于 Julia 开发的科学计算环境，可用于科学计算、数据分析、算法设计、机器学习等领域，并通过丰富的内置图形工具实现数据可视化。

本书主要内容如下。

（1）介绍了科学计算语言的基本情况和发展历程，分类介绍了 MATLAB、Maple、Mathematica 三大商用科学计算语言和 Scilab、Octave、Python、Julia 等开放式科学计算语言的基本情况，分析了 Julia 的特点和优势，重点介绍了系统智能设计与仿真验证平台 MWORKS 和科学计算环境 Syslab 的主要功能。

（2）介绍了 Julia 开发环境的安装、REPL 环境的四种模式等 Julia 入门知识，详细介绍了 Julia 的基本数据类型及运算、数组与多维数组、函数、流程控制等基础语法，以及模块、类型系统等 Julia 进阶知识。

（3）介绍了 Syslab 数据可视化工具箱，包括线图、离散数据图、数据分布图、曲面图、特殊曲线图、极坐标图等二维与三维图形绘图工具，概述了 Syslab 的基础工具箱、数学工具箱、图形工具箱、图像工具箱、地理图工具箱、符号数学工具箱等。

（4）演示了 Syslab 环境下初等数学、线性代数、数据插值、曲线拟合、数理统计、优化问题求解等科学计算实例，并以一阶倒立摆系统和四旋翼无人机的路径跟踪两个综合应用案例演示了 Syslab 与 Sysplorer（全称为 MWORKS.Sysplorer）深度融合的联合仿真分析过程。

本书由许承东编著，贺媛媛、孙睿、鲁智威、武明、石默然、钟贤发、黄国限等参与了本书的编写，许承东负责本书的编写组织和大纲编制，贺媛媛、孙睿、石默然参与了大纲编制，许承东、贺媛媛、孙睿、黄国限完成了统稿和编辑。各章编写任务的具体分工如下：第 1 章，许承东；第 2 章，许承东、孙睿；第 3 章，钟贤发；第 4 章，鲁智威；第 5 章，武明；第 6 章，孙睿；第 7 章，许承东、石默然；第 8 章，孙睿。

在本书的编写过程中，周凡利博士（同元软控）及郭俊峰、丁吉、鲍丙瑞、惠立新、陆瑞琨、刘玉辉、陈久宁等老师给予了大力的支持，他们在编制本书大纲、设计课程教学案例、提供文献和参考资料等方面给予了很多具有建设性的意见，极大地促进了本书的完成，在此深表感谢。

本书在编写过程中得到了哈尔滨工业大学王忠杰教授、聂兰顺教授、曲明成副教授，北京航空航天大学张莉教授，哈尔滨工程大学冯光升教授，华中科技大学陈立平教授的无私帮助，他们给出了很多建议和修改意见，在此表示衷心的感谢。

本书是“新型工业化·科学计算与系统建模仿真系列”之一，2024 年 10 月被评为北京高校“优质本科教材”，2023 年 4 月被评为北京理工大学“十四五”规划教材，特向各位评审专家表示衷心的谢意。北京理工大学教务部、研究生院在教学改革和课程建设方面给予了大力支持，电子工业出版社的编辑们对本书的出版给予了指导和审阅，在此一并表示感谢。同样要感谢众多参考文献作者、Julia 官网开源项目的开发者、中文论坛里的 Julia 科学计算语言专家，是你们的研究成果、计算用例和共享代码极大地丰富了本书的参考资料与教学内容。

由于编者学习和使用 Julia 编程的时间不长、程序开发水平有限、查阅资料和文献存在局限性及课程教学案例验算不充分等，书中难免存在错误和不当之处，敬请读者批评指止。

本书的 Julia 版本是 v1.8.5，发布时间是 2023 年 1 月 8 日；MWORKS 版本是 2023b，发布时间是 2023 年 6 月 30 日；开发平台 Syslab 为 v0.10.1，发布时间是 2023 年 6 月 30 日。

本书为正版用户提供相关教学资源和 MWORKS 2023b 正版软件，请扫描封底的二维码进行兑换和激活。

许承东

2023 年 11 月

目 录

第1章 Julia 及 MWORKS 简介

科学计算是一个与数学模型构建、定量分析方法及利用计算机来分析和解决科学问题相关的研究领域。科学研究中经常需要解决科学计算问题，计算机的应用是当前完成科学计算问题的重要手段。科学计算的需求促进了计算机数学语言（科学计算语言）及数据分析技术的发展。Julia 是一门科学计算语言，是开源的、动态的计算语言，具备了建模语言的表现力和开发语言的高性能两种特性，与系统建模和数字孪生技术紧密融合，是最适合构建信息物理系统（Cyber Physical System，CPS）的计算语言。

MWORKS 是同元软控推出的新一代科学计算和系统建模仿真一体化基础平台，基于高性能科学计算语言 Julia 和多领域统一建模规范 Modelica，MWORKS 为科研和工程计算人员提供了交互式科学计算和建模仿真环境，实现了科学计算环境 Syslab 与系统建模仿真环境 Sysplorer 的双向融合，可满足各行业在设计、建模、仿真、分析、优化等方面的业务需求。

通过本章学习，读者可以了解（或掌握）：

❖ 科学计算语言概况。
❖ Julia 简介。
❖ Julia 的优势。
❖ MWORKS 简介。
❖ Syslab 的基本功能。

本章学习视频
更多视频可扫封底二维码获取

1.1 Julia

Julia 出自美国麻省理工学院（MIT），是一种开源免费的科学计算语言，是面向前沿领域科学计算和数据分析的计算机语言。Julia 是一种动态语言，通过使用类型推断、即时（Just-In-Time，JIT）编译及底层虚拟机（Low Level Virtual Machine，LLVM）等技术，使其性能可与传统静态类型语言相媲美。Julia 具有可选的类型声明、重载、同像性等特性，其多编程范式包含指令式、函数式和面向对象编程的特征，提供便捷的高等数值计算，与传统动态语言最大的区别是核心语言很小，标准库用 Julia 编写，完善的类型便于构造对象和类型声明，可以基于参数类型进行函数重载，自动生成高效、专用的代码，其运行速度接近静态编译语言。Julia 的优势还有免费开源，自定义类型，不需要把代码向量化，便于实现并行计算和分布式计算，提供便捷、可扩展的类型系统，高效支持 Unicode，直接调用 C 函数，像 Shell 一样具有强大的管理其他进程的能力，像 LISP 一样具有宏和其他元编程工具。Julia 还具有易用性和代码共享等便利特性。

1.1.1 科学计算语言概述

科学计算是一个与数学模型构建、定量分析方法及利用计算机来分析和解决科学问题相关的研究领域。数学问题是科学研究中经常需要解决的问题，研究者通常将所研究的问题用数学建模方法建立模型，再通过求解数学模型获得研究问题的解。手工推导求解数学问题固然有用，但并不是所有的数学问题都能够通过手工推导求解。对于不能手工推导求解的问题，有两种解决方法：一种是问题的简化与转换，例如通过 Laplace 变换将时域的微分方程转化为复频域的代数方程，进而开展推导与计算；另一种是通过计算机来完成相应的计算任务，这极大地促进了计算机数学语言（科学计算语言）及数据分析技术的发展。

常规计算机语言（如 C、Fortran 等）是用以解决实际工程问题的，对于一般研究人员或工程人员来说，利用 C 这类语言去求解数学问题是不直观、不方便的。第一，一般程序设计者无法编写出符号运算、公式推导程序，只能编写数值计算程序；第二，常规数值算法往往不是求解数学问题的最好方法；第三，采用底层计算机语言编程，程序冗长难以验证，即使得出结果也需要经过大量验证。因此，采用可靠、简洁的专门科学计算语言来进行科学研究是非常必要的，这可将研究人员从烦琐的底层编程中解放出来，从而专注于问题本身。

计算机技术的发展极大地促进了数值计算技术的发展，在数值计算技术的早期发展过程中出现了一些著名的数学软件包，包括基于特征值的软件包 EISPACK（美国，1971 年）、线性代数软件包 LINPACK（美国，1975 年）、NAG 软件包（英国牛津数值算法研究组 Numerical Algorithms Group，NAG）及著作 *Numerical Recipes: the Art of Scientific Computing* 中给出的程序集等，它们都是在国际上广泛流行且具备较高声望的软件包。其中，EISPACK、LINPACK 都是基于矩阵特征值和奇异值解决线性代数问题的专用软件包，因受限于当时的计算机发展状况，故这些软件包都采用 Fortran 语言编写。NAG 的子程序都以字母加数字编号的形式命名，程序使用起来极其复杂。*Numerical Recipes: the Art of Scientific Computing* 中给出的一系列算法子程序提供 C、Fortran、Pascal 等版本，适合科研人员直接使用。将这些数学软件包用于解决问题时，编程十分麻烦，不便于程序开发。尽管如此，数学软件包仍在继续发展，发展方向是采用国际上最先进的数值算法，以提供更高效、更稳定、更快速、更可靠的数学软件包，如线性代数计算领域的 LaPACK 软件包（美国，1995 年）。但是，这些软件包的目标已经不再是为一般用户提供解决问题的方法，而是为数学软件提供底层支撑。例如，MATLAB、自由软件 Scilab 等著名的计算机数学语言均放弃了前期一直使用的 EISPACK、LINPACK 软件包，转而采用 LaPACK 软件包作为其底层支持的软件包。

科学计算语言可以分为商用科学计算语言和开放式科学计算语言两大类。

1. 三大商用科学计算语言

目前，国际上有三种最有影响力的商用科学计算语言：MathWorks 公司的 MATLAB（1984 年）、Wolfram Research 公司的 Mathematica（1988 年）和 Waterloo Maple 公司的 Maple（1988 年）。

MATLAB 是在 1980 年前后由美国新墨西哥大学计算机科学系主任 Cleve Moler 构思的一个名为 MATLAB（MATrix LABoratory，矩阵实验室）的交互式计算机语言。该语言在 1980 年出了免费版本。1984 年，MathWorks 公司成立，正式推出 MATLAB 1.0 版，该语言的出现正赶上控制界基于状态空间的控制理论蓬勃发展的阶段，引起了控制界学者的关注，出现了用 MATLAB 编写的控制系统工具箱，在控制界产生了巨大的影响，成为控制界的标准计算机语言。随着 MATLAB 的不断发展，其功能越来越强大，覆盖领域也越来越广泛，目前已经成为许多领域科学计算的有效工具。

稍后出现的 Mathematica 及 Maple 等语言也是应用广泛的科学计算语言。这三种语言各有特色，MATLAB 擅长数值运算，其程序结构类似于其他计算机语言，因而编程很方便。Mathematica 和 Maple 具有强大的解析运算和数学公式推导、定理证明的功能，相应的数值计算能力比 MATLAB 要弱，这两种语言更适合于纯数学领域的计算机求解。相较于 Mathematica 及 Maple，MATLAB 的数值运算功能最为出色，另外独具优势的是 MATLAB 在许多领域都有专业领域专家编写的工具箱，可以高效、可靠地解决各种各样的问题。

2. 开放式科学计算语言

尽管 MATLAB、Maple 和 Mathematica 等语言具备强大的科学运算功能，但它们都是需要付费的商用软件，其内核部分的源程序也是不可见的。在许多科研领域中，开放式科学计算语言还是很受欢迎的，目前有影响力的开放式科学计算语言有下列几种。

（1）Scilab。Scilab 是由法国国家信息与自动化研究所（INRIA）开发的类似于 MATLAB 的语言，于 1989 年正式推出，其源代码完全公开，且为免费传播的自由软件。该语言的主要应用领域是控制与信号处理，Scilab 下的 Scicos 是类似于 Simulink 的基于框图的仿真工具。从总体上看，除其本身独有的个别工具箱外，它在语言档次和工具箱的深度与广度上与 MATLAB 尚有很大差距，但其源代码公开与产品免费这两大特点足以使其成为科学运算研究领域的一种有影响力的计算机语言。

（2）Octave。Octave 是于 1988 年构思、1993 年正式推出的一种数值计算语言，其出发点和 MATLAB 一样都是数值线性代数的计算。该语言的早期目标是为教学提供支持，目前也较为广泛地应用于教学领域。

（3）Python。Python 是一种面向对象、动态的程序设计语言，于 1994 年发布 1.0 版本，其语法简洁清晰，适合完成各种计算任务。Python 既可以用来快速开发程序脚本，也可以用来开发大规模的软件。随着 NumPy（2005 年）、SciPy（2001 年的 0.1.0 版本，2017 年的 1.0 版本），Matplotlib（2003 年）、Enthought librarys 等众多程序库的开发，Python 越来越适合进行科学计算、绘制高质量的 2D 和 3D 图形。与科学计算领域中最流行的商业软件 MATLAB 相比，Python 是一门通用的程序设计语言，比 MATLAB 所采用的脚本语言应用范围更广泛，有更多的程序库支持，但目前仍无法替代 MATLAB 中的许多高级功能和工具箱。

（4）Julia。Julia 是一种高级通用动态编程语言（2012 年），最初是为了满足高性能数值分析和科学计算而设计的。Julia 不需要解释器，其运算速度快，可用于客户端和服务器的 Web 应用程序开发、底层系统程序设计或用作规约语言。Julia 的核心语言非常小，可以方便地调用其他成熟的高性能基础程序代码，如线性代数、随机数生成、快速傅里叶变换、字符串处理等程序代码，便捷、可扩展的类型系统，使其性能可与静态编译型语言媲美，同时也是便于编程实现并行计算和分布式计算的程序语言。

1.1.2 Julia 简介

Julia 是一个面向科学计算的高性能动态高级程序设计语言，首先定位为通用编程语言，其次是高性能计算语言，其语法与其他科学计算语言相似，在多数情况下拥有能与编译型语言媲美的性能。目前，Julia 主要应用领域为数据科学、科学计算与并行计算、数据可视化、机器学习、一般性的 UI 与网站等，在精准医疗、增强现实、基因组学及风险管理等方面也有应用。Julia 的生态系统还包括无人驾驶汽车、机器人和 3D 打印等技术应用。

Julia 是一门较新的语言。创始人 Jeff Bezanson、Stefan Karpinski、Viral Shah 和 Alan Edelman 于 2009 年开始研发 Julia，经过三年的时间于 2012 年发布了 Julia 的第一版，其目标是简单且快速，即运行起来像 C，阅读起来像 Python。它是为科学计算设计的，能够处理大规模的数据与计算，但仍可以相当容易地创建和操作原型代码。正如四位创始人在 2012 年的一篇博客中解释为什么要创造 Julia 时所说："我们很贪婪，我们想要的很多：我们想要一门采用自由许可证的开源语言；我们想要 C 的性能和 Ruby 的动态特性；我们想要一门具有同像性的语言，它既拥有 LISP 那样真正的宏，又具有 MATLAB 那样明显又熟悉的数学运算符；这门语言可以像 Python 一样用于常规编程，像 R 一样容易用于统计领域，像 Perl 一样自然地处理字符串，像 MATLAB 一样拥有强大的线性代数运算能力，像 Shell 一样的'胶水语言'；这门语言既要简单易学，又要吸引高级用户；我们希望它是交互的，同时又是可编译的。"

Julia 在设计之初就非常看重性能，再加上它的动态类型推导，使 Julia 的计算性能超过了其他动态语言，甚至能够与静态编译语言媲美。对于大型数值问题，计算速度一直都是一个重要的关注点，在过去的几十年里，需要处理的数据量很容易与摩尔定律保持同步。Julia 的发展目标是创建一个前所未有的集易用、强大、高效于一体的语言。除此之外，Julia 还具有以下优点。

- 采用 MIT 许可证：免费开源。
- 用户自定义类型的速度与兼容性和内建类型一样好。
- 无须特意编写向量化的代码：非向量化的代码就很快。
- 为并行计算和分布式计算设计。
- 轻量级的"绿色"线程：协程。
- 简洁的类型系统。
- 优雅、可扩展的类型转换和类型提升。

- 对 Unicode 的有效支持，包括但不限于 UTF-8。
- 直接调用 C 函数，无须封装或调用特别的 API。
- 像 Shell 一样强大的管理其他进程的能力。
- 像 LISP 一样的宏和其他元编程工具。

Julia 重要版本的发布时间如下。

- Julia 0.1.0：2012 年 2 月 14 日。
- Julia 0.2.0：2013 年 11 月 19 日。
- Julia 0.3.0：2014 年 8 月 21 日。
- Julia 0.4.0：2015 年 10 月 8 日。
- Julia 0.5.0：2016 年 9 月 20 日。
- Julia 0.6.0：2017 年 6 月 19 日。
- Julia 1.0.0：2018 年 8 月 8 日。
- Julia 1.1.0：2019 年 1 月 22 日。
- Julia 1.2.0：2019 年 8 月 20 日。
- Julia 1.7.0：2021 年 11 月 30 日。
- Julia 1.8.5：2023 年 1 月 8 日。

Julia 学习和使用的主要资源包括 Julia 语言官网、Julia 编程语言 GitHub 官网、Julia 中文社区、Julia 中文论坛。

1.1.3 Julia 的优势

Julia 的优势如下：

1. Julia 的语言设计方面具有先进性

Julia 由传统动态语言的专家们设计，在语法上追求与现有语言的近似，在功能上吸取现有语言的优势：Julia 从 LISP 中吸收语法宏，将传统面向对象语言的单分派扩展为多重分派，运行时引入泛型以优化其他动态语言中无法被优化的数据类型等。

2. Julia 兼具建模语言的表现力和开发语言的高性能两种特性

在 Julia 中可以很容易地将代码优化到非常高的性能，而不需要涉及“两语言”工作流问题，即先在一门高级语言上进行建模，然后将性能瓶颈转移到一门低级语言上重新实现后再进行接口封装。

3. Julia 是最适合构建信息物理系统的语言

Julia 是一种与系统建模和数字孪生技术紧密融合的计算机语言，相比通用编程语言，Julia 为功能模型的表示和仿真提供了高级抽象；相比专用商业工具或文件格式，Julia 更具开放性和灵活性。

1.1.4 Julia 与其他科学计算语言的差异

Julia 与其他科学计算语言如 MATLAB、R、Python 等语言的差异主要表现在语言本质、语法表层和函数用法/生态等方面。

1. 语言本质的差异

1）与 MATLAB 相比

Julia 与 MATLAB 相比，具有以下语言本质的差异。

（1）开源性质。Julia 是一种完全开源的语言，任何人都可以查看和修改它的源代码。MATLAB 则是一种商业软件，需要付费购买和使用。

（2）动态编译性质。Julia 是一种动态编译语言，它在运行时会将代码编译成机器码，从而实现高效的执行速度。MATLAB 则是一种解释型语言，它会逐行解释代码并执行，因此在处理大量数据时可能会比 Julia 慢一些。

（3）多重分派特性。Julia 的一个重要特性是多重分派，它可以根据不同参数类型选择不同的函数实现，这使得 Julia 可以方便地处理复杂的数学和科学计算问题。MATLAB 则是一种传统的函数式编程语言，不支持多重分派。

（4）并行计算。Julia 对并行计算提供了更好的支持，可以方便地实现多线程和分布式计算。MATLAB 也支持并行计算，但需要用户手动编写并行代码。

综上所述，Julia 和 MATLAB 都是面向科学计算和数值分析的高级语言，但它们之间的差异是 Julia 更加现代化和高效，而 MATLAB 则更加成熟和稳定。

2）与 R 相比

Julia 与 R 相比，具有以下语言本质的差异。

（1）设计理念。Julia 旨在提供一种高性能、高效率的科学计算语言，强调代码的可读性和可维护性，同时也支持面向对象和函数式编程范式。R 则是一种专门为统计计算而设计的语言，具有很多专门的统计计算函数和库，同时也支持面向对象和函数式编程。

（2）性能。Julia 具有非常高的性能，特别是在数值计算和科学计算方面，比 R 更快。这主要是因为 Julia 采用了即时编译技术，能够动态生成高效的机器码，而 R 则是解释执行的。因此，对于需要高性能计算的任务，Julia 是更好的选择。

（3）代码复杂度。Julia 相对来说更加简洁，代码复杂度较低，这是为了提高代码的可读性和可维护性。相比之下，R 的代码复杂度较高，这是为了方便数据分析人员快速实现统计计算任务。

（4）库和生态系统。R 具有非常丰富的统计计算函数和库，以及庞大的生态系统，非常适合数据分析和统计计算。Julia 的库和生态系统较小，但在数值计算和科学计算方面有非常强大的库和工具支持。

综上所述，Julia 适合需要高性能、高效率的科学计算任务，而 R 适合数据分析和统计计算任务，选择哪种语言主要取决于具体的应用场景和需求。

3）与 Python 相比

Julia 与 Python 相比，具有以下语言本质的差异。

（1）设计目的。Julia 是一种专注于高性能科学计算和数据科学的编程语言，它的设计目的是提高数值计算和科学计算的效率与速度。Python 则是一种通用编程语言，适用于各种应用领域。

（2）类型系统。Julia 是一种动态类型语言，但是它具有静态类型语言的优点，它使用类型推断来提高程序的性能。Python 也是一种动态类型语言，但类型推断对于 Python 不重要。

（3）性能。Julia 的执行速度通常比 Python 快，这是因为 Julia 使用了即时编译技术，可以在运行时优化代码。Python 使用解释器，因此它比编译语言运行慢。

（4）生态系统。Python 有一个庞大的生态系统，拥有丰富的库和框架，适用于各种应用。Julia 的生态系统相对较小，但是它正在快速增长，当前已有一些出色的科学计算库和工具。

综上所述，Julia 和 Python 都是出色的编程语言，各有优缺点。如果需要高性能和数值计算能力，则 Julia 更适合；如果需要通用编程和广泛的生态系统，则 Python 更适合。

2. 语法表层的差异

语法表层的差异是指在代码书写方式、关键字、语句表达方式和注释方式等方面各种编程语言的不同。这些差异需要在学习新语言时重新适应，但也使得每种语言都有不同的优势和适用性。在表 1-1 中给出了部分语法表层的差异作为参考，具体使用时还需用户学习并适应。

表 1-1　部分语法表层的差异对比

具体项	Julia	MATLAB	R	Python
变量作用域	全局/局部作用域	全局作用域	全局/局部作用域	全局/局部作用域
延续代码行方法	不完整的表达式自动延续	符号...续行	符号+续行	反斜杠\续行
字符串构造符号	双引号/三引号	单引号	单引号/双引号	单引号/双引号
数组索引	使用方括号 A[i,j]	使用圆括号 A(i,j)	使用方括号 A[i,j]	使用方括号 A[i,j]
索引整行	x[2:end]	x(2:)	x[2,]	x[2:]
虚数单位表示	im	i 或 j	i	j
幂表示符号	^	^	^	**
注释符号	#	%	#	#

3. 函数用法/生态的差异

不同编程语言之间函数用法的差异是指在定义和使用函数时，不同编程语言采用的语法、规则和约定的不同之处。这些差异既可能涉及函数参数传递方式、参数类型、返回值类型等方面，也可能涉及函数命名、作用域、递归等方面的规定和约束。对于用户来说，熟悉不同编程语言之间的函数用法的差异对编写高效、正确的代码是非常重要的。为了学习具体的函数用法及其差异，用户需要阅读后续章节并对比不同编程语言的帮助文档。

除此之外，Julia、MATLAB、R 和 Python 都是非常流行的科学计算语言，它们在生态上也有以下差异。

（1）Julia 是一种专为数值和科学计算而设计的高性能语言。它的生态系统在近年来迅速发展，并逐渐成为科学计算和数据科学领域的主流语言之一，其主要优势在于速度和易用性。Julia 具有动态类型、高效的 JIT 编译器和基于多重派发机制，这使得它能够在计算密集型应用中表现出色。Julia 的生态系统虽然较为年轻，但已经有了许多非常好的包和库，包括 DataFrames.jl、Distributions.jl、Plots.jl 和 JuMP.jl 等。

（2）MATLAB 是一种专为科学和工程计算而设计的语言。它的主要优势在于易用性和广泛的功能。MATLAB 有很多内置的函数和工具箱，可以用于数据可视化、图像处理、信号处理、人工智能和控制系统等方面。MATLAB 的生态系统非常成熟，有大量的第三方工具箱可供选择。除此之外，MATLAB 还拥有庞大和活跃的社区。

（3）R 是一种专为统计分析和数据可视化而设计的语言。它的主要优势在于统计分析和图形绘制方面的丰富功能。R 的生态系统非常强大，有许多非常好的包和库，包括 ggplot2、dplyr、tidyr、Shiny 和 caret 等。

（4）Python 是一种通用的高级编程语言，也被广泛用于科学计算。它的主要优势在于易用性和生态系统的丰富性。Python 的生态系统非常庞大，有大量的科学计算库和工具箱可供选择，包括 NumPy、SciPy、pandas、Matplotlib、scikit-learn 和 TensorFlow 等。

综上所述，这四种语言都有各自的特点和优势，在不同的应用场景中各有所长。

1.2 Julia Hello World

1.2.1 直接安装并运行 Julia

使用 Julia 编程可以通过多种方式安装 Julia 运行环境，无论是使用预编译的二进制程序，还是自定义源码编译，安装 Julia 都是一件很简单的事情。用户可以从该语言官方中文网站的下载页面中下载安装包文件。在下载完成之后，按照提示单击鼠标即可完成安装。

在安装完成后，双击 Julia 三色图标的可执行文件或在命令行中输入 Julia 后回车（也称按回车或 Enter 键）就可以启动了。如果在 Julia 初始界面中出现如图 1-1 所示内容，则说明你已经安装成功并可以开始编写程序了。

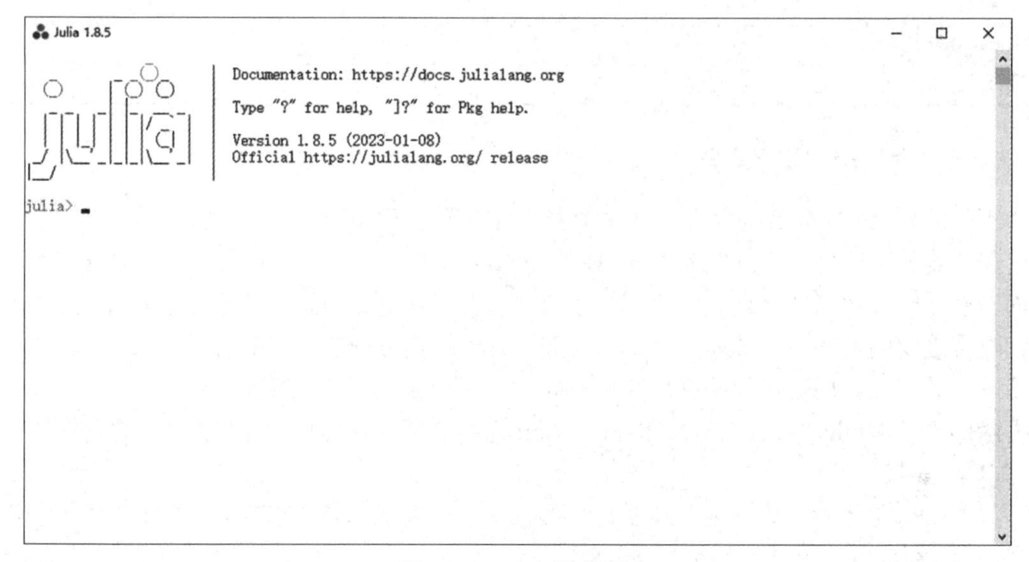

图 1-1　Julia 初始界面

Julia 初始界面实质上是一个交互式（Read-Eval-Print Loop，REPL）环境，这意味着用户在这个界面中可以与 Julia 运行的系统进行即时交互。例如，在这个界面中输入“1 + 2”后回车，它立刻会执行这段代码并将结果显示出来。如果输入的代码以分号结尾，则不会显示结果。然而，不管结果显示与否，变量 ans 总会存储上一次执行代码的结果，如图 1-2 所示。需要注意的是，变量 ans 只在交互式环境中出现。

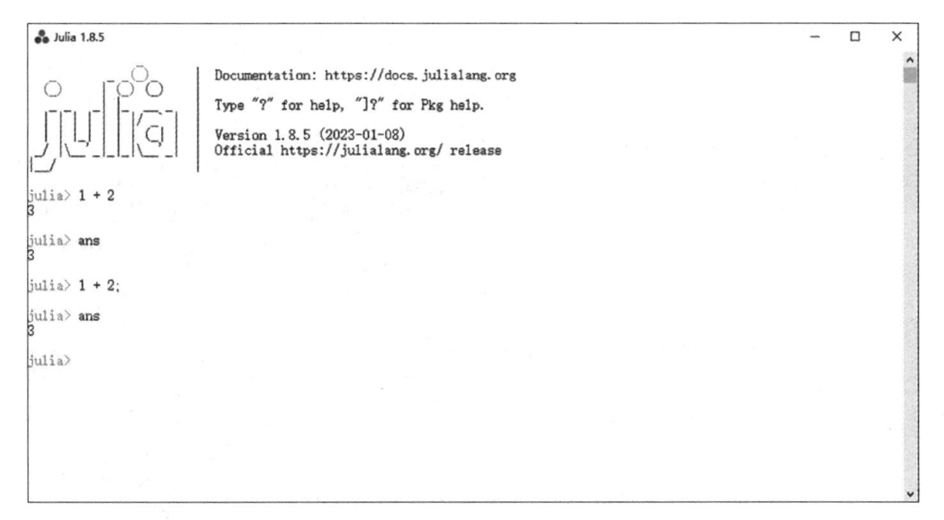

图 1-2　Julia 的交互式环境

此外，除直接在交互式环境中编写并运行简单的程序外，Julia 还可以作为脚本程序来编辑和使用，因此用户可以直接运行写在源码文件中的代码。例如，若将代码“a = 1 + 2”保存在源码文件 file.jl 中，则在交互式环境中只需要输入 include("file.jl")即可运行得到结果，如图 1-3 所示。

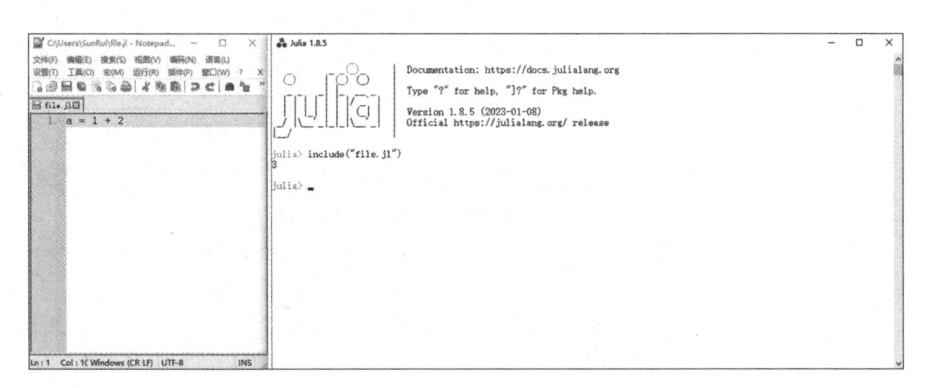

图 1-3　Julia 的脚本文件及调用方式

上述源码文件 file.jl 的文件名由两部分组成，中间用点号分隔，一般第一部分称为主文件名，第二部分称为扩展文件名，而在 Julia 中，jl 是唯一的扩展文件名。了解基础知识后，就可以编写一个 Julia 程序以熟悉基本操作。详细的 Julia 编程语法会在后续章节中讲解，此处不再赘述。

以下是第一个 Julia 程序 first.jl 的源代码：

```
#第一个 Julia 程序 first.jl
#Author BIT.SAE
#Date 2023-02-16
println("Hello World!")
println("Welcome to BIT.SAE!")
```

第一个 Julia 程序的运行结果如图 1-4 所示。

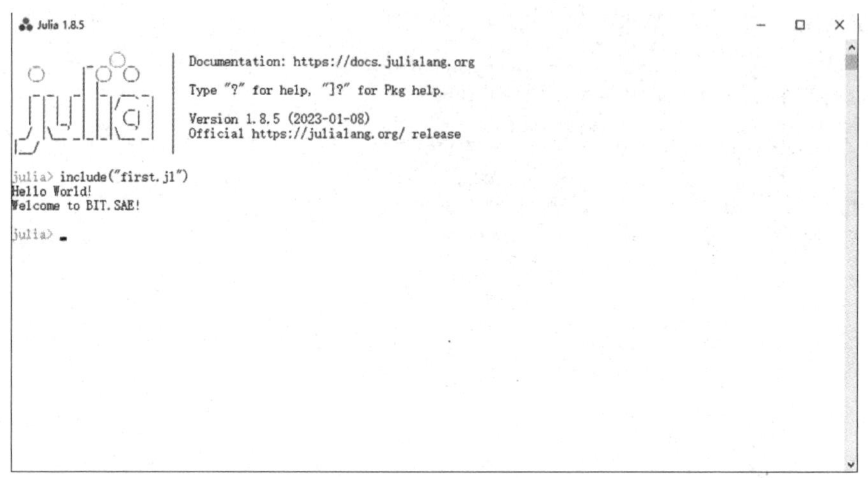

图 1-4　第一个 Julia 程序的运行结果

如果需要退出这个界面，则按 Ctrl+D 组合键（同时按 Ctrl 键和 D 键）或者在交互式环境中输入 exit()。

1.2.2　使用 MWORKS 运行 Julia

MWORKS 中同样提供了 Julia 环境，以上一节的 Julia 程序 first.jl 为例，对 MWORKS 环境下运行 Julia 程序进行简单说明，如图 1-5 所示。关于 MWORKS 的具体内容将在后续章节中详细讲解，此处不做介绍。

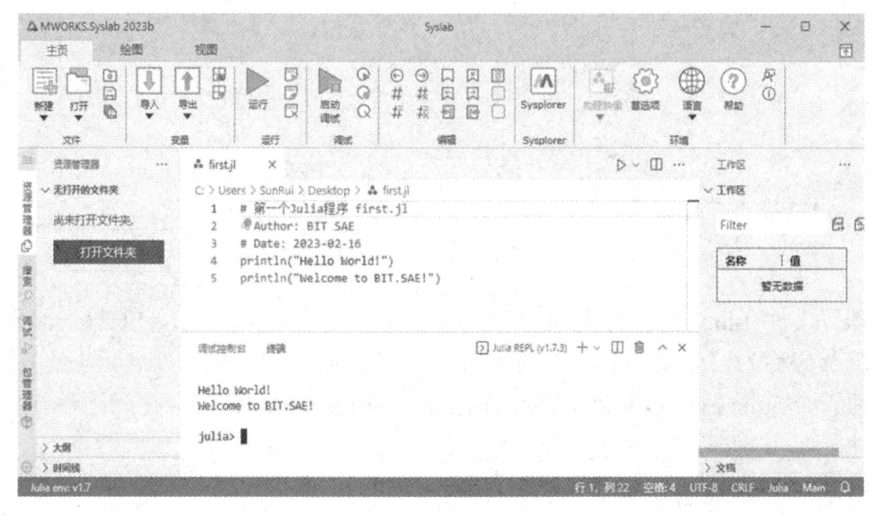

图 1-5　在 MWORKS 中运行 Julia

1.3　MWORKS简介

MWORKS 是苏州同元软控信息技术有限公司面向数字化和智能化融合推出的新一代、

自主可控的科学计算与系统建模仿真平台。MWORKS 提供机械、电子、液压、控制、热、信息等多领域统一建模仿真环境，实现复杂装备数字化模型标准表达，支持物理系统和信息系统的融合，为装备数字化工程提供基础工具支撑，是基于模型的系统工程（Model-Based Systems Engineering，MBSE）方法落地的使能工具。MWORKS 为复杂系统工程研制提供全生命周期支持，已广泛应用于航空、航天、能源、车辆、船舶、教育等行业，为国家探月工程、空间站、国产大飞机、核能动力等系列重大工程提供了先进的数字化设计技术支撑和深度技术服务保障，整体水平位居国际前列，是国内为数不多、具有国际一流技术水平的工业软件之一。

1.3.1 MWORKS 设计与验证

随着现代工业产品智能化、物联化程度不断提升，MWORKS 已发展为以机械系统为主体，集电子、控制、液压等多个领域子系统于一体的复杂多领域系统。在传统的系统工程研制模式中，研发要素的载体为文档，设计方案的验证依赖实物试验，存在设计数据不同源、信息可追溯性差、早期仿真验证困难和知识复用性不足等问题，与当前复杂系统研制的高要求愈发不相适应，难以支撑日益复杂的研制任务需求。

MBSE 是基于模型的系统工程，是用数字化模型作为研发要素的载体，实现描述系统架构、功能、性能、规格需求等各个要素的数字化模型表达，依托模型可追溯、可验证的特点，实现基于模型的仿真闭环，为方案的早期验证和知识复用创造了条件。

MWORKS 采用基于模型的方法全面支撑系统研制，通过不同层次、不同类型的仿真实现系统设计的验证。围绕系统研制的方案论证、系统设计与验证、测试与运维等阶段，MWORKS 分别提供小回路、大回路和数字孪生虚实融合三个设计验证闭环，如图 1-6 所示。

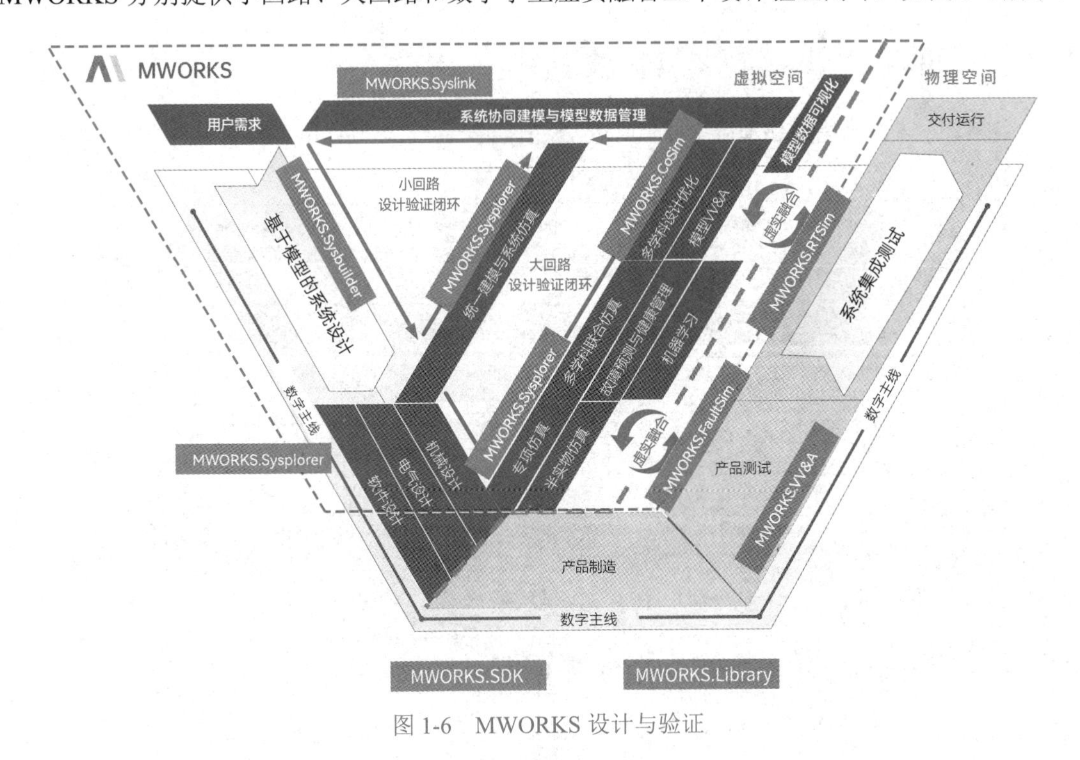

图 1-6　MWORKS 设计与验证

1. 小回路设计验证闭环

在传统研制流程中，70%的设计错误在系统设计阶段被引入。在论证阶段引入小回路设计验证闭环，可以实现系统方案的早期验证，提前暴露系统设计缺陷与错误。

基于模型的系统设计以用户需求为输入，能够快速构建系统初步方案，然后进行计算和多方案比较得到论证结果，在设计早期就实现多领域系统综合仿真验证，以确保系统架构设计和系统指标分解的合理性。

2. 大回路设计验证闭环

在传统研制流程中，80%的问题在实物集成测试阶段被发现。引入大回路设计验证闭环，通过多学科统一建模仿真及联合仿真，可以实现设计方案的数字化验证，利用虚拟试验对实物试验进行补充和拓展。

在系统初步方案基础上开展细化设计，以系统架构为设计约束，各专业开展专业设计、仿真，最后回归到总体，开展多学科联合仿真，验证详细设计方案的有效性与合理性，开展多学科设计优化，实现正确可靠的设计方案。

3. 数字孪生虚实融合设计验证闭环

在测试和运维阶段，构建基于 Modelica+的数字孪生模型，实现对系统的模拟、监控、评估、预测、优化、控制，对传统的基于实物试验的测试验证与基于测量数据的运行维护进行补充、拓展。

利用系统仿真工具建立产品数字功能样机，通过半物理工具实现与物理产品的同步映射和交互，形成数字孪生闭环，为产品测试、运维阶段提供虚实融合的研制分析支持。

1.3.2 MWORKS 产品体系

科学计算与系统建模仿真平台 MWORKS 由四大系统级产品和系列工具箱组成，如图 1-7 所示。

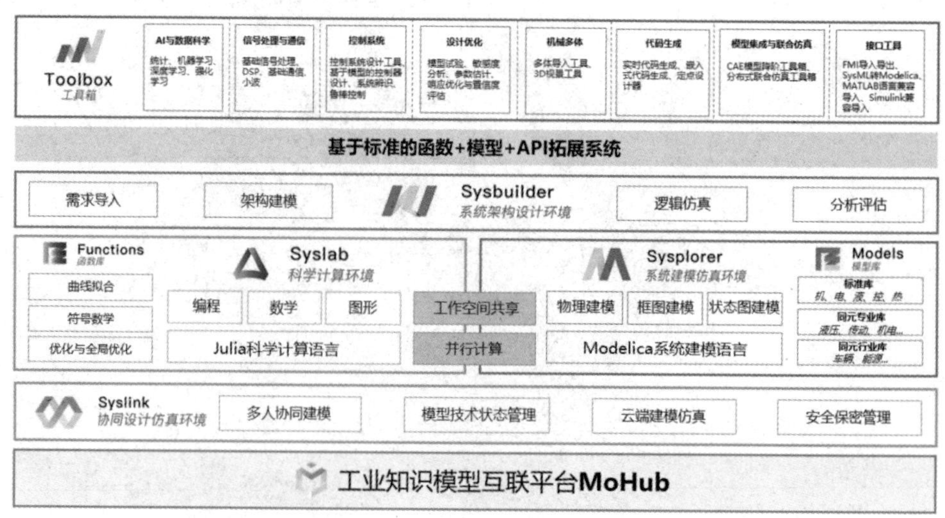

图 1-7　科学计算与系统建模仿真平台 MWORKS 架构图

1. 四大系统级产品

1）系统架构设计环境 Sysbuilder（全称为 MWORKS.Sysbuilder）

Sysbuilder 是面向复杂工程系统的系统架构设计软件，以用户需求为导入，按照自顶向下的系统研制流程，以图形化、结构化、面向对象方式覆盖系统的需求导入、架构建模、逻辑仿真、分析评估，通过与 Sysplorer 的紧密集成，支持用户在系统设计的早期开展方案论证并实现基于模型的多领域系统综合分析和验证。

2）科学计算环境 Syslab（全称为 MWORKS.Syslab）

Syslab 是面向科学计算和数据分析的计算环境，基于高性能动态科学计算语言 Julia 提供交互式编程环境，实现科学计算编程、编译、调试和绘图功能，内置数学运算、符号计算、信号处理和通信等多种应用工具箱，支持用户开展科学计算、数据分析、算法设计，并进一步支持信息物理融合系统的设计、建模与仿真分析。

3）系统建模仿真环境 Sysplorer（全称为 MWORKS.Sysplorer）

Sysplorer 是大回路闭环及数字孪生的支撑平台，是面向多领域工业产品的系统级综合设计与仿真验证平台，完全支持多领域统一系统建模语言 Modelica，遵循现实中拓扑结构的层次化建模方式，支撑 MBSE 应用，提供方便易用的系统仿真建模、完备的编译分析、强大的仿真求解、实用的后处理功能及丰富的扩展接口，支持用户开展产品多领域模型开发、虚拟集成、多层级方案仿真验证、方案分析优化，并进一步为产品数字孪生模型的构建与应用提供关键支撑。

4）协同设计仿真环境 Syslink（全称为 MWORKS.Syslink）

Syslink 是面向协同设计与模型管理的基础平台，是 MBSE 环境中的模型、数据及相关工作协同管理解决方案，将传统面向文件的协同转变为面向模型的协同，为工程师屏蔽了通用版本管理工具复杂的配置和操作，提供了多人协同建模、模型技术状态管理、云端建模仿真和安全保密管理功能，为系统研制提供基于模型的协同环境。Syslink 打破单位与地域障碍，支持团队用户开展协同建模和产品模型的技术状态控制，开展跨层级的协同仿真，为各行业的数字化转型全面赋能。

2. 系列工具箱

Toolbox 是基于 MWORKS 开放 API 体系开发的系列工具箱，提供 AI 与数据科学、信号处理与通信、控制系统、设计优化、机械多体、代码生成、模型集成与联合仿真、接口工具等多个类别的工具箱，可满足多样化的数字设计、分析、仿真及优化需求。Toolbox 包括三种形态：函数库、模型库和应用程序。

1）函数库（Functions）

函数库提供基础数学和绘图等的基础功能函数，内置曲线拟合、符号数学、优化与全局优化等高质优选函数库，支持用户自行扩展；支持教学、科研、通信、芯片、控制等行业用户开展教学科研、数据分析、算法设计和产品分析。

2）模型库（Models）

模型库涵盖传动、液压、电机、热流等多个典型专业，覆盖航天、航空、车辆、能源、船舶等多个重点行业，支持用户自行扩展；提供的基础模型可大幅降低复杂产品模型开发门槛与模型开发人员的学习成本。

3）应用程序（App）

应用程序提供基于函数库和模型库构建的线性系统分析器、控制系统设计、系统辨识、滤波器设计、模型线性化、系统辨识、频率响应估算、模型试验、敏感度分析、参数估计、响应优化与置信度评估、实时代码生成、嵌入式代码生成、定点设计等多个交互式应用程序，支持用户自行扩展；图形化的操作可快速实现特定功能，而无须从零开始编写代码。

1.4 Syslab功能简介

Syslab 是面向科学计算的 Julia 编程运行环境，支持多范式统一编程，实现了与系统建模仿真环境 Sysplorer 的双向融合，形成新一代科学计算与系统建模仿真的一体化基础平台，可以满足各行业在设计、建模、仿真、分析、优化等方面的业务需求。

1.4.1 交互式编程环境

Syslab 开发环境提供了便于用户使用的 Syslab 函数和专业化的工具箱，其中许多工具是图形化的接口。它是一个集成的用户工作空间，允许用户直接输入/输出数据，并通过资源管理器、代码编辑器、命令行窗口、工作空间、窗口管理等编程环境和工具，提供功能完备的交互式编程、调试与运行环境，提高了用户的工作效率。Syslab 的交互式编程环境如图 1-8 所示。

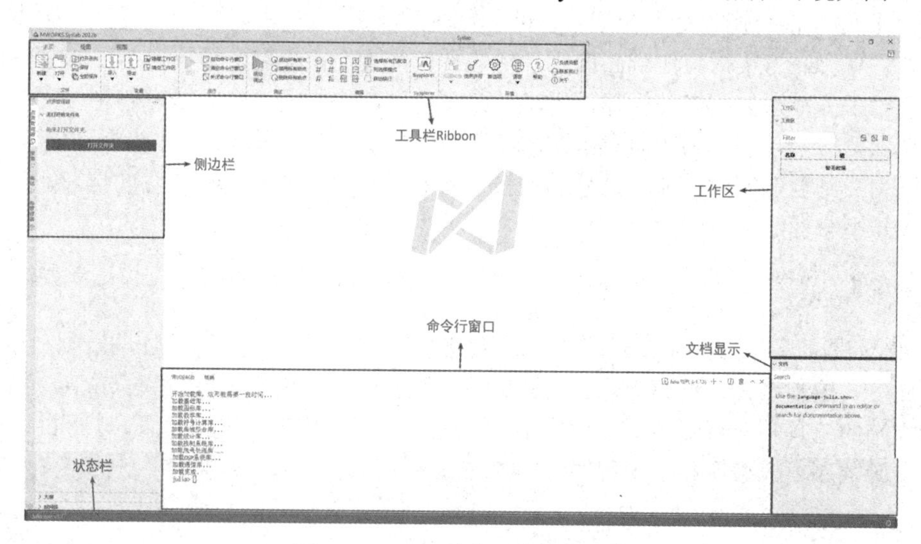

图 1-8　Syslab 的交互式编程环境

1.4.2 科学计算函数库

Syslab 的科学计算函数库（也称为数学函数库）汇集了大量计算算法，包括算术运算、线性代数、矩阵与数组运算、插值、数值积分与微分方程、傅里叶变换与滤波、符号计算、曲线拟合、信号处理、通信等丰富的高质量、高性能科学计算函数和工程计算函数，可以方便用户直接调用而不需要另行编程。图 1-9 为 Syslab 的科学计算函数库。Syslab 的科学计算函数库具有强大的计算功能，几乎能够解决大部分学科中的数学问题。

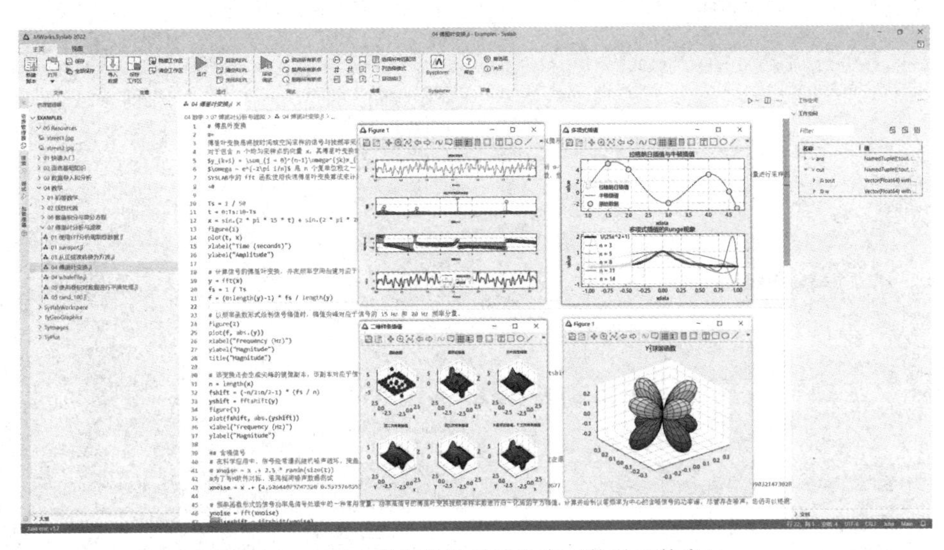

图 1-9　Syslab 的科学计算函数库（数学函数库）

1.4.3　计算数据可视化

Syslab 具有丰富的图形处理功能和方便的数据可视化功能，能够将向量和矩阵用图形表现出来，并且可以对图形颜色、光照、纹理、透明性等参数进行设置以产生高质量的图形。利用 Syslab 绘图，用户不需要过多地考虑绘图过程中的细节，只需要给出一些基本参数就能够利用内置的大量易用的二维和三维绘图函数得到所需图形。Syslab 的可视化图形库如图 1-10 所示。此外，Syslab 支持数据可视化与图形界面交互，用户可以直接在绘制好的图形中利用工具进行数据分析。

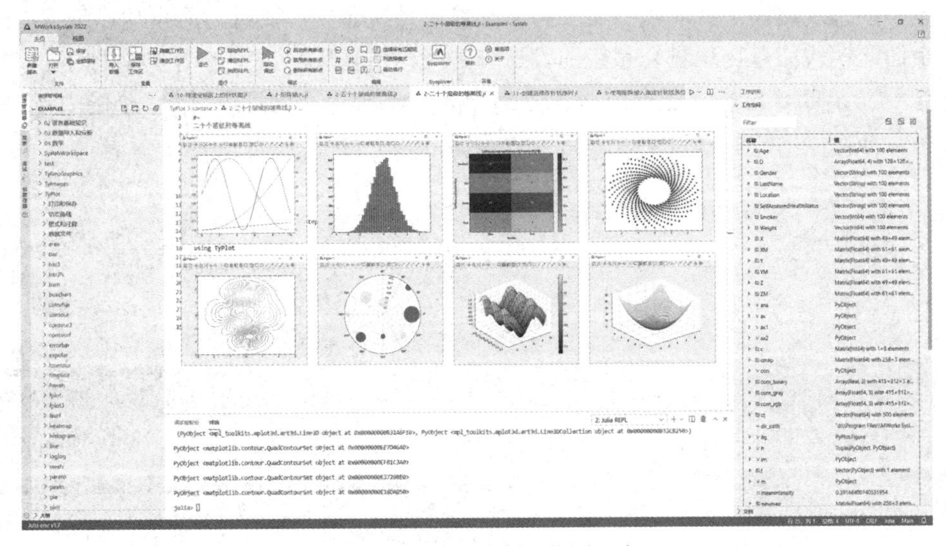

图 1-10　Syslab 的可视化图形库

1.4.4 库开发与管理

Syslab 支持函数库的注册管理、依赖管理、安装卸载、版本切换，同时提供函数库开发规范，以支持用户自定义函数库的开发与测试，如图 1-11 所示。

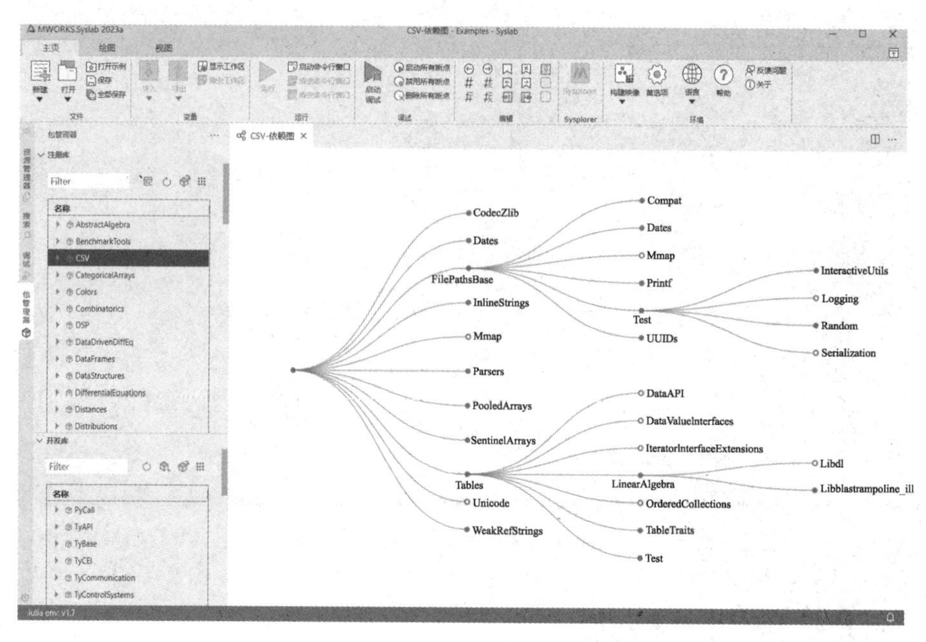

图 1-11　函数库的开发与测试

1.4.5 科学计算与系统建模的融合

Sysplorer 是面向多领域工业产品的系统级综合设计与仿真验证环境，完全支持多领域统一建模规范 Modelica，遵循现实中拓扑结构的层次化建模方式，支撑 MBSE 应用。然而，在解决现代科学和工程技术实际问题的过程中，用户往往需要一个支持脚本开发和调试的环境，通过脚本驱动系统建模仿真环境，实现科学计算与系统建模仿真过程的自动化运行；同时也需要一个面向现代信息物理融合系统的设计、建模与仿真环境，支持基于模型的 CPS 开发。科学计算环境 Syslab 与系统建模仿真环境 Sysplorer 实现了双向深度融合，如图 1-12 所示。两者优势互补，形成新一代科学计算与系统建模仿真平台。

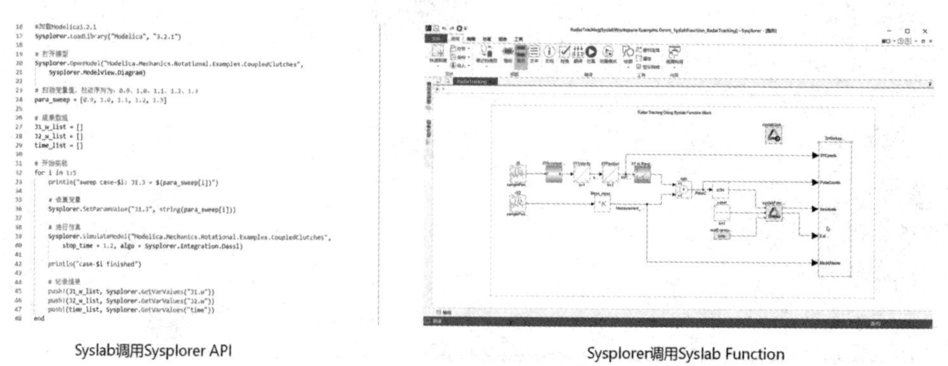

图 1-12　科学计算环境 Syslab 与系统建模仿真环境 Sysplorer 的双向深度融合

1.4.6 中文帮助系统

Syslab 提供了非常完善的中文帮助系统，如图 1-13 所示。用户可以通过查询帮助系统，获取函数的调用情况和需要的信息。对于 Syslab 使用者，学会使用中文帮助系统是进行高效编程和开发的基础，因为没有人能够清楚地记住成千上万个不同函数的调用情况。

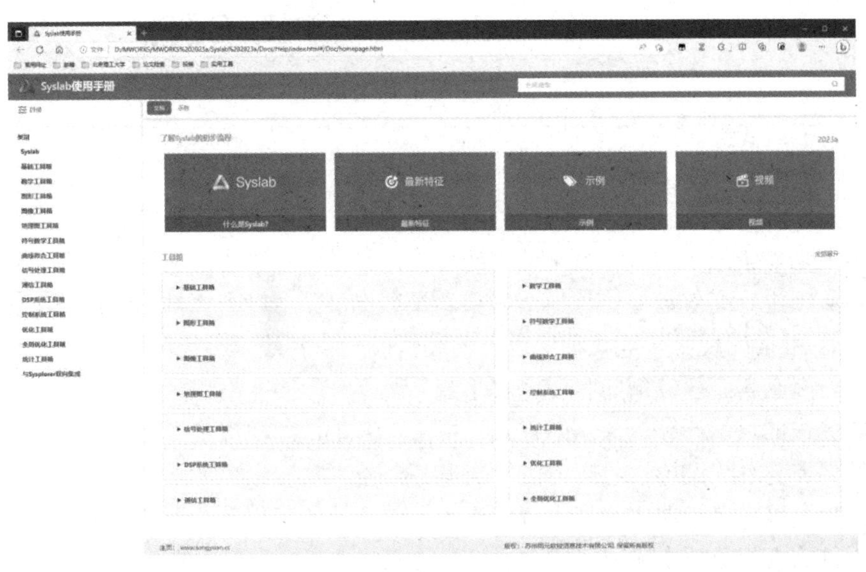

图 1-13　Syslab 的中文帮助系统

本 章 小 结

科学计算是解决数学模型分析、数据统计、工程计算等科学问题的重要技术手段，科学计算语言是利用计算机完成科学计算过程的必要条件。科学计算语言包括商用语言（如 MATLAB 语言）和开放式语言（如 Julia），同时也可分为静态语言（如 C 语言）和动态语言（如 Julia）。Julia 是一种开源免费的、面向前沿领域的科学计算和数据分析的科学计算语言，是更适应未来发展的语言，是具有最佳科学计算效率的语言。MWORKS 是同元软控开发的、基于 MBSE 方法的智能仿真验证平台，该平台自主可控，可以为复杂系统工程研制提供全生命周期的仿真验证支持。

习　题　1

1. 科学计算语言有哪些？如何分类？
2. 什么是动态语言？动态语言的优势和劣势分别是什么？
3. Julia 有什么优势？为什么选择 Julia？
4. Julia 与 MATLAB、Python 和 C 语言相比有什么异同？
5. MWORKS 提供了哪三个设计验证闭环？
6. Syslab 提供了哪些基本功能？与 Sysplorer 组成了什么平台？

第2章 Syslab入门

Syslab是一个将数值分析、矩阵计算、信号处理、机器学习及科学数据可视化等诸多基础计算和专业功能集成在一起、易于使用的可视化科学计算平台。它为基础科学研究、专业工程设计及必须进行高效数值计算的众多科学领域提供了一种全新的国产解决方案，通过高性能计算语言Julia实现了交互式程序设计的编辑模式和高效的运行环境。目前，Syslab已经发展成为适合多学科、多领域的科学计算平台。

与国际先进的科学计算软件MATLAB相比，Syslab同样提供了大量的工具箱，可以用于工程计算、控制系统设计、通信与信号处理、金融建模与分析等领域。利用Syslab进行相关研究，用户可以将自己的主要精力放到更具有创造性的工作上，而把烦琐的底层工作交给Syslab所提供的内部函数去完成，掌握了这一工具将使日常的学习和工作事半功倍。本章主要介绍Syslab的安装、编程环境、系统建模和仿真环境的交互融合功能。

通过本章学习，读者可以了解（或掌握）：

- Syslab的下载与安装。
- Syslab的工作界面。
- Syslab的编程环境。
- Syslab与Sysplorer的交互融合。

本章学习视频

更多视频可扫封底二维码获取

2.1 Syslab安装及界面介绍

Syslab 的安装非常简单，本节将以 MWORKS.Syslab 2023b 为例详细介绍 Syslab 的安装过程和 Syslab 的工作界面。

2.1.1 Syslab 的下载与安装

MWORKS.Syslab 2023b 安装包为 iso 光盘映像文件，内部包含如图 2-1 所示文件或文件夹，用户可以打开同元软控官网进行下载与安装。其中，data 文件夹为相关资源文件，包括 Julia 仓库等；.exe 文件为 MWORKS.Syslab 2023b 的安装程序。

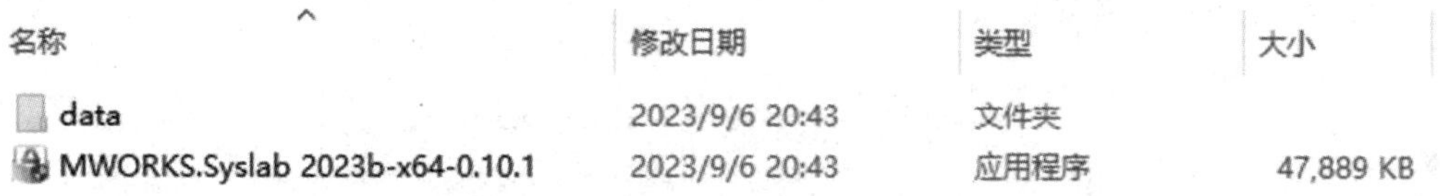

名称	修改日期	类型	大小
data	2023/9/6 20:43	文件夹	
MWORKS.Syslab 2023b-x64-0.10.1	2023/9/6 20:43	应用程序	47,889 KB

图 2-1　MWORKS.Syslab 2023b 安装包文件

双击打开安装程序，进入“MWORKS.Syslab 科学计算环境”安装向导对话框，如图 2-2 所示。勾选“同意 MWORKS.Syslab 2023b 的用户许可协议”复选框后，单击“立即安装”按钮可直接进行默认设置安装。

图 2-2　“MWORKS.Syslab 科学计算环境”安装向导对话框

用户也可以通过单击“自定义设置”按钮，进入自定义设置界面，如图 2-3 所示。在该界面中，用户可以选择想要安装的功能和设置 MWORKS.Syslab 2023b 的安装路径。其中，通过勾选或取消勾选“MWORKS.Syslab 客户端仓库”复选框可以决定是否安装该产品，系统默认安装全部产品，建议全部安装；系统的默认安装路径设置为“C:\Program Files\MWORKS\Syslab 2023b”，如果要安装在其他目录，则单击输入框右侧的“ 浏览”按钮选择相应文件夹。

图 2-3　自定义设置界面

自定义设置完成后，单击“立即安装”按钮，进入安装进度界面，如图 2-4 所示。安装需要几分钟，请耐心等待。

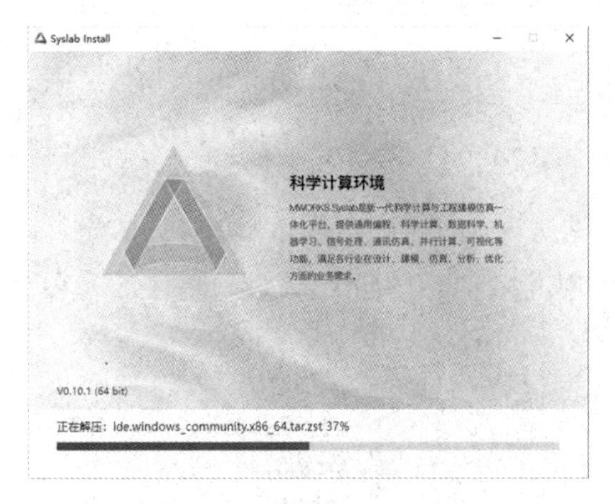

图 2-4　安装进度界面

安装完成后，进入安装完成界面，如图 2-5 所示。用户可以通过勾选或取消勾选“立即运行”复选框来决定是否立即运行“MWORKS.Syslab 2023b”。

图 2-5　安装完成界面

2.1.2 Syslab 的工作界面

Syslab 的工作界面是一个高度集成的界面，主要由工具栏、左侧边栏、命令行窗口、编辑器窗口、工作区窗口、隐藏的图形窗口等组成，其默认布局如图 2-6 所示。需要注意的是，图形窗口需在执行绘图命令后才能启动。

图 2-6 Syslab 的工作界面

下面分别介绍 Syslab 工作界面的主要部分。

1. 工具栏

工具栏区域中提供“主页”、“绘图”、“APP”、“视图”和“帮助”五种 Tab 页面，不同 Tab 页面有对应的工具条，通常按功能分为若干命令组。例如，“主页”页面中包括“文件”、“变量”、“运行”、“调试”、“编辑”、“Sysplorer”、“环境”和“M 语言兼容”命令组；“绘图”页面中包括各种绘图指令；“视图”页面中包括“外观”、“编辑器布局”、“代码折叠”、“显示”和“开发者工具”命令组，用户在该页面中可以修改主窗口布局以适应编程习惯。

2. 左侧边栏

左侧边栏提供“资源管理器”、“搜索”、“调试”和“包管理器”四种不同的功能部件，单击相关按钮可以展开对应的功能面板。

1）资源管理器

资源管理器主要提供 Syslab 运行文件时的工作目录结构树管理，用户利用该功能可以完成文件（或文件夹）的新增、删除、打开、复制、修改、查找及重命名等操作，其默认位于左侧边栏的第一个位置，如图 2-7 所示。需要说明的是，只有当前目录或搜索路径下的文件、函数才能被执行或调用。而且，用户在保存文件时，若不明确指定保存路径，则系统会默认将它们保存在当前目录下。

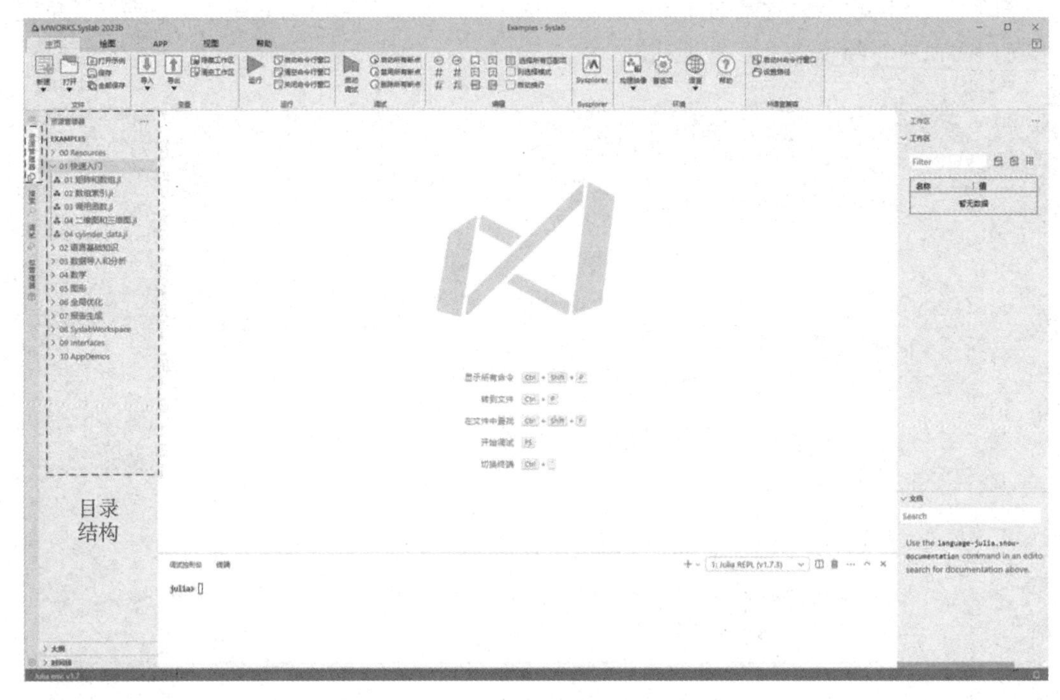

图 2-7　资源管理器

2）调试

Syslab 的调试面板支持用户以调试模式运行代码文件，包括对代码文件的单步调试、断点调试、添加监视、查找调用堆栈等。在调试运行模式下，编辑器窗口的上方会弹出调试工具栏。调试工具栏的工具如下。

（1）“继续（F5 键）”：启动调试或者继续运行调试。

（2）“单步跳过（F10 键）”：单步执行遇到子函数时不会进入子函数内，而是将子函数全部执行完再停止。

（3）“单步调试（F11 键）”：单步执行遇到子函数就进入并且继续单步执行。

（4）“单步跳出（Shift+F11 组合键）”：当单步执行到子函数内时，执行完子函数余下部分，并返回到上一层函数。

（5）“重启（Ctrl+Shift+F5 组合键）”：重新启动调试。

（6）“断开链接（Shift+F5 组合键）”：停止调试。

调试工具栏位置如图 2-8 所示。

此外，代码调试器还提供了交互式的调试控制台，可以对左侧变量面板中的变量进行增加、删除、修改和查找。具体操作步骤：① 设置断点，启动调试；② 当运行到断点时，在调试控制台中输出要实现的命令；③ 按下回车键执行并回显计算结果。如图 2-9 所示，修改了全局变量 m 的值，并新增了全局变量 n。修改全局变量（Global(Main)）可通过@eval(变

量名 = 变量值)实现，修改局部变量（Local）可通过@eval $(变量名 = 变量值)实现。需要说明的是，eval 和$之间有空格。

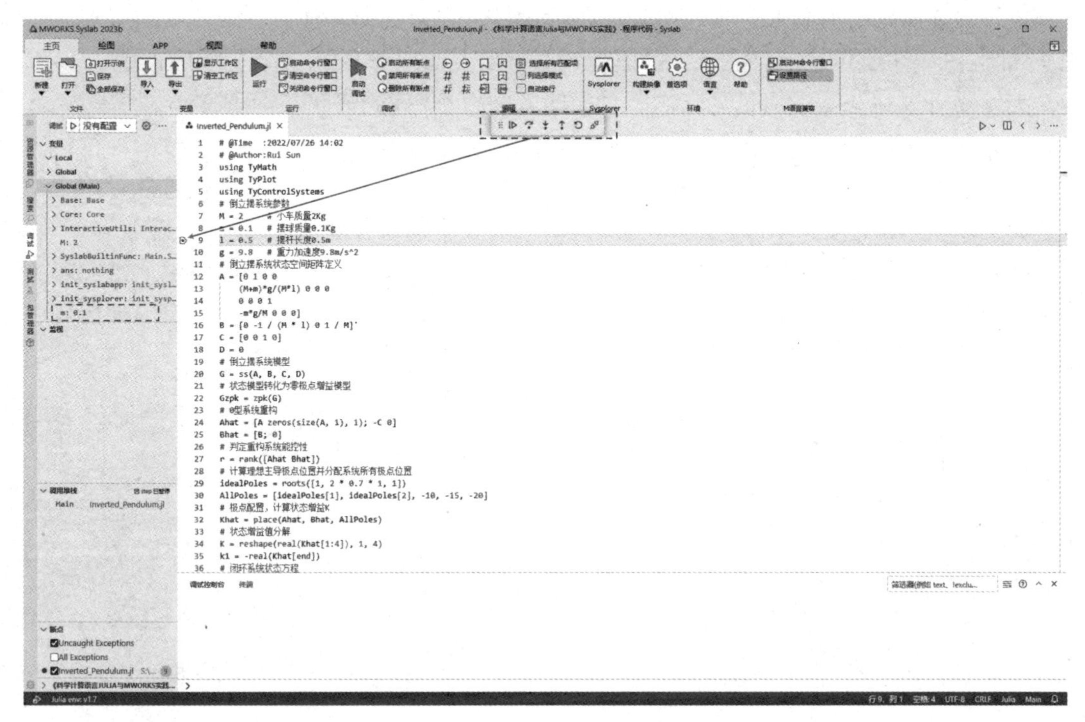

图 2-8　调试工具栏位置

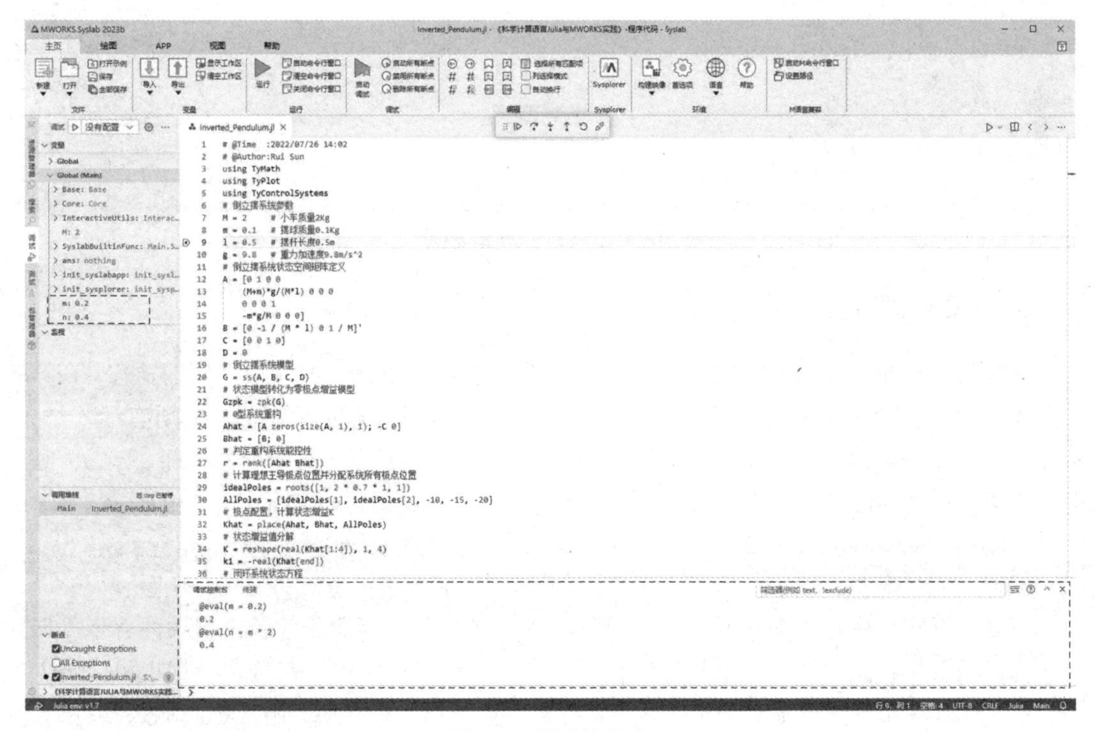

图 2-9　调试控制台

3）包管理器

Syslab 的包管理器面板提供包的创建、开发、安装、卸载、注册、版本切换、依赖设置等功能，并支持对开发包和注册包进行分类管理。开发包是指未注册、未提交到服务器的本地 Julia 包；而注册包是指已注册、已提交到服务器并由服务器统一管理的 Julia 包。

无论是开发包还是注册包，它们所对应的库面板都由以下三部分组成。

（1）过滤框：根据输入内容，对表格树显示内容进行过滤。

（2）工具栏按钮：包括“刷新面板”、“新建包”、“添加包”和“选项设置”等按钮。

（3）表格树展示区：主要用于对包及其函数的表格树进行展示。

初始包管理器面板默认为空面板，单击“刷新面板”按钮，将当前包环境下已安装的包添加到包管理器面板中，如图 2-10 所示。关于新建包、添加包及包的导出信息、函数节点等内容，这里不做详细介绍，感兴趣的读者可参考 Syslab 使用手册自行学习。

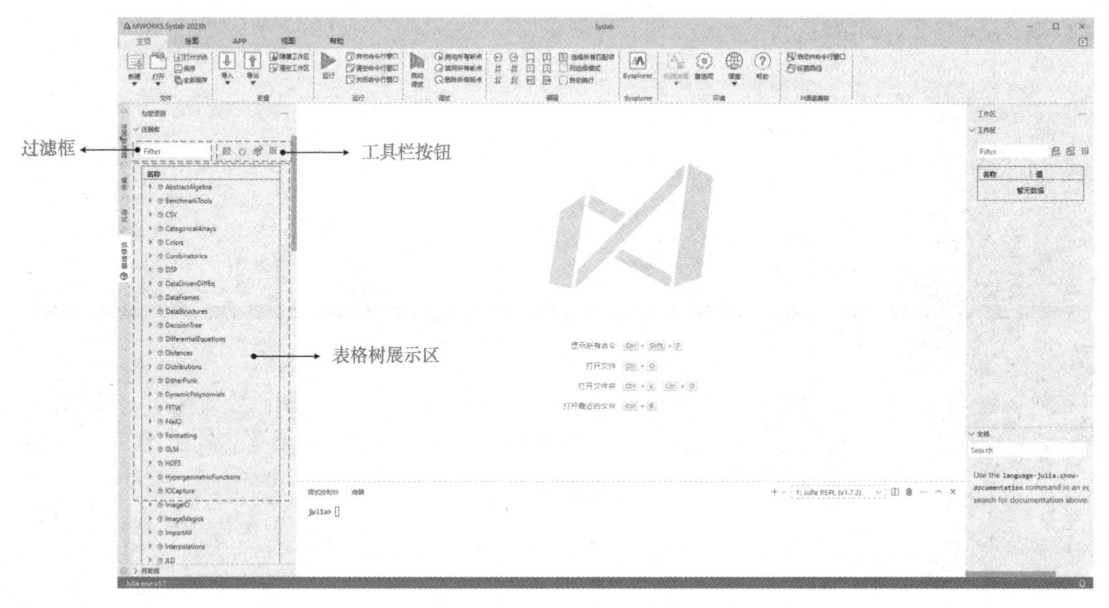

图 2-10　包管理器面板

3. 命令行窗口

命令行窗口是 Syslab 的重要组成部分，也是进行各种 Syslab 操作最主要的窗口。在该窗口中可以输入各种 Syslab 运作的指令、函数和表达式，并可以显示除图形外的所有运算结果，运行错误时还会给出相关的错误提示。窗口中的“julia>”是命令提示符，表示 Syslab 处于准备状态。在“julia>”之后输入 Julia 命令后只需按回车键即可直接显示相应的结果。例如：

```
julia> (3 * 4 + 2 ^ 2) / 4
4.0
```

在命令行窗口中输入命令时，一般每行输入一条命令。当命令较长需占用两行以上时，用户可以在行尾以运算符结束，按回车键即可在下一行继续输入。当然，一行也可以输入多条命令，这时各命令间要加分号（;）隔开。此外，重新输入命令时，用户不必输入整行命令，可以利用键盘的上、下光标键“↑”和“↓”调用最近使用过的历史命令，每次一条，便于快速执行以提高工作效率。如果输入命令的前几个字母后再使用光标键，则只会调用以这些字母开始的历史命令。

4. 编辑器窗口

在 Syslab 的命令行窗口中是逐行输入命令并执行的，这种方式称为行命令方式，只能用于编制简单的程序。常用的或较长的程序最好保存为文件后再执行，这时就要使用编辑器窗口。在“主页”页面中单击“新建”按钮可打开空白的脚本 Julia 文件，如图 2-11 所示。一般新建文件的默认文件主名为“Untitled-x”，常用的扩展名为 jl（代码文件）。jl 文件分为两种类型：jl 主程序文件（script file，也称为脚本文件）和 jl 子程序文件（function file，也称为函数文件）。

图 2-11　编辑器窗口中的 jl 文件

函数文件与脚本文件的主要区别是：函数文件一般都有参数与返回结果，而脚本文件没有参数与返回结果；函数文件的变量是局部变量，在运行期间有效，运行完毕后就自动被清除，而脚本文件的变量是全局变量，运行完毕后仍被保存在内存中；函数文件要定义函数名，且保存该函数文件的文件名必须是“函数名.jl”；运行函数文件前还需先声明该函数。

5. 工作区窗口

命令行窗口和编辑器窗口是主窗口中最为重要的组成部分，它们是用户与 Syslab 进行人机交互对话的主要环境。在交互过程中，Syslab 当前内存变量的名称、值、大小和类型等参数会显示在工作区窗口中，其默认放置于 Syslab 的工作界面的右上侧，如图 2-12 所示。

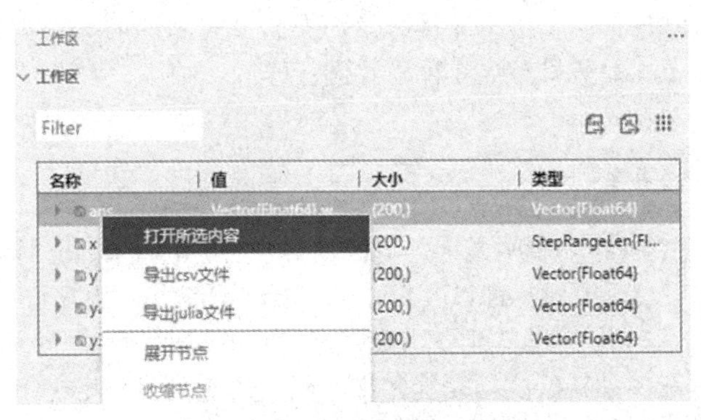

图 2-12　工作区窗口

在工作区窗口中选择要打开的变量，可以通过双击该变量或右键单击该变量后选择“打开所选内容”选项。在打开的此变量数组编辑窗口中，用户可以查看或修改变量的内容。

提示：ans 是系统自动创建的特殊变量，代表 Syslab 运算后的答案。

6. 图形窗口

通常，Syslab 的默认工作界面中不包含图形窗口，只有在执行某种绘图命令后才会自动产生图形窗口，之后的绘图都在这个图形窗口中进行。若想再建一个或几个图形窗口，则输入 figure 命令，Syslab 会新建一个图形窗口，并自动给它依次排序。如果要指定新的图形窗口为 Figure 5（图 5），则可输入 figure(5)命令，如图 2-13 所示。

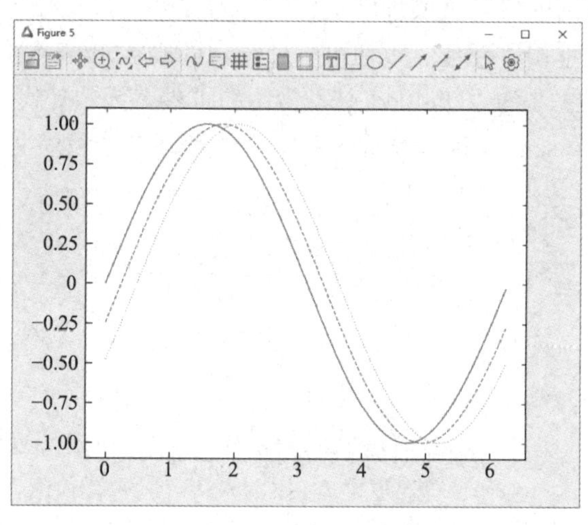

图 2-13 图形窗口

2.2 Julia REPL环境的几种模式

Julia 为用户提供了一个简单而又足够强大的编程环境，即一个全功能的交互式命令行（Read-Eval-Print Loop，REPL），其内置于 Julia 可执行文件中。在 Julia 运行过程中，REPL 环境可以实时地与用户进行交互，它能够自动读取用户输入的表达式，对读到的表达式进行求解，显示表达式的求解结果，然后再次等待读取并往复循环。因此，它允许快速简单地执行 Julia 语句。Julia REPL 环境主要有 4 种可供切换的模式，分别为 Julia 模式、Package 模式、Help 模式和 Shell 模式，本节将对这 4 种模式进行详细介绍。

2.2.1 Julia 模式

Julia 模式是 Julia REPL 环境中最为常见的模式，也是进入 REPL 环境后默认情况下的操作模式。在这种模式下，每个新行都以“julia>”开始，在这里，用户可以输入 Julia 表达式。在输入完整的表达式后，按下回车键将计算该表达式并显示最后一个表达式的结果。REPL 除显示结果外，还有许多独特的实用功能，如将结果绑定到变量 ans 上、每行的尾随分号可以作为一个标志符来抑制显示结果等。例如：

```
julia> string(3 * 4)
"12"
julia> ans
"12"
julia> a = rand(2,2); b = exp(1)
2.718281828459045
```

在 Julia 模式下，REPL 环境支持提示粘贴。当将以“julia>”开头的文本粘贴到 REPL 环境中时，该功能将被激活。在这种情况下，只有以“julia>”开头的表达式才会被解析，其他表达式会被自动删除。这使得用户可以直接从 REPL 环境中粘贴代码块，而无须手动清除提示和输出结果等。该功能在默认情况下是启用的，但用户可以通过在命令行窗口中输入命令“REPL.enable_promptpaste(::bool)”来禁用或启用。

2.2.2 Package 模式

Package 模式用来管理程序包，可以识别用于加载或更新程序包的专门命令。在 Julia 模式中，紧挨命令提示符“julia>”输入]即可进入 Package 模式，此时输入提示符变为“(@v1.7)pkg>”，其中的 v1.7 表示 Julia 语言的特性版本。同时也可以通过按下 Ctrl+C 组合键或 Backspace 键退回至 Julia 模式。在 Package 模式下，用户通过使用 add 命令就可以安装某个新的程序包，使用 rm 命令可以移除某个已安装的程序包，使用 update 命令可以更新某个已安装的程序包。当然，用户也可以一次性地安装、移除或更新多个程序包。例如：

```
(@v1.7) pkg> add Example
  Resolving package versions...
  Installed Example ─ v0.5.3
   Updating `C:\Users\Public\TongYuan\.julia\environments\v1.7\Project.toml`
  [7876af07] + Example v0.5.3
   Updating `C:\Users\Public\TongYuan\.julia\environments\v1.7\Manifest.toml`
  [7876af07] + Example v0.5.3
Precompiling project...
  1 dependency successfully precompiled in 3 seconds (151 already precompiled)

(@v1.7) pkg> rm Example
   Updating `C:\Users\Public\TongYuan\.julia\environments\v1.7\Project.toml`
  [7876af07] - Example v0.5.3
   Updating `C:\Users\Public\TongYuan\.julia\environments\v1.7\Manifest.toml`
  [7876af07] - Example v0.5.3

(@v1.7) pkg> update Example
   Updating registry at `C:/Users/Public/TongYuan/.julia\registries\General.toml`
ERROR: The following package names could not be resolved:
 * Example (not found in project or manifest)
```

在上面的例子中，依次执行了安装、移除和更新程序包，因此，在使用 update 更新命令过程中会因无法检测到 Example 程序包而提示错误。除了以上三种命令，Package 模式还支持更多的命令，读者可以登录网址 https://www.hxedu.com.cn/Resource/OS/AR/202202339/01.pdf 自行参考学习。

2.2.3 Help 模式

Help 模式是 Julia REPL 环境中的另一种操作模式，可以在 Julia 模式下紧挨命令提示符“julia>”输入?转换进入，其每个新行都以“help?>”开始。在这里，用户可在输入任意功能名称后回车以获取该功能的使用说明、帮助文本及演示案例，如查询类型、变量、函数、方法、类和工具箱等。REPL 环境在搜索并显示完成相关文档后会自动切换回 Julia 模式。例如：

```
help?> sin
search: sin sinh sind sinc sinpi sincos sincosd sincospi asin using isinf asinh asind isinteger isinteractive thisind daysinyear
```

```
daysinmonth sign signed Signed signbit
        sin(x)
        Compute sine of x, where x is in radians.
        See also [sind], [sinpi], [sincos], [cis].
        ──────────────────────────────────────────
──────────────────
        sin(A::AbstractMatrix)
        Compute the matrix sine of a square matrix A.
        If A is symmetric or Hermitian, its eigendecomposition (eigen) is used to compute the sine. Otherwise, the sine is determined by calling exp.
        Examples
        ≡≡≡≡≡≡≡≡≡≡≡
        julia> sin(fill(1.0, (2,2)))
        2×2 Matrix{Float64}:
          0.454649  0.454649
          0.454649  0.454649
      julia>
```

需要说明的是，一些帮助文本用大写字符显示函数名称，以使它们与其他文本区分开来。在输入这些函数名称时需使用小写字符。对于大小写混合显示的函数名称，需按照要求所示输入名称。此外，Help 模式下的不同功能名称输入方式存在差异。如果输入功能名称为变量，将显示该变量的类的帮助文本；要获取某个类的方法的帮助，需要指定类名和方法名称并在中间以句点分隔。

2.2.4 Shell 模式

如同 Help 模式对快速访问某功能的帮助文档一样有用，Shell 模式可以用来执行系统命令。在 Julia 模式下紧挨命令提示符“julia>”输入英文分号（;）即可进入 Shell 模式，但用户通常很少使用 Shell 模式，因此这里对详细内容不做介绍，感兴趣的读者可以自行查阅资料。值得注意的是，对于 Windows 用户，Julia 的 Shell 模式不会公开 Windows shell 命令，因此不可执行。

2.3 Syslab与Sysplorer的软件集成

科学计算环境 Syslab 侧重于算法设计和开发，系统建模仿真环境 Sysplorer 侧重于集成仿真验证，要充分发挥两者能力，需要通过底层开发支持可视化建模仿真与科学计算环境的无缝连接，构建科学计算与系统建模仿真一体化通用平台。目前，MWORKS 已经实现了两者的双向深度融合，包括数据空间共享、接口相互调用和界面互操作等。本节从接口相互调用方面出发介绍如何在科学计算环境中操作仿真模型，以及如何在仿真模型中调用科学计算函数。

2.3.1 Syslab 调用 Sysplorer API

在科学计算环境 Syslab 中驱动 Sysplorer 自动运行并操作仿真模型需要通过 Sysplorer API 接口实现。Sysplorer API 可支持调用的命令接口大致分为系统命令、文件命令、仿真命令、曲线命令、动画命令和模型对象操作命令六大类，如表 2-1 所示。这些命令的统一调用格式均为“Sysplorer.命令接口名称”。

表 2-1　MWORKS.Sysplorer API 命令接口

命令类型	命令接口	含义
系统命令	ClearScreen	清空命令行窗口
	SaveScreen	保存命令行窗口内容至文件
	ChangeDirectory	更改工作目录
	ChangeSimResultDirectory	更改仿真结果目录
	RunScript	执行脚本文件
	GetLastErrors	获取上一条命令的错误信息
	ClearAll	移除所有模型
	Echo	打开或关闭命令执行状态的输出
	Exit	退出 Sysplorer
文件命令	OpenModelFile	加载指定的 Modelica 模型文件
	LoadLibrary	加载 Modelica 模型库
	ImportFMU	导入 FMU 文件
	EraseClasses	删除子模型或卸载顶层模型
	ExportIcon	把图标视图导出为图片
	ExportDiagram	把组件视图导出为图片
	ExportDocumentation	把模型文档信息导出到文件
	ExportFMU	把模型导出为 FMU
	ExportVeristand	把模型导出为 Veristand 模型
	ExportSFunction	把模型导出为 Simulink 的 S-Function
仿真命令	OpenModel	打开模型窗口
	CheckModel	检查模型
	TranslateModel	翻译模型
	SimulateModel	仿真模型
	RemoveResults	移除所有结果
	RemoveResult	移除最后一个结果
	ImportInitial	导入初值文件
	ExportInitial	导出初值文件
	GetInitialValue	获取变量初值
	SetInitialValue	设置变量初值
	ExportResult	导出结果文件
	SetCompileSolver64	设置翻译时编译器平台位数
	GetCompileSolver64	获取翻译时编译器平台位数
	SetCompileFmu64	设置 FMU 导出时编译器平台位数
	GetCompileFmu64	获取 FMU 导出时编译器平台位数
曲线命令	CreatePlot	按指定的设置创建曲线窗口
	Plot	在最后一个窗口中绘制指定变量的曲线
	RemovePlots	关闭所有曲线窗口
	ClearPlot	清除曲线窗口中的所有曲线
	ExportPlot	导出曲线

续表

命令类型	命令接口	含义
动画命令	CreateAnimation	新建动画窗口
	RemoveAnimations	关闭所有动画窗口
	RunAnimation	播放动画
	StopAnimation	停止动画播放
	AnimationSpeed	设置动画播放速度
模型对象操作命令	GetClasses	获取指定模型的嵌套类型
	GetComponents	获取指定模型的嵌套组件
	GetParamList	获取指定组件前缀层次中的参数列表
	GetModelDescription	获取指定模型的描述文字
	SetModelDescription	设置指定模型的描述文字
	GetComponentDescription	获取指定模型中组件的描述文字
	SetComponentDescription	设置指定模型中组件的描述文字
	SetParamValue	设置当前模型指定参数的值
	SetModelText	修改模型的 Modelica()文本内容
	GetExperiment	获取模型仿真配置

2.3.2 Sysplorer 调用 Syslab Function 模块

在系统建模仿真环境 Sysplorer 中打开、编辑和调试 Syslab 中的函数文件需要通过 Syslab Function 模块实现。该模块包含以下两个组件。

1. SyslabGlobalConfig 组件

SyslabGlobalConfig 组件用于进行 Julia 全局声明，可以导入包及全局变量声明等。当创建了 SyslabGlobalConfig 组件后，单击鼠标右键后选择“Syslab 初始化配置…”选项可以在 Syslab 中打开编辑器，编写全局声明的 Julia 脚本。例如：

```
# using TyBase
# using TyMath
using LinearAlgebra
P = []
xhat = []
residual =[]
xhatOut =[]
sample = 1; #采样间隔
next_t = 1; #采样点
```

2. SyslabFunction 组件

SyslabFunction 组件用于嵌入 Julia 函数，并将 SyslabFunction 组件的输入和输出数据指定为参数与返回值。在 Sysplorer 仿真过程中，每运行一步都会调用该 Julia 函数。对于 SyslabFunction 组件而言，单击鼠标右键后选择“编辑 Syslab 脚本函数…”选项可以在 Syslab 中打开编辑器编写 Julia 脚本。例如：

```
function func1(t)
    x, y = get_xy(t)
```

```
    return x, y
end

function get_xy(t)
    a = [t, 2t]
    b = [t 2t 3t; 4t 5t 6t]
    return a, b
end
```

SyslabFunction 组件认为脚本中的第一个函数为该组件的主函数，其他函数均为服务于主函数的辅助函数。根据主函数的内容，组件从函数声明中的输入参数获取组件的输入端口数量及名称。因此，用户在编写主函数时需要注意：

- 主函数必须使用 function 定义。
- 主函数的输入不要指定类型和具名参数。
- 主函数的输出必须使用 return 指定，且必须为函数体中已经出现的变量符号。

对其他辅助函数没有类似限制。以上面的 Julia 脚本为例，SyslabFunction 组件将生成一个名为 in_t 的输入端口和两个分别名为 out_x、out_y 的输出端口。当然，用户也可以通过单击鼠标右键后选择“设置 Syslab 函数端口...”选项指定组件输入/输出端口的详细信息，包括端口的类型和维度等。

除上述要求外，在实现 Sysplorer 调用 Syslab Function 模块完成与科学计算环境 Syslab 的交互融合过程中，用户必须在 Syslab 中启动 Sysplorer，并完成 SyslabWorkspace 模型库的加载。

本章小结

本章首先介绍了 MWORKS.Syslab 2023b 在 Windows 10 系统中的安装过程，对 Syslab 的工作界面及各窗口的功能和特点进行了分类讲解；其次对命令行窗口中 Julia REPL 的 4 种操作模式进行了具体描述；最后对 MWORKS 中 Syslab 和 Sysplorer 的交互融合功能进行了说明，详细介绍了如何在科学计算环境中操作仿真模型，以及如何在仿真模型中调用科学计算函数。

习题 2

1. 简述 Syslab 的主要功能。
2. 论述脚本文件和函数文件的区别。
3. 利用 Help 模式查询绘图函数 plot 的帮助文档。
4. 在 Sysplorer 中利用 Syslab Function 模块编写 Julia 脚本。

第3章
Julia 的基础语法

Julia 是一种高性能、动态类型、多重派发的程序设计语言，被广泛应用于科学计算和数据分析领域。它具有 MATLAB 和 Python 的优点，并且是一种非常强大而又灵活的语言。本章旨在介绍 Julia 的基础语法，包括基本结构、表达式、变量类型、控制流语句、函数等方面的概念，为后续章节中的 Julia 应用打下坚实的基础。了解 Julia 的基础语法是学习和使用 Julia 的前提，它可以帮助用户熟练地掌握 Julia 的各种特性和技巧，提高代码的性能和可读性，从而更加高效地开发程序。

通过本章学习，读者可以了解（或掌握）：

- ❖ Julia 的基本数据类型。
- ❖ 数组与集合容器。
- ❖ 数学运算与初等函数。
- ❖ 程序的流程控制。

本章学习视频
更多视频可扫封底二维码获取

3.1 基本数据类型

Julia 中定义了多种基本数据类型，包括数值类型、字符类型和逻辑类型等，其中的数值类型又包括双精度类型、单精度类型和整型。用户也可以根据自己的需求定义自己的数据类型。Julia 内部的所有数据类型都是按照数组的形式进行存储和运算的，同时，Julia 支持不同数据类型间的转换，增加了数据处理的灵活性。

3.1.1 变量

变量是任何程序设计语言的基本元素之一。相比 C、C++等其他计算机语言，Julia 在变量声明方面的要求并不严格，也无须事先指定类型，Julia 会自动根据变量的赋值与其相关操作来确定变量的类型。

1. 变量的命名规则

对所有变量进行命名时，变量名必须以英文字母（A~Z 或 a~z）、下画线或编码大于 00A0 的 Unicode 字符的一个子集开头。Julia 为用户提供了非常灵活的变量命名规则，通常包括但不限于以下几项。

（1）变量名区分字母的大小写，例如“X”和“x”表示不同的变量。

（2）变量名支持使用中文命名定义。

（3）支持使用平行赋值法同时命名多个变量。

（4）支持 LaTeX 符号直接转义为 Unicode 命名变量。

尽管在 Julia 中命名变量拥有很大自由度，但仍有一些约束，即明确禁止使用内置关键字作为变量名。更直观地说，用户自定义变量名不能与 Julia 中已有的常量和函数名一样，如 pi、sin 等。Julia 中目前包含 29 个关键字，可分为以下 7 个类别：

（1）表示值的关键字：false、true。

（2）表示程序定义的关键字：const、global、local、function、struct、macro。

（3）定义代码块的关键字：begin、do、end、let、quote。

（4）定义模块的关键字：baremodule、module。

（5）导入或导出的关键字：import、using、export。

（6）控制流程的关键字：break、continue、else、elseif、for、if、return、while。

（7）处理错误的关键字：catch、finally、try。

关于上述关键字的用法将在后文中讲解，在此只需要了解其不能作为用户自定义变量名出现即可。

2. 变量的作用域

变量的作用域即变量的可用性范围，是指标识符可以被其他代码直接引用的一个区域，超出该区域，这个标识符在默认情况下是不可用的。换句话说，该变量只在这个区域内是可用的，一旦超出这个区域，该变量在默认情况下是不可用的，而限定该变量可用性的代码范围称为变量的作用域。

严格地讲，Julia 中没有任何一个标识符的作用域是真正的全局作用域。由于定义的所有模块都隐含了 Core 模块，所以在该模块中直接定义的那些标识符的作用域就相当于是全局的，Int64、Int32 及其他代表了某个预定义类型的标识符都属于此类，因此，在设定变量名时不能与 Core 模块中已有的标识符重名。

给变量划定其作用域有助于提高程序逻辑的局部性、增强程序的可靠性，以及解决变量名相互冲突的问题。例如，两个函数可能同时包含变量“x”，但这两个“x”并不被赋予同一数值；相似地，不同的模块会使用相同的名字，但具有完全不同的功能。相同的变量名是否指向同一内容的规则称为作用域规则。

在 Julia 中，作用域分为全局作用域和局部作用域两种。根据作用域可以将变量划分为全局变量和局部变量，添加作用域结构如表 3-1 所示。全局变量是指定义在函数外的拥有全局作用域的变量，局部变量是指定义在函数内的拥有一个局部作用域的变量。局部变量是一个相对概念，即局部变量也可以是更小范围内变量的外部变量。

表 3-1　添加作用域结构

结构	作用域
baremodule、module	全局
struct	全局
for、while、try	全局或局部
macro	全局
let、function、comprehensions、generators	全局或局部

值得注意的是，在表 3-1 中没有出现 begin 和 if 模块，因为这两种模块不会引进新的作用域。

3. 变量的类型

在 Julia 中，变量的类型和值都是可以改变的。Julia 的变量是没有类型的，只有值才有类型，但是为了描述方便，仍然会说成“变量的类型”。编程的时候可以利用语法规则来约束对变量类型的随意变更，或者说约束赋予变量的那些值的类型，即可使用附加类型标识符的方式让变量的类型固定下来，如 y::Int64。操作符::可以将类型标识符附加到程序中的变量和表达式之后，其重要用途将在第 4 章中详细说明。

通常，程序语言中的类型系统被划分成两类：静态类型和动态类型。严格地说，Julia 属于动态类型语言，如果只用三个词来概括 Julia 的类型系统，则应该是动态的、记名的和参数化的。动态是指变量的类型可以改变；记名是指 Julia 会以类型的名称来区分它们；参数化是指 Julia 的类型可以参数化。

Julia 有 Any 类型和 Union{}类型两个特殊类型，以及抽象类型（Abstract Types）、原始类型（Primitive Types）、复合类型（Composite Types）三种主要类型。

（1）Any 类型：在 Julia 类型图中，Any 是唯一一个顶层类型。如果在类型图中，超类型在上、子类型在下，则它就处在类型图的顶端。Any 类型是所有类型的直接超类型或间接超类型。

（2）Union{}类型：在 Julia 类型图中，有一个与 Any 完全相对的类型，即 Union{}类型。

由于这个类型是所有类型的子类型，所以它是一个底层类型，并且也是唯一的一个，它处在类型图的底端。

（3）抽象类型：不能实例化，只能作为类型图中的节点使用，从而描述相关具体类型的集，即那些作为其后代的具体类型。

（4）原始类型：是一种具体类型，其数据是由简单的位组成的。原始类型的经典示例是整数和浮点数。

① 浮点数类型：Float16、Float32 和 Float64。

② 布尔类型：Bool。

③ 有符号整数类型：Int8、Int16、Int32、Int64 和 Int128。

④ 无符号整数类型：UInt8、UInt16、UInt32、UInt64 和 UInt128。

除此之外，Char 类型也属于原始类型。因此，Julia 预定义的原始类型共有 15 个。

（5）复合类型：也是一种具体类型，在各种语言中被称为 record、struct 和 object。复合类型是命名字段的集合，其实例可以视为单个值。复合类型在许多语言中是唯一一种可由用户定义的类型，也是 Julia 中最常用的用户定义类型。

3.1.2 整数与浮点数

整数与浮点数是算术和计算的基础。这些数值的内置表示被称为原始数值类型，且整数和浮点数在代码中作为立即数（Immediate Values）时称为数值字面量。例如，1 是整型字面量，1.0 是浮点型字面量，它们在内存中作为对象的二进制表示就是原始数值类型。

1. 整数

Julia 提供多种内置的整数类型。为了在使用时节约存储空间并提高运行速度，应该尽量使用字节少的数据类型。整数类型的名称很直观，各个类型的宽度已体现在名称中，表 3-2 中列出了整数类型的值占用的位数与数值范围等。

表 3-2　整数类型的值占用的位数与数值范围等

类型名	是否有符号	值占用的位数	最小值	最大值
Int8	是	8	-2^{7}	$2^{7}-1$
UInt8	否	8	0	$2^{8}-1$
Int16	是	16	-2^{15}	$2^{15}-1$
UInt16	否	16	0	$2^{16}-1$
Int32	是	32	-2^{31}	$2^{31}-1$
UInt32	否	32	0	$2^{32}-1$
Int64	是	64	-2^{63}	$2^{63}-1$
UInt64	否	64	0	$2^{64}-1$
Int128	是	128	-2^{127}	$2^{127}-1$
UInt128	否	128	0	$2^{128}-1$

溢出行为：在表 3-2 中已知每个整数类型的最小值和最大值。当一个整数值超出了其类型的数值范围时，就说这个值溢出（Overflow）了。

以 64 位的计算机系统为例，Julia 对整数值溢出有以下两种处理措施。

（1）对于其类型宽度小于 64 位的整数值，值不变，其类型会被提升到 Int64。

（2）对于其类型宽度等于或大于 64 位的整数值，其类型不变，对值采取环绕式（Wraparound）处理。

环绕式处理：当一个 Int64 类型的整数值比这个类型的最大值还要大 1 时，该值就会变成这个类型的最小值。反之，当这个类型的整数值比其最小值还要小 1 时，该值就会变成这个类型的最大值。例如：

```
julia> x = typemax(Int64)
9223372036854775807

julia> x + 1
-9223372036854775808

julia> x + 1 == typemin(Int64)
true

julia> x = typemin(Int64)
-9223372036854775808

julia> x - 1
9223372036854775807

julia> x - 1 == typemax(Int64)
true
```

因此，在可能有溢出产生的程序中，对数值类型的最大值或最小值边界进行显式检查是必要的，否则可使用任意精度算术中的 BigInt 类型作为替代。例如：

```
julia> BigInt(123456789123456789123456789)
123456789123456789123456789

julia> typeof(ans)
BigInt

julia> big"123456789123456789123456789"
123456789123456789123456789

julia> typeof(ans)
BigInt
```

BigInt 类型属于有符号的整数类型，可以表示非常大的正整数或者非常小的负整数。但需要注意的是，任何溢出的整数值的类型都不会被自动转换成 BigInt 类型，若有需要，则只能手动进行类型转换。

2. 浮点数

浮点数可以用来表示小数。在抽象类型 AbstractFloat 之下，有 4 个具体的浮点数类型，即 Float16、Float32、Float64 和 BigFloat。前三种普通的浮点数类型分别对应着半精度、单精度和双精度三种不同精度的浮点数，如表 3-3 所示。

表 3-3　浮点数类型与其值占用的位数

类型名	精度	值占用的位数
Float16	半精度（half）	16
Float32	单精度（single）	32
Float64	双精度（double）	64

浮点数字面量以标准格式表示，必要时可使用 E-表示法。若浮点数的整数部分或小数部分只包含 0，则可以将 0 省略掉。除此之外，也可以使用科学记数法来表示浮点数。例如：

```
julia> 1.0
1.0

julia> 1.
1.0

julia> .7
0.7

julia> -1.23
-1.23

julia> 3e10
3.0e10

julia> 1.5e-4
0.00015
```

与 BigInt 一样，BigFloat 类型代表任意精度的浮点数，可用于多精度浮点计算。类似地，可以使用以 big 为前缀的非常规字符串构造出 BigFloat 的值。例如：

```
julia>   BigFloat(-0.55^30)/3
-5.417007415520166449646269006835038369492470640883160134156545003255208333333355e-09

julia> typeof(ans)
BigFloat

julia> big"-0.55"
-0.5500000000000000000000000000000000000000000000000000000000000000000000000000017

julia> typeof(ans)
BigFloat
```

Julia 中还拥有特殊浮点数：正零（Positive Zero）、负零（Negative Zero）、正无穷、负无穷及非数（Not a Number，NaN）。正零和负零相等，但由不同的二进制数表示，可以使用 bitstring 函数来查看底层存储。

```
julia> 0.0 == -0.0
true

julia> bitstring(0.0)
"0000000000000000000000000000000000000000000000000000000000000000"

julia> bitstring(-0.0)
"1000000000000000000000000000000000000000000000000000000000000000"
```

与正零和负零相比，正无穷、负无穷和非数这三种特定的标准浮点值不与实数轴上任何一点对应。特殊的三种浮点数如表 3-4 所示。

表 3-4　特殊的三种浮点数

Float16	Float32	Float64	名称	描述
Inf16	Inf32	Inf64	正无穷	一个大于所有有限浮点数的数
–Inf16	–Inf32	–Inf64	负无穷	一个小于所有有限浮点数的数
NaN16	NaN32	NaN	非数	不等于任何浮点数（包括它本身）的值

Julia 为这三种非常特殊的浮点数定义了 9 个常量，由于浮点数字面量默认都是 Float64 类型的，所以这些常量的名称也是以 Float64 下的名称为基准。

3.1.3 复数与有理数

Julia 包含预定义的复数和有理数类型，并且支持它们的各种标准数学运算和初等函数。

1. 复数

Julia 预定义的复数类型是 Complex，它是 Number 的直接子类型。全局常量 im（imaginary）被绑定到复数 i，表示-1 的平方根。复数的构造主要有以下几种方式。

```
julia> 1+2im
1 + 2im

julia> complex(1, 2)
1 + 2im

julia> a = 1; b = 2; a + b*im
1 + 2im

julia> a = 1; b = 2; complex(a, b)
1 + 2im

julia> typeof(ans)
Complex{Int64}
```

Julia 允许对复数进行标准的数学运算，因此以下的数学表达式同样是合理的。

```
julia> (1 + 2im) + (3 - 4im)
4 - 2im

julia> (1 + 2im) - (3 - 4im)
-2 + 6im

julia> (1 + 2im) * (3 - 4im)
11 + 2im

julia> (1 + 2im) / (3 - 4im)
-0.2 + 0.4im

julia> (1 + 2im)^2
-3 + 4im
```

可分别调用 real 函数与 imag 函数得到一个复数的实部和虚部。例如：

```
julia> real(1 + 2im),imag(1 + 2im)
(1, 2)
```

另外，Julia 预定义的很多数学函数均可以应用于复数，如可以利用 conj 函数求出一个复数的共轭（Conjugate），以及使用 abs 函数计算出复数的模等。

2. 有理数

浮点数无法精确地表示所有小数。例如，1/3 是一个无限循环小数，也是一个有理数，若用浮点数表示，则浮点数会对无限循环小数做舍入造成精度损失。

在 Julia 中，有理数用于表示两个整数之间的准确比率。有理数的类型是 Rational，它的值（分数）可以由操作符“//”来构造。若一个分数的分子和分母含有公因子，则会被约分到最简形式且分母非负。例如：

```
julia> 1//3
1//3

julia> typeof(ans)
Rational{Int64}

julia> 4//6
2//3

julia> 4//-6
-2//3
```

与复数相似，可以使用函数 numerator 和 denominator 分别得到一个有理数的分子与分母。例如：

```
julia> numerator(2//3)
2

julia> denominator(2//3)
3
```

有理数同样可以参与标准的数学运算，这里不做详细介绍。

3.1.4 字符与字符串

字符串是由有限数量的字符组成的序列，其中包括字母、数字和常用标点符号等 ASCII 字符，它们被规范化并与整数 0 到 127 一一对应。除 ASCII 字符外，还有各种非英文字符，如西里尔字母、希腊字母、阿拉伯语和中文等多国语言。Unicode 标准定义了这些字符，为多语言文本数据的国际交换提供了一种方式，并为全球化软件创建了基础。在 Julia 中，纯 ASCII 文本和 Unicode 文本都可以被高效处理。

1. 字符

从表面上看，每个字符都是一个独立且不可再分割的图形。但从存储的层面看，它们还可以拆分成一个个代码单元，甚至一个个位。

Julia 中的一个字符值只能容纳一个 Unicode 字符，并且每个字符值都需要用一对单引号包裹。通过 REPL 环境便可以方便地获知任何字符值的细节，例如：

```
julia> 'j'
'j': ASCII/Unicode U+006A (category Ll: Letter, lowercase)

julia> '编'
'编': Unicode U+7F16 (category Lo: Letter, other)
```

其中，在回显内容中显示了 Unicode 代码点。例如，字符'j'的 Unicode 代码点是 U+006A，至于回显的其他信息，不用重点关注。

除了在单引号中插入 Unicode 字符，还有另外两种标准的表示字符值的方式：一是以前缀"\u"加上最多 4 个十六进制数来表示某个 Unicode 代码点，二是以前缀"\U"加上最多 8 个十六进制数来表示。注意：对于后一种方式，实际上只需要 6 个十六进制数就足够了。如果前两个数字不是 0，则表示的字符代码点超出了 Unicode 的代码空间，因此会报错。例如：

```
julia> '\u7F16'
'编': Unicode U+7F16 (category Lo: Letter, other)

julia> '\U007F16'
'编': Unicode U+7F16 (category Lo: Letter, other)

julia> '\U10ffff'
'\U10ffff': Unicode U+10FFFF (category Cn: Other, not assigned)

julia> '\U0110ffff'
ERROR: syntax: invalid escape sequence
Stacktrace:
[...]
```

在某些情况下，出于一些原因（如字面量冲突、含义冲突等）无法在代码中直接写出需要使用的字符。这时就要使用转义，即用多个字符的有序组合来代表原本需要的字符。这里的多个字符的有序组合就叫作转义序列。

ASCII 编码集中的不可打印字符的转义序列称为经典的转义序列。这些转义序列最早是在C语言中定义的，后来又被很多编程语言沿用。它们的字面量与原字符的编码值是无关的。经典的转义序列如表 3-5 所示。

表 3-5　经典的转义序列

转义序列	ASCII 编码值	含义
\0	0	空字符
\a	7	响铃
\b	8	退格
\f	C	换页
\n	A	换行
\r	D	回车
\t	9	水平制表
\v	B	垂直制表

由于转义序列都以“\”为前缀，所以如果要表示一个反斜杠本身，则需要在其前面再添加一个反斜杠，以明确后面的反斜杠并不是转义序列的前缀。同样，由于字符值需要用单引号包裹，因此如果要表示单引号本身，则需要使用反斜杠来对其进行转义。例如：

```
julia> '\\'
'\\': ASCII/Unicode U+005C (category Po: Punctuation, other)

julia> '\''
'\'': ASCII/Unicode U+0027 (category Po: Punctuation, other)
```

在 Julia 中，字符值的默认类型是 Char，是一个宽度为 32 位的原语类型，这个类型的值足够装下任何一个采用 UTF-8 编码的 Unicode 代码点。同时，它也是抽象类型 AbstractChar 的子类型，还是 Julia 预定义的唯一一个具体字符类型。

在存储层面，Char 类型与 UInt32 类型几乎相同，字符值就相当于无符号的整数。使用时可以很轻易地把一个字符值转换成一个整数值，反之亦然。例如：

```
julia> UInt32('编')
0x00007f16

julia> Char(0x00007f16)
'编': Unicode U+7F16 (category Lo: Letter, other)

julia> Int64('编')
32534

julia> Char(32534)
'编': Unicode U+7F16 (category Lo: Letter, other)

julia> Char(0x11ffff)   #整数值 0x11ffff 是一个无效的 Unicode 代码点
'\U11ffff': Unicode U+11FFFF (category In: Invalid, too high)
```

判断一个整数值是否是 Unicode 有效代码点，可以使用 isvalid 函数。例如：

```
julia> isvalid('编')
true

julia> isvalid(Char(0x00007f16))
true

julia> isvalid(Char(0x11ffff))
false
```

2. 字符串

虽然字符串通常会由多个字符组成，但在 Julia 中，字符串与字符却是截然不同的两个概念。一个字符串值一般由一对双引号包裹，并可以包含零到多个字符，也可以用三联双引号包裹这类值。例如：

```
julia> "Julia"
"Julia"

julia> "Hello,Julia"
"Hello,Julia"

julia> """
           Julia
           基础
           语法
           学习
           """
"Julia\n 基础\n 语法\n 学习\n"
```

使用三联双引号来包裹时，输入的字符串可以跨越多行。其中，换行都会以换行符的形式保留下来，但紧跟在第一个三联双引号后面的换行会被忽略。例如：

```
julia> """
              Julia
                 基础
                    语法
                       学习
           """
"   Julia\n      基础\n         语法\n            学习\n"
```

可以看到，对于由三联双引号包裹的字符串值，Julia 会以缩进最少的那一行为基准，保留每行中的前置空白。最后，对于由双引号包裹的字符串值，如果想在其中表示双引号本身，则要用反斜杠进行转义。例如，字符串值"\""的实际内容是"。但在由三联双引号包裹的值中，双引号不用转义。

Julia 提供了操作字符串的多种方式，下面进行简要讲解。

1）获取长度

（1）ncodeunits：返回将字符编码为 UTF-8 所需的代码单元数或返回字符串中的代码单元数。

（2）sizeof：获取字符串、数据类型、obj 的比特数。

以上两个函数应用于采用 UTF-8 编码的字符串相当于获取其中字节的数量。例如：

```
julia> example1 = "科学计算语言 Julia 与 MWORKS 实践"
"科学计算语言 Julia 与 MWORKS 实践"

julia> ncodeunits(example1)
38

julia> sizeof(example1)
38

julia> sizeof("J")
1

julia> sizeof("科")
3

julia> ncodeunits("科")
3
```

另外，使用 length 函数可以得到一个字符串值中字符的数量（字符长度）。这个函数可以接受两个代表索引号的参数，这样计算的就是某个字符串片段中字符的个数。例如：

```
julia> length(example1)
20

julia> length("J")
1

julia> length("编")
1

julia> example1[1:16]
"科学计算语言"

julia> length(example1,1,16)
6
```

2）索引

索引表达式通常由一个可索引对象及一个由中括号包裹的索引号组成。这里的可索引对象和索引号都不仅限于字面量，还可以是标识符或表达式，只要最终能代表它们就可以了。显然，字符串值就是一种可索引对象，索引号的有效范围依从于前面所述的基本设定。例如：

```
julia> comment1 = "c"
julia> comment1[1]
'c': ASCII/Unicode U+0063 (category Ll: Letter, lowercase)
julia> example1[1]
```

```
'科': Unicode U+79D1 (category Lo: Letter, other)
```

值得注意的是，只有在索引到某个字符的第一个代码单元时，索引表达式才能正确地获取这个字符。因为索引表达式的求值结果会是一个 Char 类型的字符值，所以只拿到一个 Unicode 代码点的某个部分是毫无意义的。

对于 UTF-8 编码格式来说，一个中文字符需要使用三个代码单元。在变量 example1 代表的字符串中，最后一个字符是“践”。因此，当使用索引号 38 对 example1 进行索引时便会发生错误，索引号 38 对应的应该是表示该字符的那三个代码单元中的最后一个。例如：

```
julia> example1[38]
ERROR: StringIndexError: invalid index [38], valid nearby index [36]=>'践'
Stacktrace:
 [...]

julia> example1[38-2]
'践': Unicode U+8DF5 (category Lo: Letter, other)
```

对于一个陌生的字符串值，可以使用 isvalid 函数来判断字符索引号是哪一位。例如：

```
julia> isvalid(example1,38),isvalid(example1,37),isvalid(example1,36)
(false, false, true)
```

另外，有一些函数可以帮助更好地索引字符串值中的字符。例如：

firstindex：返回字符串中的第一个字符索引号，通常就是 1。

lastindex：返回字符串值中的最后一个字符索引号。

另外，可以使用关键字 end 来指代最后一个字符索引号直接用于索引表达式中。当需要更加精确的索引时，可以使用 thisind 函数。

thisind：给定一个字符串的任意索引，查找索引点所在的首个索引。具体用法为：thisind(str::AbstractString, i::Integer)str 输入为字符串类型，i 为输入索引，指定为整数型输入。例如：

```
julia> thisind(example1,1)
1

julia> thisind(example1,2)
1

julia> thisind(example1,3)
1
```

3）截取

可以通过两个索引号截取出一个字符串的某个片段，这种（范围）索引表达式的求值结果会是一个 String 类型的字符串值，即使结果中只包含一个字符也是如此。需要注意的是，只要有一个索引号不是字符索引号，则这个索引表达式就会立即引发错误。例如：

```
julia> example1[1:16]
"科学计算语言"

julia> example1[1:17]
ERROR: StringIndexError: invalid index [17], valid nearby indices [16]=>'言', [19]=>'J'
Stacktrace:
  [...]
```

另外，范围索引表达式的结果值其实是一个副本，是从源字符串中的某个片段复制而来的。如果被复制的字符过多，则可能对程序性能产生影响。为了解决这个问题，可以使用SubString类型基于某个字符串片段创建一个子字符串，以避免其中字符的复制。例如：

```
julia> func_example1 = SubString(example1, 1, 16)
"科学计算语言"

julia> typeof(ans)
SubString{String}
```

4）拼接

若需要把多个字符串拼接在一起，则使用string函数，还可以使用操作符*。例如：

```
julia> first = "Hello"
"Hello"

julia> second = "Julia"
"Julia"

julia> string(first, ", ", second)
"Hello, Julia"

julia> first * "," * second
"Hello,Julia"
```

5）插值

有时，拼接构造字符串的方式有些麻烦。为了减少对string的冗余调用或者重复地做乘法，Julia允许使用“$”对字符串字面量进行插值。例如：

```
julia> name = " Julia "
" Julia "

julia>   println("Hello, $(name)!")
Hello,   Julia !

julia> name = "Leticia"
"Leticia"

julia> println("Hello, $(name)!")
Hello, Leticia!
```

“$”之后最短的完整表达式被视为插入其值于字符串中的表达式。因此，可以用括号向字符串中插入任何表达式。例如：

```
julia> "2 * 3 = $(2 * 3)"
"2 * 3 = 6"
```

6）搜索

可以利用一些函数在一个字符串值中搜索指定的字符串，前者称为被搜索的字符串值，后者称为目标字符串。

findfirst：按从前向后的顺序搜索目标字符串，并会在碰到第一个匹配的字符串时停下来，然后返回与之对应的索引号范围值。

findlast：按从后向前的顺序搜索目标字符串，用法和findfirst函数相同。

在此类值中，冒号左边的正整数代表目标字符串在被搜索的字符串值中的起始字符索引号，冒号右边的正整数代表目标字符串在被搜索的字符串值中的末尾字符索引号。例如：

```
julia> example1 = "科学计算语言 Julia 与 MWORKS 实践"
"科学计算语言 Julia 与 MWORKS 实践"

julia> findfirst("MWORKS",example1)
27:32
```

类似地，函数 findprev 和 findnext 都会从给定的索引号向前或向后开始搜索目标字符串。例如：

```
julia> example2 = "科学计算语言 Julia 与 MWORKS 实践，科学计算"
"科学计算语言 Julia 与 MWORKS 实践，科学计算"

julia> findprev("科学", example2, 20)
1:4

julia> findnext("科学", example2, 20)
42:45
```

还可以用 occursin 函数检查在字符串中是否找到某子字符串。例如：

```
julia> occursin('J', example2)
true

julia> occursin('H', example2)
false
```

7）比较

比较操作符也可应用于字符串值。对于这类值，比较操作符会逐个字符地进行比较，并且忽略其底层编码。对于默认的字符串值，以及任何符合 Unicode 编码标准的字符串值（不论它们采用的是哪一个编码格式），比较操作符都会基于 Unicode 代码点对它们进行比较。如果字符串中只包含英文字母，那么它依据的是其中每个字符的字典顺序。例如：

```
julia> "abcdefg" < "opqrstu"
true

julia> "abcdefg" == "opqrstu"
false

julia> "Hello, world." != "Goodbye, world."
true

julia> "1 + 2 = 3" != "1 + 2 = $(1 + 2)"
false
```

3.2 数组

数组是一种容器，其显著的特点包括：① 数组是可变的对象；② 同一个数组中的所有元素值都必须有着相同的类型；③ 数组可以是多维的。它擅长存储表达形式一致的数据，这一点有利于科学计算和数据分析。下面从数组构造与类型、数组的基础函数等方面进行介绍。

3.2.1 数组构造与类型

在 Julia 中，一般使用“[]”、“,”、空格和“;”来创建数组，数组中同一行的元素使用空格进行分隔，不同行之间用逗号或者分号进行分隔。

例如，创建空数组、行向量、列向量和 4×4 数组。

```
A = []
B = [1 2 3 4 5]
C = [1, 2, 3, 4, 5]
D = [1; 2; 3; 4; 5]
E = [1 2 3 4; 5 6 7 8; 9 10 11 12; 13 14 15 16]
```

Syslab 程序运行结果如下：

```
julia> A
Any[]

julia> B
1×5 Matrix{Int64}:
 1  2  3  4  5

julia> C
5-element Vector{Int64}:
 1
 2
 3
 4
 5

julia> D
5-element Vector{Int64}:
 1
 2
 3
 4
 5

julia> E
4×4 Matrix{Int64}:
  1   2   3   4
  5   6   7   8
  9  10  11  12
 13  14  15  16
```

在 Julia 中，除逐个输入元素生成所需的数组外，还提供了大量的函数用于创建一些特殊的数组。常用的数组构造函数如表 3-6 所示。

表 3-6　常用的数组构造函数

函数名	函数功能	函数名	函数功能
Array	构造一个指定维数和初始化数据的数组	Matrix{T}(I,m,n)	生成 m 行 n 列的单位阵
zeros	创建全 0 数组	fill	生成按照指定规则填充好的数组
ones	创建全 1 数组	range	生成具有线性间隔元素的数组
trues	创建全为 true 的数组	Vector	构造未初始化的 Vector{T}
falses	创建全为 false 的数组	Matrix	生成矩阵
rand	均匀分布的随机数	BitArray	节省空间的多维 Bool 数组
randn	生成一个正态随机数组		

下面对一些具有代表性的数组构造函数进行详细介绍。

1. 使用函数创建数组

（1）Array：构造一个指定维数和初始化数据的数组。具体用法如下。

- X = Array{T,N}(undef, dims)：构造一个未初始化的 N 维数组（包含类型 T 的元素）。N 可以是明确提供的，如 Array{T,N}(undef,dims)，或由 dims 长度或数量决定。dims 可能是一个元组或一系列整数。

（2）Matrix：生成矩阵。具体用法如下。

- X = Matrix{T}(mode, dims)：创建类型为 T，mode 可以为 undef（未定义）、nothing、missing，维度为 dims 的矩阵。

例如，构造指定维数、规模和元素类型的数组，可选初始化方式为 undef、nothing、missing。

```
X = Array{Union{Missing,String}}(missing, 2)
Y = Array{Union{Nothing,Int}}(nothing, 2, 3)
Z = Array{Float64,2}(undef, 2, 3)
```

Syslab 程序运行结果如下：

```
julia> X
2-element Vector{Union{Missing, String}}:
 missing
 missing

julia> Y
2×3 Matrix{Union{Nothing, Int64}}:
 nothing  nothing  nothing
 nothing  nothing  nothing

julia> Z
2×3 Matrix{Float64}:
 0.0            1.39753e-315  1.37492e-315
 1.37492e-315   0.0           1.40019e-315

julia>
```

2. 创建全 0 或全 1 数组

（1）zeros：创建全 0 数组。具体用法如下。

- X = zeros([T = Float64] , dims::Tuple)：返回默认类型为 Float64（可指定其他类型）、以元组 dims 为维度的全 0 矩阵。
- X = zeros([T = Float64] , dims...)：返回默认类型为 Float64（可指定其他类型），维度为 dims...（输入参数全为非负整数）的全 0 矩阵。

（2）ones：创建全 1 数组。其具体用法与 zeros 相同。

例如，创建一个由 0 组成的 4×4 矩阵和由整型 1 值组成的 2×3 矩阵。

```
X = zeros(4, 4)
Y = ones(Int, 2, 3)
```

Syslab 程序运行结果如下：

```
julia> X
4×4 Matrix{Float64}:
 0.0  0.0  0.0  0.0
 0.0  0.0  0.0  0.0
 0.0  0.0  0.0  0.0
 0.0  0.0  0.0  0.0

julia> Y
2×3 Matrix{Int64}:
```

```
 1  1  1
 1  1  1

julia>
```

3. 创建全 true 或全 false 数组

（1）trues：逻辑 1（真）。具体用法如下。

- X = trues(dims)，dims 为数组维度。

（2）falses：逻辑 0（假）。具体用法与 trues 相同。

例如，使用 trues 生成由逻辑值“1”构成的 2×3 矩阵。

```
julia> X = trues(2,3)
2×3 BitMatrix:
 1  1  1
 1  1  1

julia>
```

4. 创建均匀分布的随机数

rand：均匀分布的随机数。具体用法如下。

- X = rand()：返回区间(0,1)中的单个均匀分布的随机数。
- X = rand(sz1,...,szN)：返回一个维度为 sz1×...×szN、值在区间(0,1)中均匀分布的随机数的数组，其中 sz1,...,szN 指示每个维度的大小。
- X = rand(T,sz1,...,szN)：返回一个维度为 sz1×...×szN、值为指定类型 T 的随机数构成的数组，其中 sz1,...,szN 指示每个维度的大小。
- X = rand(T,dims)：返回一个维度为元组 dims、值为指定类型 T 的随机数构成的数组。

例如，生成一个实部和虚部位于区间(0,1)内的随机复数。

```
julia> a = rand() + im*rand()
0.7224879938486887 + 0.5221217326104625im
```

生成一个由介于 0 和 1 之间均匀分布的随机数构成的长度为 5 的向量。

```
julia> r = rand(5)
5-element Vector{Float64}:
 0.46458571546346017
 0.5108960385120438
 0.0837190302708275
 0.9492954621679697
 0.04650795831326193
```

创建一个由介于 0 和 1 之间均匀分布的随机数组成的 3×2×3 数组。

```
julia> X = rand(3,2,3)
3×2×3 Array{Float64, 3}:
[:, :, 1] =
 0.228742   0.916932
 0.504137   0.631039
 0.682966   0.0342205

[:, :, 2] =
 0.102163   0.435202
 0.603186   0.795845
 0.959473   0.428205
```

```
[:, :, 3] =
 0.290581  0.704548
 0.825178  0.0850171
 0.829065  0.321094
```

5. 创建正态随机数组

randn：生成一个正态随机数组，元素为标准正态分布，服从独立同分布。具体用法如下。

- X = randn(rng, type, dims)，其中 rng 指随机数生成方法，type 指数据类型。

例如，生成一个由正态分布的随机数组成的 5×5 矩阵。

```
julia>  r = randn(5,5)
5×5 Matrix{Float64}:
  0.476043  -1.09386    2.55939   -0.881281   0.0635392
  1.99464    0.604364   1.07788    0.751083   1.74321
 -0.116962  -0.949662  -0.627052  -0.431292  -0.0447183
  1.42491   -0.452129  -0.842023   0.245047   1.05938
 -0.352125  -2.16197   -0.771354   1.63413   -0.975508
```

6. 创建单位阵

Matrix{T}(I,m,n)：生成 m 行 n 列单位阵，同 Matrix。具体用法如下。

- X = Matrix{T}(I,m,n)，其中 T 为单位阵指定类型。

例如，生成指定规模的单位阵。

```
julia> A = Matrix{Float64}(I, 2, 3)
2×3 Matrix{Float64}:
 1.0  0.0  0.0
 0.0  1.0  0.0

julia> A = Matrix{Int}(I,(4,4))
4×4 Matrix{Int64}:
 1  0  0  0
 0  1  0  0
 0  0  1  0
 0  0  0  1
```

3.2.2 数组的基础函数

Julia 还提供了众多的基础函数，用于支持多种数组的操作。常用的数组操作基础函数如表 3-7 所示。

表 3-7 常用的数组操作基础函数

函数名	函数功能	函数名	函数功能
ndims	返回数组的维数	repeat	数组重复副本
size	返回数组相应维度的长度	rotl90	将数组按逆时针方向旋转 90°
length	返回数组元素的数量	rotr90	将数组按顺时针方向旋转 90°
eltype	返回数组或其他对象中元素的数据类型	eachrow	创建一个迭代向量或矩阵的行的生成器
eachindex	返回数组中每个元素的索引	eachcol	创建一个迭代向量或矩阵的列的生成器
stride	返回对象相邻指定粒度单位的距离	eachslice	获得对象在指定维度的切片
accumulate	沿数组的维度做累积运算并返回结果	broadcast	广播函数

下面对一些具有代表性的数组操作基础函数进行介绍。

1. 获取数组的基本信息

当拿到一个数组时，首先应该去了解它的元素类型、维数和长度等。Julia 提供了专门的函数方便对其进行操作以获取相应信息。具体包括：

（1）ndims(A)：返回数组 A 的维数。

（2）size(A)：返回数组 A 相应维度的长度；size(A, dim)：返回数组 A 在维度 dim 上的长度。

（3）length(A)：返回数组 A 元素的数量。

（4）eltype(A)：返回数组 A 中元素的数据类型。

例如，计算矩阵 $\boldsymbol{A}$ 的维数、长度、第二维度长度、元素数量及数据类型。

$$\boldsymbol{A}=\begin{bmatrix}1 & 5 & 9 & 13 & 17\\ 2 & 6 & 10 & 14 & 18\\ 3 & 7 & 11 & 15 & 19\\ 4 & 8 & 12 & 16 & 20\end{bmatrix}$$

```
julia> array2d = [[1,2,3,4] [5,6,7,8] [9,10,11,12] [13,14,15,16] [17,18,19,20]]
4×5 Matrix{Int64}:
 1  5   9  13  17
 2  6  10  14  18
 3  7  11  15  19
 4  8  12  16  20

julia> size(array2d)
(4, 5)

julia> size(array2d, 2)
5

julia> eltype(array2d), ndims(array2d), length(array2d)
(Int64, 2, 20)
```

2. 返回数组中每个元素的位置

eachindex(A)：创建一个可迭代对象，返回数组 A 中每个元素的索引。

例如，利用 eachindex()获得数组 $A=\begin{bmatrix}10 & 20 & 30 & 40\end{bmatrix}$ 对象的索引。

```
A=[10 20 30 40];
for i in eachindex(A)
  println(i)
end
```

Syslab 程序运行结果如下：

```
1
2
3
4
```

3. 沿数组 A 的维度做累积运算

accumulate(op, A; dims, [init])：沿数组 A 的维度做累积 op 运算并返回结果。op 支持 Julia 定义的基本运算符及部分基本函数，如 min()，max()等。其中，A 作为操作对象，支持数值、数组和部分迭代器；dims 为指定维度；init 参数用于指定迭代计算的起始状态。

例如，利用 accumulate()对数组指定维度做迭代计算。

```
julia> X = accumulate(+, [1,2,3])
3-element Vector{Int64}:
 1
 3
 6

julia> X = accumulate(+, [1,2,3]; init=100)
3-element Vector{Int64}:
 101
 103
 106
```

4. 将数组顺时针或逆时针旋转 90°

（1）rotr90(A) / rotl90(A)：将数组 A 顺时针或逆时针旋转 90°。对于多维数组，旋转是在由第一个和第二个维度构成的平面内完成的。

（2）rotr90(A, k) / rotl90(A, k)：将数组 A 按顺时针或逆时针方向旋转 k×90°，其中 k 是一个整数。

例如，将一维矩阵 ***A*** 和二维矩阵 ***B*** 逆时针旋转 90°。

$$\boldsymbol{A}=\begin{bmatrix}1 & 2 & 3 & 4 & 5\end{bmatrix},\boldsymbol{B}=\begin{bmatrix}1 & 2 & 3\\4 & 5 & 6\end{bmatrix}$$

```
julia> A = [1 2 3 4 5]
1×5 Matrix{Int64}:
 1  2  3  4  5

julia> rotl90(A)
5×1 Matrix{Int64}:
 5
 4
 3
 2
 1

julia> B = [1 2 3;4 5 6]
2×3 Matrix{Int64}:
 1  2  3
 4  5  6

julia> rotl90(B)
3×2 Matrix{Int64}:
 3  6
 2  5
 1  4
```

5. 广播函数

broadcast(f, As...)：将函数 f 广播到对象 As 中，其中 f 支持一元及多元函数，多元函数可紧跟函数标识名称后使用分隔符“,”传递参数，As 表示广播域。

例如，利用 broadcast()对数组进行广播操作。

```
julia>   broadcast(abs,[-1,0,-12,-9.1])              #对数组元素值取绝对值
4-element Vector{Float64}:
```

```
   1.0
   0.0
  12.0
   9.1

julia>  broadcast(+, 1.0, [-1,0,-12,-9.1]) #广播指定数组中元素与 1.0 相加
4-element Vector{Float64}:
   0.0
   1.0
 -11.0
  -8.1
```

3.2.3 索引与链接

在获知一个数组的基本要素后，经常需要探查其中的元素值，如通过指定数组元素的索引检查元素是否满足条件。对于数组来说，索引表达式依然是最有效的，若想修改数组中元素的值，最简单的方式也是使用索引表达式。Julia 中常用的数组索引与链接函数如表 3-8 所示。

表 3-8 Julia 中常用的数组索引与链接函数

函数名	函数功能	函数名	函数功能
colon	向量、数组下标和 for 循环迭代	circcopy!	复制数组
cat	串联数组	findall	查找目标内容并返回所有匹配的索引
vcat	垂直串联数组	findfirst	查找目标内容并返回最先匹配的索引
hcat	水平串联数组	findlast	查找目标内容并返回最后匹配的索引
hvcat	同时垂直和水平串联数组	CartesianIndex	创建笛卡儿坐标索引
circshift	循环平移数组	LinearIndices	一维线性坐标

1. 串联数组

（1）cat(A1, A2, ..., An, dims = dims)：沿维度 dims 串联 A1，A2，…，An。

（2）vcat(A1, A2, ..., An)：垂直串联 A1，A2，…，An。

（3）hcat(A1, A2, ..., An)：水平串联 A1，A2，…，An。

（4）hvcat(rows, values...)：同时垂直和水平串联数组，其中 rows 指定 values 拼接数组每行元素个数；或输入各个元素都相等的数组，指定拼接每行元素个数，数组中元素之和应等于 values 个数。

例如，创建两个矩阵，先垂直串联这两个矩阵，再水平串联。

```
julia> A = ones(3,3)
3×3 Matrix{Float64}:
 1.0  1.0  1.0
 1.0  1.0  1.0
 1.0  1.0  1.0

julia> B = zeros(3,3)
3×3 Matrix{Float64}:
 0.0  0.0  0.0
 0.0  0.0  0.0
 0.0  0.0  0.0
julia> C1 = cat(A,B,dims = 1)
```

```
6×3 Matrix{Float64}:
 1.0  1.0  1.0
 1.0  1.0  1.0
 1.0  1.0  1.0
 0.0  0.0  0.0
 0.0  0.0  0.0
 0.0  0.0  0.0

julia> C2 = cat(A,B,dims = 2)
3×6 Matrix{Float64}:
 1.0  1.0  1.0  0.0  0.0  0.0
 1.0  1.0  1.0  0.0  0.0  0.0
 1.0  1.0  1.0  0.0  0.0  0.0

julia> hcat(A,B)
3×6 Matrix{Float64}:
 1.0  1.0  1.0  0.0  0.0  0.0
 1.0  1.0  1.0  0.0  0.0  0.0
 1.0  1.0  1.0  0.0  0.0  0.0
```

创建两个矩阵并垂直串联它们，首先使用方括号表示法进行串联，然后使用 vcat 串联。

```
julia> A = [1 2 3;4 5 6]
2×3 Matrix{Int64}:
 1  2  3
 4  5  6

julia> B = [7 8 9]
1×3 Matrix{Int64}:
 7  8  9

julia> C = [A; B]
3×3 Matrix{Int64}:
 1  2  3
 4  5  6
 7  8  9

julia> D = vcat(A,B)
3×3 Matrix{Int64}:
 1  2  3
 4  5  6
 7  8  9
```

使用 hvcat()将元素按顺序进行拼接，其中第一个参数 2 指定得到的矩阵每行两个元素，将后续参数按顺序进行拼接。

```
julia> hvcat(2,1,2,3,4,5,6)
3×2 Matrix{Int64}:
 1  2
 3  4
 5  6

julia> hvcat((2,2,2),1,2,3,4,5,6)
3×2 Matrix{Int64}:
 1  2
 3  4
 5  6
```

2. 复制数组

（1）copy(A)：对数组进行浅复制。copy 函数只会复制原值的外层结构，然后把原结构中的各个内部对象原封不动地塞到这个新的结构中。若改动原数组的元素值，则复制的元素值也将改变。

（2）deepcopy(A)：对数组进行深复制。深复制除了会复制原值的外层结构，还会把原结构中的所有内部对象都复制一遍，这样，副本与原值相互独立、毫不相干。

（3）circcopy!(dest, src)：将 src 复制到 dest，以每个维度的长度为模索引，dest 需具有和 src 相同的数据类型，仅可使用 Array 和 BitArray 类型，不支持数值，元素类型支持 Julia 定义的基本数据类型。

例如，建立一个数组，分别用 copy 与 deepcopy 对其进行复制，并修改原值对比。

```
julia> a1 = [1, 3, 5]; a2 = [2, 4, 6];

julia> array_orig1 = [a1, a2]; array_copy1 = copy(array_orig1);

julia> a1[2] = 30; array_orig1[1][2], array_copy1[1][2]
(30, 30)

julia> array_deepcopy1 = deepcopy(array_orig1);

julia> a1[2] = 60; array_orig1[1][2], array_deepcopy1[1][2]
(60, 30)
```

利用 circcopy!()对数组进行复制，每个维度长度为模索引。

```
julia> src = reshape(Vector(1:16), (4,4))
4×4 Matrix{Int64}:
 1  5   9  13
 2  6  10  14
 3  7  11  15
 4  8  12  16

julia> dest = zeros(4,4)
4×4 Matrix{Float64}:
 0.0  0.0  0.0  0.0
 0.0  0.0  0.0  0.0
 0.0  0.0  0.0  0.0
 0.0  0.0  0.0  0.0

julia> circcopy!(dest, src)
4×4 Matrix{Float64}:
 1.0  5.0   9.0  13.0
 2.0  6.0  10.0  14.0
 3.0  7.0  11.0  15.0
 4.0  8.0  12.0  16.0
```

3. 查找并返回匹配的索引

（1）findfirst(A)：返回数组 A 中元素匹配的第一个索引。

（2）findlast(A)：返回数组 A 中元素匹配的最后一个索引。

（3）findall(A)：返回数组 A 中元素匹配的全部索引。

（4）findfirst(f, A) / findlast(f, A) / findall(f, A)：数组 A 内元素通过函数 f 后再进行逻辑真值判断。

例如，对数组使用查找并返回索引，进行逻辑判断返回真值索引。

```
julia>   x = [1, 2, 3, 4, 5, 6, 7];

julia> findfirst(iseven, x)                    #查找第一个偶数
2
```

```
julia> findlast(isodd, x)                    #查找最后一个奇数
7

julia> findall(isodd, x)
4-element Vector{Int64}:
 1
 3
 5
 7
```

4. 笛卡儿坐标索引

CartesianIndex(i, j, k,...)：创建笛卡儿坐标索引。笛卡儿坐标索引类型的每个值都表示一个多维度的索引，如 CartesianIndex(3,2,1)表示的是一个针对三维数组的笛卡儿坐标索引。其中，1 表示第三个维度上的第一个二维数组；2 表示此二维数组包含的第二个一维数组；3 则表示此一维数组包含的第三个元素位置。由此，这个笛卡儿坐标索引值就唯一地确定了一个元素位置。

例如，利用 CartesianIndex()返回对象的线性坐标。

```
julia> A = reshape(Vector(1:16), (2, 2, 2, 2))
2×2×2×2 Array{Int64, 4}:
[:, :, 1, 1] =
 1  3
 2  4

[:, :, 2, 1] =
 5  7
 6  8

[:, :, 1, 2] =
  9  11
 10  12

[:, :, 2, 2] =
 13  15
 14  16

julia> A[CartesianIndex(1,1,1,1)]
1

julia> A[CartesianIndex((1, 1, 1, 2))]
9
```

3.3 集合容器

集合容器是一种用于存储和管理数据元素的数据结构，对每个容器中的元素都可以以特定的方式进行访问和操作。在 Julia 中，集合容器有数组、元组、字典和表等。数组是 Julia 中信息和数据的基本表示形式，其中的元素可以是任意类型的；元组可用于存储任意类型的数据；字典保存一系列映射关系，可通过关键字（key）查找对象对应的值；表可更方便地分析和处理数据。

3.3.1 元组

元组（tuple）是一种非常简单的容器，也是一种可以包含各种类型和大小数据的索引数

据容器，通常是包含文本列表、文本和数字的组合或者不同大小的数值数组。在 Julia 中，元组常用 tuple 和 ntuple 两种函数构建，用方括号[]进行索引访问内部元素。下面介绍这两个函数。

（1）tuple(xs...)：构造给定对象的元组，其中 xs 为可变长数组，可变长数组可以为标量、向量、矩阵或多维数组等。构建并访问元组的一般方法如下：

```
julia> t = (1, 2, 3, "text", (11, 22, 33))  #可通过圆括号()直接构建元组
(1, 2, 3, "text", (11, 22, 33))

julia> t[1:4]                               #通过索引访问元组
(1, 2, 3, "text")

julia> t = tuple(1, 'a', pi)                #通过 tuple 函数创建元组
(1, 'a', π)

julia> t[2]
'a': ASCII/Unicode U+0061 (category Ll: Letter, lowercase)
```

（2）ntuple：创建一个长度为 n 的元组，计算每个元素为 f(i)。具体用法如下。

- ntuple(f::Function, n::Integer)：创建一个长度为 n 的元组，将每个元素计算为 f(i)，其中 i 是元素的索引，f 为输入指定函数，元组的每个元素按该函数运算后的结果构成新的元组。
- ntuple(f, ::Val{N})：创建一个长度为 N 的元组，将每个元素计算为 f(i)，其中 i 是元素的索引，Val(N)为元组长度，返回正整数 N。

使用 ntuple 函数构建元组的一般方法如下：

```
julia> ntuple(i -> 2*i, 4)          #构建一个从 1 开始、步长为 1、长度为 4 的元组，并计算每个元素的 2 倍
(2, 4, 6, 8)

julia> ntuple(i -> 2*i, Val(4))     #也可以使用 Val(N)参数作为元组的长度
(2, 4, 6, 8)
```

3.3.2 字典

字典（Dictionary）是一种容器，将值映射到唯一键的对象。与元组不同，它包含的是键值对而不是元素值。每个键值对都是一个存储单元，也称为映射，因为它表示从一个键到一个值的映射关系。在字典中，这种映射关系是单向的，只能通过键来获取、保存或更改其对应的值，而反过来则不行。

Julia 提供的支持多种字典操作的基础函数如表 3-9 所示。

表 3-9　Julia 提供的支持多种字典操作的基础函数

函数名	函数功能	函数名	函数功能
Dict	字典（将值映射到唯一键的对象）	get	获取给定键存储的值
haskey	确定映射对象是否包含键	getkey	获取字典中的键
keys	返回映射对象的键	keytype	返回包含键类型的数组
values	返回映射对象的值	valtype	返回包含值类型的数组

1. 构建与访问字典

（1）Dict：字典（将值映射到唯一键的对象）。具体用法如下。

- Dict([itr])：用 K 类型的键和 V 类型的值构造一个哈希表，并表示为 Dict{K,V}()，给定一个参数构造一个 Dict，其键值对取自该参数生成的二元组(key,value)。

（2）haskey：确定映射对象是否包含键。具体用法如下。

- haskey(collection, key)：判断映射对象（如 Dict、SortedSet）是否具有给定键的映射，并返回一个 Bool 值。

（3）keys：返回映射对象的键。具体用法如下。

- keys(iterator)：返回具有键和值（如数组和字典）的迭代器或集合中的所有键。
- keys(a::AbstractDict)：返回字典中所有的迭代器；collect(keys(a))：返回一个键数组。
- keys(gd::GroupedDataFrame)：返回已分组的数据框中所有的键。

（4）values：返回映射对象的值，具体用法与 keys 相似。

例如，简单构建字典并对其进行操作。

```
julia> C = Dict([("A", 1), ("B", 2)])          #可以通过输入键值对元组构建字典
Dict{String, Int64} with 2 entries:
  "B" => 2
  "A" => 1

julia>                                         #传递一系列成对参数构建字典，如创建一个包含几个月降雨量数据的字典
julia> D = Dict("Jan"=>327.2, "Feb"=>368.2, "Mar"=>197.6, "Apr"=>178.4)
Dict{String, Float64} with 4 entries:
  "Mar" => 197.6
  "Apr" => 178.4
  "Jan" => 327.2
  "Feb" => 368.2

julia> D["Mar"]                                #通过键获取对应的值
197.6

julia> haskey(D, "Mar")                        #查看字典 D 是否含有键 "Mar"
true

julia> collect(keys(D))                        #查询字典 D 中的所有键
4-element Vector{String}:
 "Mar"
 "Apr"
 "Jan"
 "Feb"

julia> collect(values(D))                      #查询字典 D 中的所有值
4-element Vector{Float64}:
 197.6
 178.4
 327.2
 368.2
```

2. 获取字典信息

（1）get：获取给定键存储的值，若该键无映射则返回默认值。具体用法如下。

- get(collection, key, default)：返回为给定键存储的值，如果该键在集合中无映射，则返回给定的默认值 default。

- get(b::Bijection, key, default)：返回映射集合中给定键存储的值，如果该键在集合中无映射，则返回给定的默认值 default。
- get(gd::GroupedDataFrame, key, default)：返回分组后的数据框中给定键存储的值，如果该键在数据框中无映射，则返回给定的默认值 default。
- get(f::Function, collection, key)：返回为给定键存储的值，如果该键在集合中无映射，则返回给定的 f(default)，这将使用 do 块语法进行调用。

（2）getkey：如果集合中存在与键匹配的值则返回键，否则返回默认值。具体用法如下。

- getkey(collection, key, default)：返回给定集合中存在的键，如果该键在集合中无映射，则返回给定的默认值 default。

例如，获取字典中给定键存储的值。

```
julia> d = Dict("a"=>1, "b"=>2, "c"=>3);

julia> get(d, "a", 3)                 #获取字典 d 中键 "a" 对应的值
1

julia> getkey(d, "a", 1)              #获取字典 d 中的键 "a"
"a"
```

（3）keytype：返回包含键类型的数组。具体用法如下。

- keytype(type)：获取字典类型的键类型。
- keytype(A::AbstractArray)和 keytype(T::Type{<:AbstractArray})：获取数组的键类型。

（4）valtype：返回包含值类型的数组，具体用法与 keytype 相同。

3.3.3 表

表是具有灵活性的有序集合对象类型，可以包含任何种类的对象，如数字、字符串甚至其他表等。Julia 提供的支持多种表操作的基础函数如表 3-10 所示。

表 3-10　Julia 提供的支持多种表操作的基础函数

函数名	函数功能	函数名	函数功能
DataFrame	具有命名变量的表数组	innerjoin	将表从内部连接
rename	创建新的表副本并更改列名	outerjoin	将表从外部连接
CSV.read	读取文件	combine	结合行对列转换
CSV.write	输出文件	select	对列转换，行数不变
first	表的第一行	select!	复制新的表对列转换，行数不变
last	表的最后一行	transform	对列进行转换，行数不变并保留原列
describe	读取表的摘要	transform!	不复制新的表对列进行转换
nrow	表行数	joindataframe	使用键变量按行合并两个表
ncol	表列数		

（1）DataFrame：具有命名变量的表数组（变量可包含不同类型的数据）。具体用法如下。

- DataFrame(pairs::Pair...; makeunique::Bool = false, copycols::Bool = true)、DataFrame(pairs::AbstractVector{<:Pair}; makeunique::Bool = false, copycols::Bool = true)：根据键

值对 pairs 创建表。

- DataFrame(ds::AbstractDict; copycols::Bool = true)：通过字典 ds 创建表。
- DataFrame (kwargs..., copycols::Bool = true)：通过输入变量及对应数值等信息创建表。
- DataFrame(columns::AbstractVecOrMat,names::AbstractVectormakeunique::Bool= false, copycols::Bool= true)：通过直接指定变量与列数据创建表。
- DataFrame(table;copycols::Union{Bool,Nothing}=nothing)、DataFrame(::DataFrameRow)、DataFrame(::GroupedDataFrame; keepkeys::Bool = true)：将单行表、分类表等提升为 DataFrame 类型。

例如，使用 DataFrame 创建表。

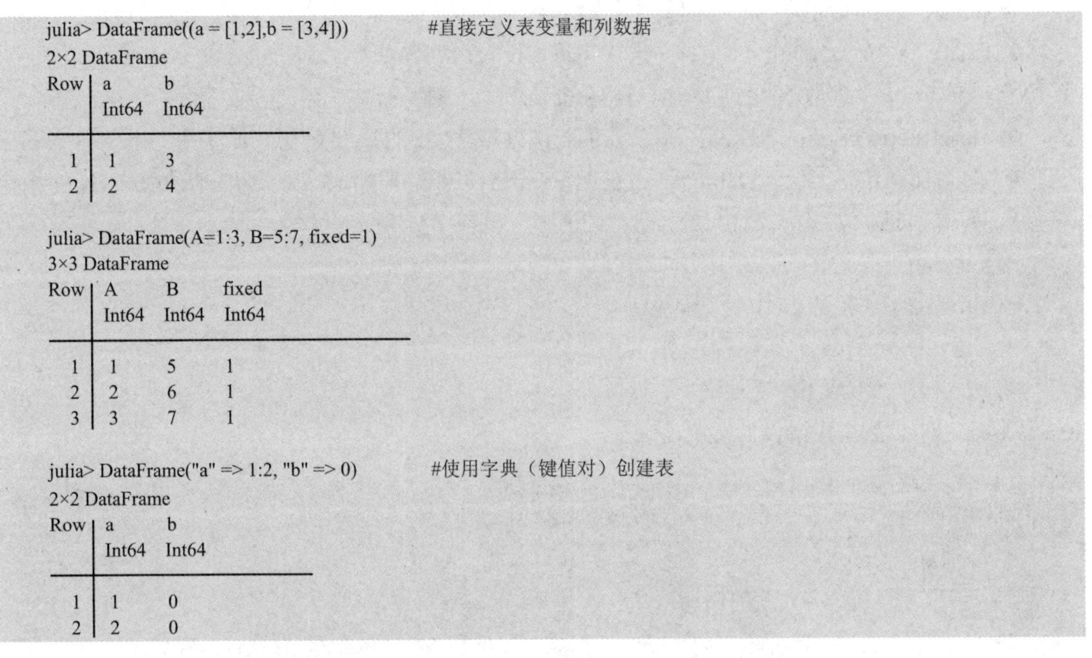

```
julia> DataFrame((a = [1,2],b = [3,4]))          #直接定义表变量和列数据
2×2 DataFrame
 Row │ a      b
     │ Int64  Int64
─────┼──────────────
   1 │ 1      3
   2 │ 2      4

julia> DataFrame(A=1:3, B=5:7, fixed=1)
3×3 DataFrame
 Row │ A      B      fixed
     │ Int64  Int64  Int64
─────┼─────────────────────
   1 │ 1      5      1
   2 │ 2      6      1
   3 │ 3      7      1

julia> DataFrame("a" => 1:2, "b" => 0)           #使用字典（键值对）创建表
2×2 DataFrame
 Row │ a      b
     │ Int64  Int64
─────┼──────────────
   1 │ 1      0
   2 │ 2      0
```

（2）rename：创建新的表副本并更改列名。具体用法如下。

- rename(df::AbstractDataFrame, vals::AbstractVector{Symbol};makeunique::Bool=false)、rename(df::AbstractDataFrame,vals::AbstractVector{<:AbstractString};makeunique::Bool =false)：根据向量 vals 中的符号或字符串更改表 df 中列名。
- rename(df::AbstractDataFrame, (from => to)::Pair...)、rename(df::AbstractDataFrame, d::AbstractDict)、rename(df::AbstractDataFrame, d::AbstractVector{<:Pair})：根据键值对、键值对向量或字典更改表 df 中列名。
- rename(f::Function, df::AbstractDataFrame)：对表 df 中列名使用函数 f 进行更改。

例如，使用 rename 创建表副本并更改列名。

```
julia> df = DataFrame(i=1, x=2, y=3)
1×3 DataFrame
 Row │ i      x      y
     │ Int64  Int64  Int64
─────┼─────────────────────
   1 │ 1      2      3

julia> rename(df, :i => :A, :x => :X)
1×3 DataFrame
```

```
Row | A      X      y
    | Int64  Int64  Int64
────┼──────────────────────
  1 | 1      2      3
```

（3）CSV.read：读取文件。具体用法如下。

- CSV.read(source, sink::T; kwargs...) =>T：读取 source 对应文件为指定 T 类型变量。

（4）CSV.write：输出文件。具体用法如下。

- CSV.write(file, table; kwargs...) =>file：将表 table 输出为文件。

（5）first：表的第一行。具体用法如下。

- first(df::AbstractDataFrame)：求表的第一行数据。

（6）last：表的最后一行。具体用法如下。

- last(df::AbstractDataFrame)：求表的最后一行数据。

（7）describe：读取表的摘要。具体用法如下。

- describe(df::AbstractDataFrame; cols=:)：读取表 df 的摘要信息，可使用 cols =指定列。
- describe(df::AbstractDataFrame, stats::Union{Symbol, Pair}...;cols–:)：读取表 df 的指定基本信息，如 min 输出最小值，可使用 cols=指定列。

（8）nrow：表行数。具体用法如下。

- nrow(df)：求表 df 中行数。

（9）ncol：表列数。具体用法如下。

- ncol(df)：求表 df 中列数。

例如，创建表并获得其指定信息。

```
julia> df = DataFrame([1 2 3;4 5 6;7 8 9],:auto)          #创建表
3×3 DataFrame
Row | x1     x2     x3
    | Int64  Int64  Int64
────┼──────────────────────
  1 | 1      2      3
  2 | 4      5      6
  3 | 7      8      9

julia> describe(df)          #读取表的摘要信息
3×7 DataFrame
Row | variable  mean     min    median   max    nmissing  eltype
    | Symbol    Float64  Int64  Float64  Int64  Int64     DataType
────┼──────────────────────────────────────────────────────────────
  1 | x1        4.0      1      4.0      7      0         Int64
  2 | x2        5.0      2      5.0      8      0         Int64
  3 | x3        6.0      3      6.0      9      0         Int64

julia> first(df)          #读取表的第一行数据
DataFrameRow
Row | x1     x2     x3
    | Int64  Int64  Int64
────┼──────────────────────
  1 | 1      2      3

julia> last(df)          #读取表的最后一行数据
ans =  DataFrameRow
Row | x1     x2     x3
    | Int64  Int64  Int64
────┼──────────────────────
  3 | 7      8      9
```

```
julia> nrow(df)      #求表的行数
3

julia> ncol(df)      #求表的列数
3
```

3.3.4 集合属性与操作

上面介绍了元组、字典和表三种集合容器及相关的基本操作。除此之外，集合容器还有其他属性与操作函数，如表 3-11 所示。

表 3-11 集合容器其他属性与操作函数

函数名	函数功能	函数名	函数功能
isempty	判断集合是否为空	collect	返回包含集合所有元素的向量
empty!	删除集合中的元素	union	构造集合的并集
in	判断元素是否在集合中	intersect	构造集合的交集
unique	数组中的唯一值	setdiff	构造集合的差集
ty_unique	数组中的唯一值	ty_setdiff	设置两个数组的差集
uniquetol	容差内的唯一值	setxor	设置两个数组的异或
maximum	返回集合的最大值	symdiff	构造集合的对称差
minimum	返回集合的最小值		

1. 通用操作

（1）isempty：判断集合是否为空。如果 A 为空，TF = isempty(A)将返回逻辑值 1(true)，否则返回逻辑值 0(false)。

（2）empty!(collection)：删除集合 collection 中的元素。

（3）in(item, collection)：判断元素 item 是否在集合 collection 中。

例如，创建一个集合，并对集合进行指定操作。

```
julia> A = Dict("a" => 1, "b" => 2, "c" => 3)
Dict{String, Int64} with 3 entries:
  "c" => 3
  "b" => 2
  "a" => 1

julia> TF = isempty(A)            #判断集合是否为空
false

julia> in("c" => 3, A)            #判断元素是否在集合中
true

julia> empty!(A)                  #删除集合中的元素
Dict{String, Int64}()

julia> TF = isempty(A)
true
```

2. 操作集合

集合运算包括求并集、求交集、求差集和求对称差集等。对于这些运算，Julia 都提供了相应的函数。

（1）union(s, itrs...)：构造集合的并集，并保持顺序。

（2）intersect(s, itrs...)：构造集合的交集，并保持顺序。

（3）setdiff(s, itrs...)：构造集合的差集，并保持顺序。

（4）symdiff(s, itrs...)：构造集合的对称差，并保持顺序。

例如，创建集合，并对其进行运算。

```
julia> A = [1, 2, 3, 4, 5];B = [3, 4, 5, 6, 7];C = [10, 11];

julia> union(A, B)                #求 A 和 B 的并集
7-element Vector{Int64}:
 1
 2
 3
 4
 5
 6
 7

julia> intersect(A, B)            #求 A 和 B 的交集
3-element Vector{Int64}:
 3
 4
 5

julia> intersect(A, B, C)         #求 A、B 和 C 的交集
Int64[]

julia> setdiff(A, B)              #求 A 和 B 的差集
2-element Vector{Int64}:
 1
 2

julia> symdiff(A, B, C)           #求 A、B、C 集合的对称差
6-element Vector{Int64}:
  1
  2
  6
  7
 10
 11
```

3. 获取操作

（1）unique：集合中的唯一值。具体用法如下。

- unique(itr)：求集合 itr 中的唯一值。
- unique(f, itr)：对集合 itr 使用函数 f 并求结果的唯一值。
- unique(A; dims)：查找集合 A 沿维度 dims 的唯一值。

（2）maximum：返回集合的最大值。具体用法如下。

- maximum(itr)：求集合 itr 中的最大值。
- maximum(f, itr)：对集合 itr 使用函数 f 并求结果的最大值。

- maximum(f, itr; [init])或 maximum(itr;[init])init、设置初始最大值。

（3）minimum：返回集合的最小值。具体用法与 maximum 函数相同。

（4）collect：返回包含集合所有元素的向量。具体用法如下。

- collect(collection)：返回集合或迭代器中所有元素的数组。
- collect(element_type, collection)：返回具有集合或迭代器中所有项目的给定元素类型的数组，结果与集合具有相同的形状和维数。

例如，创建一个集合并对其进行获取操作。

```
julia> A = [3, 4, 5, 5, 6, 7, 7, 10, 12];

julia> unique(A)            #求集合中的唯一值
7-element Vector{Int64}:
  3
  4
  5
  6
  7
 10
 12

julia> maximum(A)           #求集合中的最大值
12

julia> minimum(A)           #求集合中的最小值
3
```

3.4 数学运算与初等函数

Julia 为其所有的基础数值类型提供了整套的基础算术和位运算，也提供了一套高效、可移植的标准数学函数。

3.4.1 算术运算函数

下面介绍算术运算函数，包含加法、减法、乘法、除法等函数与运算符。

1. 加法函数

常用的加法函数如表 3-12 所示。

表 3-12 常用的加法函数

函数名	函数功能
+	加法运算符
sum	数组元素求和
sum!	按指定维度求和
cumsum	求累积和
cumsum!	求累积和并赋值

（1）+：加法运算符。具体用法为 C = A + B 或 C = + (A, B,...)：通过对应元素相加将数组 A 和 B 相加，其中 A 和 B 的大小必须相同。

（2）sum：数组元素求和。具体用法如下。

- sum(A)：求数组元素之和。
- sum(A, dims = dim)：可指定对数组的某一维度 dim 进行求和，"dims =" 不可省略。
- sum(A, init = a)：指定初始求和元素为 a，"init =" 不可省略。
- sum(f, A; dims = :)：对数组 A 的每个元素调用函数 f 的结果进行求和。通过可选参数 dims 对指定维度求和。f 为输入函数，求和将以该函数运算规则进行。

（3）sum!：按指定维度求和。具体用法：sum!(r, A)求 r 的单维数上 A 的元素之和，并将结果写入 r。

例如，创建一个矩阵并使用 sum 与 sum!函数计算指定元素的和。

```
julia> A = [1 -3 2;-4 2 5;6 -1 4]
3×3 Matrix{Int64}:
  1  -3  2
 -4   2  5
  6  -1  4

julia> S = sum(A)                        #计算元素的总和
12

julia> S = sum(A, dims = 1)              #计算每列元素的总和
1×3 Matrix{Int64}:
 3  -2  11

julia> S = sum(A, init = 0+0im)          #设置初始求和元素
12 + 0im

julia> S = sum(abs, A)                   #求矩阵元素的绝对值之和
28

julia> S = sum!([1; 1; 1], A)            #对矩阵 A 的各行求和，指定求和向量为[1; 1; 1]
3-element Vector{Int64}:
 0
 3
 9
```

（4）cumsum：求累积和。具体用法如下。

- cumsum(A)：返回向量元素的累积和。
- cumsum(A, dims::Integer)：返回沿维度 dims 元素的累积和，"dims =" 不可省略。

（5）cumsum!：求累积和并赋值。具体用法如下。

- cumsum!(B, A)：对 A 求累积和，并赋值给相同维度的 B。
- cumsum!(B, A; dims::Integer)：按维度 dims 求 A 的累积和，并将结果存储在 B 中。

2. 减法函数

（1）–：减法运算符。具体用法与加法运算符相同。

（2）diff：差分。具体用法如下。

- diff(A::AbstractVector)：计算向量上相邻元素之间的差分。如果 A 是长度为 m 的向量，则 D = diff(A)返回长度为 m–1 的向量。
- diff(A::AbstractArray, dims::Integer)：沿 dims 指定的维度计算相邻元素之间的差分。

例如，创建矩阵 A，计算各行之间的一阶差分。

```
julia> A = [1 -3 2;-4 2 5;6 -1 4]
3×3 Matrix{Int64}:
  1  -3  2
 -4   2  5
  6  -1  4

julia> D = diff(A, dims=1)
2×3 Matrix{Int64}:
 -5   5   3
 10  -3  -1
```

3. 乘法函数

常用的乘法函数如表 3-13 所示。

表 3-13　常用的乘法函数

函数名	函数功能
*	乘法运算符
.*	数组乘法
prod	数组元素的乘积
prod!	按指定维度求积
cumprod	累积乘积
cumprod!	按维度累积乘积
^	矩阵幂
power	按元素求幂

（1）*：乘法运算符。具体用法与加法运算符相同。

（2）.*：数组乘法。A.*B 表示对 A、B 元素进行广播乘法运算，等价于 broadcast(*, A, B)。

（3）prod：数组元素的乘积。具体用法如下。

- prod(itr; [init])：返回集合中所有元素的乘积。
- prod(f, itr; [init])：按照函数 f 功能执行并返回集合中所有元素的乘积。
- prod(A; dims)：按维度 dims 返回集合中所有元素的乘积。
- prod(f, A; dims)：按照函数 f 功能执行，并返回集合指定维度 dims 中所有元素的乘积。

（4）prod!：按指定维度求积。具体用法：prod!(r,A)求 r 的单维数上 A 的元素之积，并将结果写入 r。

例如，创建一个矩阵并使用 prod 与 prod!函数计算指定元素的积。

```
julia> A = [1 -3 2;-4 2 5;6 -1 4]
3×3 Matrix{Int64}:
  1  -3  2
 -4   2  5
  6  -1  4

julia> prod(A, dims = 1)              #计算 A 的各列元素的乘积
1×3 Matrix{Int64}:
 -24  6  40

julia> prod(abs2, A, dims = 2)        #计算 A 的各行元素的绝对值的平方的乘积
3×1 Matrix{Int64}:
   36
 1600
```

```
576

julia> B = [1; 1; 1]; prod!(B, A)            #使用 prod!对 A 求各行之积，并赋值给相同维度的 B
3-element Vector{Int64}:
  -6
 -40
 -24
```

（5）cumprod：累积乘积。具体用法如下。

- cumprod(A)：从 A 中第一个不等于 1 的数组维度开始返回 A 的累积乘积。
- cumprod(A; dims::Integer)：返回沿维度 dims 的累积乘积。

（6）cumprod!：按维度累积乘积。具体用法如下。

- cumprod!(B, A)：对 A 求累积和，并赋值给相同维度的 B。
- cumprod!(B, A; dims::Integer)：按维度 dims 求 A 的累积乘积，将结果存储在 B 中。

（7）^：矩阵幂。具体用法与加法运算相同。

（8）power：按元素求幂。具体用法：power(A, B)计算 A 中每个元素在 B 中对应指数的幂，其中 A 和 B 的大小必须相同或兼容。

4. 除法函数

常用的除法函数如表 3-14 所示。

表 3-14　常用的除法函数

函数名	函数功能
\	左除
/	右除
÷	整除
.\	数组左除
./	数组右除
rationalize	将浮点数 x 近似为具有给定整数类型分量的有理数
numerator	分子
denominator	分母
//	求解关于 x 的线性方程组 xA = B

（1）\：左除。具体用法：C = A \ B 或 C = \ (A, B)：将数组 A 和 B 左除，其中数组 A 和 B 必须具有相同的行数。

（2）/：右除。具体用法：C = A / B 或 C = /(A, B)：将数组 A 和 B 右除，其中数组 A 和 B 必须具有相同的列数。

（3）÷：整除，具体用法如下。

- A ÷ B：计算欧几里得除法的商，相当于将 A/B 的值截断小数部分返回一个整数。
- ÷(A, B)和 C = div(A, B)：执行 C = A ÷ B 的替代方法。
- div(A, B, r::RoundingMode = RoundToZero)：按照舍入方式 r，计算 A 除以 B 的商。

（4）.\：数组左除，具体用法如下。

- A .\ B：用 A 的每个元素除以 B 的对应元素，A 和 B 的大小必须相同或兼容。
- (\ A, B)：C = A .\ B 的替代方法。

（5）./：数组右除，具体用法与数组左除相同。

例如，创建两个数值数组 A 和 B，并用数组左除与数组右除计算。

```
julia> A = ones(2,3);B = [1 2 3; 4 5 6];

julia> x = B.\A    #数组左除
2×3 Matrix{Float64}:
 1.0     0.5    0.333333
 0.25    0.2    0.166667

julia> x = B./A    #数组右除
2×3 Matrix{Float64}:
 1.0   2.0   3.0
 4.0   5.0   6.0
```

（6）rationalize：将浮点数 x 近似为具有给定整数类型分量的有理数。rationalize(X)返回一个包含 X 元素的有理近似值的字符向量。

（7）numerator：numerator(A)返回符号表达式的分子。

（8）denominator：denominator(A)返回表达式的分母。

（9）//：求解关于 x 的线性方程组 xA = B，将两个整数或有理数相除，得到一个有理数结果。

5. 其他运算函数

常用的其他运算函数如表 3-15 所示。

表 3-15　常用的其他运算函数

函数名	函数介绍
transpose	转置向量或矩阵
', adjoint	复共轭转置
conj!, conj	共轭转置

（1）transpose：转置向量或矩阵。transpose(A)返回 A 的非共轭转置，即每个元素的行和列索引都会互换。如果 A 包含复数元素，则 transpose(A)不会影响虚部符号。

（2）', adjoint：复共轭转置。A'计算 A 的复共轭转置。对于数字类型，adjoint 返回复共轭，因此它等效于实数的恒等函数。

（3）conj!, conj：共轭转置。conj!(A)或 conj(A)将数组 A 变换为其复共轭。

例如，创建一个矩阵 A，并计算 A 的共轭转置。

```
julia> A = [2 1; 9 7; 2 8; 3 5]
4×2 Matrix{Int64}:
 2  1
 9  7
 2  8
 3  5

julia> B = A'                   #计算 A 的共轭转置
2×4 adjoint(::Matrix{Int64}) with eltype Int64:
 2  9  2  3
 1  7  8  5
```

3.4.2 逻辑运算函数

逻辑运算又称为布尔运算，指判断真或假（1 或 0）的条件。在 Julia 中，常用于逻辑运算的函数有 find、logical。

（1）find：查找非零元素的索引和值。具体用法如下。

- find(X; nargout)：返回一个包含数组 X 中每个非零元素的线性索引的向量。
- find(X, n; nargout)：返回与 X 中的非零元素对应的前 n 个索引。
- find(X, n, direction; nargout)：指定 direction 为“last”，则查找与 X 中的非零元素对应的最后 n 个索引。direction 的默认值为“first”，即查找与非零元素对应的前 n 个索引。
- row, col = find(___)：使用前面语法中的任何输入参数返回 X 中每个非零元素的行和列下标。
- row, col, v = find(___)：返回包含 X 的非零元素的向量 v。

（2）logical：将数值转换为逻辑值。logical(A)将 A 转换为一个逻辑值数组，A 中的任意非零元素都将转换为逻辑值 1（true），若为零则转换为逻辑值 0（false）。复数值和 NaN 不能转换为逻辑值，否则会导致转换错误。

例如，在 4×4 幻方矩阵中使用 find 函数查找元素。

```
julia> X = magic(4)
4×4 Matrix{Int64}:
 16   2   3  13
  5  11  10   8
  9   7   6  12
  4  14  15   1

julia> k = find(X, 4, "last")              #查找后 4 个非零值
4-element Vector{Int64}:
 13
 14
 15
 16

julia> k = find(X .< 10, 5)               #查找前 5 个小于 10 的元素
5-element Vector{Int64}:
 2
 3
 4
 5
 7

julia> X[k]                                #查看 X 的对应元素
5-element Vector{Int64}:
 5
 9
 4
 2
 7
```

3.4.3 其他数学函数

除上面介绍的函数外，在 Julia 中还预定义了非常丰富的数学函数，一些常用的数学函数如下。

- 数值转换函数：T(x)和 convert(T, x) 都能够把 x 转换为 T 类型。
- 数值特殊性判断：isequal、isfinite、isinf 和 isnan。
- 舍入：四舍五入的 round(T, x)、向正无穷舍入的 ceil(T, x)、向负无穷舍入的 floor(T, x)，以及总是向 0 舍入的 trunc(T, x)。
- 除法：cld(x, y)、fld(x, y)和 div(x, y)，它们分别会将商向正无穷、负无穷和 0 做舍入，其中 x 代表被除数，y 代表除数。另外，与之相关的还有取余函数 rem(x,y)和取模函数 mod(x, y)等。
- 符号获取：函数 sign(x)和 signbit(x)都用于获取一个数值的符号。函数 sign(x)会分别返回 1、0 和–1，函数 signbit(x)会分别返回 false 和 true。
- 绝对值：用于求绝对值的函数是 abs(x)。另一个类似的函数是用于求平方的 abs2(x)。
- 求指数：函数 exp(x)会求取 x 的自然指数。expm1(x)为当 x 接近 0 时的 exp(x)–1 的精确值。
- 求对数：log(x)求 x 的自然对数，log(b, x)求以 b 为底的 x 的对数，log2(x)和 log10(x)分别求以 2 和 10 为底的对数。另外，log1p(x)为当 x 接近 0 时的 log(1+x) 的精确值。
- 求根：sqrt(x)用于求取 x 的平方根，函数 cbrt(x)用于求取 x 的立方根。
- 三角函数：sin(x)、cos(x)与 tan(x)分别用于求取 x 的正弦、余弦和正切。

对于以上诸多函数，这里不展开说明。除了以上函数，Syslab 的数学工具箱中还定义了三角函数和双曲函数等数学运算函数，用户可以自行查阅 Syslab 产品手册。

3.4.4 数学运算符

1. 算术运算符

表 3-16 中的算术运算符支持所有的原始数值类型。

表 3-16 算术运算符

运算名称	运算符	示意表达式	说明
一元加	+	+x	求 x 的原值
一元减	–	–x	求 x 的相反数，相当于 0 – x
平方根	√	√x	求 x 的平方根
二元加	+	x + y	求 x 和 y 的和
二元减	–	x – y	求 x 和 y 的差
乘	*	x * y	求 x 和 y 的积
除	/	x / y	求 x 和 y 的商
逆向除	\	x \ y	相当于 y/x
整除	÷	x÷y	求 x 除以 y 后得到的整数
求余运算	%	x % y	求 x 除以 y 后得到的余数
幂运算	^	x ^ y	求 x 的 y 次方

其中，与加号和减号类似，平方根符号√也是一个一元运算符。一元运算符是指只有一个数值参与运算的运算符，如+x。运算符根据参与操作的对象数量可以分为一元运算符、二

元运算符和三元运算符，而参与操作的对象称为操作数。除优先级比二元运算符高外，直接放置在标识符或括号前面的数字（例如 2x 或 2(x+y)）被视为乘法。

2. 位运算符

在 Julia 中，任何值在底层都是根据某种规则以二进制形式存储的。所谓的位运算，就是针对二进制数中的位进行的运算，这种运算可以逐个地控制数中每个二进制位的具体状态（0 或 1）。Julia 中的位运算符如表 3-17 所示。

表 3-17　Julia 中的位运算符

运算名称	运算符	示意表达式	说明
按位求反	~	~x	求 x 的反码，相当于每个二进制位都变反
按位求与	&	x & y	逐个对比 x 和 y 的每个二进制位，只要有 0 就为 0，否则为 1
按位求或	|	x | y	逐个对比 x 和 y 的每个二进制位，只要有 1 就为 1，否则为 0
按位异或	⊻	x ⊻ y	逐个对比 x 和 y 的每个二进制位，只要不同就为 1，否则为 0
逻辑右移	>>>	x >>> y	把 x 中的所有二进制位统一向右移动 y 次，并在空出的位上补 0
算术右移	>>	x >> y	把 x 中的所有二进制位统一向右移动 y 次，并在空出的位上补原值的最高位
逻辑/算术左移	<<	x << y	把 x 中的所有二进制位统一向左移动 y 次，并在空出的位上补 0
否定	!	!(x)	返回布尔值的否定
求逆	inv	inv(x)	求方阵 x 的逆矩阵或数值 x 的倒数

例如，利用 bitstring 函数直观地体现这些位运算符的作用。

```
julia> x = Int8(-10); y = Int8(12);

julia> (bitstring(x), bitstring(y))
("11110110", "00001100")

julia> bitstring(~x)          #求 x 的反码，每个二进制位都取反
"00001001"

julia> bitstring(x & y)       #按位求与
"00000100"

julia> bitstring(x >>> 3)     #逻辑右移
"00011110"

julia> bitstring(x >> 3)      #算术右移
"11111110"
```

在以上例子中，可以清楚地看到按位求与、逻辑右移和算术右移等位运算符的运算逻辑结果。

3. 复合赋值运算符

Julia 中的每个二元运算符和位运算符都可以与赋值符号“=”联用，可以称之为复合赋值运算符，联用的含义指把运算的结果再赋予参与运算的变量。例如：

```
julia> x = 5; x %= 3
2
```

```
julia> x = 5; x /= 3
1.6666666666666667

julia> typeof(x)
Float64
```

可以看到，因为这种更新运算相当于把新的值与原有的变量进行绑定，所以原有变量的类型可能会因此发生改变。

复合赋值运算符有下面几种：

+=　–=　*=　/=　\=　÷=　%=　^=　&=　|=　⊻=　>>>=　>>=　<<=

4. 向量化“点”运算符

在 Julia 中，每个二元运算符都有一个相应的“点”运算符。例如，^运算符对应的点运算符是 .^。Julia 会自动定义这个相应的点运算符，以便执行逐元素的运算。因此，[1, 2, 3]. ^ 3 在数学上是不合法的，但在 Julia 中，[1, 2, 3] .^ 3 是合法的，它会对数组中的每个元素执行三次方运算，也称为向量化运算。同样，一元运算符，例如 ！或 √，也有对应的 .√ 运算符，用于逐元素地执行运算。

向量化“点”运算符的实例如下。

```
julia> [1,2,3] .^ 3
3-element Vector{Int64}:
  1
  8
 27
```

具体来说，表达式 a .^b 会被解析为调用“点运算”，这会执行广播操作：该操作能结合数组和标量、相同大小的数组（进行元素之间的运算），甚至不同形状的数组（例如，行、列向量结合生成矩阵）。此外，就像所有向量化的点运算调用一样，这些点运算符是可融合的。例如，计算表达式 2 .* A.^2 .+ sin.(A)时，Julia 只会对数组 A 进行一次循环，遍历 A 中的每个元素 a 并计算 2*a^2 + sin(a)。

然而，将点运算符用于数值字面量可能会导致歧义。例如，表达式 1.+x 是表示 1. + x 还是 1 .+ x？在遇到这种情况时，必须使用空格来明确表达式的意思，以消除歧义。

5. 数值比较运算符

在 Julia 中，数值之间可以进行比较，包括同类型和不同类型的值，如整数和浮点数。这些比较通常会产生一个布尔类型的结果。总共有四种互斥的比较关系，分别是小于、等于、大于和无序。整数之间的比较遵循数学中的标准定义，对于浮点数，比较操作遵循 IEEE 754 技术标准，并具有以下具体规则。

- 正零（+0）和负零（–0）是相等的。
- Inf 等于自身，并且大于除 NaN 外的所有数。
- –Inf 等于自身，并且小于除 NaN 外的所有数。
- NaN 不等于、不小于且不大于任何数值，包括它自己。
- 在其他情况下，有限数的大小比较按照数学中的标准定义进行。

Julia 中标准的数值比较运算符如表 3-18 所示。

表 3-18　Julia 中标准的数值比较运算符

运算符	含义	运算符	含义	运算符	含义
==	等于	<	小于	>	大于
!=	不等于	<=	小于或等于	>=	大于或等于

在 Julia 中，这些数值比较运算符都可以用于链式比较。当链式比较中的各个二元比较的结果都为 true 时，整个链式比较的结果才是 true。

例如，数值比较运算符的运用如下。

```
julia> 1 == 1
true

julia> 1 != 10
true

julia> 1 == 1.0
true

julia> 1 >= 1.0
true

julia> 3 > -0.5
true

julia> 1 < 2 < 3 > 2
true
```

需要注意的是，在这些数值比较运算符中，特别要关注数值比较运算符==。在 Julia 的其他部分中，还有用于判断相等的数值比较运算符===和判断相等的函数 isequal。下面对它们的联系和区别进行说明。

（1）数值比较运算符===代表最深入的判等操作。对于可变的值，该数值比较运算符会比较它们在内存中的存储地址。对于不可变的值，该数值比较运算符会逐位比较它们。

（2）数值比较运算符==，它完全符合数学中的判等定义，只比较数值本身，而不关心数值的类型和底层存储方式。对于浮点数，这种判等操作会严格遵循 IEEE 754 技术标准。对于比较两个字符串，该数值比较运算符会进行逐个字符比较，而忽略它们的底层编码。

（3）isequal 函数用于更浅表的判等。在大多数情况下，isequal 函数与数值比较运算符==相同。在不涉及浮点数的情况下，它直接返回==的判断结果。对于一些特殊的浮点数值，isequal 函数比较它们的字面含义，判断两个 Inf 或–Inf 是否相等，会判断两个 NaN 不相等和判断 0.0 和–0.0 不相等。这些并不完全遵循 IEEE 754 技术标准中的规定，同时也体现了该函数用于判等的浅表性。

例如，数值比较运算符==与 isequal 函数的比较。

```
julia> isequal(NaN, NaN)
true

julia> isequal(Inf32, Inf16)
true

julia> isequal(0.0, -0.0)
false
```

```
julia> 0 == 0.0
true
```

6. 运算符的优先级

Julia 对各种运算符都设定了特定的优先级且规定了它们的结合性，运算符的优先级越高，所涉及的操作就会越提前进行。运算符的结合性主要解决当一个表达式中仅存在多个优先级相同的运算符时的操作顺序逻辑。运算符的结合性有三种：从左到右、从右到左或者未定义。

运算符的优先级和结合性如表 3-19 所示，上方运算符的优先级会高于下方运算符的优先级。

表 3-19　运算符的优先级和结合性

<table>
<tr><th>运算符</th><th>用途</th><th>结合性</th></tr>
<tr><td>+ – √ ~ ^</td><td>一元运算和位运算</td><td>从右到左</td></tr>
<tr><td><< >> >>></td><td>位移运算</td><td>从左到右</td></tr>
<tr><td>* / \ ÷ % &</td><td>乘法、除法和按位与</td><td>从左到右</td></tr>
<tr><td>+ – | ⊻</td><td>加减、按位或和按位异或</td><td>从左到右</td></tr>
<tr><td>== != < <= > >= === !==</td><td>比较运算</td><td>未定义</td></tr>
<tr><td>= += –= *= /= \= ÷= %= ^= &= |= ⊻= >>>= >>= <<=</td><td>赋值运算和更新运算</td><td>从右到左</td></tr>
</table>

在复杂的表达式中应使用圆括号来明确运算的顺序，以提高正确性和可读性，但要合理地添加括号，过多的括号反而会降低可读性。

3.5 流程控制

Julia 支持各种流程控制结构，通常包括复合表达式、条件表达式、循环表达式等。通过使用流程控制结构，可以编写出高效、灵活的代码。经过良好组织的代码更易于阅读与维护，更方便自己或者其他人员复用。

3.5.1 复合表达式

一个表达式可以有序地计算多个子表达式，并将最后一个子表达式的值作为整个表达式的值返回。Julia 提供了两个组件来实现这个功能：begin-end 代码块和并列表达式“;”链。这两个复合表达式组件的值都是最后一个子表达式的值。

因为复合表达式按照顺序从头至尾地执行程序中的各条语句，并没有任何额外的处理逻辑，所以是最简单的控制语句。例如：

```
julia>   s = (x = 2; y = 3; x + y)
5

julia> (x = 2;
        y = 3;
        x + y)
5

julia> z = begin
              x = 2
              y = 3
```

```
            x + y
        end
5

julia> begin x = 2; y = 3; x + y end
5
```

3.5.2 条件表达式

在介绍流程控制函数之前，先介绍 end 函数。

end：终止代码块或指示最大数组索引。具体用法如下。

- end 是终止 for、while、try、if 语句的关键字，若没有 end 语句，则 for、while、try、if 语句会等待进一步输入。end 的每个实例与先前最近的未成对的 for、while、try、if 语句配对使用。
- end 可以终止声明的函数，虽然它有时是可选的，但使用 end 可提高代码可读性。
- end 还可以表示数组的最后一个索引。例如，X[end]是 X 的最后一个元素，X[3:end]表示选择 X 的第三行的最后一个元素。

1. if 语句

在一些复杂的运算中，通常需要根据满足特定的条件来确定进行何种计算。为此，Julia 提供了 if-elseif-else 函数，用于根据条件选择相应的计算语句。

条件表达式可以根据布尔表达式的值，让部分代码被执行或者不被执行。下面是对 if-elseif-else 条件语法的分析：

```
if expression1
    statements1
elseif expression2
    statements2
…
else expression…
    statements…
end
```

当执行 if 语句时，首先判断表达式 1（expression1）的值，当表达式 1 的值为真（true）时，执行语句体 1（statements1），执行完语句体 1 后，跳出该选择体继续执行 end 后面的语句；当表达式 1 的值为假（false）时，跳过语句体 1 继续判断表达式 2 的值，当表达式 2 的值为真时，执行语句体 2（statements2），执行完语句体 2 后跳出选择体结构。如此进行，当 if 和 elseif 后的所有表达式的值都为假时，执行语句体 else。

当 if expression、statements、end 表达式的结果非空且仅包含非零元素（逻辑值或实数值）时，该表达式为真。否则，表达式为假。

例如，编写一个函数文件，计算如下分段函数的数值。

$$f(x)=\begin{cases} x & x<1 \\ 2x-1 & 1\leqslant x\leqslant 10 \\ 3x-11 & 10<x\leqslant 30 \\ \sin x+\ln x & x>30 \end{cases}$$

```
function section(x)
    if x < 1
```

```
        y = x
    elseif x >= 1 && x <= 10
        y = 2 * x - 1
    elseif x > 10 && x <= 30
        y = 3 * x - 11
    else
        y = sin(x) + log(x)
    end
    return y
end
```

Syslab 程序运行结果如下：

```
section (generic function with 1 method)
julia>println("result:", "section(0.5)=", section(0.5), " section(6)=", section(6), " section(15)=", section(15), " section(35)=", section(35))
result:section(0.5)=0.5 section(6)=11 section(15)=34 section(35)=3.1271653919932625
```

2. 三元运算符

三元运算符与 if-elseif-else 语法类似，它用于选择性地获取单个表达式的值，而不是选择性地执行大段代码块。在多种语言中，它是唯一一个有三个操作数的运算符，因此得名三元运算符，其具体用法如下：

```
a ? b : c
```

在 ? 之前的表达式 a 是一个条件表达式，如果条件 a 是 true，则三元运算符计算在 : 之前的表达式 b；如果条件 a 是 false，则执行 : 后面的表达式 c。注意，?和 : 旁边的空格必须有，否则不是一个有效的三元表达式。例如：

```
julia> x = 3; y = 5;

julia> println(x < y ? "less than" : "not less than")
less than

julia> test(x, y) = println(x < y ? "x is less than y"      :
                            x > y ? "x is greater than y" : "x is equal to y")
test (generic function with 1 method)

julia> test(3, 5)
x is less than y
```

3.5.3 循环表达式

在实际工作中经常会遇到一些需要有规律地重复运算的问题，此时需要重复执行某些语句，这就需要用循环语句进行控制。在循环语句中，被重复执行的语句称为循环体，并且每个循环语句通常都包含循环条件，以判断循环是否继续进行下去。在 Julia 中主要提供两种循环方式：for 循环和 while 循环。

1. for 循环语句

for 循环语句使用起来较为灵活，一般用于循环次数已经确定的情况，它的循环判断条件通常是对循环次数进行判断。for 循环的语法如下：

```
for index
    statements
end
```

for index = values, statements, end 在循环中将一组语句执行特定次数。values 可为下列形式之一。

- initVal : endVal：index 变量从 initVal（循环初值）至 endVal（循环终值）按 1 递增，重复执行 statements 直到 index 大于 endVal。
- initVal : step : endVal：每次迭代时按值 step（步长）对 index 进行递增，或在 step 是负数时对 index 进行递减。
- valArray：每次迭代时，从数组 valArray 的后续列创建列向量 index。例如，在第一次迭代时，index = valArray(:, 1)。循环最多执行 n 次，其中 n 是 valArray 的列数，由 numel(valArray(1, :))给定。输入 valArray 可以是 Julia 中的任意数据类型，包括字符向量、元组或结构体。

例如，下面用 for 循环语句生成 1~n 的乘法表。

```
function multiplication(n)
f = zeros(9, 9)
for i = 1:n
    for j = i:n
        f[i, j] = i * j
    end
end
    return f
end
```

Syslab 程序运行结果如下：

```
multiplication (generic function with 1 method)
julia> multiplication(9)

9×9 Matrix{Float64}:
 1.0  2.0  3.0   4.0   5.0   6.0   7.0   8.0   9.0
 0.0  4.0  6.0   8.0  10.0  12.0  14.0  16.0  18.0
 0.0  0.0  9.0  12.0  15.0  18.0  21.0  24.0  27.0
 0.0  0.0  0.0  16.0  20.0  24.0  28.0  32.0  36.0
 0.0  0.0  0.0   0.0  25.0  30.0  35.0  40.0  45.0
 0.0  0.0  0.0   0.0   0.0  36.0  42.0  48.0  54.0
 0.0  0.0  0.0   0.0   0.0   0.0  49.0  56.0  63.0
 0.0  0.0  0.0   0.0   0.0   0.0   0.0  64.0  72.0
 0.0  0.0  0.0   0.0   0.0   0.0   0.0   0.0  81.0
```

在 for 循环语句中通常需要注意以下事项。

（1）for 循环语句一定要有 end 关键字作为结束标志，否则以下的语句将被认为包含在 for 循环体内。

（2）如果循环语句为多重嵌套，则最好将语句写成阶梯状，这有助于查看各层的嵌套情况。

2. while 循环语句

与 for 循环语句相比，while 循环语句一般用于不能确定循环次数的情况。它的判断控制可以是一个逻辑判断语句，因此它的应用更加灵活。while 循环的语法如下：

```
while expression
    statements
end
```

当 expression（表达式）的值为真（true）时，执行 statements（循环体）语句；当表达式的值为假（false）时，终止该循环。

例如，使用 while 循环语句计算 10 的阶乘。

```
n = 10
f = n
while n > 1
    global n = n - 1
    global f = f * n
end
print("n! = $f")
```

Syslab 程序运行结果如下：

```
n! = 3628800
julia>
```

下面介绍几个常用于循环表达式的函数：continue、break 和 return。

（1）continue：将控制传递给 for 或 while 循环的下一次迭代。它能够跳过当前迭代的循环体中剩余的任何语句，使程序继续从下一次迭代执行。需要说明的是，continue 仅在调用它的循环主体中起作用，并且在嵌套循环中仅跳过循环所发生的循环体内的剩余语句。

（2）break：不再执行循环中在 break 语句之后的语句，强制性终止 for 或 while 循环。同时，在嵌套循环中，break 仅从它所发生的循环中退出并将控制传递给该循环 end 之后的语句。

（3）return：强制 Julia 在到达调用脚本或函数的末尾前将控制权交还给调用程序。调用程序指包含 return 调用的某个脚本或函数。如果直接调用包含 return 的脚本或函数，则不存在调用程序，Julia 将控制权交还给命令提示符。

示例 1：用 continue 控制函数，显示从 1 到 50 的 7 的倍数。

```
for n = 1:50
    if mod(n,7) != 0
        continue
    end
    println("Divisible by 7:  $n")
end
```

Syslab 程序运行结果如下：

```
Divisible by 7:   7
Divisible by 7:   14
Divisible by 7:   21
Divisible by 7:   28
Divisible by 7:   35
Divisible by 7:   42
Divisible by 7:   49
```

示例 2：用 break 控制函数求随机数序列之和，直到下一随机数大于上限为止。

```
limit = 0.8
s = 0
tmp1 = 0
while true
    tmp = rand()
    global tmp1 = tmp
    if tmp > limit
        break
    end
    global s = s + tmp
end
```

```
println("tmp=", tmp1)
println("s=", s)
```

Syslab 程序运行结果如下：

```
tmp=0.8775388737162614
s=1.4846573178033617
```

3.5.4 短路求值

在 Julia 中，&&、||运算符分别对应逻辑“与”和“或”操作，它们具有逻辑短路的特殊性质，这意味着它们不一定会评估它们的第二个参数。

短路求值与条件求值非常相似，在大多数具有布尔运算符的命令式编程语言中都可以找到，有些语言称之为 and（&&）和 or（||）运算符。具体来说，当使用表达式 a && b 时，仅当 a 为 true 时才会评估子表达式 b；而在使用表达式 a || b 时，仅当 a 为 false 时才会评估子表达式 b。这是因为如果 a 是 false，那么无论 b 的值是多少，a && b 一定是 false；同理，如果 a 是 true，那么无论 b 的值是多少，a || b 的值一定是 true。

例如，用&&和||定义递归阶乘。

```
function fact(n::Int)
    n >= 0 || error("n must be non-negative")
    n == 0 && return 1
    n * fact(n-1)
end
```

Syslab 程序运行结果如下：

```
fact (generic function with 1 method)
julia> fact(5)
120

julia> fact(0)
1

julia> fact(-1)
ERROR: n must be non-negative
Stacktrace:
 [...]
```

这种行为在 Julia 中经常被用来作为简短 if 语句的替代，可以用 expression && statement 来替换 if expression statement end。类似地，可以用 expression || statement 来替换 if ! expression statement end。

3.5.5 异常处理

在 Julia 中，程序错误被统称为异常（Exception）。而且，与普通的数据一样，异常也需要由值来承载，该值称为异常值。每个异常值都会有类型，即异常类型。

在 Julia 中，所有的异常类型都直接或间接地继承自 Exception 类型。仅 Exception 的直接子类型就多达近 60 个，如代表函数参数错误的 ArgumentError、代表索引越界错误的 BoundsError、代表类型转换错误的 InexactError，以及在字典中不存在指定键时报出的 KeyError、在衍生方法不存在时报出的 MethodError、在变量未定义时报出的 UndefVarError 等。可以发现，这些异常类型的名称都是以 Error 为后缀的。这些异常都有一个共同的特点：

因程序编写不恰当或不正确而被引发。

下面介绍三个在 Julia 异常处理中常用的函数。

1. throw 函数

在 Julia 中，可以用 throw 函数显式地创建异常或抛出异常。例如，若一个函数只对非负数有定义，当输入参数是负数时，则可以用 throw 函数抛出一个 DomainError。

```
julia> f(x) = x>=0 ? exp(-x) : throw(DomainError(x, "argument must be nonnegative"))
f (generic function with 1 method)

julia> f(2)
0.1353352832366127

julia> f(-2)
ERROR: DomainError with -2:
argument must be nonnegative
Stacktrace:
 [1] f(x::Int64)
   @ Main .\REPL[2]:1
 [2] top-level scope
   @ REPL[4]:1
```

需要注意的是，throw 并不是一个通常意义上的函数，它的特殊之处在于被调用之后会立即中断当前程序正在执行的正常流程，直接使 REPL 环境显示出一段异常提示信息。

2. try、catch 函数

try、catch：执行语句并捕获产生的错误。具体语法如下：

```
try
    statements
catch exception
    statements
end
```

说明：

- try statements, catch exception statements end 执行 try 块中的语句并在 catch 块中捕获产生的错误。此方法允许改写一组程序语句的默认错误行为，如果 try 块中的任何语句产生错误，程序控制将立即转至包含错误处理语句的 catch 块。
- exception 是 Exception 对象，可以用来标识错误。catch 块将当前异常对象分配给 exception 中的变量。
- try 和 catch 块都可包含嵌套的 try/catch 语句。

例如，创建两个无法垂直串联的矩阵，使用 try 块或 catch 块显示有关维度的详细信息。

```
A = ones(2,3)
B = ones(2,5)
try
  C = [A;B]
catch ME
  if isa(ME,ArgumentError)
    a = size(A,2)
    b = size(B,2)
    msg = "Caused by :\n Dimension mismatch occurred: First argument has $a columns while second has $b columns."
  end
  print(ME,"\n",msg)
```

```
end
```

Syslab 程序运行结果如下：

```
ArgumentError("number of columns of each array must match (got (3, 5))")
Caused by :
  Dimension mismatch occurred: First argument has 3 columns while second has 5 columns.
```

3. finally 函数

在进行状态改变或使用类似文件的资源时，通常需要在代码结束时进行必要的清理工作，如关闭文件。然而，异常可能会导致某些代码块在正常结束之前退出，从而使上述清理工作变得复杂。为此，finally 函数提供了一种方式，无论代码块以何种方式退出，都可以在退出时运行某段代码。

例如，确保一个打开的文件被关闭。

```
f = open("file")
try
    # operate on file f
finally
    close(f)
end
```

当控制流程离开 try 代码块（例如，遇到 return 或者正常结束）时，close(f)就会被执行；如果 try 代码块由于异常退出，则这个异常会继续传递。catch 代码块可以和 try 及 finally 配合使用，这时 finally 代码块会在 catch 处理错误之后运行。

本章小结

本章介绍了 Julia 的基本数据类型、数组、集合容器、数学运算与初等函数、程序的流程控制等内容。

（1）Julia 支持多种基本数据类型，包括整数、浮点数、复数、有理数和字符等，这些数据类型可以进行各种运算和操作，可以通过类型转换等方法进行转换和处理。

（2）数组是 Julia 中最重要的数据结构之一，支持线性代数运算和广播操作，数组可以存储多种类型的元素，还支持元组、字典、集合等数据结构，可以满足不同的数据处理需求。

（3）Julia 内置了丰富的数学运算和初等函数，可以方便地进行各种数值计算和数学操作。这些函数包括基本的算术运算、三角函数、指数和对数函数等。

（4）Julia 支持各种流程控制语句，包括 if 语句、for 循环语句、while 循环语句等，可以实现复杂的逻辑运算和算法组合。

习　题　3

1. 简述 Julia 变量名的定义需要符合的条件。
2. 生成复变量 $1+2im$，并且提取其实部和虚部。
3. 在 REPL 窗口中输入如下指令，查看相应的运行结果。

$$A=\begin{bmatrix}1&0&1\\0&5&-8\\1&3&4\end{bmatrix},\ B=\begin{bmatrix}-3&5&6\\2&1&2\end{bmatrix},\ C=\begin{bmatrix}1&2\\3&4\\5&6\end{bmatrix}$$

4. 计算 A*B，A.*B，并比较两者的区别。

$$A=\begin{bmatrix}1&2&3\\4&5&6\\7&8&9\end{bmatrix},\ B=\begin{bmatrix}4&6&8\\5&5&6\\3&2&2\end{bmatrix}$$

5. 计算表达式 $e^8+18^2\log_2 5\div\tan 21$ 的值。

6. 计算表达式 $\tan\left(-x^2\right)\arccos x$ 在 $x=0.25$ 和 $x=0.3\pi$ 时的函数值。

7. 设 $A=\begin{bmatrix}2&6\\-1&5\end{bmatrix}$, $B=\begin{bmatrix}1&-3\\2&7\end{bmatrix}$，求下列运算：

（1）A+B　　（2）5×A　　（3）A*B　　（4）A.*B

（5）A\B　　（6）A/B　　（7）A./B

8. 编写函数，计算 $1!+2!+\cdots+20!$。

9. 编写一个转换成绩等级的程序，其中成绩等级转换标准为：考试分数在 $[90,100]$ 的记为 A+；分数在 $[80,90)$ 的记为 A；分数在 $[60,80)$ 的记为 B；分数在 $[0,60)$ 的记为 C。

10. 用 $\frac{\pi}{4}=1-\frac{1}{3}+\frac{1}{5}-\frac{1}{7}+\cdots$ 公式求 π 的近似值，直到某项的绝对值小于 10^{-6} 为止。

11. 利用 for 循环函数找出 0~100 之间的所有素数。

第 4 章 Julia 进阶

第 3 章已经介绍了 Julia 的基本数据类型及运算，数组和多维数组运算，构造与调用函数，以及程序的流程控制等，并在 Syslab 中运用 Julia 基本语法实现了较简单的计算。但是，对于工程实际中的计算问题，程序往往涉及多种数据类型，并且计算量庞大、计算时间长。在 Julia 中，复杂的程序由多个文件组成，包含包、模块和函数等，包可以由多个模块或函数组成，模块又可以包含多个文件。因此，可以运用包、模块、函数和脚本文件将复杂的程序简化为多个简单的程序，提升编程效率。同时，Julia 的预编译机制可以减少大型模块加载时间，进而提升程序运行速度。此外，Julia 的动态类型系统支持多重分派，通过多重分派实现一个方法只输出一个类型，进而提升程序的可读性和运行速度。Julia 支持元编程以提升编写代码的效率，并支持调用 C、C++和 Python 等语言程序。本章介绍模块、类型系统、元编程和外部语言调用等。

通过本章学习，读者可以了解（或掌握）：

- 模块。
- 类型系统。
- 元编程。
- 外部语言调用。

本章学习视频

更多视频可扫封底二维码获取

4.1 模块

Julia 中的模块可以看成一个独立的工作空间，模块内的变量不会与外界的变量发生冲突。在不同的模块内，相同名称的变量也不冲突。例如，在模块 A 中，变量 x 的值为 1；在模块 B 中，变量 x 的值可以为 2。模块可包含若干语句、函数和文件等，通常以 module Name … end 形式创建一个模块。module 表示创建一个模块，Name 表示模块名称，为避免名称冲突，名称第一个字母大写，…表示模块内部语句，end 表示以 Name 命名的模块结束。在 Julia 中，用户既可以调用内置模块，也可以根据自己的需求形成自定义模块。在调用模块方式上，既可以采用 using 和 import 加载模块及其内部变量或函数，也可在模块内部利用 export 定义需要导出的变量或函数。此外，可以预编译模块以提升模块的加载速度。

4.1.1 创建模块

在 Syslab 代码编辑区创建名为 MySin 的模块计算正弦函数，例如：

```
module MySin
x=0:0.01:2*pi;
y=sin.(x);
end
```

Syslab 程序运行结果如下：

```
Main.MySin
julia>
```

命令行窗口提示创建了一个名为 MySin 的模块，其中 Main 为顶层的模块。Syslab 启动后，同 Julia 一样将 Main 设置为当前模块。此时，MySin 为 Main 模块的子模块。Main、Core 和 Base 为 Julia 的三个标准模块，Syslab 启动后默认加载这三个模块，在提示符下定义的变量、函数、模块等都被包含在 Main 模块中，并且可用 varinfo()列出 Main 模块中所包含的字段。因此，在定义 MySin 模块时，默认定义在 Main 模块下。Core 模块包含 Julia 所有的标识符，Base 模块包含 Julia 的基本运算功能。另外，运行模块后，工作区并不显示模块名称及变量名，用户可以通过单击“首选项”按钮打开“Syslab Setting”对话框，勾选工作区中的“是否显示模块（Module）”复选框完成显示，如图 4-1 所示。

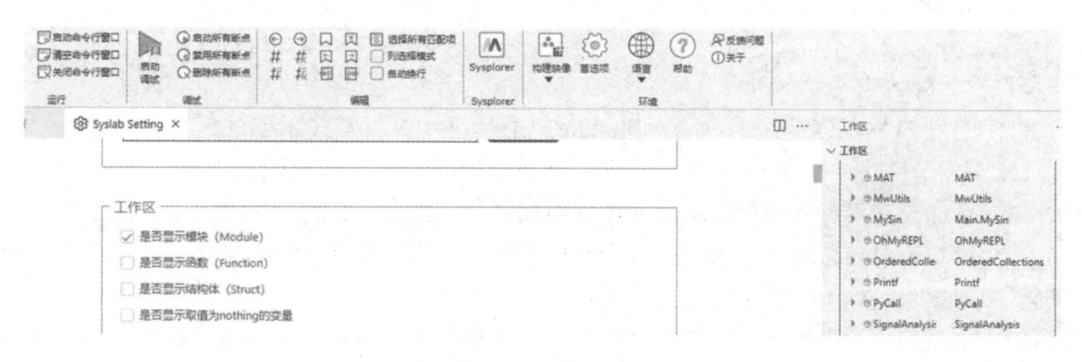

图 4-1　工作区显示模块

针对创建模块的方式，下面给出模块中包含函数、文件和模块的具体示例。模块中可以包含函数，程序如下：

```
module MyTrig_fun        #定义名为 MyTrig_fun 的模块计算三角函数
export MySin1,MyCos1     #当模块加载时，导出名称为 MySin1 和 MyCos1 的函数
MySin1(x)=sin(x);
MyCos1(x)=cos(x);
MyTan1(x)=tan(x);
end
```

Syslab 程序运行结果如下：

```
Main.MyTrig_fun
julia>
```

模块中可以包含文件。例如，MyModule1 模块中包含 Sysfile1.jl 和 Sysfile2.jl 两个文件，模块程序 MyModule1.jl 如下：

```
module MyModule1
include("Sysfile1.jl");
include("Sysfile2.jl");
end
```

程序中的下画线表示文件链接，通过按 Ctrl 键+单击鼠标左键跳转打开该文件。

Syslab 程序运行结果如下：

```
Main.MyModule1
julia>
```

一个文件可以包含多个模块。例如，文件名为 MyModule2.jl 的程序包含 SysModule1、SysModule2 和 SysModule3 子模块，程序如下：

```
module SysModule1
mysin(x)=sin(x);
end

module SysModule2
include("Sysfile1.jl");
x=1;
end

module SysModule3
include("Sysfile2.jl");
x=2;
end
```

Syslab 程序运行结果如下：

```
Main.SysModule3
julia>
```

命令行窗口提示创建了名为 SysModule3 子模块，并没有提示创建了 SysModule1 和 SysModule2 子模块。在 Syslab 中，若最后一条语句不加分号，命令行会输出最后一行语句执行结果。如果在最后一个模块末端 end 后面加分号，则命令行窗口不会提示创建了模块。

一个模块也可包含若干子模块，每个子模块的命名空间是独立的。虽然每个子模块都位于同一个父模块，但子模块不能从父模块继承其余模块中的名称。如果子模块需要使用其他子模块中的名称，则需要在子模块内加载该名称所在的子模块。关于加载模块的内容将在下一节介绍。父模块包含子模块的程序形式如下：

```
module MyModule3
module Sub1
export mysin
mysin(x) = sin(x);
end
module Sub2
mycos(x) = cos(x);
end
end
```

Syslab 程序运行结果如下：

```
Main.MyModule3
julia>
```

4.1.2 加载模块

Julia 可以通过两种方式加载模块：一是采用 include 加载模块；二是采用 import 或 using 加载模块。前者可以加载所有形式的模块，后者在加载模块时进行预编译以减少运行时间。下面通过具体案例简述两种加载模块方式的特点。

1. 采用 include 加载 MySin 模块

在 Syslab 代码编辑区采用 include 加载 MySin 模块的代码如下：

```
include("MySin.jl")
```

Syslab 程序运行结果如下：

```
Main.MySin
julia> x
ERROR: UndefVarError: x not defined
julia> MySin.x
0.0:0.01:6.28
julia>
```

命令行窗口显示 MySin 模块创建在顶层模块 Main 之下。工作区没有加载 MySin 模块内的变量，调用 x 报错并提示该变量没有被定义，可以采用 MySin.x 形式调用模块中的名称。因此，采用 include 加载模块，模块内名称不能与模块名称同时导出。

2. 采用 import 或 using 加载 MySin 模块

如果直接采用 import 加载模块，则命令行窗口会出现如下提示。

```
ERROR: ArgumentError: Package Mysin not found in current path:
- Run `import Pkg; Pkg.add("Mysin")` to install the Mysin package.
```

Syslab 将 MySin 名称识别为包，需要先安装 MySin 包，然后才可调用。采用 using 加载模块也会出现类似问题。这是由于缺少加载模块的路径，需要通过 push!(LOAD_PATH, ".") 加载。"."中既可以是绝对路径，也可以是相对路径。这种加载模块的方式要求一个文件中只有一个父模块 module Name … end，且模块名与文件名相同。例如，加载 MySin 模块：

```
push!(LOAD_PATH, ".")     #加载当前文件夹路径
import MySin
```

Syslab 程序运行结果如下：

```
[ Info: Precompiling MySin [top-level]
julia>
```

首次加载新模块时，命令行窗口提示对新模块预编译。重复加载该模块，也包括重启 Syslab 重新加载该模块，不再执行预编译。预编译后，Syslab 缓存了预编译内容。预编译完成后，修改模块内的变量，再次采用 import 或 using 加载模块，Julia 并不会重新预编译模块，程序仍执行先前的预编译内容。在这种情况下，可采用 include 加载模块。例如，将 MySin 模块中的 x 上限修改为 3π，对比两种加载模块的结果，对应的程序如下：

```
push!(LOAD_PATH, ".")              #加载当前文件夹路径
import MySin
a=MySin.x;
```

将 MySin 模块中的 x 上限修改为 3π：

```
include("MySin")
b=MySin.x;
```

Syslab 程序运行结果如下：

```
WARNING: replacing module MySin.
0.0:0.01:9.42
julia> a
0.0:0.01:6.28
julia> b
0.0:0.01:9.42
julia>
```

需要注意的是，当一个文件包含多个模块或文件名与模块名不一致时，只能采用 include 加载模块。

4.1.3 导出列表

加载模块的目的是使用模块中的变量、函数等。采用 import、using 或 include 加载模块后，还需要根据变量和函数等在模块中的路径导出它们的名称，或者在模块内事先用 export 声明需要导出的名称。例如，导出 4.1.1 节的 MyTrig_fun 模块中的三角函数并计算 0 的三角函数值，程序及运行结果如下：

```
julia> using MyTrig_fun
julia> MySin1(0)
0.0
julia> MyTan1(0)
ERROR: UndefVarError: MyTan1 not defined
Stacktrace:
 [1] top-level scope
   @ REPL[3]:1
julia>
```

采用 using 加载模块后，可直接用 export 导出模块内部字段，其余字段可按照字段的模块路径调用，如 MyTrig_fun.MyTan1(0)。如果采用 import 加载模块，则 export 的声明无效，如下所示：

```
julia> import MyTrig_fun
julia> MySin1(0)
ERROR: UndefVarError: MySin1 not defined
Stacktrace:
 [1] top-level scope
   @ REPL[5]:1
julia>
```

另外，Syslab 并不能像 Julia 一样采用 importall 加载 export 声明的名称，只能通过模块路径调用模块中的名称，例如：

```
julia> import MyTrig_fun
julia> MyTrig_fun.MySin1(0)
0.0
```

上述 using/import Name 的加载方式将模块名称及其所包含的字段一并加载至当前模块。using 可以将模块内的名称直接加载到命名空间，但 import 并不具备这样的功能。如果只需模块中的某个特定名称，则可采用 using/import Name.var1, Name.var2 或 using/import Name:var1, var2 的形式，这两种形式是等价的。例如：

```
julia> import MyTrig_fun:MySin1,MyTan1
julia> MySin1(0)+MyTan1(0)
0.0
julia>
```

using 除了可以加载模块内部名称，还可以只加载模块名称，如 using Name:Name，它与 import Name 等价。虽然 using 和 import 在用法上很相似，但两者还有一个重要的区别：import 可以在没有模块路径的情况下添加方法，而 using 不能。

不同模块可以包含相同名称。若将来自不同模块的相同名称加载到当前模块，则需要用 as 对它们重命名。例如，MyModuleA 模块和 MyModuleB 模块均存在 x：

```
module MyModuleA
x =[1 2 3;4 5 6;7 8 9];
end
module MyModuleB
x=ones(3,3);
end
```

Syslab 重命名的程序如下：

```
push!(LOAD_PATH, ".")            #加载当前文件夹路径
using MyModuleA: x as A_x
using MyModuleB: x as B_x
A_x + B_x
```

Syslab 程序运行结果如下：

```
[ Info: Precompiling MyModuleA [top-level]
[ Info: Precompiling MyModuleB [top-level]
3×3 Matrix{Float64}:
 2.0   3.0    4.0
 5.0   6.0    7.0
 8.0   9.0   10.0
julia>
```

对于包含若干模块的文件，如 4.1.1 节中名为 MyModule2 的脚本文件，采用 include 加载，文件中的模块以子模块的形式加载到当前模块。

4.1.4 调用模块的路径

上一节讲述了将其他模块导入当前模块中的方法，并根据名称在模块中的绝对路径导出列表。当模块内部有多个模块时，需要根据子模块的绝对路径加载到当前模块，绝对路径一般为父模块.子模块。例如，4.1.1 节中的 MyModule3 为父模块，Sub1、Sub2 为子模块，加载

子模块及其内部名称的方法如下：

```
julia> using MyModule3.Sub1
julia> mysin(0)
0.0
julia> using MyModule3.Sub2
julia> Sub2.mycos(0)
1.0
julia>
```

模块内部子模块也可根据相对路径加载其他子模块，通过符号.子模块加载。例如，子模块 Sub1 的调用方式如下：

```
module MyModule5
module Sub1
export mysin                    #将 mysin 函数导出至父模块 MyModule5
mysin(x) = sin(x)
end
using .Sub1                     #将 Sub1 模块加载至父模块 MyModule5
export mysin                    #将 Sub1 模块中的 mysin 函数导出父模块
module Sub2
import ..Sub1.mysin             #相对路径，..与 Main.MyModule5.等价
export mysin_tan                #将 mysin_tan 函数导出至父模块 MyModule5
mysin_tan(x) = mysin(x) + tan(x)
end
end
```

加载模块，导出列表并计算：

```
julia> using MyModule5
julia> mysin(0)
0.0
julia> mysin_tan(0)
ERROR: UndefVarError: mysin_tan not defined
Stacktrace:
 [1] top-level scope
   @ REPL[1]:1
julia> MyModule5.Sub2.mysin_tan(0)
0.0
julia>
```

Sub2 子模块中并没有将内部函数导出父模块，仅导出了子模块。如果想使用子模块中的名称，则需使用名称的绝对路径导出，或者在父模块和子模块中均用 export 导出名称。在同一模块内，名称声明定义后方可被调用，这些名称包括子模块名称、变量名称和函数名称等。

4.1.5 预编译机制

实际应用中的模块包含大量代码，需要消耗几秒甚至几十秒的时间加载。在 Julia 中可以通过预编译缩短加载模块的时间。加载模块时，Julia 会创建模块的预编译缓存文件。模块运行时，只需要调用缓存文件，大大节省了加载时间。在第一次加载模块时，Syslab 默认自动编译。若 Syslab 没有开启预编译，也可使用命令 Base.compilecache(modulename)预编译模块。Julia 将预编译产生的缓存文件放在 DEPOT_PATH[1]/compiled/目录下，而 Syslab 存放缓存文件的路径与之相似。下面以加载 MySin 模块为例，说明如何找到缓存文件的路径：

```
module MySin
x=0:0.01:2*pi;
```

```
    y=sin.(x);
end
```

加载模块：

```
push!(LOAD_PATH, ".")
import MySin
```

在命令行中输入 DEPOT_PATH[1]获取 Julia 路径：

```
julia> DEPOT_PATH[1]
"C:/Users/Public/TongYuan/.julia"

julia>
```

根据路径提示可找到预编译缓存文件，如图 4-2 所示。

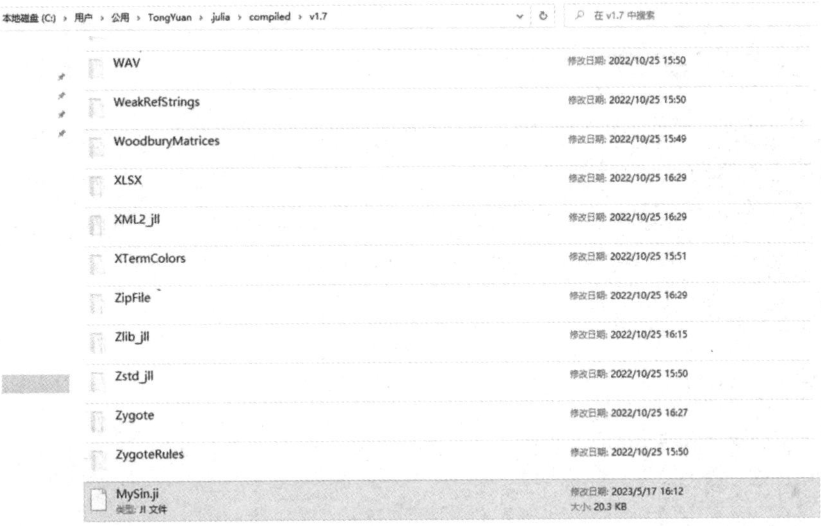

图 4-2　预编译缓存文件

当模块的依赖发生改变时，采用 using 或 import 加载模块会自动重新编译。文件依赖会检查每个用 include 加载或由 include_dependency 显示添加的文件修改时间，继而判断依赖是否被添加到当前进程，这样可以避免创建的系统与预编译缓存文件不相容。

如果加载模块不需要预编译，则使用命令__precompile__(false)跳过预编译。该命令放在模块的最前面，调用模块时，不进行预编译，这样可以避免该模块被其他模块导入。加上该命令后，加载模块的结果如下：

```
[ Info: Precompiling MySin [top-level]
[ Info: Skipping precompilation since __precompile__(false). Importing MySin [top-level].

julia>
```

4.2　类型系统

在计算机编程语言中，类型表示数据的种类，同时限定了数据的取值范围。这些数据通常为程序中的变量和函数等表达式，并且涉及众多类型。在程序运行中，将编程语言中数据的值和表达式按照一定的规则归为不同的类型，这种规则称为类型系统。类型系统可分为静态类型系统和动态类型系统。在静态类型系统中，值和表达式的类型先声明后使用，这样做的好处是程序未运行就可以确定计算值和表达式的类型，减少程序运行时间，提升计算效率。但是，繁杂的声明不利于程序员开发。在动态类型系统中，值和表达式可以不事先声明，这使得编程更简单，提升开发程序的效率。当程序运行结束后，值和表达式的类型才能被确定，这也大大增加了程序运行时间，降低了计算效率。与这两种类型系统对应的编程语言分别称为静态类型语言和动态类型语言。Julia 是一种动态类型语言，但是它可以像静态类型语言一样声明值和表达式的类型。这使得 Julia 具备便于程序开发和提升计算效率的优点。同时，在方法派发方面，Julia 针对函数参数类型的多重分派也可提升计算效率。下面介绍 Julia 的类型声明、抽象类型、原始类型、复合类型、参数类型、类型运算和多重分派。

4.2.1 类型声明

类型声明也称为类型注释。在 Julia 中，运算符::表示对变量和表达式的类型进行声明。声明类型时，表达式在运算符的左边，类型名称在运算符右边。::可以作为断言来判断声明类型是否正确。如果正确，则程序输出表达式的值；如果断言非真，则程序提示错误。除此之外，变量和表达式声明类型后，会提升程序的性能。

以下程序展示了类型断言功能：

```
julia> (0.5*0.6)::Int64
ERROR: TypeError: in typeassert, expected Int64, got a value of type Float64
Stacktrace:
 [1] top-level scope
    @ REPL[4]:1
julia> (0.5*0.6)::Float64
0.3
julia>
```

Julia 不支持声明全局变量的类型，例如在声明全局变量 a 的类型为浮点型时，运行程序将报错。

```
julia> a::Float64=1.0
ERROR: syntax: type declarations on global variables are not yet supported
Stacktrace:
 [1] top-level scope
    @ REPL[10]:1
julia>
```

因此，在 Julia 中只能声明局部变量的类型。例如，在以下函数中声明：

```
julia> function Forth_2_1_function()
               a::Float64=1.0;
               return a
           end
Forth_2_1_function (generic function with 1 method)
julia> b=Forth_2_1_function()
1.0
julia> typeof(b)
Float64
julia>
```

在函数 Forth_2_1_function()中，a::Float64=1.0 定义了 a 的类型为浮点型，返回值也是浮

点型。另外，程序中的 typeof 表示输出变量的类型。Julia 还可以声明函数类型，函数返回值的类型与函数类型一致。声明形式为函数名称+::+类型名称，程序及结果如下：

```
julia> function Forth_2_1_function()::Int64
           a::Float64=1.0;
           return a
       end
Forth_2_1_function (generic function with 1 method)
julia> b=Forth_2_1_function()
1
julia>
```

虽然 a 的类型为浮点型，但因为函数被声明为整型，所以函数的返回值为整型，与函数的输入类型无关。以下程序证明了这一点：

```
julia> function Forth_2_1_function(a::Float64)::Int64
           return a
       end
Forth_2_1_function (generic function with 1 method)
julia> b=Forth_2_1_function()
1
julia>
```

此外，如果需要对函数中的变量重新声明类型，则可使用 local 对局部变量声明。但是，不能改变函数返回值的类型，例如：

```
julia> function Forth_2_1_function()
           a::Float64=1.0;
           return a
       end
Forth_2_1_function (generic function with 1 method)
julia> local a::Int64=1
1
julia> b=Forth_2_1_function()
1.0
julia>
```

4.2.2 抽象类型

上一节提到的 a::Float64=1.0 事实上是抽象类型中的具体类型，它指出了 a 是浮点型变量。抽象类型不能被实例化，只能声明是父类型的一个子类型。通常用符号<:和关键词 abstract type 声明抽象类型，声明语句形式如下：

```
abstract type name end
abstract type chlidname <: parentname end
```

例如，声明 c 为一个抽象类型，d 是 c 的一个子类型，程序如下：

```
abstract type c end
abstract type d <: c end
```

每个抽象类型是类型图上的某个节点。在声明抽象类型时，如果没有给出父类型，则 Julia 默认父类型是 Any。Any 类型在类型图的顶点，因此，任何类型都是 Any 的子类型，任何对象都是 Any 的实例。对于数值类型的抽象类型，它的类型层次如下：

```
abstract type Number end
abstract type Real <: Number end
abstract type AbstractFloat <: Real end
```

```
abstract type Integer <: Real end
abstract type Signed <: Integer end
abstract type Unsigned <: Integer end
```

运算符<:也可以判断左侧抽象类型是否为右侧抽象类型的子类型。例如：

```
julia> Number <: Real
false
julia> Real <: Number
true
julia>
```

抽象类型通常被应用到函数输入参数的声明上。例如，有以下函数：

```
function Forth_2_2_2(a,b)
    c=a-b;
    return c
end
```

该函数输入参数 a 和 b 的类型并未声明，这种形式等价于 Forth_2_2_2(a::Any,b::Any)。当该函数被调用时，Julia 会根据输入参数的具体类型分派不同的方法。因此，抽象类型是 Julia 实现方法多重派发的基础。

当有抽象类型位于类型图的最低点时，该类型称为 Union{}类型，又称为类型共用体。所有类型都是它的父类型，它不能被实例化。在这种情况下，类型共用体不能用关键词 abstract type 构造，而是采用关键词 Union。例如：

```
julia> myunion = Union{Int,Float64,AbstractString}          #定义类型集合 myunion
Union{Float64, Int64, AbstractString}
julia> 1::myunion                                           #断言
1
julia> 1.0::myunion                                         #断言
1.0
julia> "Syslab"::myunion
"Syslab"
julia>
```

类型共用体还有一种特殊的构造形式 Union{typename, Nothing}用于提升代码生成效率，typename 可以是任意类型名称。程序员既可以将变量值的类型设置为 typename，也可以设置为 nothing 表示没有值。

另外需要注意，在 Julia 中存在与关键词 Union 同名的内置函数名称 union。union 表示集合的并集。例如：

```
julia> union([1,2],[3,4])
4-element Vector{Int64}:
 1
 2
 3
 4
julia>
```

4.2.3 原始类型

原始类型是具体类型，它的数据由位组成。声明原始类型的语法与声明抽象类型的语法相近。用关键词 primitive type 声明，声明语法如下：

```
primitive type name bits end
primitive type childname <: parentname bits end
```

其中，bits 表示名称为 name 的原始类型所占的内存空间。如果省略父类型，则默认父类型为 Any。最常见的原始类型有整型和浮点型，对于整型有 Int8、Int16、Int32、Int64 和 Int128；对于浮点型有 Float16、Float32 和 Float64。除了上述两种具体类型，还有 Bool 类型和 Char 类型。这些常见的原始类型属于标准的原始类型，Julia 已经给用户定义了这些标准原始类型，如下所示：

```
primitive type Float16 <: AbstractFloat 16 end
primitive type Float32 <: AbstractFloat 32 end
primitive type Float64 <: AbstractFloat 64 end
primitive type Bool <: Integer 8 end
primitive type Char <: AbstractChar 32 end
primitive type Int8 <: Signed 8 end
primitive type UInt8 <: Unsigned 8 end
primitive type Int16 <: Signed 16 end
primitive type UInt16 <: Unsigned 16 end
primitive type Int32 <: Signed 32 end
primitive type UInt32 <: Unsigned 32 end
primitive type Int64 <: Signed 64 end
primitive type UInt64 <: Unsigned 64 end
primitive type Int128 <: Signed 128 end
primitive type UInt128 <: Unsigned 128 end
```

因此，程序员可以直接使用这些标准原始类型声明数据类型。例如，在 4.2.1 节中对 Forth_2_1_function 函数及其输入参数的类型声明。上一节提到抽象类型不能实例化，但是，当函数的输入变量为原始类型时，函数可对抽象类型数据重新编译。例如：

```
julia> function Forth_2_2_4(a::Integer)::Integer
           return a
       end
Forth_2_2_4 (generic function with 1 method)
julia> c=Forth_2_2_4(5)
5
julia> typeof(c)
Int64
julia>
```

此外，在 Julia 中，内置函数 isprimitivetype()可以判断类型是否为原始类型，例如：

```
julia> isprimitivetype(Int)
true
julia> isprimitivetype(Real)
false
julia>
```

4.2.4 复合类型

复合类型是用户唯一可以定义的类型，它是命名字段的集合。用户可以根据需求定义新类型，新类型包含两种及两种以上的数据类型。在 Julia 中，采用关键词 struct 定义复合类型。例如：

```
julia> struct mycomp
           s1
           s2::Int
           s3::Float64
       end
julia> newcomp=mycomp("Syslab",100,100.0)
mycomp("Syslab", 100, 100.0)
```

```
julia> typeof(newcomp)
mycomp
julia>
```

上面的程序定义了名称为 mycomp 的新类型。s1、s2 和 s3 是字段名称。s1 的类型未声明，默认为 Any 类型。因此，在调用 mycomp 时，第一个输入参数的类型可以是任意类型。s2、s3 分别是整型和浮点型变量，在调用 mycomp 时，后两个输入参数应分别为整型和浮点型数据。否则，程序会报错。在 Syslab 中，有与复合类型相关的内置函数。例如：

```
julia> fieldnames(mycomp)          #导出字段名称
(:s1, :s2, :s3)
julia> fieldcount(mycomp)          #确定复合类型中所有声明的类型的数量
3
julia> fieldtypes(mycomp)          #确定复合类型中所有声明的类型
(Any, Int64, Float64)
julia> fieldtype(mycomp,:s2)       #确定复合类型中指定字段声明的类型
Int64

julia> fieldtype(mycomp,3)         #确定复合类型中第三个字段声明的类型
Float64
julia>
```

可以采用 nametype.namefield 语法访问复合类型指定字段的值。例如：

```
julia> newcomp.s1
"Syslab"
julia> newcomp.s2
100
julia> newcomp.s3
100.0
julia>
```

由关键词 struct 构造的复合类型为不可变复合类型。例如，不能修改 s2 的值：

```
julia> mycomp.s2=3
ERROR: setfield! fields of Types should not be changed
Stacktrace:
 [1] error(s::String)
   @ Base .\error.jl:33
 [2] setproperty!(x::Type, f::Symbol, v::Int64)
   @ Base .\Base.jl:38
 [3] top-level scope
   @ REPL[14]:1
julia>
```

在不可变复合类型中存在一种特殊的类型，它内部没有字段，这种类型称为单例类型。单例类型用关键词 struct 构造，同时满足 a isa myTP && b isa myTP 暗示 a===b。在 Julia 中，可以调用函数 Base.issingletontype()判断一个类型是否为单例类型。单例类型只有一个实例，例如：

```
julia> struct singletype
           end
julia> Base.issingletontype(singletype)
true
julia> a = singletype()
singletype()
julia> b = singletype()
singletype()
julia> a isa singletype
```

```
true
julia> isa(b, singletype)
true
julia> a===b
true
julia>
```

如果需要修改复合类型中字段的值，用户可用关键词mutable struct构造的可变复合类型。例如：

```
julia> mutable struct mychangedcomp
           s1
           s2::Int
           s3::Float64
       end

julia> myCC = mychangedcomp("MWORKS", 2023, 1.0)
mychangedcomp("MWORKS", 2023, 1.0)
julia> myCC.s1 = "Syslab"
"Syslab"
julia> myCC.s3 = 2.0
2.0
julia>
```

此外，对于不可变复合类型，只要字段不可区分，则字段对应的值也不可区分。但是，可变复合类型相反，字段对应的值可区分，即使字段值修改后相等也可区分。例如：

```
julia> CC1=mychangedcomp("MWORKS", 2023, 1.0)
mychangedcomp("MWORKS", 2023, 1.0)
julia>    CC2=mychangedcomp("MWORKS", 2023, 2.0)
mychangedcomp("MWORKS", 2023, 2.0)
julia> CC1.s3=2.0
2.0
julia> CC1===CC2
false
julia>
```

4.2.5 参数类型

Julia 中的类型可以接受参数，类型可以被参数化，每个参数值的可能组合引入一个新类型。这种新类型可以代表类型族，它所代表的类型数量是无限的。前面提到的已声明的类型都可以被参数化，包括复合类型、抽象类型和原始类型。这三种类型被参数化后分别称为参数复合类型、参数抽象类型和参数原始类型。

1. 参数复合类型

定义参数复合类型的语法与定义复合类型的语法相似，同样采用关键词 struct 声明，但是在名称末尾使用花括号。参数复合类型的声明形式如下：

```
julia> struct Para_comp{T}
           x::T
           y::T
       end
julia>
```

上述程序定义了一个名称为 Para_comp 的参数类型。T 代表 Para_comp 的类型，它可以是任何类型。在声明参数类型时，并不需要确定 T 的具体类型。因此，Para_comp{T}包含了无数个类型。当参数类型被调用时才会确定 T 的具体类型。例如：

```
julia> Para_comp{Int64}
Para_comp{Int64}
julia> Para_comp{Float64}
Para_comp{Float64}
julia>
```

当对 Para_comp 参数类型赋予具体类型后，具体类型是 Para_comp 的一个子类型。但花括号中的类型并不是 Para_comp 的一个子类型。此外，Para_comp 具体类型之间也不存在父类型和子类型关系。例如：

```
julia> Para_comp{Int64}<:Para_comp
true
julia> Int64<:Para_comp
false
julia> Para_comp{Int64}<:Para_comp{Float64}
false
julia> Para_comp{Float64}<:Para_comp{Int64}
false
julia>
```

特别需要注意的是，即使两种数据类型之间存在子类型关系，参数类型对应的实例也不存在子类型关系。例如：

```
julia> Int64 <: Real
true
julia> Para_comp{Int64} <: Para_comp{Real}
false
julia>
```

2. 参数抽象类型

与声明抽象类型的语法相比，声明参数抽象类型时在名称末尾加花括号，语法结构如下：

```
abstract type name{T} end
```

声明结构中的 T 代表任何抽象类型，每个具体的参数抽象类型 name{T}都是 name 的子类型。例如：

```
julia> abstract type Para_abst{T} end
julia> Para_abst{Float64} <: Para_abst
true
julia> Para_abst{1.7} <: Para_abst
true
julia>
```

每个参数抽象类型的具体类型之间也不能互为子类型，这与参数复合类型的性质一样。例如：

```
julia> Para_abst{Float64} <: Para_abst{Real}
false
julia> Para_abst{Real} <: Para_abst{Float64}
false
julia>
```

协变类型 Para_abst{<:Real}和逆变类型 Para_abst{>:Int}代表了类型的集合，它们也是参数抽象类型实例的父类型。例如：

```
julia> Para_abst{Int} <: Para_abst{<:Real}
true
```

```
julia> Para_abst{Real} <: Para_abst{>:Int}
true
julia>
```

参数抽象类型也可以作为参数抽象类型的一个父类型。参数复合类型可继承参数抽象类型。此时，参数复合类型的具体类型 Para_comp{T}是参数抽象类型 Para_abst{T}的一个子类型。例如：

```
julia> struct Para_comp{T} <: Para_abst{T}
           x::T
           y::T
       end
julia> Para_comp{Int} <: Para_abst{Int}
true
julia> Para_comp{Int} <: Para_abst{<:Real}
true
julia> Para_comp{Int} <: Para_abst{Real}
false
julia>
```

Para_comp{T}与 Para_abst{T}均代表任何类型。在编程时，可能不需要多余的类型。在声明类型时，可以约束类型的范围。例如：

```
julia> abstract type Para_abst{T<:Real} end
julia> Para_abst{Int}
Para_abst{Int64}
julia> Para_abst{AbstractString}
ERROR: TypeError: in Para_abst, in T, expected T<:Real, got Type{AbstractString}
Stacktrace:
 [1] top-level scope
   @ REPL[3]:1
julia> struct Para_comp{T<:Real} <: Para_abst{T}
           x::T
           y::T
       end
julia> Para_comp{Int}
Para_comp{Int64}
julia> Para_comp{AbstractString}
ERROR: TypeError: in Para_comp, in T, expected T<:Real, got Type{AbstractString}
Stacktrace:
 [1] top-level scope
   @ REPL[6]:1
julia>
```

3. 参数原始类型

参数原始类型的声明形式如下：

```
primitive type Name{T} 64 end
```

与参数复合类型和参数抽象类型一样，参数原始类型的具体类型是参数原始类型的一个子类型：

```
julia> primitive type Para_prim{T} 64 end
julia> Para_prim{Int} <: Para_prim
true
julia>
```

4. Type{T}类型选择器

Type{T}是一个抽象的参数类型，它的实例是唯一的，即 T。例如：

```
julia> isa(Int,Type{Int})
true
julia> isa(Int,Type{Real})
false
julia>
```

如果没有参数 T，Tpye 是抽象类型，则任何类型都是它的具体类型。但是，非类型的对象不是它的实例。例如：

```
julia> isa(Int,Type)
true
julia> isa(1,Type)
false
julia>
```

5. UnionAll 类型

如果一个参数类型没有明确的类型，那么这样的类型称为 UnionAll 类型，如未实例化的参数复合类型、参数抽象类型和参数原始类型。程序如下：

```
julia> typeof(Para_comp)
UnionAll
julia> typeof(Para_abst)
UnionAll
julia> typeof(Para_prim)
UnionAll
julia>
```

在使用 UnionAll 类型时，可以使用字段 where 约束类型范围：

```
julia> struct Para_comp{T}
            x::T
            y::T
        end
julia> function   myunionall1(a::Para_comp{T} where T<:Real)           #限定使用 Real 的子类型
            a
        end
myunionall1 (generic function with 1 method)
julia> function   myunionall2(b::Para_comp{T} where Int64<:T<:Real)   #限定使用 Int64 与 Real 的之间的类型
            b
        end
myunionall2 (generic function with 1 method)
julia>
```

如果有多个字段，则可用多个 where 限定类型范围，用空格隔开：

```
julia> struct Para_comp_2{T1,T2}
            x::T1
            y::T2
        end
julia> function myunionall3(c::Para_comp_2{T1,T2} where {T1<:Real} where {T2<:Int64})
            c
        end
myunionall3 (generic function with 1 method)
julia>
```

4.2.6 类型运算

类型运算包括检测对象的类型，判断类型的类型，判断类型的子类型和父类型等：

```
julia> isa(1.0,Float64)                #检测对象是否为浮点型
true
julia> typeof(2)                       #检测对象的类型
Int64
julia> typeof(Int64)                   #判断类型的类型
DataType
julia> Int64 <: Real                   #判断类型的子类型
true
julia> supertype(Number)               #判断类型的父类型
Any
julia>
```

4.2.7 多重分派

在调用函数时，Julia 会根据输入变量的类型分配相应的方法计算，这个分配的过程是分派。因此，一个函数可以有多个方法。例如：

```
function my_fun(x::Float64)
print("Frist method")
end
function my_fun(x::Int64)
    print("Second method")
end
function my_fun(x::String)
    print("Third method")
end
my_fun (generic function with 3 methods)
julia> my_fun(1)
Second method
julia> my_fun(1.0)
Frist method
julia> my_fun("Syslab")
Third method
julia>
```

如果函数有多个输入变量，则根据第一个输入变量的类型分派方法称为单分派。Julia 是一种动态类型语言，它根据所有变量的类型分派最适合的方法进行计算，属于多重分派。例如：

```
function my_fun2(x::Int64,y::Float64)
    print("Frist method")
end
function my_fun2(x::Int64,y::Int64)
    print("Second method")
end
function my_fun2(x::Int64,y::String)
    print("Third method")
end
function my_fun2(x::Float64,y::Int64)
    print("Forth method")
end
```

Syslab 程序运行结果如下：

```
my_fun2 (generic function with 4 methods)
julia> my_fun2(1,1)
Second method
julia> my_fun2(1.0,1)
Forth method
julia> my_fun2(1,1.0)
Frist method
julia> my_fun2(1,"Syslab")
Third method
```

```
julia>my_fun2(1.0,1.0)
ERROR: MethodError: no method matching my_fun2(::Float64, ::Float64)
Closest candidates are:
  my_fun2(::Int64, ::Float64) at c:\Users\bit\Desktop\ssslab\第 4 章 2\Forth_2_2_7_2.jl:1
  my_fun2(::Float64, ::Int64) at c:\Users\bit\Desktop\ssslab\第 4 章 2\Forth_2_2_7_2.jl:10
Stacktrace:
 [1] top-level scope
   @ REPL[5]:1
julia>
```

4.3 元编程

元编程是指编程语言可以通过编写程序生成满足用户需求的程序。换言之，编写可以生成程序的程序就是元编程。Julia 把代码表示为语言中的数据结构，支持元编程。在程序运行和编译时，元编程可以修改对象和添加方法等，使得编程更灵活。本节将介绍元编程的程序表示、如何创建表达式并求值、利用元编程生成代码、如何利用宏实现元编程。

4.3.1 程序表示

Julia 代码的执行过程分为两个阶段：① 将字符串解析为抽象语法树结构解析原始代码阶段；② 执行已解析代码阶段。利用元编程可以在代码执行之前，对已解析的代码进行修改。修改后的结果类型为 Expr 类型。例如：

```
julia> str1="1+2"
"1+2"
julia> expr1=Meta.parse(str1)                #使用 Meta.parse 解析字符串
:(1 + 2)
julia> typeof(expr1)                         #解析输出的结果类型为表达式类型
Expr
julia>
```

parse 将字符串“1+1”解析成包含冒号和表达式的 Expr 类型。Expr 类型包含符号对象和表达式，表达式可能包含符号、其他表达式或字面量。例如：

```
julia> fieldnames(typeof(expr1))
(:head, :args)
julia> s1=expr1.head                        #标识表达式类型的 Symbol
:call
julia> typeof(s1)
Symbol
julia> expr1.args                           #表达式参数数组
3-element Vector{Any}:
  :+
 1
 2
julia> typeof(expr1.args[1])                #判断表达式参数类型
Symbol
julia> typeof(expr1.args[2])
Int64
julia> typeof(expr1.args[3])
Int64
julia> dump(expr1)                          #使用 dump 函数查看 Expr 对象
Expr
  head: Symbol call
```

```
    args: Array{Any}((3,))
      1: Symbol +
      2: Int64 1
      3: Int64 2
```

利用 Expr 函数也可以构造表达式。这种方式与 parse 所解析的表达式等价：

```
julia> expr2=Expr(:call,:+,1,2)
:(1 + 2)
julia> expr1==expr2
true
julia>
```

从上述程序可以看出，字符:可以用来构造 Symbol，语法形式为:+字符串。例如：

```
julia> s2=:sym1                          #使用:构造
:sym1
julia> typeof(s2)
Symbol
julia> s2==Symbol("sym1")                #使用 Symbol 函数构造
true
julia> Symbol("MWORKS","_","Syslab")     #使用 Symbol 函数将多个字符串联
:MWORKS_Syslab
julia> Symbol(:MWORKS,"_","Syslab")
:MWORKS_Syslab
julia> :MWORKS_Syslab
:MWORKS_Syslab
julia> s3=Symbol("MWORKS",".","Syslab")
Symbol("MWORKS.Syslab")
julia> dump(s3)
Symbol MWORKS.Syslab
julia> :MWORKS.Syslab                    # Symbol 函数构造的符号可以包含无效的标识符，而:不能包含
ERROR: type Symbol has no field Syslab
Stacktrace:
 [1] getproperty(x::Symbol, f::Symbol)
   @ Base .\Base.jl:42
 [2] top-level scope
   @ REPL[42]:1
julia>
```

4.3.2 表达式与求值

在 4.3.1 节中，已经介绍了元编程的程序表示，可以对解析后的表达式进行操作。本节将介绍更复杂的表达式与表达式的求值。符号:既可以构造 Symbol，也可以构造表达式。通过符号:构造表达式称为引用。表达式通过引用符号、其他表达式和字面量值构造。例如：

```
julia> expr3=:(a+b/c-3)
:((a + b / c) - 3)
julia> expr3==Meta.parse("a+b/c-3")==Expr(:call, :-, Expr(:call, :+, :a, Expr(:call, :/, :b, :c)) ,3)
true
julia>
```

当需要对表达式中的参数赋值时，可使用符号$将数值插入表达式，这一过程称为插值。未被引用的表达式不能被插值。例如：

```
julia> c=1
1
julia> expr4=:(a+b/$c-3)                 #向被引用表达式插值
:((a + b / 1) - 3)
julia> a+b/$c-3                          #向未被引用表达式插值
```

```
ERROR: syntax: "$" expression outside quote around REPL[61]:1
Stacktrace:
 [1] top-level scope
   @ REPL[61]:1
julia>
```

当需要将多个表达式变成另外一个表达式的参数时，可以使用$(name...)构造。例如：

```
julia> arry1=[:a,:b,:c,:d];
julia> :(f(1, $(arry1...)))              #将数组中的表达式插到函数 f 的输入参数位置
:(f(1, a, b, c, d))
julia>
```

引用多个表达式，可以使用关键词 quote 构造新的表达式。例如：

```
julia> expr5=quote
            x=1
            y=4
            x-y
        end
quote
    #= REPL[57]:2 =#
    x = 1
    #= REPL[57]:3 =#
    y = 4
    #= REPL[57]:4 =#
    x - y
end
julia> typeof(expr5)
Expr
julia>
```

quote 支持嵌套引用，例如：

```
julia> expr6=quote
            quote
                x=1
                y=4
                x-y
            end
        end
quote
    #= REPL[79]:2 =#
    $(Expr(:quote, quote
    #= REPL[79]:3 =#
    x = 1
    #= REPL[79]:4 =#
    y = 4
    #= REPL[79]:5 =#
    x - y
end))
end
julia> typeof(expr6)
Expr
julia>
```

在 Julia 中可以使用关键词 eval 求表达式的值：

```
julia> expr7=:(2-9)
:(2 - 9)
julia> eval(expr7)
-7
julia> expr8=:(a*b)                #含未赋值变量的表达式
:(a * b)
```

```
julia> eval(expr8)
ERROR: UndefVarError: a not defined
Stacktrace:
 [1] top-level scope
   @ none:1
julia> a=6;b=3;                    #在全局作用域内对表达式的变量赋值
julia> eval(expr8)
18
julia> a=3;
julia> eval(expr8)
9
```

对于 Expr 构造的表达式，在求值时与用符号:构造有所不同。在构造之前确定参数值，完成构造之后不能再修改：

```
julia> a9=8;
julia>   expr9=Expr(:call,:-,a9,:b9)
:(8 - b9)
julia> a9=0;b9=3;
julia> eval(expr9)
5
julia> b9=4;eval(expr9)
4
julia>
```

对于嵌套引用的表达式，eval 与$配合使用求值：

```
julia> a10=:(2+3);
julia> expr10=quote quote $a10 end end
quote
    #= REPL[102]:1 =#
    $(Expr(:quote, quote
    #= REPL[102]:1 =#
    $(Expr(:$, :a10))
end))
end
julia> eval(expr10)
quote
    #= REPL[102]:1 =#
    2 + 3
end
julia> expr10=quote quote $$a10 end end
quote
    #= REPL[107]:1 =#
    $(Expr(:quote, quote
    #= REPL[107]:1 =#
    $(Expr(:$, :(2 + 3)))
end))
end
julia> eval(expr10)
quote
    #= REPL[107]:1 =#
    5
end
julia>
```

4.3.3 代码生成

当需要编写重复的代码、样板形式代码时，可以使用元编程大幅度地提升编程效率。在 Julia 中，使用插值和求值来实现代码生成。例如：

```
julia> op=:+;
julia> quote                                                    #通过插值构造 a、b、c 的连加
           ($op)(a,b,c) = ($op)(($op)(a,b),c)
       end
quote
    #= REPL[28]:2 =#
    a + b + c = begin
            #= REPL[28]:2 =#
            (a + b) + c
        end
end
julia> eval(quote                                               #使用 quote 生成 a、b、c 连加方法
           ($op)(a,b,c) = ($op)(($op)(a,b),c)
            end)
+ (generic function with 1 method)
julia> for op = (:+, :-, :*, :/, :&&, :||)                      #在需要多个不同的操作时，用 for 循环
           eval(quote
               ($op)(a,b,c) = ($op)(($op)(a,b),c)
               end)
       end

julia> for op = (:+, :-, :*, :/, :&&, :||)                      #使用符号:构造，程序更简洁
               eval(:(($op)(a,b,c) = ($op)(($op)(a,b),c)))
       end
julia> for op = (:+, :-, :*, :/, :&&, :||)                      #使用@eval 宏
               @eval ($op)(a,b,c) = ($op)(($op)(a,b),c)
       end
julia>
```

4.3.4 宏

宏是 Julia 元编程中的一个重要应用。宏可以实现表达式的替换，不需要使用 eval 就可以返回表达式。可使用关键词 macro 构造宏，使用字符@调用宏。宏的声明语法如下：

```
macro mac_name(para_name) … end
```

1. 构造宏

mac_name 代表宏名称，括号里的内容是宏的输入参数，可有可无。如果有输入参数，则在宏内部使用插值语句$para_name。例如：

```
julia> macro mac1()                                             #构造无输入参数的宏
           return :(println("MWORKS.Syslab"))
       end
@mac1 (macro with 1 method)
julia> @mac1                                                    #调用无输入参数的宏
MWORKS.Syslab
julia> macro mac2(str)                                          #构造有输入参数的宏
           return :(println("MWORKS.Syslab based on ", $str))
       end
@mac2 (macro with 1 method)
julia> @mac2("Julia")                                           #调用有输入参数的宏
MWORKS.Syslab based on Julia
julia> expr=macroexpand(Main, :(@mac2("Julia")))                #使用 macroexpand 函数查看宏内部的表达式
:(Main.println("MWORKS.Syslab based on ", "Julia"))
julia> @macroexpand @mac2 "Julia"                               #使用@macroexpand 宏查看宏内部的表达式
:(Main.println("MWORKS.Syslab based on ", "Julia"))
julia> typeof(expr)
Expr
julia>
```

2. 调用宏

调用宏的语法有以下两种方式：

```
@mac_name para_name1 para_name2 ...           #使用空格分开参数名称
@mac_name(para_name1,para_name2 ...)          #使用逗号分开参数名称
```

注意，在第二种方式中，宏名与括号之间不能有空格。如果存在空格，则表示将(para_name1,para_name2 ...)作为一个参数输入宏。以下是调用宏的具体实例：

```
julia> macro mac3(para1,para2,para3)
           return :(println($para1,$para2,$para3))
       end
@mac3 (macro with 1 method)
julia> @mac3 "MWORKS.Syslab " 2023 "a"
MWORKS.Syslab 2023a
julia> @mac3("MWORKS.Syslab ",2023,"a")
MWORKS.Syslab 2023a
julia>
```

当数组做参数时有以下两种调用方式。两种调用方式等价：先将数组代入宏计算并返回值，再继续执行剩余表达式。例如：

```
julia> macro mac4(para)
           return :($para .+ 1)
       end
@mac4 (macro with 1 method)
julia> @mac4[1 2] * 2                      #第一种调用方式，宏名和数组之间没有空格
1×2 Matrix{Int64}:
 4  6                                      #先计算[1 2] .+1，再计算返回值*2
julia> @mac4([1 2]) * 2                    #第二种调用方式，宏名和括号之间没有空格
1×2 Matrix{Int64}:
 4  6                                      #先计算[1 2] .+1，再计算返回值*2
julia> @mac4 [1 2] * 2                     #先计算[1 2] *2，再计算返回值.+1
1×2 Matrix{Int64}:
 3  5
julia>
```

使用 show 函数可以导出宏的参数，但 show 函数必须在宏的内部：

```
julia> macro mac5(para)
           show(para)
       end
@mac5 (macro with 1 method)
julia> @mac5(x)
:x
julia> @mac5(2*3)
:(2 * 3)
julia>
```

3. 卫生宏

卫生宏（Hygienic macro）又称为干净宏，可避免出现展开后的表达式中变量与全局变量名称冲突的问题。在卫生宏内部只可使用关键词 local 声明局部变量，不能使用 eval，可使用关键词 esc 转义以避免宏变大。例如，计算时间的宏：

```
macro mac7(ex)
    return quote
        local t0 = time_ns()
```

```
            local val = $(esc(ex))
            local t1 = time_ns()
            println("elapsed time: ", (t1 - t0) / 1e9, " seconds")
            val
        end
    end
```

4. 宏的派发

同一个宏可以有多个方法，在调用宏时可以实现多重派发，例如：

```
julia> macro mac8(para1)
           println("FirstMethod")
           return :(println($para1))
       end
@mac8 (macro with 1 methods)
julia> macro mac8(para1,para2)
           println("SecondMethod")
           return :(println($para1,$para2))
       end
@mac8 (macro with 2 methods)
julia> @mac8("Syslab")
FirstMethod
Syslab
julia> @mac8(9)
FirstMethod
9
julia> @mac8("MWORKS","Syslab")
SecondMethod
MWORKSSyslab
julia>
```

4.3.5 非标准字符串字面量

以标识符为前缀的字符串字面量称为非标准字符串字面量，它通常不再是一个字符串。如果是以 r 为前缀，则它是一个正则表达式：

```
r"\\Qx\\E"
```

可以调用宏@r_str 创建正则表达式：

```
julia> @r_str("\\Qx\\E")
r"\Qx\E"
julia>
```

宏@r_str 通过函数 Regex 创建正则表达式，仅在编译时构造且只需要编译一次。利用该函数可以对表达式插值，但是不能利用宏直接插值。例如：

```
julia> x=3;
julia> @r_str("\\Q$x\\E")
ERROR: MethodError: no method matching Regex(::Expr)
julia>    Regex("\\Q$x\\E")
r"\Q3\E"
julia>
```

4.3.6 生成函数

特殊的宏@generated 可以定义生成函数。生成函数与普通函数不同，调用生成函数返回的是表达式，调用普通函数返回的是值。以下是定义和调用生成函数的例子：

```
julia> @generated function fun1(x)
                return :(x*x)
        end
fun1 (generic function with 1 method)
julia> fun1(5)
25
julia> fun1("Syslab")
"SyslabSyslab"
julia>
```

若生成函数中含有普通函数，则在声明生成函数后，仍可以向普通函数中添加新方法：

```
julia> fun2(x) = "MWORKS";
julia> @generated fun3(x) = fun2(x);            #不允许向 fun2()添加新方法
julia> @generated fun4(x) = :(fun2(x));         #允许向 fun2()添加新方法
julia> a1=fun3(1)
"MWORKS"
julia> b1=fun4(1)
"MWORKS"
julia> fun2(x::Int64) = "Syslab"                #添加新方法
fun2 (generic function with 2 methods)
julia> a2=fun3(1)
"MWORKS"
julia> b2=fun4(1)
"Syslab"
julia>
```

4.3.7 运行时反射

Julia 的元编程支持运行时反射。例如，可以查看类型字段、类型的类型、类型的亚型，还可查看函数所包含的方法和函数内部检查。例如：

```
julia> struct   Mytype
            x::Int64
            y
        end
julia> typeof(Mytype)                          #查看 Mytype 的类型
DataType
julia> fieldnames(Mytype)                      #查看类型字段
(:x, :y)
julia> Mytype.types                            #字段类型存储在 types 变量中
svec(Int64, Any)
julia> subtypes(AbstractFloat)                 #查看亚型
6-element Vector{Any}:
 BigFloat
 FastTransforms.mpfr_t
 Float16
 Float32
 Float64
 Measurements.Measurement
julia>
julia> function   fun5(x::Int64)               #定义 fun5 函数的第一个方法
            print("FirstMethod")
        end
fun5 (generic function with 2 methods)
julia> function   fun5(x::Float64)             #定义 fun5 函数的第二个方法
            print("SecondMethod")
        end
fun5 (generic function with 2 methods)
julia> methods(fun5::Function)                 #查看 fun5 函数所包含的方法
```

```
# 2 methods for generic function "fun5":
[1] fun5(x::Int64) in Main at REPL[16]:1
[2] fun5(x::Float64) in Main at REPL[17]:1
julia> @code_lowered fun5(1)                #查看函数底层运行过程
CodeInfo(
1 ─ %1 = Main.print("FirstMethod")
└──       return %1
)
julia> @code_typed fun5(1)                  #查看函数运行时的类型变化
CodeInfo(
1 ─
1 ─ %1 = invoke Main.print("FirstMethod"::String)::Nothing
└──       return %1
) => Nothing
julia> @code_llvm fun5(1)                   #查看函数编译过程
;  @ REPL[16]:1 within `fun5`
; Function Attrs: uwtable
define void @julia_fun5_3180(i64 signext %0) #0 {
top:
  %1 = alloca {}*, align 8
;  @ REPL[16]:2 within `fun5`
  store {}* inttoptr (i64 216545616 to {}*), {}** %1, align 8
  %2 = call nonnull {}* @j1_print_3182({}* inttoptr (i64 307823552 to {}*), {}** nonnull %1, i32 1)
  ret void
}
julia>
```

4.4 外部语言调用

在数值计算领域中，有很多用 C/C++或 Python 编写的高质量且成熟的程序或工具。Julia 提供了简洁且高效的调用 C/C++和 Python 的方法，不需要任何“胶水”代码。

4.4.1 C/C++

Julia 可以使用函数 ccall 或宏@ccall 调用 C/C++程序，调用语法如下：

```
#ccall 函数调用
ccall((function_name, library), returntype, (argtype1, ...), argvalue1, ...)
ccall(function_name, returntype, (argtype1, ...), argvalue1, ...)
ccall(function_pointer, returntype, (argtype1, ...), argvalue1, ...)
#@ccall 宏调用
@ccall library.function_name(argvalue1::argtype1, ...)::returntype
@ccall function_name(argvalue1::argtype1, ...)::returntype
@ccall $function_pointer(argvalue1::argtype1, ...)::returntype
```

以下是使用 ccall 函数调用 C 标准库函数的实例，C 标准库中的 getenv 函数声明为 char* getenv (const char* name);：

```
julia>   path = ccall(:getenv, Cstring, (Cstring,), "PATH")
Cstring(0x0000000002835496)
julia>   unsafe_string(path)
"C:/Users/Public/TongYuan/julia-1.7.3/bin;C:/Users/Public/TongYuan/julia-1.7.3/lib;C:/Users/Public/TongYuan/julia-1.7.3/lib/julia
;E:/Program Files/MWORKS/Syslab 2023a/Tools/PortableGit/cmd;E:/Program Files/MWORKS/Syslab 2023a/Tools/PortableGit/usr/bin;
C:/Users/Public/TongYuan/.juli" … 1171 bytes … "\\julia-1.7.3\\bin;C:\\Users\\bit\\AppData\\Local\\Microsoft\\WindowsApps;
C:\\Users\\bit\\.dotnet\\tools;E:\\Program Files\\texlive\\2022\\bin\\win32;C:\\Users\\bit\\AppData\\Local\\Programs\\Python\\Python310\\
Scripts;E:\\Program Files\\FreeCAD 0.19\\bin\\Scripts;E:\\Program Files\\MWORKS\\Syslab 2023a\\Bin\\bin"
julia>
```

Julia 也可以调用用户自定义的 C++动态链接库。例如，用户有一个自己开发的动态链接库 ArrayMaker.dll，该动态链接库里有一个求和函数，声明如下：

```
#pragma once
#ifndef _ADD_H
#define _ADD_H
extern "C" __declspec(dllexport) double GetSum(double x, double y);
#endif // !_ADD_H
```

在 Julia 中，可以根据文件的路径加载 dll 文件并调用，例如：

```
julia> lib = "C:\\Users\\bit\\Desktop\\ssslab\\C\\ArrayMaker\\x64\\Debug\\ArrayMaker"    #动态链接库路径
"C:\\Users\\bit\\Desktop\\ssslab\\C\\ArrayMaker\\x64\\Debug\\ArrayMaker"
julia>   c = @ccall lib.GetSum(2::Cdouble, 3::Cdouble)::Cdouble
5.0
```

这种加载 C++动态链接库的方式比较简洁，但是这种方式存在一个弊端：直到 Julia 退出，被加载的动态链接库才会释放。Julia 可以通过 Libdl 来解决这个问题：

```
using Libdl

#加载库
lib_path = joinpath("C:\\Users\\bit\\Desktop\\ssslab\\C\\ArrayMaker\\x64\\Debug\\ArrayMaker")
lib = Libdl.dlopen(lib_path)

#获取调用函数的符号
GetSum = Libdl.dlsym(lib, :GetSum)

#调用函数
c = @ccall $GetSum(2::Cdouble, 3::Cdouble)::Cdouble

#关闭 dll
Libdl.dlclose(lib)
```

下面给出一个调用动态链接库的完整例子。ArrayMaker_global.h 文件：

```
#pragma once

#ifndef BUILD_STATIC
# if defined(ARRAYMAKER_LIB)
#define ARRAYMAKER_EXPORT __declspec(dllexport)
#else
#define ARRAYMAKER_EXPORT __declspec(dllimport)
#endif
#else
#define ARRAYMAKER_EXPORT
#endif
```

ArrayMaker.h 文件：

```
#ifndef ARRAYMAKER_H
#define ARRAYMAKER_H
#include "ArrayMaker_global.h"

struct ArrayMaker {
    int nNumber;
    double* pArray;
};

extern "C" ARRAYMAKER_EXPORT ArrayMaker* CreateObj();
extern "C" ARRAYMAKER_EXPORT void DeleteObj(ArrayMaker ** ppobj);
```

```
extern "C" ARRAYMAKER_EXPORT double* FillArray(ArrayMaker* pobj, int num, double value);

#endif
```

ArrayMaker.cpp 文件：

```
#include "ArrayMaker.h"
#include <math.h>

using namespace std;

ArrayMaker* CreateObj()
{
    auto p = new ArrayMaker;
    p->nNumber = 0;
    p->pArray = nullptr;
    return p;
}

void DeleteObj(ArrayMaker** ppobj)
{
    if (ppobj == nullptr) {
        return;
    }

    auto& pobj = *ppobj;
    if (pobj != nullptr) {
        if (pobj->pArray != nullptr) {
            delete[] pobj->pArray;
            pobj->pArray = nullptr;
        }

        delete pobj;
        pobj = nullptr;
    }
}

double* FillArray(ArrayMaker* pobj, int num, double value)
{
    double* data = nullptr;

    if (pobj != nullptr) {
        data = pobj->pArray;
        if (data != nullptr)
        {
            delete[] data;
        }

        data = new double[num];
        for (int i = 0; i < num; i++)
        {
            data[i] = value;
        }
        pobj->pArray = data;
        pobj->nNumber = num;
    }

    return data;
}
```

Julia 调用程序：

```
using Libdl

#加载 dll
lib_path = "C:\\Users\\bit\\Desktop\\ssslab\\C++\\ArrayMaker\\x64\\Debug\\ArrayMaker"        #动态链接库路径
lib = Libdl.dlopen(lib_path)

#获取符号
CreateObj = Libdl.dlsym(lib, :CreateObj)
DeleteObj = Libdl.dlsym(lib, :DeleteObj)
FillArray = Libdl.dlsym(lib, :FillArray)

#创建对象指针
pobj = @ccall $CreateObj()::Ptr{Cvoid}

#填充数组
len = 5
parr = @ccall $FillArray(pobj::Ptr{Cvoid}, len::Cint, 3.5::Cdouble)::Ptr{Cdouble}
arr = [unsafe_load(parr, i) for i = 1:len]

#销毁对象
@ccall $DeleteObj(Ref(pobj)::Ptr{Ptr{Cvoid}})::Cvoid
pobj = C_NULL

#关闭 dll
Libdl.dlclose(lib)
```

Julia 还可以创建和 C 兼容的函数指针，并作为参数传递给 C 函数。宏 @cfunction 为调用 Julia 函数生成 C 兼容函数指针。@cfunction 的定义如下：

```
@cfunction(callable, ReturnType, (ArgumentTypes...,)) -> Ptr{Cvoid}
@cfunction($callable, ReturnType, (ArgumentTypes...,)) -> CFunction
```

例如，标准 C 库中的排序算法：

```
/* 标准 C 库函数 qsort 的定义
 * [in|out]base  集合
 * [in]num       集合元素个数
 * [in]size      每个元素的字节数
 * [in]compar    两个元素的比较函数
 */
void qsort (void* base, size_t num, size_t size,
                int (*compar)(const void*,const void*));
```

用 Julia 写比较函数，再通过@cfunction 包装为函数指针，作为参数传递给 C 函数：

```
#Julia 的比较函数
function mycompare(a, b)::Cint
    println("mycompare($a, $b)")          #可以查看比较过程
    return (a < b) ? -1 : ((a > b) ? +1 : 0)
end

#通过@cfunction 包装为函数指针
mycompare_c = @cfunction(mycompare, Cint, (Ref{Cdouble}, Ref{Cdouble}));

#调用标准 C 库的排序算法
A = [1.3, -2.7, 4.4, 3.1]
ccall(:qsort, Cvoid, (Ptr{Cdouble}, Csize_t, Csize_t, Ptr{Cvoid}),
        A, length(A), sizeof(eltype(A)), mycompare_c)

#查看结果
A
```

Syslab 程序运行结果如下：

```
4-element Vector{Float64}:
 -2.7
  1.3
  3.1
  4.4
```

4.4.2 Python

Julia 使用 pyimport 和@pyimport 调用 Python 库函数。例如：

```
using PyCall
using TyPlot

#case 1
math = pyimport("math")
v = math.sin(pi/2)
println("v = $v")
#v = 1.0

#case 2
@pyimport numpy as np
x = np.linspace(0, 2π, 1000)
y = np.sin(x)
plot(x,y)
```

调用 Python 库函数生成正弦函数图像如图 4-3 所示。

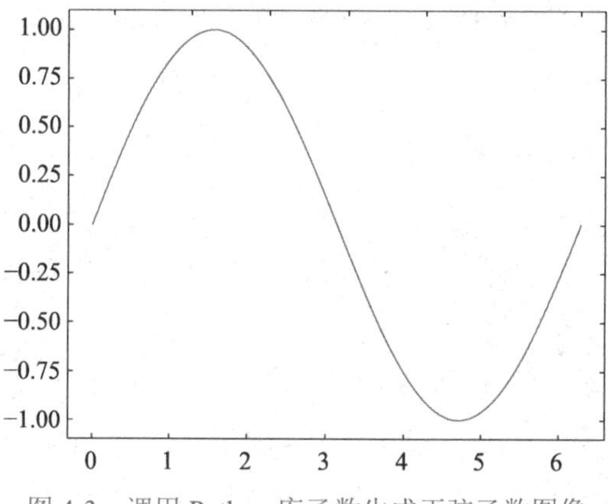

图 4-3 调用 Python 库函数生成正弦函数图像

通过 py"..."和 py"""...""", 可以直接调用 Python 代码：

```
module MyModule
using PyCall

function __init__()
    py"""
    def hello(s):
        return "Hello, " + s
    """
end

#封装 Python 函数
```

```
hello(s) = py"hello"(s)
end

MyModule.hello("Syslab")                    # "Hello, Syslab"
```

Syslab 程序运行结果如下：

```
"Hello, Syslab"
```

调用 Python 文件需要三步：① 将路径添加到 Python 工作目录中；② 导入 Python 文件；③ 调用 Python 接口。例如有 Python 文件 pyfun.py：

```
def Test(s):
    print("Hello, " + s)
```

Julia 调用程序如下：

```
#调用 Python 文件
using PyCall

function _set_python_path(path::AbstractString)
    py"""
    import sys
    def set_path(path):
        if path not in sys.path:
            sys.path.append(path)
    """
    py"set_path"(path)
end

#1. 将路径添加到 Python 工作目录中
println(@__DIR__)
_set_python_path(@__DIR__)

#查看 sys.path
pyimport("sys").path

#2. 导入 Python 文件
@pyimport pyfun as myfunc

#3. 调用 Python 接口
myfunc.Test("Syslab")
```

Syslab 程序运行结果如下：

```
c:\Users\bit\Desktop\ssslab\第 4 章
Hello, Syslab
```

定义 Python 类：

```
using PyCall

#Python 代码
py"""
import numpy.polynomial
class Doubler(numpy.polynomial.Polynomial):
    def __init__(self, x=10):
        self.x = x
    def my_method(self, arg1): return arg1 + 20
    @property
    def x2(self): return self.x * 2
    @x2.setter
```

```
    def x2(self, new_val):
        self.x = new_val / 2
print(Doubler().x2) # 20
"""

#与上面等价的写法：
#@pydef：创建一个 python 类，其方法是用 Julia 实现的
P = pyimport("numpy.polynomial")
@pydef mutable struct Doubler <: P.Polynomial
    __init__(self, x = 10) = (self.x = x)
    my_method(self, arg1::Number) = arg1 + 20
    x2.get(self) = self.x * 2
    x2.set!(self, new_val) = (self.x = new_val / 2)
end

d = Doubler()
println(d.x2) # 20

d.x2 = 10
println(d.x) # 5

d.x = 15
println(d.x2) # 30
```

本 章 小 结

本章介绍了如何使用 Julia 在 Syslab 环境中创建模块、调用模块，Julia 的类型系统，以及如何声明 Julia 的类型。Julia 的动态类型系统与多重分派机制使得 Julia 具有计算速度快的优良特性。本章还介绍了 Julia 的强大元编程能力，用户可根据自身的需求快速生成大量代码，使得编程更具有灵活性。此外，Syslab 提供了调用外部语言的接口，本章通过具体案例展示了如何调用 C/C++和 Python 程序。读者学习本章后可进一步加深对 Julia 的认识和提升 Julia 编程能力，了解 Syslab 计算环境。

习 题 4

1. 创建一个模块，该模块包含计算求和函数、平均值函数及求向量模的函数，调用模块及内部函数。
2. 自定义复合类型，并实例化复合类型。
3. 创建一个包含三种以上方法的函数并调用该函数。
4. 创建一个包含三种以上方法的宏并调用该宏。
5. 在 Syslab 中调用自定义 C++动态链接库求数组最大值。

exercise4.h 文件：

```
#pragma once
#ifndef _ADD_H
#define _ADD_H
extern "C" __declspec(dllexport) double GetSum(double x[], int num);
#endif // !_ADD_H
```

exercise4.cpp 文件：

```
#include "pch.h"
```

```
#include "exercise4.h"
#include <math.h>

double GetSum(double x[],int num)
{
    int       i;
    double maxnum = 0.0;
    for (i = 0; i < num; ++i)
    {
            if (x[i]>maxnum)
                    maxnum = x[i];
    }
    return maxnum;
}
```

6. 在 Syslab 中调用以下 Python 文件：

```
def Test(s):
return sum(s)
```

第 5 章 科学计算数据可视化

科学计算数据可视化是研究数据视觉表达形式的技术，其目的在于通过曲线、图形、色彩等方法表现抽象数据集内在的关系和特征，清晰、有效地传达数据关联信息。从不同的角度出发，科学计算数据可视化可分为不同的种类：从数据的形式上划分，可分为标量可视化、矢量可视化；从数据的维度上划分，可分为二维可视化、三维可视化和高维可视化。Syslab 提供了强大的数据运算功能和丰富的数据可视化函数，通过一系列直观、简单的二维图形和三维图形绘制命令与函数，将实验结果与仿真结果可视化显示。本章将详细介绍 Syslab 程序中的二维绘图、三维绘图，以及标签与注释等内容，以便读者更方便地实现科学计算数据可视化。

通过本章学习，读者可以了解（或掌握）：

- ❖ **科学计算数据二维图的绘制。**
- ❖ **科学计算数据三维图的绘制。**
- ❖ **图形绘制的格式与注释。**
- ❖ **面向自定义图形的对象设置。**

本章学习视频

更多视频可扫封底二维码获取

5.1 线图

线图常用于比较数据集或跟踪数据随时间的变化。线图的绘制内容主要包括使用线性刻度或对数刻度在二维或三维线图中绘制数据，以及在特定区间上绘制表达式或函数。本节介绍简单线图、对数图、函数图的绘制函数与命令。

5.1.1 简单线图

1. 二维线图绘制函数 plot

下面给出 plot 函数调用方式：

```
plot(X,Y)                                  #采用双坐标绘制曲线
plot(X,Y,Fmt)                              #采用双坐标绘制带修饰的曲线
plot(X1,Y1,...,Xn,Yn)                      #采用双坐标绘制多条曲线
plot(X1,Y1,Fmt1,...,Xn,Yn,Fmtn)            #采用双坐标绘制带修饰的多条曲线
plot(Y)                                    #采用单坐标绘制曲线
plot(Y,Fmt)                                #采用单坐标绘制带修饰的曲线
plot(___,Key=Value)                        #采用关键词参数指定曲线属性
plot(ax,___)                               #在指定坐标区中绘图
h = plot(___)                              #返回曲线对象，使用 h 修改图像属性
```

plot(X,Y)用于创建 Y 中数据与 X 中对应值的二维线图。当 X、Y 为相同长度的向量时，绘制单条曲线；当 X、Y 至少有一个为矩阵时，在同一坐标系中绘制多条曲线。例如，将 x 创建为由介于 0 和 2π 之间的线性间隔值组成的向量，相邻值之间的递增量为 π/100，y 创建为 x 的正弦值，创建 x 和 y 的线图，结果如图 5-1 所示。

```
x = 0:pi/100:2*pi;
y = sin.(x);
plot(x,y)
```

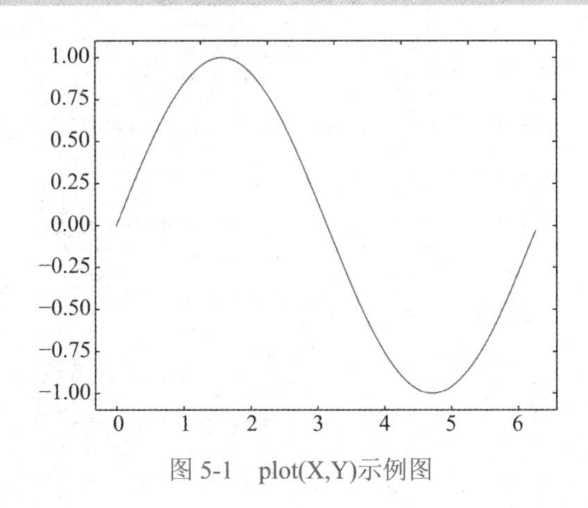

图 5-1 plot(X,Y)示例图

plot(X,Y,Fmt)用于绘制指定线型、标记符号和颜色的二维线图。Fmt 指定线条的线型、标记符号和颜色，具体值可参考表 5-1 和表 5-2 中的内容。

plot(X1,Y1,...,Xn,Yn)在同一坐标系中绘制多个 X、Y 对组的线图。

表 5-1　Syslab 颜色名称及标识

颜色名称	短名称	RGB 三元组	十六进制颜色代码
"red"	"r"	[1, 0, 0]	"#FF0000"
"green"	"g"	[0, 1, 0]	"#00FF00"
"blue"	"b"	[0, 0, 1]	"#0000FF"
"cyan"	"c"	[0, 1, 1]	"#00FFFF"
"magenta"	"m"	[1, 0, 1]	"#FF00FF"
"yellow"	"y"	[1, 1, 0]	"#FFFF00"
"black"	"k"	[0, 0, 0]	"#000000"
"white"	"w"	[1, 1, 1]	"#FFFFFF"

表 5-2　Syslab 线型、标记名称及标识

线型名称	标识	标记名称	标识	标记名称	标识
实线	"-"	点	"."	星形	"*"
虚线	"--"	圆	"o"	六边形	"h"
点线	":"	三角形	"^"	加号	"+"
点画线	"-."	正方形	"s"	叉号	"x"

plot(X1,Y1,Fmt1,...,Xn,Yn,Fmtn)绘制多个 X、Y 对组线图，并设置每个线条的线型、标记符号和颜色。可以混用 X、Y、Fmt 三元组和 X、Y 对组。例如，绘制三条正弦曲线，每条曲线之间存在较小的相移，第一条曲线使用默认的线型，第二条曲线指定虚线样式，第三条曲线指定点线样式，结果如图 5-2 所示。

```
x = 0:pi/100:2*pi;
y1 = sin.(x);
y2 = sin.(x.-0.25);
y3 = sin.(x.-0.5);
figure();
plot(x,y1,x,y2,"--",x,y3,":")
legend("sin(x)", "sin(x-0.25)" , "sin(x-0.5)")
```

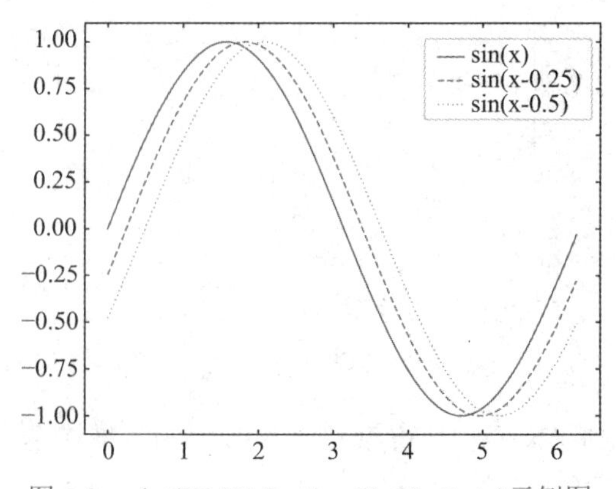

图 5-2　plot(X1,Y1,Fmt1,...,Xn,Yn,Fmtn)示例图

plot(Y)用于创建 Y 中数据对应每个索引值的二维线图。例如，将 Y 定义为 4×4 矩阵，创建 Y 的二维线图，将矩阵的每列绘制为单独的线条，结果如图 5-3 所示。

```
Y=[ 16    2    3    13
     5   11   10     8
     9    7    6    12
     4   14   15     1]
plot(Y)
```

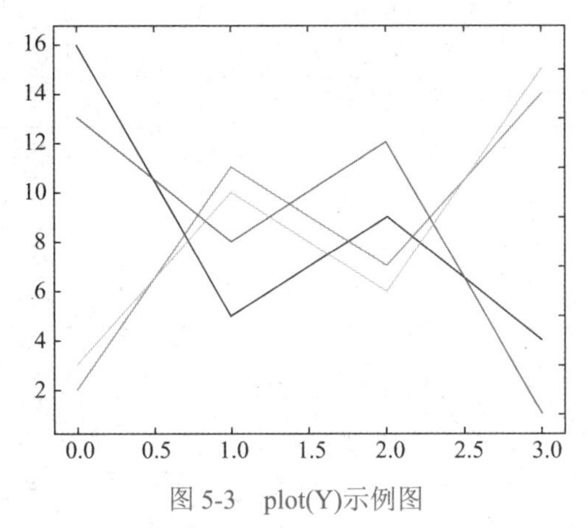

图 5-3　plot(Y)示例图

plot(___,Key=Value)使用一个或多个关键词参数（Keyword Arguments）指定线条属性，关键词参数表如表 5-3 所示。可以将此项与前面语法中的任何输入参数组合在一起使用，关键词参数设置将应用于绘制的所有线条。例如，创建线图并使用 Fmt 选项指定曲线为带正方形标记的绿色虚线，使用关键词参数设置线宽为 2 磅，标记大小为 10 磅，标记轮廓颜色通过短名称设置为蓝色，标记填充颜色通过 RGB 设置为绿色，结果如图 5-4 所示。

```
x = -pi:pi/10:pi;
y = tan.(sin.(x)) - sin.(tan.(x));
figure()
plot(x,y,"--gs",
linewidth=2,
markersize=10,
markeredgecolor="b",
markerfacecolor=[0,1,0])
```

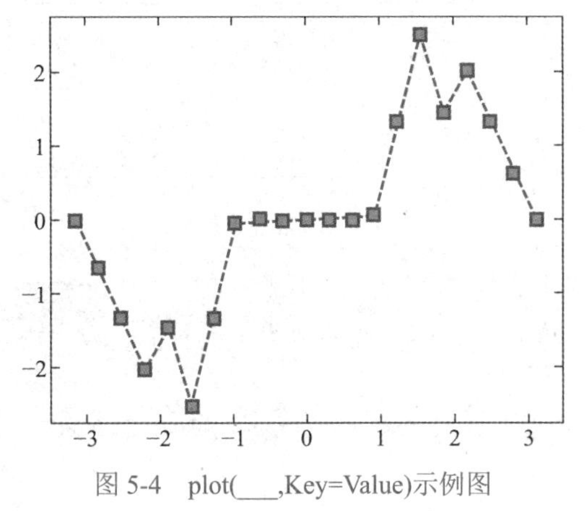

（彩图）

图 5-4　plot(___,Key=Value)示例图

表 5-3　关键词参数表

名称	说明	示例
alpha	指定图形对象透明度，数值范围为[0,1]	plot([1, 2, 3]; alpha=0.2)
color	指定线条颜色，可定为 RGB 三元组、十六进制颜色代码、颜色名称或短名称。具体颜色参数见表 5-1	plot([1, 2, 3]; color="blue") plot([1, 2, 3]; color=[0, 1, 0])
linestyle	指定曲线线型，具体线型见表 5-2	plot([1, 2, 3]; linestyle="--")
linewidth	指定曲线线宽，数值为以磅为单位的正值	plot([1, 2, 3]; linewidth=8)
marker	指定曲线上数据点的标记符号，具体标记参数见表 5-2	plot([1, 2, 3]; marker="x")
markersize	指定标记大小，数值为以磅为单位的正值	plot([1, 2, 3]; markersize=2)
markerfacecolor	指定标记填充颜色，具体颜色参数见表 5-1	plot([1, 2, 3]; markerfacecolor="blue")
markeredgecolor	指定标记轮廓颜色，具体颜色参数见表 5-1	plot([1, 2, 3]; markeredgecolor="b")
markerevery	指定标记数据点索引	plot(x, y; marker="s", markevery=5)

plot(ax,___)在由 ax 指定的坐标区中创建线图。ax 可以位于前面的语法中的任何输入参数组合之前。例如，调用 subplot 函数创建一个 2×1 分块图布局和一个坐标区对象，将该对象返回为 ax1，通过将 ax1 传递给 plot 函数来创建顶部图像，通过将坐标区传递给 title 和 ylabel 函数为图添加标题和 y 轴标签，重复该过程创建底部图像，结果如图 5-5 所示。

```
x = 0:3/100:3;
y1 = sin.(5*x);
y2 = sin.(15*x);
subplot(2,1,1)
ax1 = subplot(2,1,1)
ax2 = subplot(2,1,2)
#Top plot
plot(ax1, x,y1)
title(ax1, "Top plot")
ylabel(ax1, "sin(5x)")
#Bottom plot
plot(ax2, x, y2)
title(ax2, "Bottom plot")
ylabel(ax2, "sin(15x)")
```

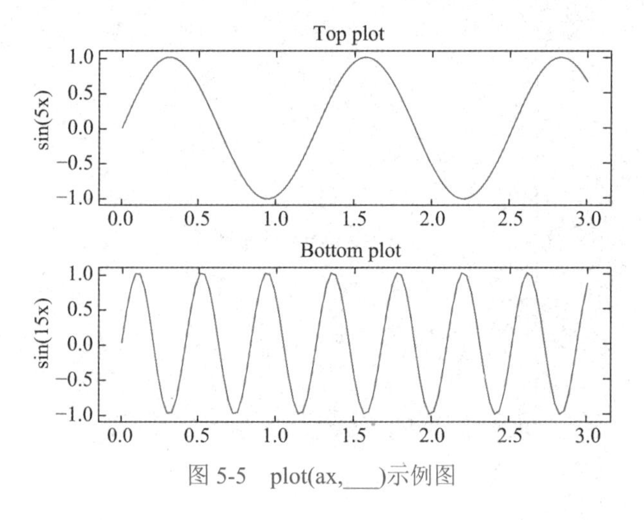

图 5-5　plot(ax,___)示例图

h=plot(___)返回由图形线条对象组成的列向量。在创建特定的图形后，可以使用 h 修改其属性。例如，将 x 定义为 100 个介于−2π 和 2π 之间的线性间隔值，将 y1 和 y2 定义为 x 的正弦值与余弦值，为这两个数据集创建线图，并向 p 返回两个图形线条，结果如图 5-6 所示。通过 p 将第一个线条的线宽更改为 2，向第二个线条添加星形标记，结果如图 5-7 所示。

```
x = -2*pi:4*pi/100:2*pi
y1 = sin.(x);
y2 = cos.(x);
p = plot(x,y1,"-",x,y2,"--");
legend("sin(x)", "cos(x)")
```

```
p[1].set_linewidth(2)
p[2].set_marker("*")
legend("sin(x)", "cos(x)")
```

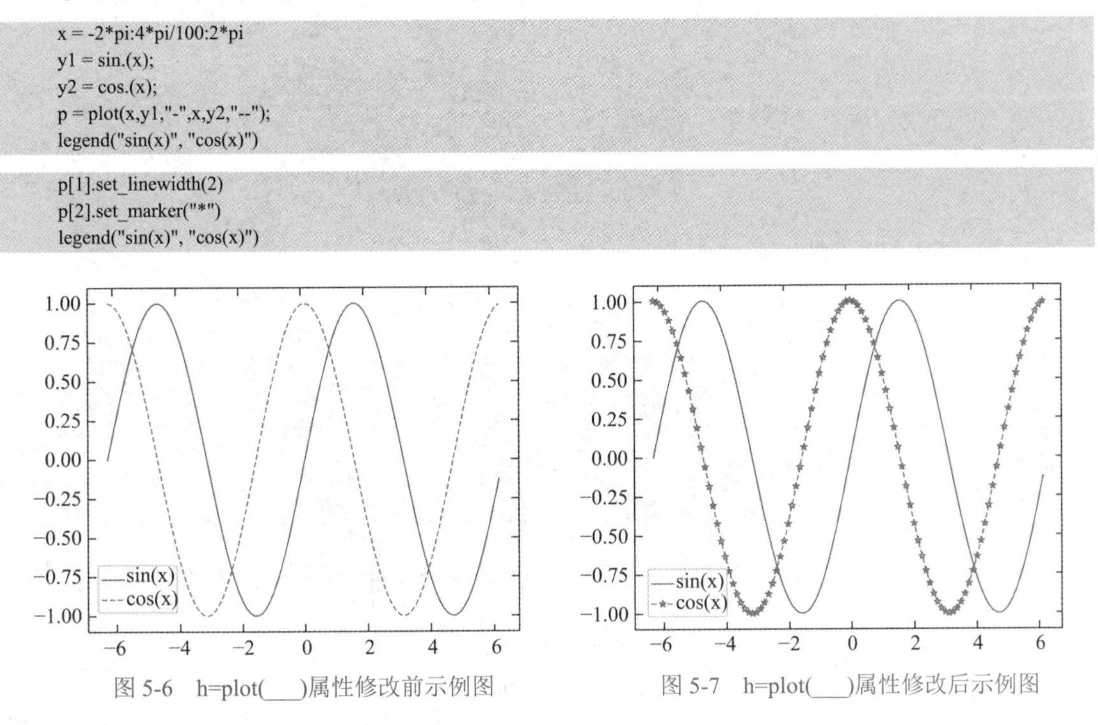

图 5-6　h=plot(___)属性修改前示例图　　图 5-7　h=plot(___)属性修改后示例图

2. 三维线图绘制函数 plot3

下面给出 plot3 函数调用方式：

```
plot3(X,Y,Z)                              #采用三坐标绘制曲线
plot3(X,Y,Z,Fmt)                          #采用三坐标绘制带修饰的曲线
plot3(X1,Y1,Z1,...,Xn,Yn,Zn)              #采用三坐标绘制多条曲线
plot3(X1,Y1,Z1,Fmt1,...,Xn,Yn,Zn,Fmtn)    #采用三坐标绘制带修饰的多条曲线
plot3(___,Key=Value)                      #采用关键词参数指定曲线属性
plot3(ax,___)                             #在指定坐标区中绘图
p = plot3(___)                            #返回曲线对象，使用 p 修改图像属性
```

plot3(X,Y,Z)用于绘制三维线图。当 X、Y、Z 为相同长度的向量时，绘制单条曲线；当 X、Y、Z 中至少一个为矩阵时，则在同一坐标系上绘制多条曲线。例如，将 t 定义为由 0 和 10π 之间的数据点组成的向量，将 st 和 ct 定义为 t 的正弦值与余弦值向量，绘制 st、ct 和 t，结果如图 5-8 所示。

```
t = 0:pi/50:10*pi;
st = sin.(t);
ct = cos.(t);
plot3(st,ct,t);
```

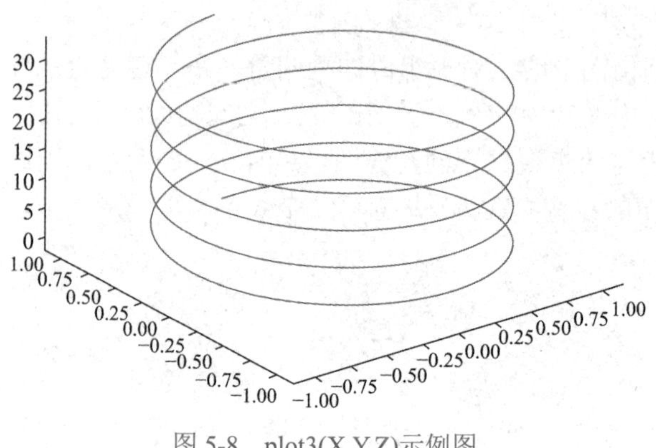

图 5-8　plot3(X,Y,Z)示例图

3. 阶梯图绘制函数 stairs

下面给出 stairs 函数调用方式：

```
stairs(Y)                       #绘制 Y 中元素阶梯图
stairs(X,Y)                     #在 X 指定的位置上绘制 Y 中元素阶梯图
stairs(___,Fmt)                 #绘制带修饰的阶梯图
stairs(___,Key=Value)           #采用关键词参数指定阶梯图属性
stairs(ax,___)                  #在指定坐标区中绘图
h = stairs(___)                 #返回阶梯图对象，使用 h 修改图像属性
```

stairs(Y)可绘制 Y 中元素阶梯图，如果 Y 为向量，则 stairs 绘制一条曲线；如果 Y 为矩阵，则 stairs 函数为矩阵的每列绘制一条曲线。例如，创建在 0 到 4π 区间内的 50 个均匀分布的数据点，并基于每个数据点绘制两个余弦函数阶梯图，结果如图 5-9 所示。

```
X = LinRange(0, 4 * pi, 50);
Y = [0.5 * cos.(X), 2 * cos.(X)];
stairs(Y)
text(5, 1, raw"$\leftarrow 2cos(x)$")
text(9, -0.2, raw"$\leftarrow 0.5cos(x)$")
```

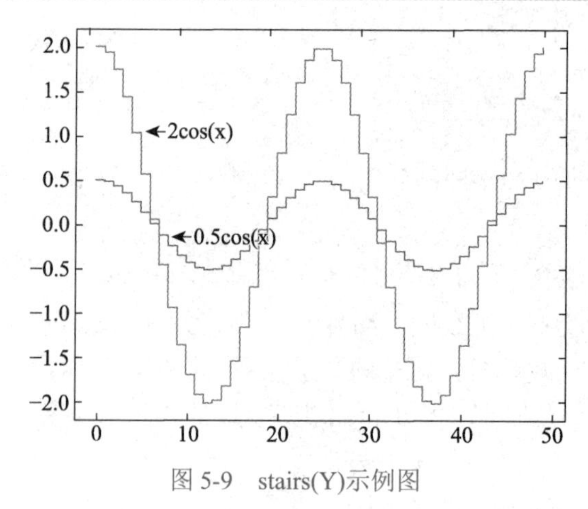

图 5-9　stairs(Y)示例图

stairs(X,Y)在 X 指定的位置绘制 Y 中元素阶梯图。X 和 Y 可以是相同大小的向量或矩阵；或者 X 是行或列向量，Y 必须是包含 length(X)行的矩阵。例如，创建在 0 到 4π 区间内均匀分布的数据点，并基于每个数据点绘制正弦函数阶梯图，结果如图 5-10 所示。

```
X = LinRange(0, 4 * pi, 40);
Y = sin.(X);
stairs(X, Y)
```

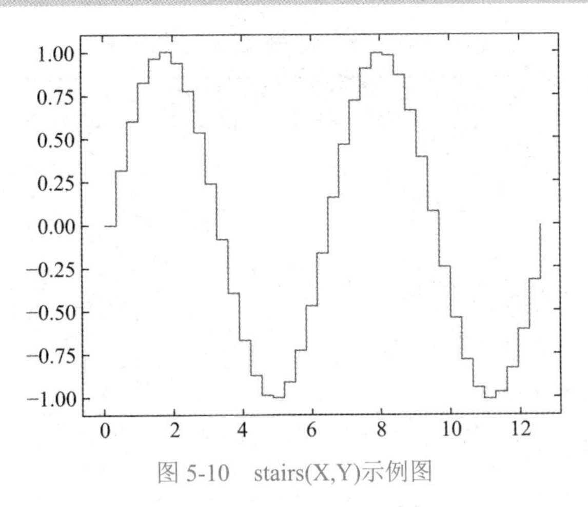

图 5-10　stairs(X,Y)示例图

4. 含误差条的线图绘制函数 errorbar

下面给出 errorbar 函数调用方式：

```
errorbar(Y,err)                #绘制 Y 中元素线图并在每个数据点绘制一个垂直误差条
errorbar(X,Y,err)              #绘制与 X 对应的 Y 中元素线图并在每个数据点绘制垂直误差条
errorbar(___,Key=Value)        #采用关键词参数指定曲线属性
errorbar(ax,___)               #在指定坐标区中绘图
e = errorbar(___)              #返回曲线对象，使用 e 修改图像属性
```

errorbar(Y,err)创建 Y 中元素线图，并在每个数据点绘制一个垂直误差条。err 中的值确定数据点上方和下方误差条的长度，因此，总误差条长度是 err 值的 2 倍。

errorbar(X,Y,err)绘制 Y 对应 X 的线图，并在每个数据点绘制一个垂直误差条。例如，创建向量 x 和 y，绘制 y 对应 x 的线图，在每个数据点显示长度相等的垂直误差条，结果如图 5-11 所示。

```
x = 1:10:100
y = [20, 30, 45, 40, 60, 65, 80, 75, 95, 90]
err = 8*ones(size(y))
errorbar(x, y, err)
```

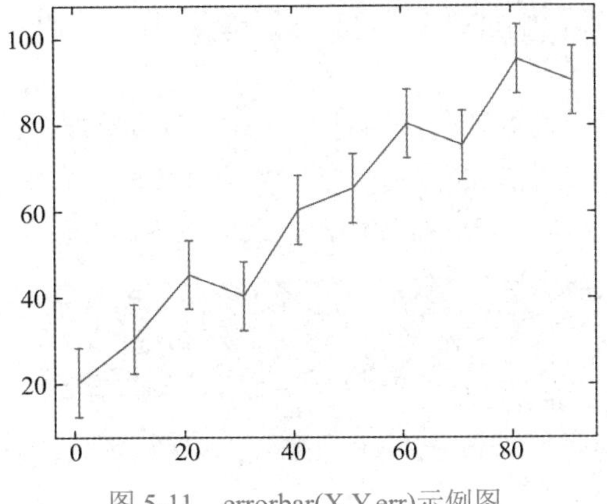

图 5-11　errorbar(X,Y,err)示例图

errorbar(___,Key=Value)使用一个或多个关键词参数修改曲线和误差条的属性，新增加的关键词参数如表 5-4 所示。

表 5-4　errorbar 函数新增加的关键词参数

名称	说明	示例
yneg	指定数据点下方的垂直误差条长度	yneg = [4 3 5 2 4 5];
ypos	指定数据点上方的垂直误差条长度	ypos = [4 3 5 2 4 5];
xneg	指定数据点左侧的水平误差条长度	xneg = [4 3 5 2 4 5];
xpos	指定数据点右侧的水平误差条长度	xpos = [4 3 5 2 4 5];
ornt	指定误差条方向，可指定为垂直、水平方向	errorbar(x,y,err,ornt = "horizontal")
capsize	指定误差条末端的端盖长度，指定为以磅为单位的正值	errorbar(x,y,err,capsize=10)
ecolor	指定不含误差条的曲线颜色，具体颜色参数见表 5-1	errorbar(x, y, err; ecolor="b")

例如，创建含误差条的线图，在每个数据点显示正方形标记，使用 markersize 指定标记大小为 10 磅，使用 markeredgecolor 和 markerfacecolor 分别指定标记轮廓和内部颜色为红色，结果如图 5-12 所示。

```
x = LinRange(0, 10, 15)
y = sin.(x / 2)
err = 0.3 * ones(size(y));
errorbar(x, y, err; fmt="-s", markersize=10, markeredgecolor="r", markerfacecolor="r")
```

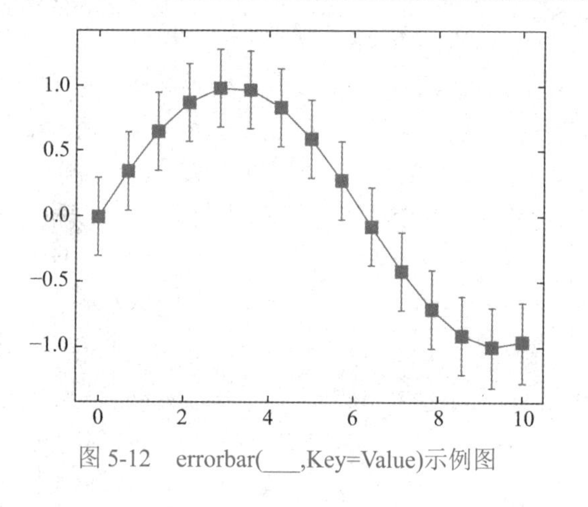

（彩图）

图 5-12　errorbar(___,Key=Value)示例图

e = errorbar(___)返回含误差条的线图对象。可在创建特定含误差条的线图对象后使用 e 修改其属性。例如，创建含误差条的线图对象，将线图对象赋给变量 e，结果如图 5-13 所示。使用 e 修改标记类型、标记大小和曲线颜色，结果如图 5-14 所示。

```
x = LinRange(0, 10, 10);
y = sin.(x / 2);
err = 0.3 * ones(size(y));
e = errorbar(x, y, err; capsize=15, ecolor="b")
```

```
e[1].set_marker("*")
e[1].set_markersize(10)
e[1].set_color("r")
```

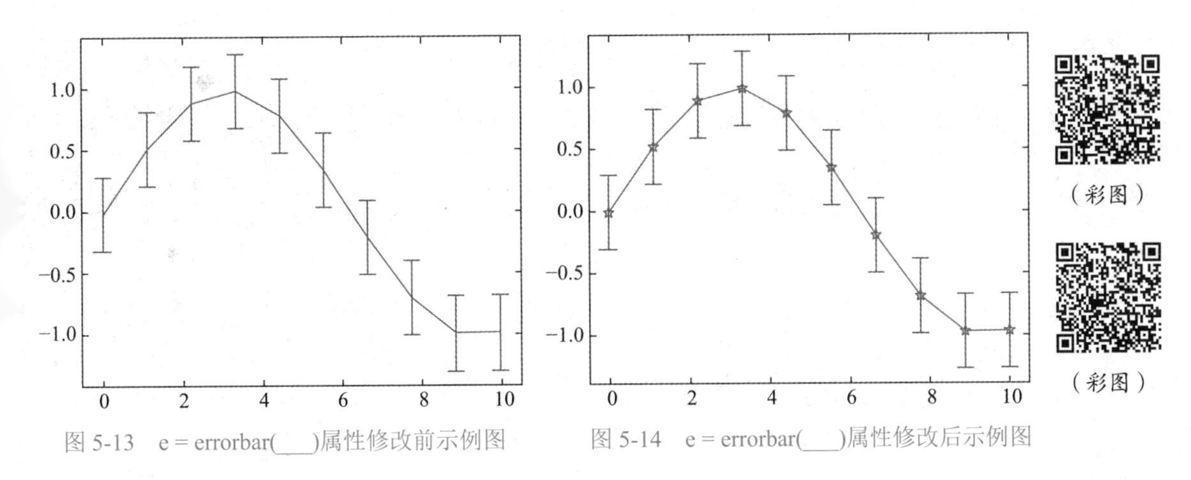

图 5-13　e = errorbar(___)属性修改前示例图　　图 5-14　e = errorbar(___)属性修改后示例图

5. 易用函数 ezplot

下面给出 ezplot 函数调用方式：

```
ezplot(fun)                                  #绘制在默认 x 区间内函数 fun(x)的图形
ezplot(fun,[xmin,xmax])                      #绘制在给定 x 区间内 fun(x)函数的图形
ezplot(fun2,[xmin,xmax,ymin,ymax])           #绘制在给定 x,y 区间内 fun2(x,y)函数的图形
ezplot(funx,funy)                            #绘制在默认 t 区间内平面曲线函数 funx(t)和 funy(t)的图形
ezplot(funx,funy,[tmin,tmax])                #绘制在给定 t 区间内平面曲线函数 funx(t)和 funy(t)的图形
ezplot(ax,__)                                #在指定坐标区中绘图
h = ezplot(__)                               #返回曲线对象，使用 h 修改图像属性
```

ezplot(fun)绘制函数 fun(x)在默认区间$-2\pi \leqslant x \leqslant 2\pi$内的图形，fun 可以是函数句柄或字符串。例如，在默认区间[−2π,2π]内绘制函数 x^2，结果如图 5-15 所示。

```
ezplot(x -> x^2)
title(raw"$x^2$")
xlabel("x")
```

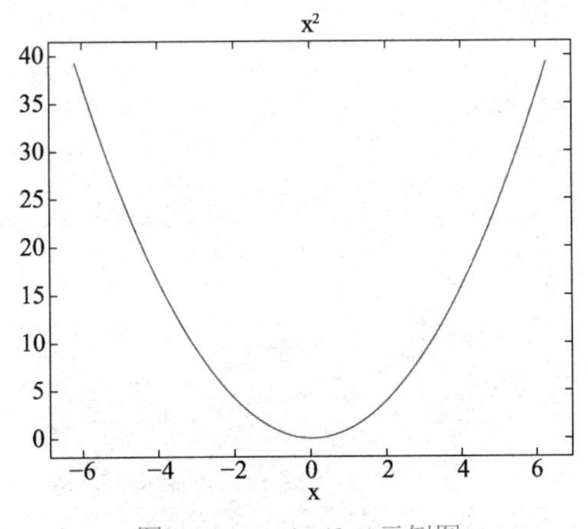

图 5-15　ezplot(fun)示例图

ezplot(fun2,[xmin,xmax,ymin,ymax])绘制 fun2(x,y)=0 在区间 xmin < x < xmax 和 ymin < y < ymax 内的图形。例如，在区间−4 < x <4, −2 < y <2 内绘制函数 x^2 − y^4=0，结果如图 5-16 所示。

```
ezplot((x, y) -> x^2 - y^4,[-4,4,-2,2])
title(raw"$x^2-y^4 = 0$")
xlabel("x")
ylabel("y")
```

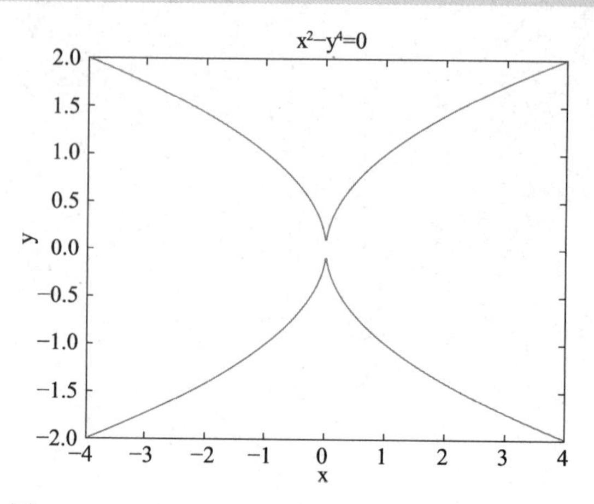

图 5-16　ezplot(fun2,[xmin,xmax,ymin,ymax])示例图

6. 二维填充线图绘制函数 area

下面给出 area 函数调用方式：

```
area(Y)                     #绘制 Y 对一组隐式 X 坐标的图，并填充曲线间区域
area(X,Y)                   #绘制 Y 中值对 X 坐标的图，并填充曲线间区域
area(___,Key=Value)         #采用关键词参数指定曲线属性
area(ax,___)                #在指定坐标区中绘图
a = area(___)               #返回图像对象，使用 a 修改图像属性
```

area()函数绘制的图像称为区域图。area(Y)函数绘制 Y 对应的线图，并填充曲线间区域。Y 既可以是向量，也可以是矩阵，X 坐标的范围为 1 到 length(Y)。例如，将矩阵 Y 中的数据绘制成区域图，结果如图 5-17 所示。

```
Y = [[1, 5, 3],
     [3, 2, 7],
     [1, 5, 3],
     [2, 6, 1]]
area(Y)
```

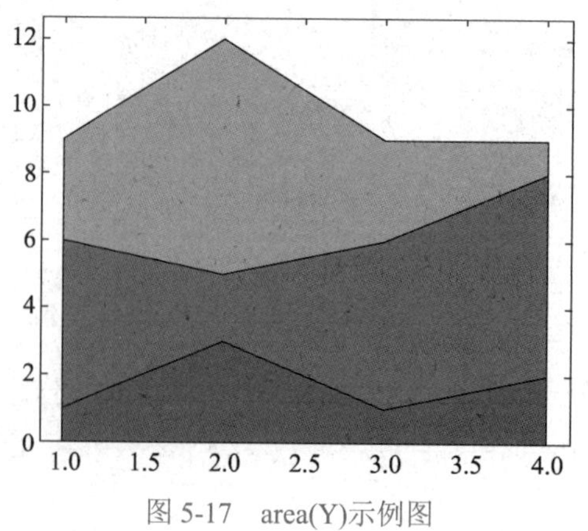

图 5-17　area(Y)示例图

5.1.2 对数图

1. 双对数刻度图绘制函数 loglog

下面给出 loglog 函数调用方式：

```
loglog(X,Y)                          #绘制 Y 中值对 X 坐标的双对数刻度图
loglog(X,Y,Fmt)                      #使用指定线型、标记和颜色绘制 Y 中值对 X 坐标的双对数刻度图
loglog(X1,Y1,...,Xn,Yn)              #绘制包含多条曲线的双对数刻度图
loglog(X1,Y1,Fmt1,...,Xn,Yn,Fmtn)    #绘制包含多条带修饰曲线的双对数刻度图
loglog(Y)                            #绘制 Y 对一组隐式 X 坐标的双对数刻度图
loglog(Y,Fmt)                        #使用指定线型、标记和颜色绘制 Y 对一组隐式 X 坐标的双对数刻度图
loglog(___,Key=Value)                #采用关键词参数指定曲线属性
loglog(ax,___)                       #在指定坐标区中绘图
h = loglog(___)                      #返回曲线对象，使用 h 修改图像属性
```

loglog(X,Y)在 x 轴、y 轴上用对数刻度绘制 X 和 Y 的双对数刻度图。若 X 和 Y 为相同长度的向量，则绘制一条曲线；若 X 或 Y 中的一个为矩阵，则在同一坐标系中绘制多条曲线。例如，将 x 定义为由区间$[10^{-1},10^{2}]$内的 100 个对数间距点组成的向量，将 y 定义为 2^x，然后绘制 x 和 y 的双对数刻度图，并调用 grid 函数显示网格线，结果如图 5-18 所示。

```
x = logspace(-1, 2, 100);
y = 2 .^ x;
loglog(x, y)
grid("on", "both")
```

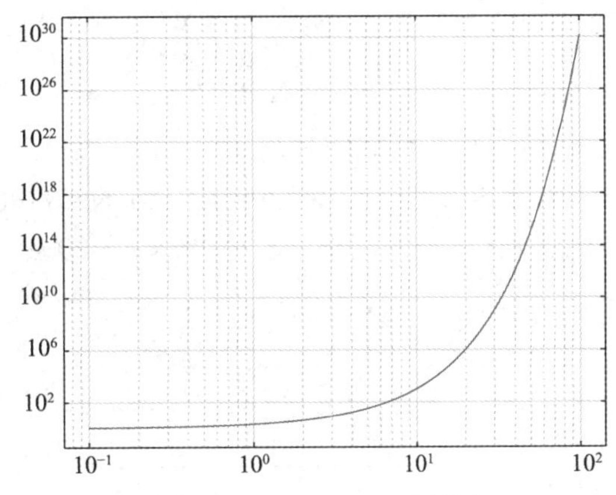

图 5-18　loglog(X,Y)示例图

loglog(X1,Y1,fmt1,...,Xn,Yn,fmtn)用于绘制多条双对数刻度曲线，可以对某些 X-Y 对组指定 fmt，而对其他对组省略。例如，创建两组 x 坐标和 y 坐标，并将其显示在同一个双对数图中，通过调用 legend 函数并将位置指定为"northwest"，在图像的左上角显示图例，结果如图 5-19 所示。

```
x = logspace(-1, 2, 10000)
y1 = 5 .+ 3 * sin.(x / 4)
y2 = 5 .- 3 * sin.(x / 4)
loglog(x, y1, x, y2, "--")
legend(["Signal 1","Signal 2"], loc = "northwest")
```

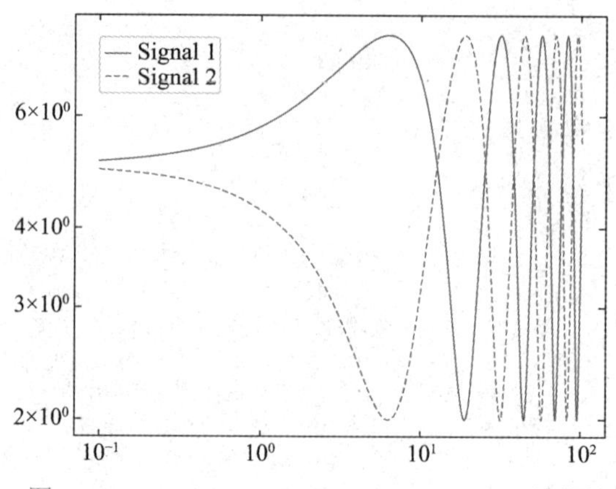

图 5-19　loglog(X1,Y1,fmt1,...,Xn,Yn,fmtn)示例图

2. 半对数图绘制函数(x 轴为对数刻度)semilogx

下面给出 semilogx 函数调用方式：

```
semilogx(X,Y)                          #绘制 x 轴半对数图
semilogx(X,Y,Fmt)                      #绘制带修饰的 x 轴半对数图
semilogx(X1,Y1,...,Xn,Yn)              #绘制多条曲线的 x 轴半对数图
semilogx(X1,Y1,Fmt1,...,Xn,Yn,Fmtn)    #绘制多条曲线的带修饰 x 轴半对数图
semilogx(Y)                            #绘制 Y 对一组隐式 X 坐标的 x 轴半对数图
semilogx(Y,Fmt)                        #使用指定线型、标记和颜色绘制 Y 对一组隐式 X 坐标的 x 轴半对数图
semilogx(___,Key=Value)                #采用关键词参数指定曲线属性
semilogx(ax,___)                       #在指定坐标区中绘图
lineobj = semilogx(___)                #返回曲线对象，使用 lineobj 修改图像属性
```

semilogx(X,Y)在 x 轴上使用以 10 为底的对数刻度、在 y 轴上使用线性刻度来绘制 X 和 Y 的半对数图。例如，将 x 和 y 定义为一个由从 0.1 到 100 的对数间距值组成的向量，创建 x 和 y 的半对数图，并调用 grid 函数显示网格线，结果如图 5-20 所示。

```
x = logspace(-1, 2)
y = x
semilogx(x, y)
grid("on")
```

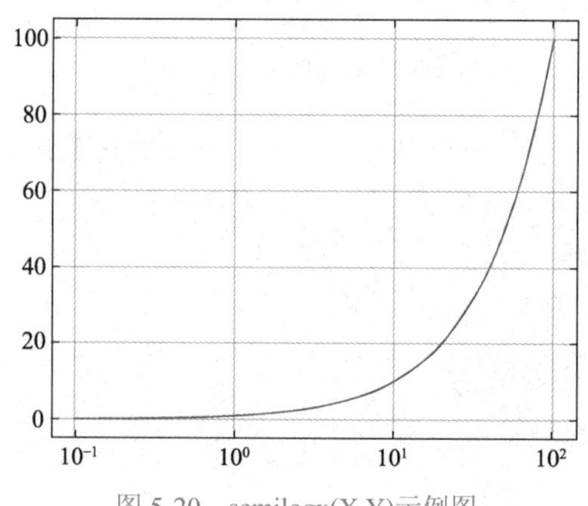

图 5-20　semilogx(X,Y)示例图

semilogy 函数在 x 轴上使用线性刻度、在 y 轴上使用以 10 为底的对数刻度来绘制半对数图。semilogy 函数的原理类似于 semilogx 函数，不再详细说明。

5.1.3 函数图

1.表达式或函数绘制函数 fplot

下面给出 fplot 函数调用方式：

```
fplot(f)                          #在默认 x 区间内绘制函数 f(x)的图像
fplot(f,xinterval)                #在指定 x 区间内绘制函数 f(x)的图像
fplot(funx,funy)                  #在默认 t 区间内绘制由 x=funx(t)和 y=funy(t)定义的曲线
fplot(funx,funy,tinterval)        #在指定 t 区间内绘制由 x=funx(t)和 y=funy(t)定义的曲线
fplot(___,Fmt)                    #绘制带修饰的曲线
fplot(___,Key=Value)              #采用关键词参数指定曲线属性
fplot(ax,___)                     #在指定坐标区中绘图
fp = fplot(___)                   #返回曲线对象，使用 fp 修改图像属性
```

fplot(f,xinterval)在指定区间 xinterval 内绘制函数 f(x)的图像，该区间需要指定为[xmin, xmax]形式的二元素向量。例如，绘制分段函数

$$\begin{cases} e^x, -3 < x < 0 \\ \cos(x), 0 < x < 3 \end{cases}$$

使用 hold("on")绘制多个线条，使用"b"将绘制的线条颜色指定为蓝色，在相同坐标区中绘制多个线条时，坐标轴范围会自动调整以容纳所有数据，绘制结果如图 5-21 所示。

```
fplot(x->exp(x),[-3 0], "b")
hold("on")
fplot(x->cos(x),[0 3], "b")
hold("off")
grid("on")
```

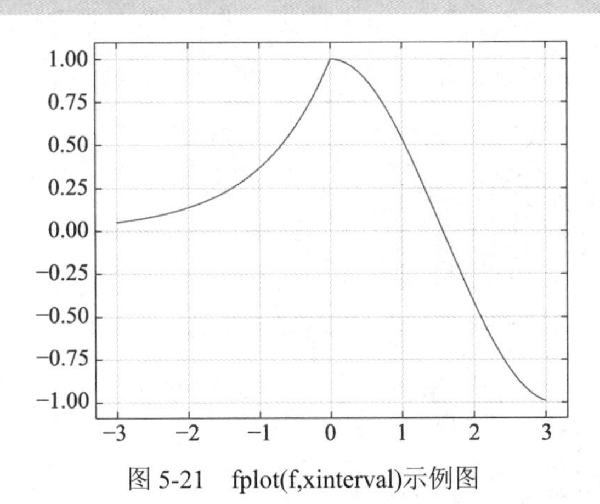

（彩图）

图 5-21　fplot(f,xinterval)示例图

fplot(funx,funy)在默认 t 区间[−5,5]内绘制由 x=funx(t)和 y=funy(t)定义的曲线。例如，绘制参数化曲线 $x = \cos(3t)$ 和 $y = \sin(2t)$，结果如图 5-22 所示。

```
xt = t->cos(3*t)
yt = t->sin(2*t)
fplot(xt, yt)
```

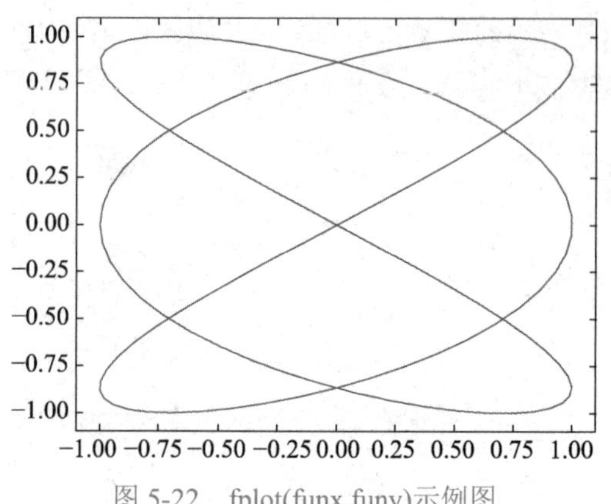
图 5-22 fplot(funx,funy)示例图

2.隐函数绘制函数 fimplicit

下面给出 fimplicit 函数调用方式：

```
fimplicit(f)                    #在默认区间内绘制隐函数
fimplicit(f,xinterval)          #在指定区间内绘制隐函数
fimplicit(ax,___)               #在指定坐标区中绘图
fimplicit(___,Key=Value)        #采用关键词参数指定曲线属性
fp = fimplicit(___)             #返回曲线对象，使用 fp 修改图像属性
```

fimplicit(f)在默认区间[–5,5]（对于 x 和 y）内绘制 f(x,y)=0 定义的隐函数。例如，在 x 和 y 的默认区间[–5,5]内绘制由函数 $x^2-y^2-1=0$ 描述的双曲线，结果如图 5-23 所示。

```
f = (x, y) -> x .^ 2 - y .^ 2 - 1
fimplicit(f)
```

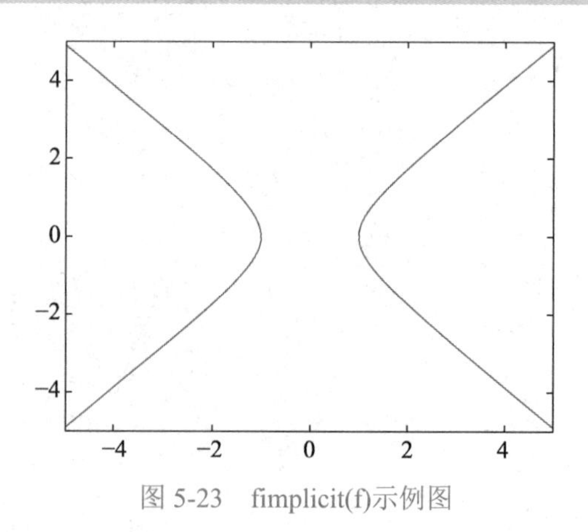
图 5-23 fimplicit(f)示例图

3. 三维参数化曲线绘制函数 fplot3

下面给出 fplot3 函数调用方式：

```
fplot3(funx,funy,funz)              #在默认区间内绘制三维参数化曲线
fplot3(funx,funy,funz,tinterval)    #在指定区间内绘制三维参数化曲线
fplot3(___,Fmt)                     #绘制带修饰的曲线
fplot3(___,Key=Value)               #采用关键词参数指定曲线属性
```

```
fplot3(ax,___)                         #在指定坐标区中绘图
fp = fplot3(___)                       #返回曲线对象，使用 fp 修改图像属性
```

fplot3(funx,funy,funz)在默认区间[−5,5]（对于 t）内绘制由 x=funx(t)、y=funy(t)和 z=funz(t)定义的参数化曲线。例如，绘制如下三维参数化曲线，结果如图 5-24 所示。

$$\begin{cases} x = \sin(t) \\ y = \cos(t) \\ z = t \end{cases}$$

```
xt = t->sin(t)
yt = t->cos(t)
zt = t->t
fplot3(xt, yt, zt)
```

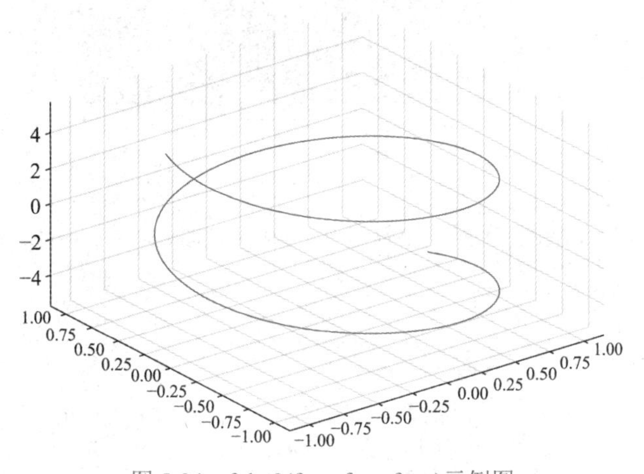

图 5-24　fplot3(funx,funy,funz)示例图

5.2 离散数据图与数据分布图

离散数据图用条形图或针状图实现离散数据的可视化；数据分布图主要用来表达数据集所含数据的分布情况，包括直方图、散点图、饼图、热图等。本节介绍这些图形的相关绘图函数。

5.2.1 条形图

1. 条形图绘制函数 bar

下面给出 bar 函数调用方式：

```
bar(Y)                      #创建条形图
bar(X,Y)                    #创建指定位置的条形图
bar(___,Key=Value)          #采用关键词参数设置条形图属性
bar(ax,___)                 #在指定坐标区中绘图
b = bar(___)                #返回条形图对象，使用 b 修改图像属性
```

bar(X,Y)在 X 指定的位置绘制 Y 的条形图。例如，绘制指定位置的条形图，结果如图 5-25 所示。

```
x = 1900:10:2000
y = [75, 91, 105, 123.5, 131, 150, 179, 203, 226, 249, 281.5]
bar(x,y)
```

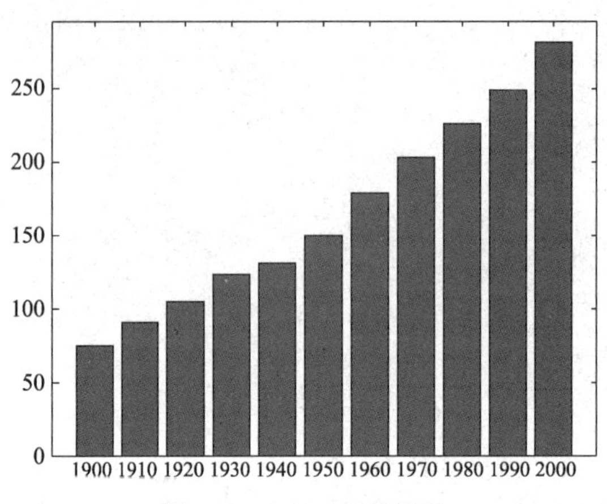

图 5-25　bar(X,Y)示例图

水平条形图可用 barh 函数绘制，用法与 bar 函数类似，不再详细说明。

2. 三维条形图绘制函数 bar3

下面给出 bar3 函数调用方式：

```
bar3(Z)                        #创建三维条形图
bar3(Y,Z)                      #创建指定位置的三维条形图
bar3(___,Key=Value)            #采用关键词参数指定三维条形图属性
bar3(ax,___)                   #在指定坐标区中绘图
h = bar3(___)                  #返回三维条形图对象，使用 h 修改图像属性
```

bar3(Z)用于绘制三维条形图，Z 中的每个元素对应一个矩形条。例如，加载 z 矩阵，创建 z 的三维条形图，结果如图 5-26 所示。

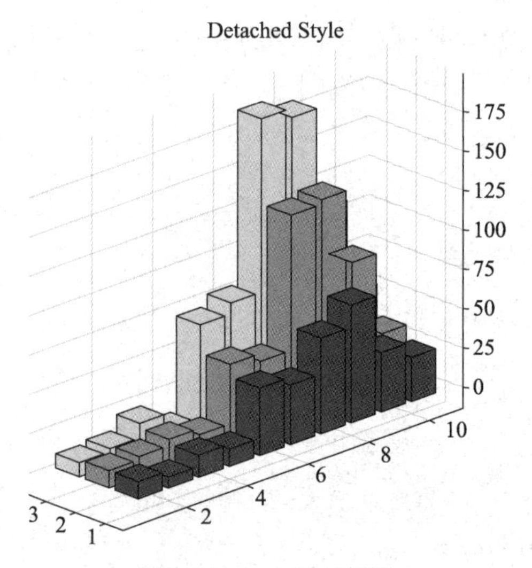

图 5-26　bar3(Z)示例图

```
z = [11 11 9
7 13 11
14 17 20
11 13 9
43 51 69
38 46 76
61 132 186
75 135 180
38 88 115
28 36 55]
bar3(z)
title("Detached Style")
```

可用 bar3h 函数绘制水平三维条形图，其用法与绘制垂直三维条形图类似，不再详细说明。

3. 帕累托图绘制函数 pareto

下面给出 pareto 函数调用方式：

```
pareto(Y)                     #绘制帕累托图
pareto(Y,X)                   #绘制带关联值的帕累托图
pareto(__,threshold)          #绘制指定累积分布比例的帕累托图
h = pareto(__)                #返回创建的曲线和帕累托图对象
h,ax = pareto(__)             #返回创建的曲线、帕累托图和两个坐标轴对象
```

pareto(Y)将 Y 中的值显示为按降序排列的条形图，Y 中的值必须是非负的且不能包含 NaN。在默认情况下，显示最高的 10 个条形或累积分布的前 95%的值，以两者中较小者为准。

pareto(Y,X)用于绘制 X 与 Y 的帕累托图。例如，查看一组编程人员的累积生产率以了解其是否为正态分布，用编程人员的姓名标记每个条形，结果如图 5-27 所示。

```
codelines = [200 120 555 608 1024 101 57 687];
coders = ["Fred","Ginger","Norman","Max","Julia","Wally","Heidi","Pat"];
pareto(codelines, coders)
title("Lines of Code by Programmer")
```

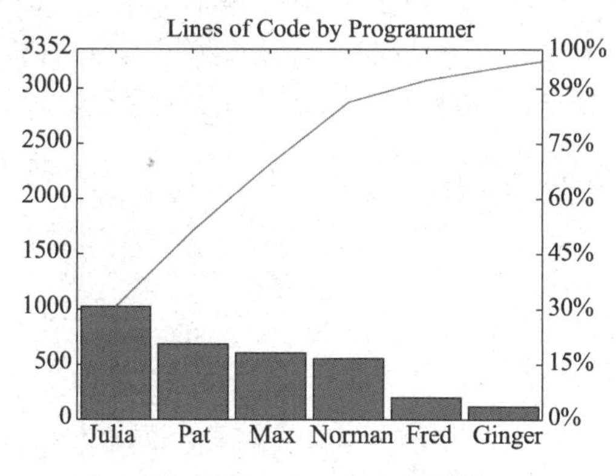

图 5-27　pareto(Y,X)示例图

pareto(__,threshold)用于绘制指定累积直方图比例的帕累托图。threshold 可指定为从 0 到 1 之间的一个阈值，用来指定包含在图中的累积直方图的比例。例如，创建一个帕累托图，在包含 200 名参与者的一项调查中显示所青睐的馅饼类型情况，通过将 threshold 参数设置为 1，包括累积分布中的所有值，结果如图 5-28 所示。

```
pies = ["Chocolate","Apple","Pecan","Cherry","Pumpkin"];
votes = [35 50 30 5 80];
pareto(votes,pies,1)
ylabel("Votes")
```

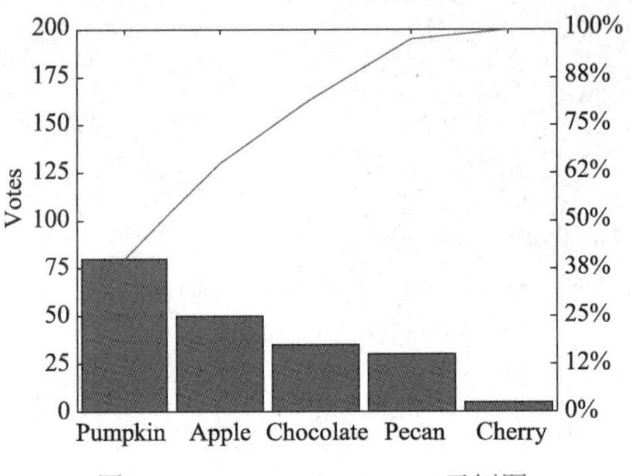

图 5-28　pareto(__,threshold)示例图

5.2.2　针状图

1. 针状图绘制函数 stem

下面给出 stem 函数调用方式：

```
stem(Y)                        #创建针状图
stem(X,Y)                      #创建指定位置的针状图
stem(___,Key=Value)            #采用关键词参数指定曲线属性
stem(ax,___)                   #在指定坐标区中绘图
h = stem(___)                  #返回针状图对象，使用 h 修改曲线属性
```

stem(X,Y)在 X 指定值的位置绘制数据序列 Y。X 和 Y 可以是大小相同的向量或矩阵；或者 X 是行向量或列向量，Y 是包含 length(X)行的矩阵。若 X 和 Y 都是向量，则 stem 根据 X 中的对应项绘制 Y 中的各项；若 X 是向量、Y 是矩阵，则 stem 根据 X 指定的值绘制 Y 的每列。例如，绘制在 0 和 2π 之间 50 个值对应的余弦数据值针状图，结果如图 5-29 所示。

```
X = LinRange(0, 2 * pi, 50)';
Y = cos.(X);
stem(X, Y)
```

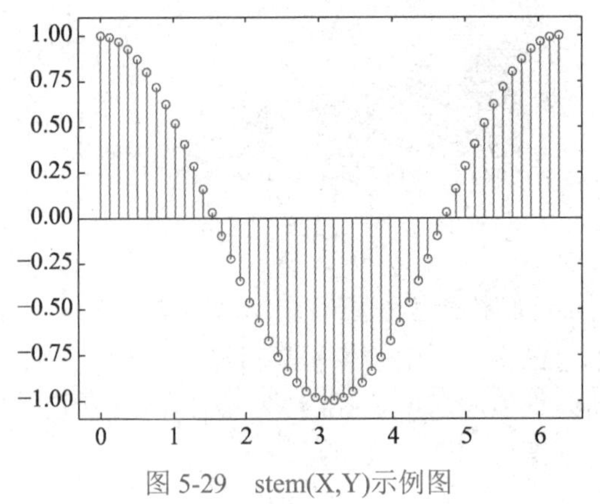

图 5-29　stem(X,Y)示例图

2. 三维针状图绘制函数 stem3

下面给出 stem3 函数调用方式：

```
stem3(Z)                          #绘制三维针状图
stem3(X,Y,Z)                      #绘制指定位置的三维针状图
stem3(___,Key=Value)              #采用关键词参数指定曲线属性
stem3(ax,___)                     #在指定坐标区中绘图
h = stem3(___)                    #返回三维针状图对象，使用 h 修改曲线属性
```

stem3(X,Y,Z)将 Z 中的各项绘制为针状图，这些针状图从 xy 平面开始延伸，其中 X 和 Y 指定 xy 平面中的针状图位置。例如，创建一个三维针状图并指定针状曲线的位置，结果如图 5-30 所示。

```
X = LinRange(-5, 5, 60);
Y = cos.(X);
Z = X .^ 2;
stem3(X, Y, Z)
plt_view(-8, 30)
```

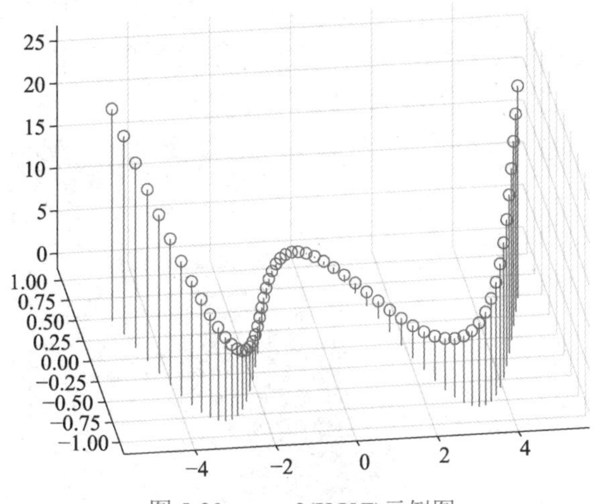

图 5-30　stem3(X,Y,Z)示例图

5.2.3　直方图

1. 直方图绘制函数 hist

下面给出 hist 函数调用方式：

```
hist(X)                           #创建直方图
hist(X,nbins)                     #创建指定组数的直方图
hist(X,xbins)                     #创建指定位置的直方图
hist(ax,___)                      #在指定坐标区中绘图
res = hist(___)                   #返回直方图对象，使用 res 修改图像属性
```

hist(X)基于向量 X 中的元素创建直方图，将 X 中的元素有序地画入 x 轴上介于 X 的最小值和最大值之间的等距组中。每组以组距为底、频数为高构建矩形，形成直方图。例如，

构建指定数据的直方图，结果如图 5-31 所示。

```
x = [0 2 9 2 5 8 7 3 1 9 4 3 5 8 10 0 1 2 9 5 10];
hist(x)
```

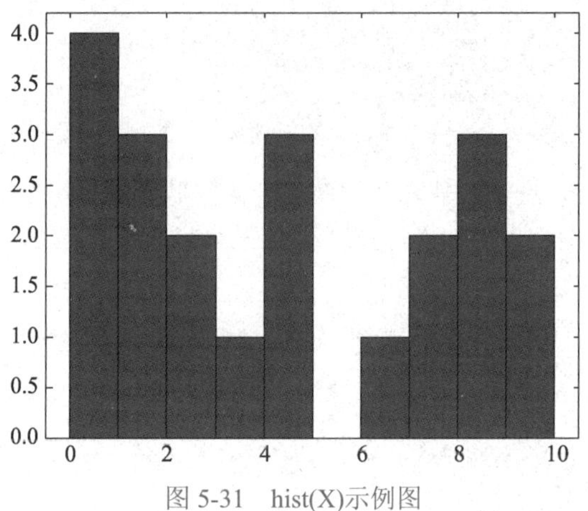

图 5-31　hist(X)示例图

hist(X,nbins)将 X 有序划分入标量 nbins 所指定数量的直方图中。例如，将 1000 个随机数分为 50 组绘制直方图，结果如图 5-32 所示。

```
x = randn(1000, 1);
nbins = 50;
hist(x, nbins);
```

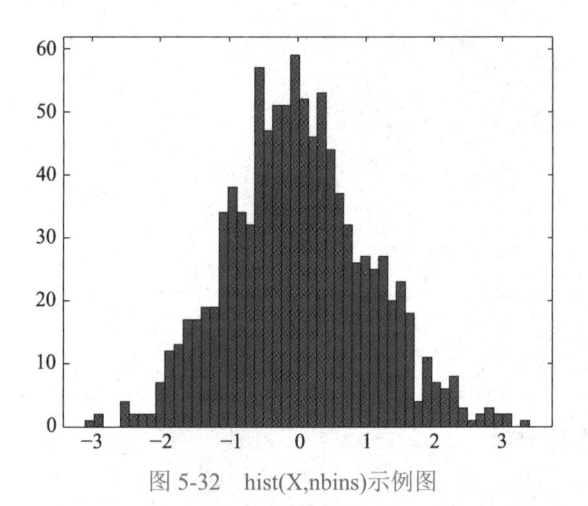

图 5-32　hist(X,nbins)示例图

hist(X,xbins)使用向量 xbins 指定直方图每组的位置，再进行分组，xbins 向量决定了直方图与横轴的交点。例如，将 1000 个随机数分组，直方图与横轴的交点位置为–5,–3,–1,0,1,2,3,4,5，结果如图 5-33 所示。

```
x = randn(1000);
xbins=[-5,-3,-1,0,1,2,3,4,5]
hist(x,xbins)
```

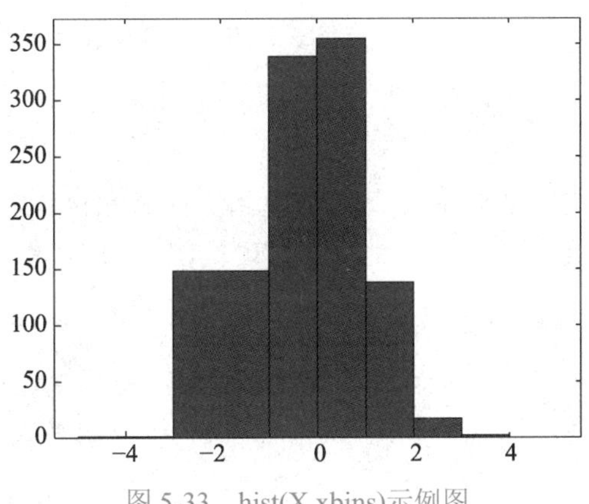

图 5-33　hist(X,xbins)示例图

2. 直方图绘制函数 histogram

下面给出 histogram 函数调用方式：

```
histogram(X)                          #创建直方图
histogram(X,nbins)                    #创建指定组数的直方图
histogram(X,edges)                    #创建按向量指定组距的直方图
histogram(___,Key=Value)              #采用关键词参数指定直方图属性
histogram(ax,___)                     #在指定坐标区中绘图
h = histogram(___)                    #返回直方图对象，使用 h 修改图像属性
```

histogram(X)基于向量 X 创建直方图，与 hist(X)用法类似，histogram 函数将 X 中的元素自动分组，每组组距相等，以组距为底、以频数为高做出各组矩形，形成直方图。

histogram(___,Key=Value)可在使用前面任意语法的基础上采用关键词参数来指定曲线属性。例如，生成 1000 个随机数并使用"pdf"归一化创建直方图，结果如图 5-34 所示。

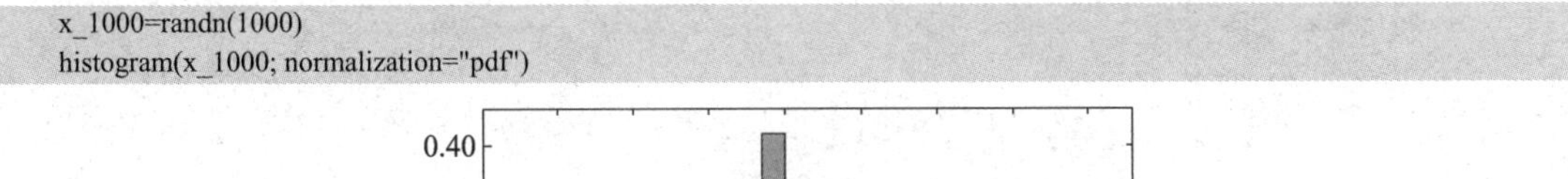

```
x_1000=randn(1000)
histogram(x_1000; normalization="pdf")
```

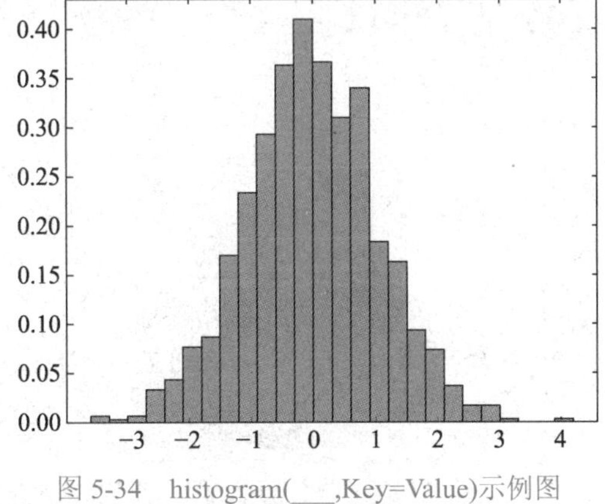

图 5-34　histogram(___,Key=Value)示例图

3. 二元直方图绘制函数 histogram2

下面给出 histogram2 函数调用方式：

```
histogram2(X,Y)                       #创建二元直方图
histogram2(X,Y,nbins)                 #创建指定组数的二元直方图
```

```
histogram2(X,Y,Xedges,Yedges)                  #创建指定位置的二元直方图
histogram2(___,Key=Value)                      #采用关键词参数指定二元直方图属性
histogram2(ax,___)                             #在指定坐标区中绘图
h = histogram2(___)                            #返回二元直方图对象，使用 h 修改图像属性
```

histogram2(X,Y,nbins)用于绘制指定每个维度组数的二元直方图。例如，生成 1000 个随机数对组并将其绘制为二元直方图，其中每个维度的组数为 5，结果如图 5-35 所示。

```
x=randn(10000)
y=randn(10000)
nbins = 5;
h = histogram2(x, y, nbins)
```

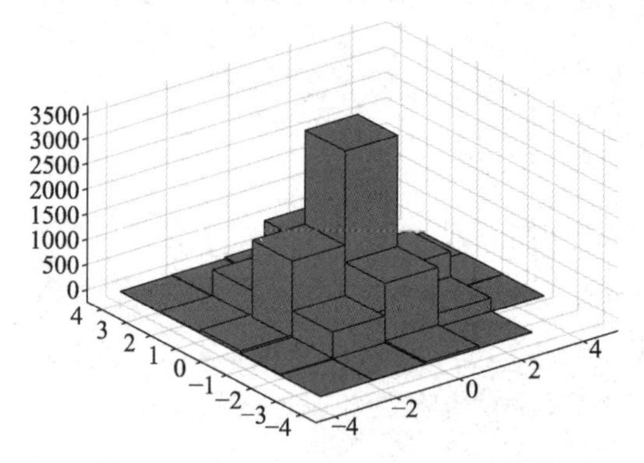

图 5-35　histogram2(X,Y,nbins)示例图

histogram2(X,Y,Xedges,Yedges)用于绘制使用向量 Xedges 和 Yedges 指定每个维度数组位置的二元直方图。例如，生成 1000 个随机数对组并创建一个二元直方图，结果如图 5-36 所示。

```
x=randn(10000)
y=randn(10000)
Xedges = [-2:0.4:2...];
Yedges = [-2:0.4:2...];
h = histogram2(x, y, Xedges, Yedges, normalization = "countdensity")
```

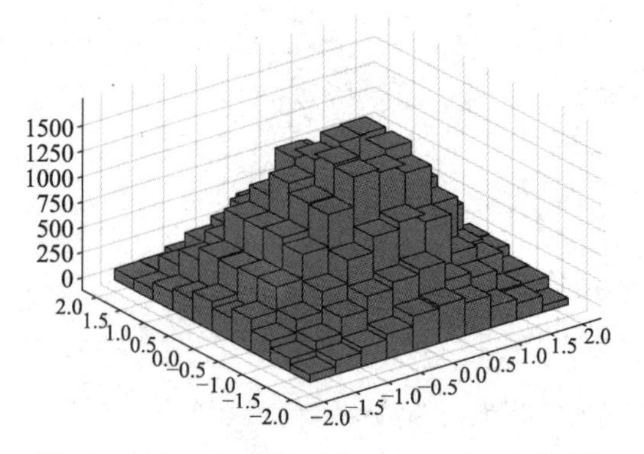

图 5-36　histogram2(X,Y,Xedges,Yedges)示例图

4. 直方图计数函数 histcounts

下面给出 histcounts 函数调用方式：

```
edges = histcounts(X)                    #返回直方图与横轴交点坐标
edges = histcounts(X,nbins)              #返回指定组数的直方图与横轴交点坐标
edges = histcounts(X,edges)              #返回指定位置的直方图与横轴交点坐标
edges = histcounts(___,Key=Value)        #采用关键词参数指定直方图属性
```

edges=histcounts(X)利用向量 X 构建直方图后，返回每个组的边界。例如，求 100 个随机值构成的直方图的每组边界：

```
X = randn(100,1)
edges = histcounts(X)
```

运行结果如下：

```
15-element Vector{Float64}:
 -3.0
 -2.5
 -2.0
  ⋮
  3.0
  3.5
  4.0
```

edges=histcounts(X,nbins)返回使用标量 nbins 指定组数后的直方图的每组边界。例如，将 10 个随机数分布到 6 个等间距组内，求每组边界：

```
X = [2 3 5 7 11 13 17 19 23 29];
edges = histcounts(X,6)
```

运行结果如下：

```
7-element Vector{Float64}:
  0.0
  4.9
  9.8
 14.700000000000001
 19.6
 24.5
 29.400000000000002
```

5.2.4 散点图

1. 圆形散点图绘制函数 scatter

下面给出 scatter 函数调用方式：

```
scatter(X,Y)                  #绘制圆形散点图
scatter(X,Y,sz)               #绘制指定圆形大小的散点图
scatter(X,Y,sz,c)             #绘制指定圆形大小和颜色的散点图
scatter(___,Key=Value)        #采用关键词参数指定散点属性
scatter(ax,___)               #在指定坐标区中绘图
s = scatter(___)              #返回散点图对象，使用 s 修改图像属性
```

scatter(X,Y)在向量 X 和 Y 指定的位置创建圆形散点图，圆形散点图也称为气泡图。例如，x 为 0 和 3π 之间的 200 个等间距值、y 为带随机干扰的余弦值，依据 x 和 y 创建圆形散点图，结果如图 5-37 所示。

```
x = LinRange(0, 3 * pi, 200)
y = cos.(x) + rand(200)
scatter(x, y)
```

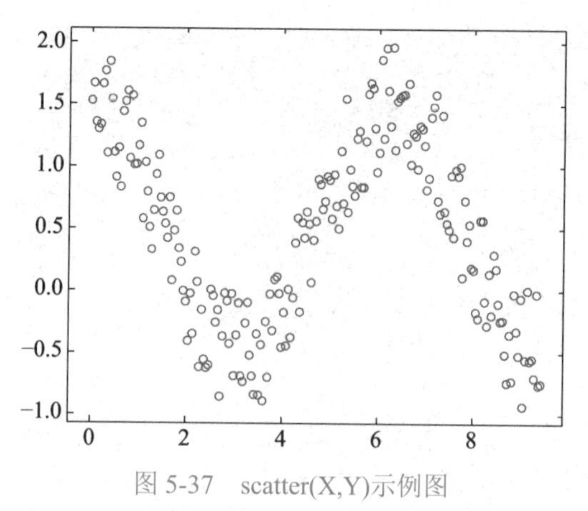

图 5-37　scatter(X,Y)示例图

scatter(X,Y,sz)绘制指定圆形大小的散点图。若绘制大小相等的圆形，则将 sz 指定为标量；若绘制大小不等的圆形，则将 sz 指定为长度等于 X 和 Y 长度的向量。

scatter(X,Y,sz,c)绘制指定圆形大小和颜色的散点图。若以相同的颜色绘制所有圆形，则将 c 指定为颜色名称或 RGB 三元组；若使用不同的颜色，则将 c 指定为向量或由 RGB 三元组组成的三列矩阵。例如，创建一个圆形散点图并改变圆形的颜色和大小，结果如图 5-38 所示。

```
x = LinRange(0, 3 * pi, 200)
y = cos.(x) + rand(200)
s = LinRange(1, 100, 200)
c = LinRange(1, 10, length(x))
s = scatter(x, y,s=s,c=c)
```

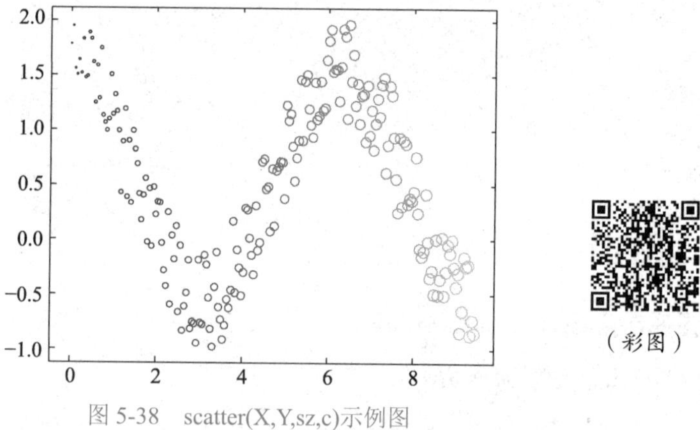

（彩图）

图 5-38　scatter(X,Y,sz,c)示例图

2. 圆形三维散点图绘制函数 scatter3

下面给出 scatter3 函数调用方式：

```
scatter3(X,Y,Z)                    #绘制圆形三维散点图
scatter3(___,Key=Value)            #采用关键词参数指定散点属性
scatter3(ax,___)                   #在指定坐标区中绘图
h = scatter3(___)                  #返回三维散点图对象，使用 h 修改图像属性
```

scatter3(X,Y,Z)在向量 X、Y 和 Z 指定位置显示圆形。例如，创建一个圆形三维散点图，结果如图 5-39 所示。

```
z = LinRange(0, 4 * pi, 250)
x = 2 .* cos.(z) .+ rand(250);
y = 2 .* sin.(z) .+ rand(250);
s = scatter3(x, y, z)
```

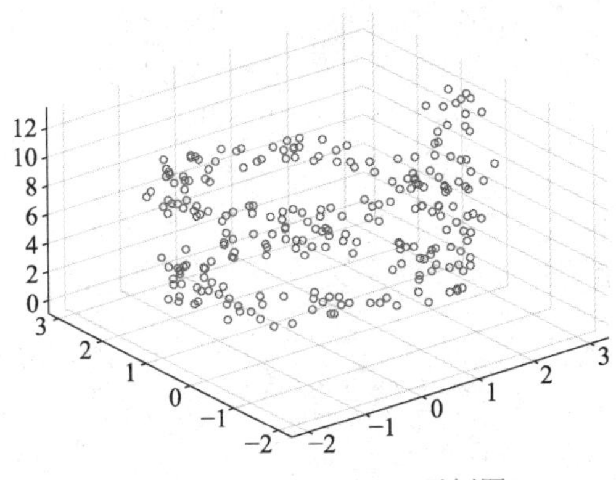

图 5-39　scatter3(X,Y,Z)示例图

3. 散点图矩阵绘制函数 plotmatrix

下面给出 plotmatrix 函数调用方式：

```
plotmatrix(X,Y)                    #创建 X,Y 散点图矩阵
plotmatrix(X)                      #创建 X 散点图矩阵
plotmatrix(___,Fmt)                #创建带修饰的散点图矩阵
```

plotmatrix(X,Y)用于创建由矩阵 Y 的各列相对于矩阵 X 的各列数据组成的散点图矩阵。例如，创建一个由随机数据组成的矩阵 X 和一个由整数值组成的矩阵 Y，然后，创建 X 的各列相对于 Y 的各列的散点图矩阵，结果如图 5-40 所示。

```
X = randn(50,3);
Y = reshape(1:150,50,3);
plotmatrix(X,Y)
```

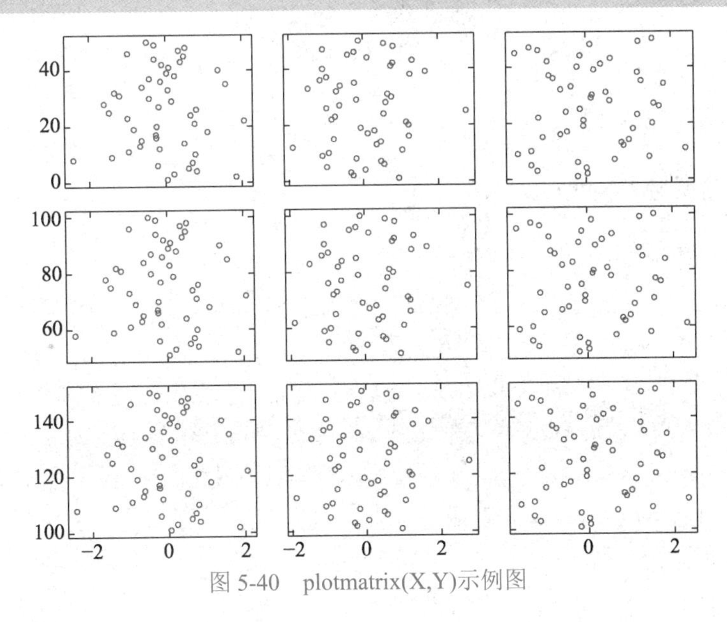

图 5-40　plotmatrix(X,Y)示例图

图中第 i 行、第 j 列中的子图是 Y 的第 i 列相对于 X 的第 j 列的散点图。

plotmatrix(X)的作用与 plotmatrix(X,X)相同，对角线子坐标区需用 X 各列的直方图代替。

plotmatrix(___,Fmt)用于绘制指定线型、标记符号和颜色的散点图矩阵，选项 Fmt 可以位于前述语法中的任何输入参数组合之后。

5.2.5 饼图与热图

1. 饼图绘制函数 pie

下面给出 pie 函数调用方式：

```
pie(X)                          #绘制饼图
pie(X, Key=Value)               #采用关键词参数指定饼图属性
pie(ax,___)                     #在指定坐标区中绘图
p = pie(___)                    #返回饼图对象，使用 p 修改图像属性
```

pie(X)使用 X 中的数据绘制饼图。饼图的每个扇区代表 X 中的一个元素，若 sum(X)=1，则 X 中的值直接指定饼图扇区的面积；若 sum(X) <1，则 pie 仅绘制部分饼图；若 sum(X)>1，则 pie 通过 X/sum(X)对值进行归一化，以确定饼图的每个扇区的面积。例如，创建向量 X 的饼图，结果如图 5-41 所示。

```
X = [1, 3, 0.5, 2.5, 2]
pie(X)
```

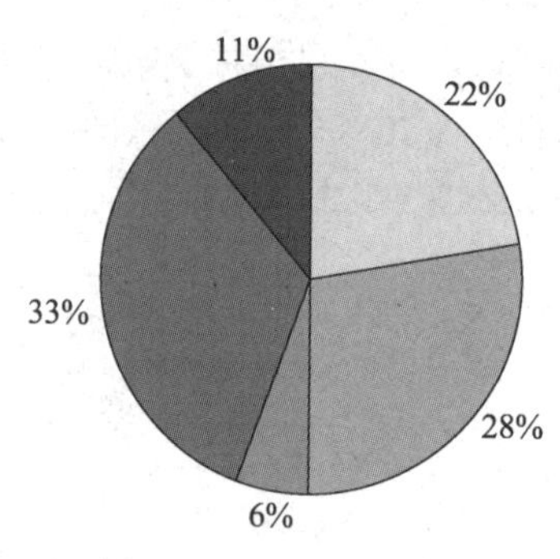

图 5-41 pie(X)示例图

2. 热图绘制函数 heatmap

下面给出 heatmap 函数调用方式：

```
heatmap(xvar,yvar)              #创建两向量热图
heatmap(cdata)                  #创建矩阵热图
heatmap(___,Key=Value)          #采用关键词参数指定热图属性
heatmap(ax,___)                 #在指定坐标区中绘图
h = heatmap(___)                #返回热图对象，使用 h 修改图像属性
```

heatmap(xvar,yvar)基于向量 xvar 和向量 yvar 创建热图。向量 xvar 指示沿 x 轴显示的表变量，向量 yvar 指示沿 y 轴显示的表变量，表变量类似于刻度标签，是热图中数据分类的依据。热图上具体的数值表示每对 x 和 y 值一起出现的总次数。例如，导入 Syslab 自带的 patients_data.jl 文件，基于内科患者数据表创建一个热图，计算具有一组相同 Smoker 和

SelfAssessedHealthStatus 值的患者总数，结果如图 5-42 所示。

```
pkg_dir = pkgdir(TyPlot)
source_path = pkg_dir * "/examples/数据文件/patients_data.jl"
include(source_path)
h= heatmap(Smoker, SelfAssessedHealthStatus, xlabel = "Smoker", ylabel = "SelfAssessedHealthStatus")
```

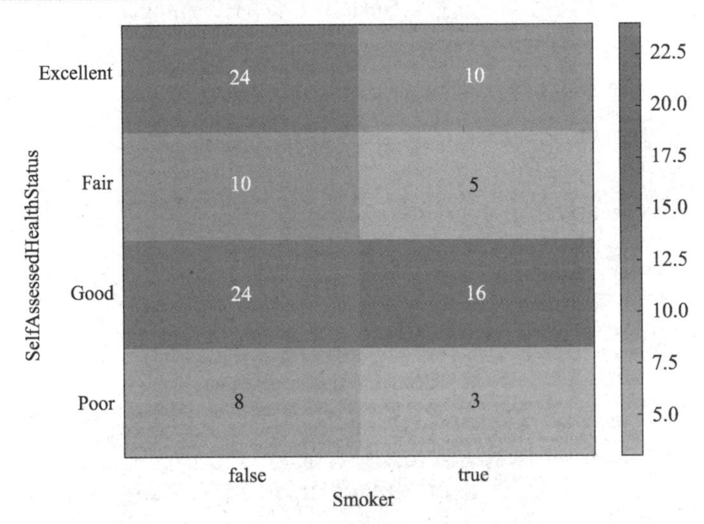

图 5-42　heatmap(xvar,yvar)示例图

heatmap(cdata)基于矩阵 cdata 创建一个热图，热图上的每个单元格对应 cdata 中的一个元素。例如，创建一个数据矩阵，然后创建矩阵的热图，结果如图 5-43 所示。

```
cdata = [45 60 32; 43 54 76; 32 94 68; 23 95 58];
h = heatmap(cdata)
```

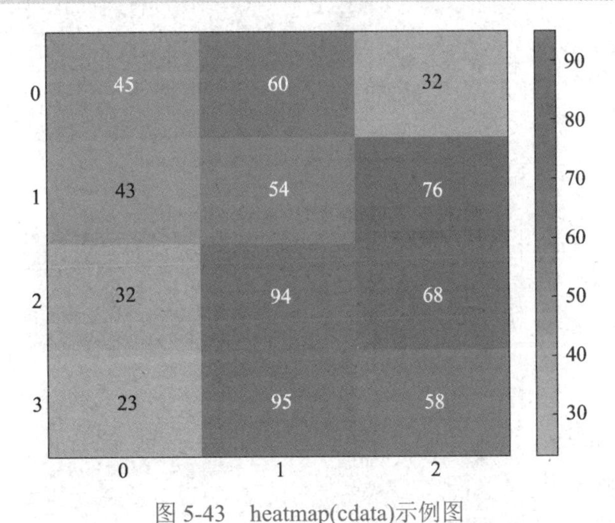

图 5-43　heatmap(cdata)示例图

3. 对热图行中的元素进行排序的函数 sortx

下面给出 sortx 函数调用方式：

```
sortx(h,row)                    #按升序对热图行中的元素进行排序
sortx(h,row,direction)          #按指定顺序对热图行中的元素进行排序
```

```
sortx(h)                                  #按升序对热图第一行元素排序
C = sortx(___)                            #以值矩阵的形式返回排序的颜色数据
```

sortx(h,row)按升序重新显示热图 row 指定的行中的元素。此函数通过重新排列各个列，对 row 指定的行中的元素进行排序。例如，创建一个电力中断热图，并对特定行中的值进行排序，使它们按升序从左到右显示。导入 Syslab 自带的 0-outages_data.jl 文件，该文件包含表示电力中断情况的数据；创建一个热图，x 轴显示不同的区域，y 轴显示不同的停电原因，在每个单元格中，显示每个区域由于特定原因经历停电的次数，结果如图 5-44 所示。然后再对"winter storm"行中的值进行排序，使它们按升序从左到右显示，结果如图 5-45 所示。

```
pkg_dir = pkgdir(TyPlot)
source_path = pkg_dir * "/examples/格式和注释/sortx/0-outages_data.jl"
include(source_path)
h = heatmap(Region, Cause, xlabel = "Region", ylabel = "Cause", fmt = ".2f")
title("Count of Cause vs. Region")
```

```
sortx(h[1],"winter storm")
```

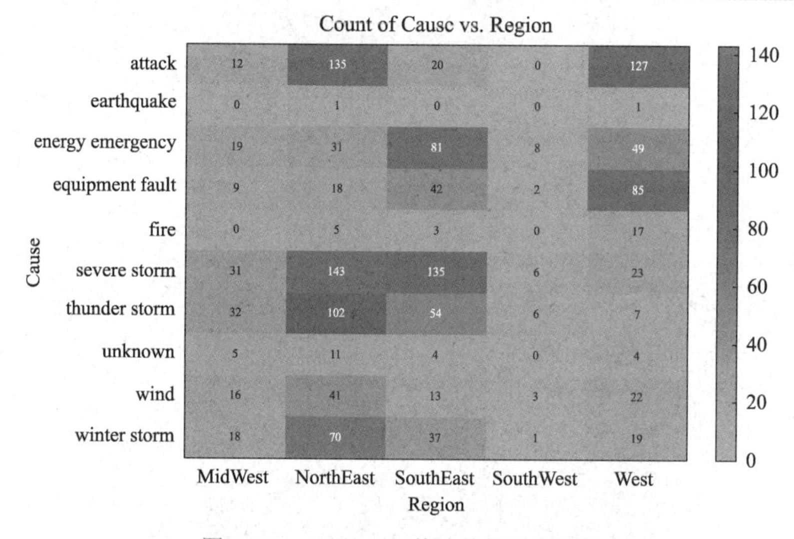

图 5-44 sortx(h,row)修改前热图示例图

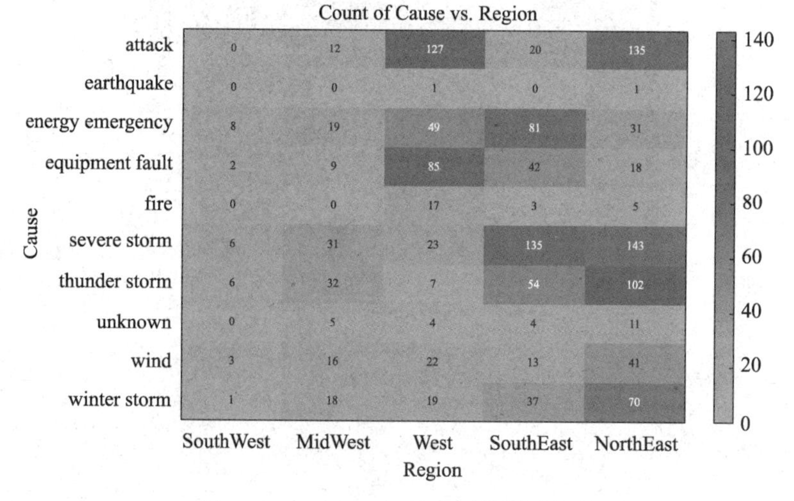

图 5-45 sortx(h,row)修改后热图示例图

sortx(h,row,direction)按 direction 指定方向对 row 指定行中的数据进行排序。direction 的默认值为"ascend"，即按升序进行排序。若要按照降序进行排序，则将 direction 指定为"descend"。

sortx(h)表示按升序显示热图第一行中的元素。

C=sortx(___)以值矩阵的形式返回排序后的热图数据，值的显示方式与热图相同。例如，创建一个电力中断热图，并对"winter storm"行中的值进行排序，使它们按升序显示，然后以值矩阵的形式返回排序后的热图数据。在创建如图 5-45 所示的热力图后，执行如下程序，结果如图 5-46 所示。

```
C = sortx(h[1], "winter storm")
```

type: Matrix{Float64}, size: (10, 5)

	1	2	3	4	5	6
1	0	12	127	20	135	
2	0	0	1	0	1	
3	8	19	49	81	31	
4	2	9	85	42	18	
5	0	0	17	3	5	
6	6	31	23	135	143	
7	6	32	7	54	102	
8	0	5	4	4	11	
9	3	16	22	13	41	
10	1	18	19	37	70	

图 5-46　C=sortx(___)返回的热图数据

对热图列中的元素进行排序的 sorty 函数的用法与 sortx 函数类似，不再详细说明。

5.3　曲面图、网格图与特殊曲线图

曲面图和网格图是三维数据可视化的一种表现形式。曲面图指由连接各数据点的线框和曲面组成的三维图，网格图指由连接各数据点的线条组成的线框三维图。特殊曲线图包括多边形、等高线图和向量场。多边形指在二维平面内以各顶点建立的多边形区域。等高线图可分为二维等高线图与三维等高线图。二维等高线图指将高度相同的点连成环线直接投影到平面形成水平曲线，不同高度的环线不会重合；三维等高线图与二维等高线图类似，不做投影处理。向量场包括箭状图、速度图和流线图等，多用于物理场景描述。本节主要介绍曲面图、网格图、多边形、等高线图、向量场等图形的绘制函数。

5.3.1　曲面图与网格图

1. 曲面图绘制函数 surf

下面给出 surf 函数调用方式：

```
surf(Z)                    #绘制曲面图
surf(X,Y,Z)                #绘制三维曲面图
surf(ax,___)               #在指定坐标区中绘图
surf(___,Key=Value)        #采用关键词参数修改图像属性
s = surf(___)              #返回曲面图对象，使用 s 修改图像属性
```

surf(Z)创建一个曲面图，并将 Z 中元素的列索引值和行索引值用作 x 坐标与 y 坐标。

surf(X,Y,Z)创建一个具有实色边和实色面的三维曲面图，该函数将矩阵 Z 中的值绘制为由 X 和 Y 定义的 xy 平面上方的高度，曲面的颜色根据 Z 指定的高度而变化。例如，创建三个相同大小的矩阵，然后将它们绘制为一个曲面，该绘图函数使用 Z 确定高度和颜色，结果如图 5-47 所示。

```
X, Y = meshgrid2(1:0.5:10, 1:20)
Z = sin.(X) + cos.(Y)
fig = figure()
ax = subplot(; projection="3d")
surf(ax, X, Y, Z)
```

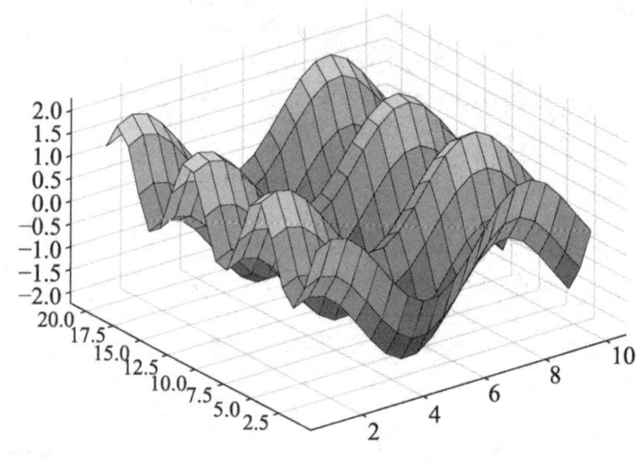

图 5-47　surf(X,Y,Z)示例图

2. 网格图绘制函数 mesh

下面给出 mesh 函数调用方式：

```
mesh(Z)                         #绘制网格图
mesh(X,Y,Z)                     #绘制三维网格图
mesh(ax,___)                    #在指定坐标区中绘图
mesh(___,Key=Value)             #采用关键词参数指定图像属性
s = mesh(___)                   #返回网格图对象，使用 s 修改图像属性
```

mesh(X,Y,Z)创建一个网格图，该网格图为三维曲面，有实色边，无实色面。该函数将矩阵 Z 中的值绘制为由 X 和 Y 定义的 xy 平面上方的高度，边的颜色因 Z 指定的高度而异。例如，创建三个相同大小的矩阵，将它们绘制为一个网格图，结果如图 5-48 所示。

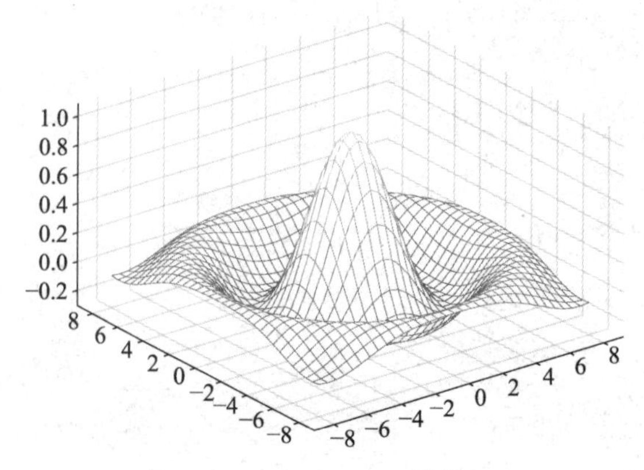

图 5-48　mesh(X,Y,Z)示例图

```
X, Y = meshgrid2(-8:0.5:8, -8:0.5:8)
R = sqrt.(X .^ 2 .+ Y .^ 2) .+ eps()
Z = sin.(R) ./ R
mesh(X, Y, Z)
```

3. 函数曲面图绘制函数 fsurf

下面给出 fsurf 函数调用方式：

```
fsurf(f)                                    #绘制函数 f 表示曲面图
fsurf(f,xyinterval)                         #绘制函数 f 指定域内曲面图
fsurf(funx,funy,funz)                       #绘制参数化曲面图
fsurf(funx,funy,funz,uvinterval)            #绘制指定域参数化曲面图
fsurf(___,Key=Value)                        #采用关键词参数指定图像属性
fsurf(ax,___)                               #在指定坐标区中绘图
fs = fsurf(___)                             #返回曲面图对象，使用 fs 修改图像属性
```

fsurf(f)表示在默认区间[–5,5]（对于 x 和 y）内由函数 z=f(x,y)创建曲面图。例如，在默认区间 $-5 \leqslant x \leqslant 5$ 和 $-5 \leqslant y \leqslant 5$ 内绘制由表达式 $\sin(x)+\cos(y)$ 确定的曲面图，结果如图 5-49 所示。

```
funz = (x,y)->sin(x)+cos(y)
fsurf(funz)
```

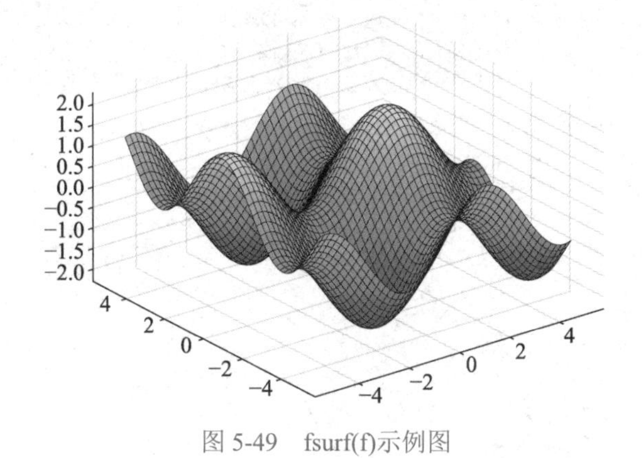

图 5-49 fsurf(f)示例图

fsurf(funx,funy,funz,uvinterval)表示在 uvinterval 指定的区间内绘制由 x=funx(u,v)、y=funy(u,v)、z=funz(u,v)定义的参数化曲面图。uvinterval 可指定为[umin umax vmin vmax]形式的四元素向量。例如，绘制如下参数化曲面图，结果如图 5-50 所示。

$$x = r\cos(u)\sin(v)$$
$$y = r\sin(u)\cos(v)$$
$$z = r\cos(v)$$
$$\text{where} \quad r = 2+\sin(7u+5v)$$

其中，$0<u<2\pi$，$0<v<\pi$。

```
funr = (u,v)->2+sin(7 .*u + 5 .*v)
funx = (u,v)->funr(u,v) .* cos(u) .* sin(v)
funy = (u,v)->funr(u,v) .* sin(u) .* sin(v)
funz = (u,v)->funr(u,v) .* cos(v)
fsurf(funx,funy,funz,[0 2*pi 0 pi], meshdensity=186)
```

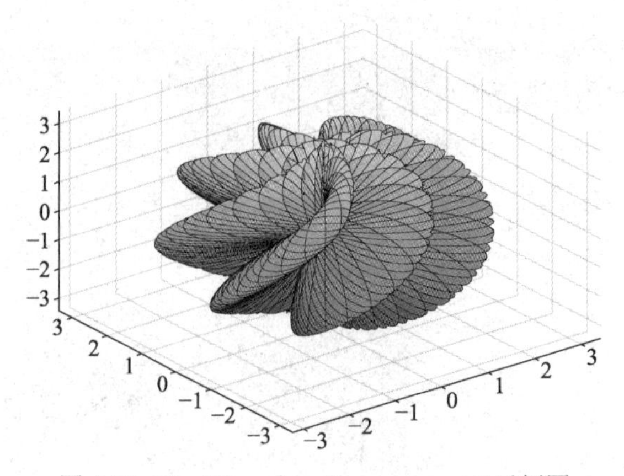

图 5-50　fsurf(funx,funy,funz,uvinterval)示例图

4. 函数网格图绘制函数 fmesh

下面给出 fmesh 函数调用方式：

```
fmesh(f)                                    #绘制函数 f 表示网格图
fmesh(f,xyinterval)                         #绘制函数 f 指定域内网格图
fmesh(funx,funy,funz)                       #绘制参数化网格图
fmesh(funx,funy,funz,uvinterval)            #绘制指定域参数化网格图
fmesh(___,Key=Value)                        #采用关键词参数指定图像属性
fmesh(ax,___)                               #在指定坐标区中绘图
fs = fmesh(___)                             #返回网格图对象，使用 fs 修改图像属性
```

fmesh(f)在 x 和 y 的默认区间[–5,5]内由表达式 z=f(x,y)创建网格图。例如，在默认区间 $-5\leqslant x\leqslant 5$ 和 $-5\leqslant y\leqslant 5$ 绘制由表达式 $\sin(x)+\cos(y)$ 确定的网格图，结果如图 5-51 所示。

```
funz = (x,y)->sin(x)+cos(y)
fmesh(funz)
```

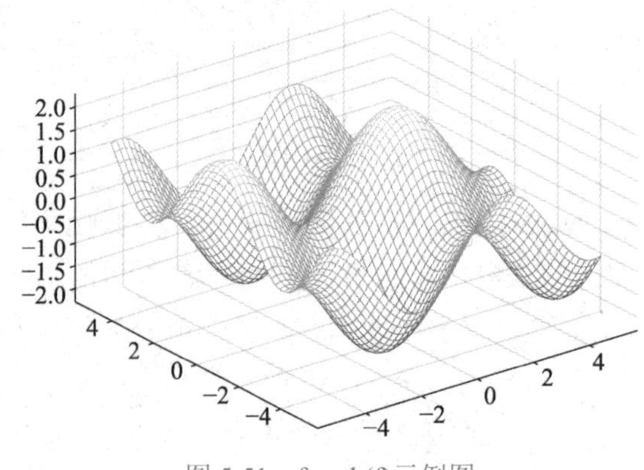

图 5-51　fmesh(f)示例图

5.3.2　多边形

1. 填充二维多边形绘制函数 plt_fill

下面给出 plt_fill 函数调用方式：

```
plt_fill(X,Y,C)                      #创建指定顶点颜色的多边形
plt_fill(X,Y,ColorSpec)              #创建填充颜色的多边形
plt_fill(X1,Y1,C1,X2,Y2,C2,...)      #创建多个指定顶点颜色的多边形
plt_fill(...,Key=Value)              #采用关键词参数指定图像属性
plt_fill(ax,...)                     #在指定坐标区中绘图
h = plt_fill(...)                    #返回多边形对象，使用h修改图像属性
```

plt_fill 函数用于创建彩色多边形。plt_fill(X,Y,ColorSpec)用于绘制由 X 和 Y 确定的多边形，并用 ColorSpec 指定的颜色填充多边形，指定的颜色可通过颜色名称或短名称表示。例如，定义数据，使用 plt_fill 函数创建一个红色八边形，结果如图 5-52 所示。

```
t = (1/16:1/8:1)'*2*pi;
x = cos.(t);
y = sin.(t);
plt_fill(x,y,"r")
axis("square")
```

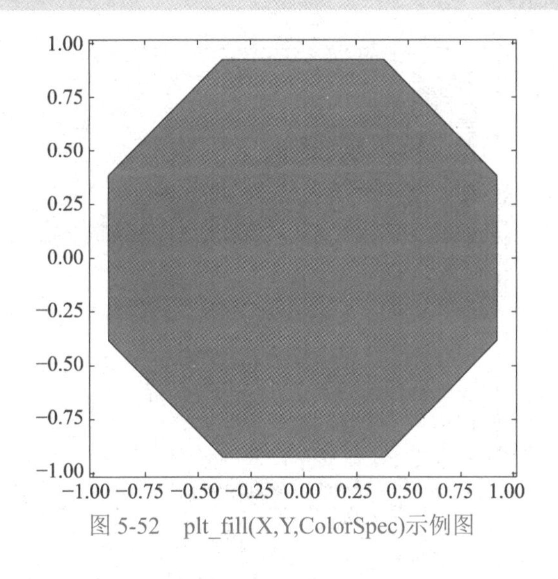

（彩图）

图 5-52　plt_fill(X,Y,ColorSpec)示例图

2. 填充多边形区域绘制函数 patch

下面给出 patch 函数调用方式：

```
patch(X,Y,C)                  #绘制二维填充多边形
patch(X,Y,Z,C)                #绘制三维填充多边形
patch(S)                      #使用结构体S创建多边形
patch(___,Key=Value)          #使用关键词参数指定多边形属性
patch(ax,___)                 #在指定坐标区中绘图
p = patch(___)                #返回多边形对象，使用p修改属性
```

patch(X,Y,C)使用 X 和 Y 的元素作为顶点坐标，绘制一个或多个填充多边形区域。patch 按指定顶点的顺序连接这些顶点。若创建一个多边形，则将 X 和 Y 指定为向量；若创建多个多边形，则将 X 和 Y 指定为矩阵，每列对应一个多边形；C 决定多边形的颜色。

patch(X,Y,Z,C)使用 X、Y 和 Z 在三维坐标中创建多边形，C 确定多边形的颜色，若在三维视图中查看这些多边形，则使用 plt_view 函数。

patch(S)使用结构体 S 创建多边形，结构体字段对应多边形属性名称，字段值对应属性值。

例如，使用一个结构体创建两个多边形，结果如图 5-53 所示。

```
mutable struct ST
    Vertices
    Faces
    FaceVertexCData
    FaceColor
    EdgeColor
    LineWidth
end
S = ST(nothing,nothing,nothing,nothing,nothing,nothing)
S.Vertices = [2 4; 2 8; 8 4; 5 0; 5 2; 8 0];
S.Faces = [1 2 3; 4 5 6];
S.FaceVertexCData = [0; 1];
S.FaceColor = "flat";
S.EdgeColor = "red";
S.LineWidth = 2;
patch(S)
```

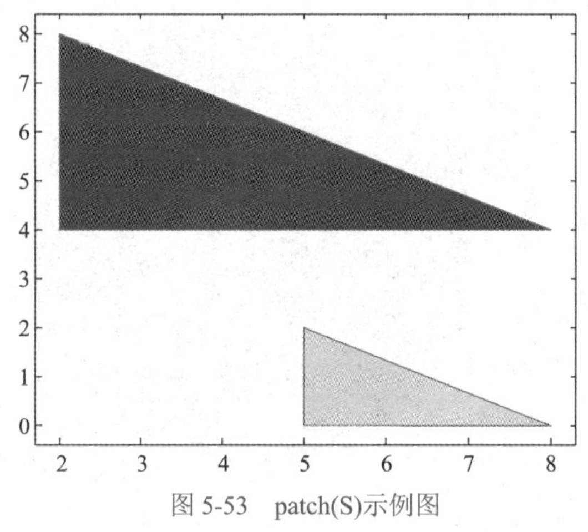

图 5-53　patch(S)示例图

5.3.3　等高线图

1. 等高线图绘制函数 contour

下面给出 contour 函数调用方式：

```
contour(Z)                  #绘制 Z 矩阵等高线图
contour(X,Y,Z)              #绘制指定 Z 中各值的 x 和 y 坐标的等高线图
contour(___,levels)         #绘制指定数量或高度的等高线图
contour(___,Key=Value)      #采用关键词参数指定图像属性
contour(ax,___)             #在指定坐标区中绘图
c= contour(___)             #返回等高线图对象，使用 c 修改图像属性
```

contour(Z)创建一个包含矩阵 Z 的等高线图，其中 Z 包含 xy 平面上的高度值。Syslab 会自动选择要显示的等高线，Z 的列和行索引分别是平面中的 x 和 y 坐标。例如，将 Z 定义为 peaks 函数的采样值，然后绘制 Z 的等高线，结果如图 5-54 所示。

```
X, Y, Z = peaks()
con = contour(Z);
```

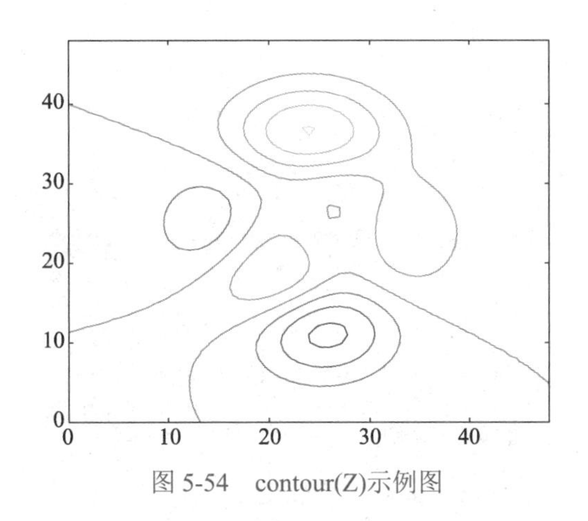

图 5-54　contour(Z)示例图

contour(X,Y,Z)用于绘制指定 Z 中各值的 x 和 y 坐标的等高线图。

contour(___,levels)将要显示的等高线指定为上述任一语法中的最后一个参数。若将 levels 指定为标量值 n，则在 n 个自动选择的层级（高度）上显示等高线。若在某些特定高度绘制等高线，则将 levels 指定为单调递增值的向量；若在一个高度 k 处绘制等高线，则将 levels 指定为二元素行向量[k]。例如，将 Z 定义为 X 和 Y 的函数，调用 peaks 函数创建 X、Y 和 Z，然后绘制 Z 的 20 个等高线，结果如图 5-55 所示。

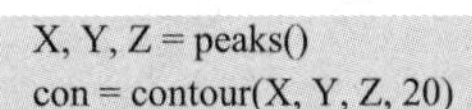

```
X, Y, Z = peaks()
con = contour(X, Y, Z, 20)
```

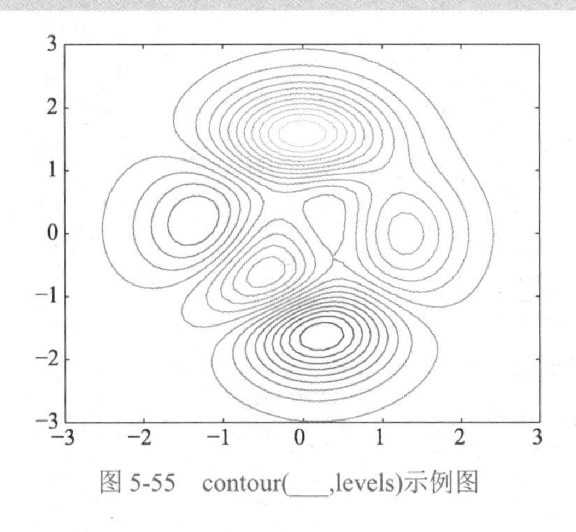

图 5-55　contour(___,levels)示例图

2. 填充二维等高线图绘制函数 contourf

下面给出 contourf 函数调用方式：

```
contourf(Z)                    #绘制 Z 矩阵填充二维等高线图
contourf(X,Y,Z)                #绘制指定 Z 中各值的 x 和 y 坐标的填充等高线图
contourf(___,levels)           #绘制指定数量或高度的填充等高线图
contourf(___,Key=Value)        #采用关键词参数指定图像属性
contourf(ax,___)               #在指定坐标区中绘图
c = contourf(___)              #返回等高线图对象，使用 c 修改图像属性
```

contourf(Z)绘制 Z 矩阵填充二维等高线图，其中 Z 包含 xy 平面上的高度值。Syslab 会自动选择要显示的等高线，Z 的列和行索引分别是平面中的 x 与 y 坐标。例如，将 Z 定义为 X

和 Y 的函数，调用 peaks 函数创建 X、Y 和 Z，绘制 Z 矩阵二维等高线图，结果如图 5-56 所示。

```
X,Y,Z = peaks();
contourf(Z)
```

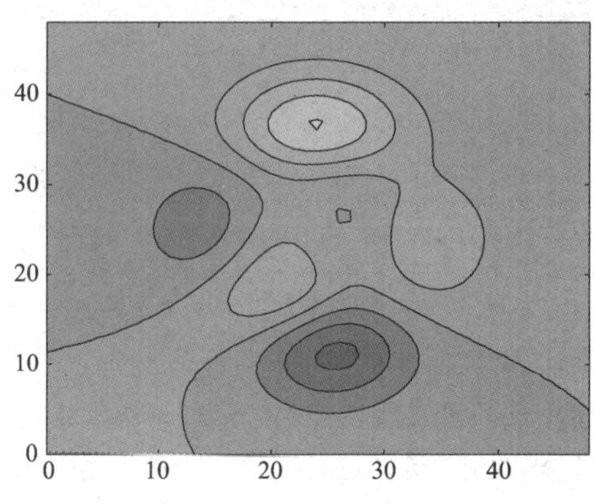

图 5-56　contourf(Z)示例图

3. 三维等高线图绘制函数 contour3

下面给出 contour3 函数调用方式：

```
contour3(Z)                    #绘制 Z 矩阵三维等高线图
contour3(X,Y,Z)                #绘制指定 Z 中各值的 x 和 y 坐标的三维等高线图
contour3(___,levels)           #绘制指定数量或高度的三维等高线图
contour3(___,Key=Value)        #采用关键词参数设置图像属性
contour3(ax,___)               #在指定坐标区中绘图
c = contour3(___)              #返回等高线图对象，使用 c 修改图像属性
```

contour3(Z)创建 Z 矩阵三维等高线图，其中 Z 包含 xy 平面上的高度值。例如，将 Z 定义为两个变量 X 和 Y 的函数，然后绘制 Z 的等高线，让 Syslab 选择 x、y 轴的范围和等高线，结果如图 5-57 所示。

```
X, Y = meshgrid2(-5:0.25:5, -5:0.25:5);
Z = X .^ 2 + Y .^ 2;
contour3(Z)
```

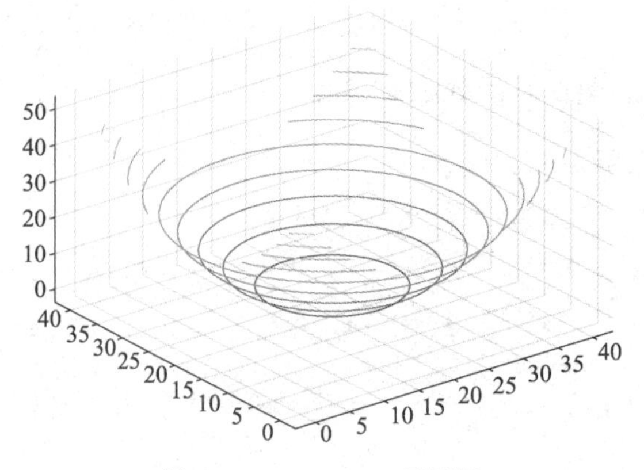

图 5-57　contour3(Z)示例图

4. 为等高线图添加高程标签函数 clabel

下面给出 clabel 函数调用方式：

```
clabel(C)                          #为等高线图添加高程标签
clabel(___,Key=Value)              #采用关键词参数修改标签外观
```

clabel(C)为等高线图添加高程标签，将旋转文本插入每条等高线。等高线必须足够长以容纳标签，否则 clabel 无法插入标签。例如，创建一个等高线图并获取等高线对象 c，然后，为等高线图添加标签，结果如图 5-58 所示。

```
x,y,z = peaks();
c = contour(x,y,z, cmap="parula");
clabel(c)
```

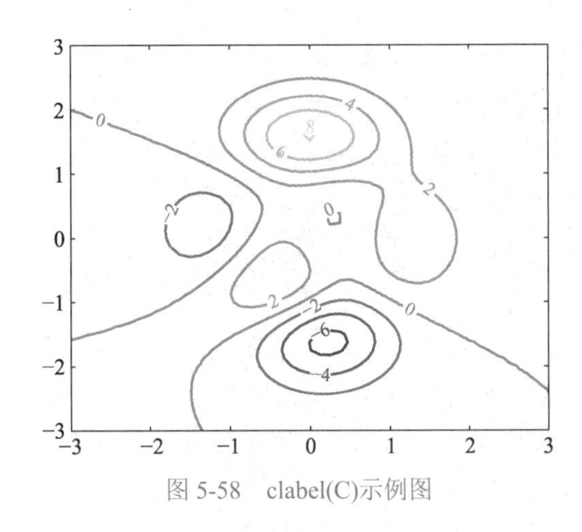

图 5-58　clabel(C)示例图

5. 函数等高线绘制函数 fcontour

下面给出 fcontour 函数调用方式：

```
fcontour(f)                     #绘制函数 f 描述的等高线
fcontour(f,xyinterval)          #绘制函数 f 描述的指定域等高线
fcontour(___,Key=Value)         #采用关键词参数指定图像属性
fcontour(ax,___)                #在指定坐标区中绘图
fc = fcontour(___)              #返回等高线对象，使用 fc 修改图像属性
```

fcontour(f)根据 x 与 y 的默认区间[–5,5]和 z 的固定级别值绘制 z = f(x,y)函数的等高线。例如，在 $-5 \leqslant x \leqslant 5$ 和 $-5 \leqslant y \leqslant 5$ 的默认区间绘制 $f(x, y) = \sin(x) + \cos(y)$ 的等高线，结果如图 5-59 所示。

```
f = (x,y)->sin(x)+cos(y)
fcontour(f)
```

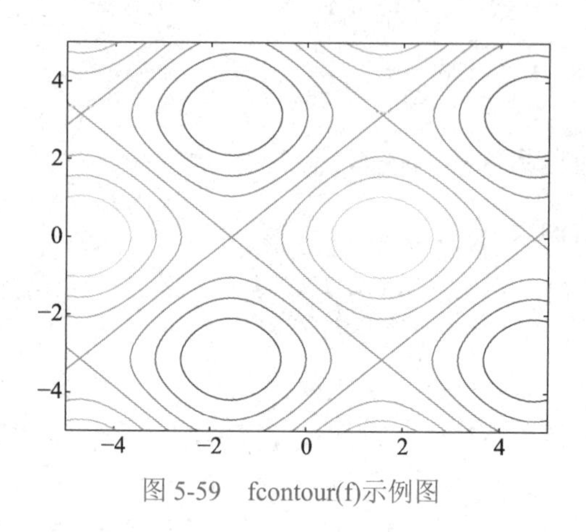

图 5-59　fcontour(f)示例图

5.3.4　向量场

1. 罗盘图绘制函数 compass

下面给出 compass 函数调用方式：

```
compass(U,V)                    #绘制罗盘图
compass(Z)                      #输入复数绘制罗盘图
compass(___,Fmt)                #绘制有格式要求的罗盘图
compass(ax,___)                 #在指定坐标区中绘图
c = compass(___)                #返回罗盘图对象，使用 c 修改图像属性
```

compass 函数绘制以原点为起点的箭头，绘制后的图像称为罗盘图。

compass(U,V)显示具有 n 个箭头的罗盘图，其中 n 是向量 U 或向量 V 中的元素数目。每个箭头的基点位置为原点，每个箭头的尖端位置是相对于基点的一个点，由[U(i),V(i)]确定。

compass(Z)使用 Z 指定的复数值绘制箭头，显示具有 n 个箭头的罗盘图，其中 n 是 Z 中的元素数目。每个箭头的基点位置为原点，每个箭头的尖端位置由 Z 的实部和虚部确定。此语法等效于 compass(real(Z),imag(Z))。例如，创建一个由随机矩阵的特征值构成的罗盘图，结果如图 5-60 所示。

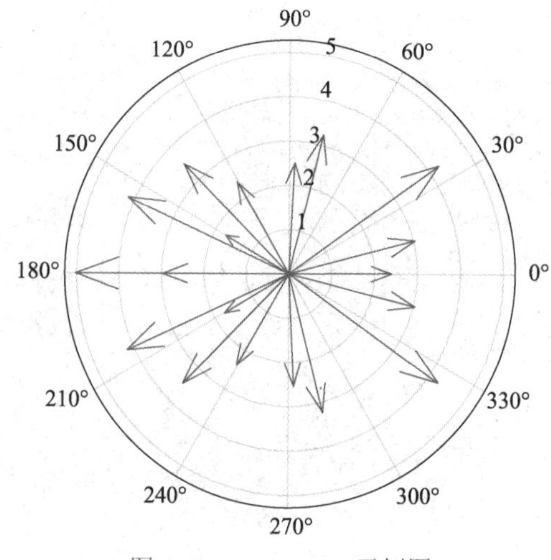

图 5-60　compass(Z)示例图

```
M = randn(20, 20);
Z = eigvals(M);
figure()
c = compass(Z)
```

2. 羽状图绘制函数 feather

下面给出 feather 函数调用方式：

```
feather(U,V)                          #绘制羽状图
feather(Z)                            #输入复数绘制羽状图
feather(___,Fmt)                      #绘制有格式要求的羽状图
feather(ax,___)                       #在指定坐标区中绘图
f = feather(___)                      #返回羽状图对象，使用 f 修改图像属性
```

feather(U,V)绘制以 x 轴为起点的箭头，绘制羽状图。使用向量 U 和向量 V 指定箭头方向，其中 U 表示 x 分量，V 表示 y 分量。第 n 个箭头的起始点位于 x 轴上的 n，箭头的数量与 U 和 V 中的元素数相匹配。例如，创建羽状图，第 n 个箭头以 x 轴上的 n 为起点，结果如图 5-61 所示。

```
t = (-pi / 2):(pi / 8):(pi / 2)
u = 10 * sin.(t);
v = 10 * cos.(t);
feather(u, v)
```

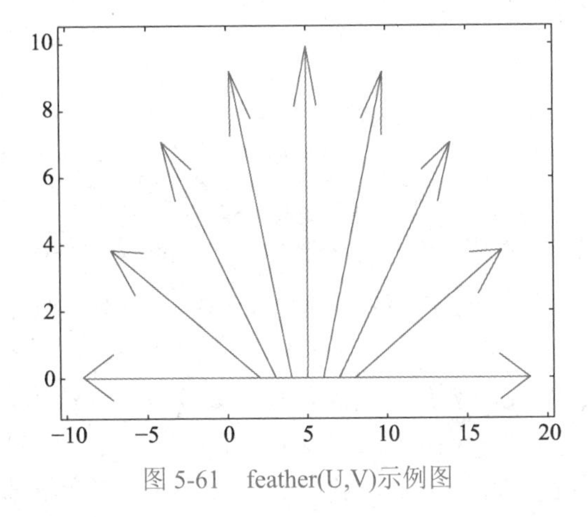

图 5-61　feather(U,V)示例图

3. 速度图绘制函数 quiver

下面给出 quiver 函数调用方式：

```
quiver(X,Y,U,V)                       #绘制速度图
quiver(U,V)                           #在 X–Y 平面的等间距点处绘制速度图
quiver(___,Fmt)                       #绘制有格式要求的速度图
quiver(ax,___)                        #在指定坐标区中绘图
h = quiver(___)                       #返回速度图对象，使用 h 修改图像属性
```

quiver(X, Y, U, V)在 X 和 Y 所指定的坐标处绘制由 U 与 V 指定方向的箭头。矩阵 X、Y、U、V 必须大小相同并包含对应的位置和速度分量。默认情况下，箭头缩放到刚好不重叠，

也可以根据需要缩放箭头。例如，使用 quiver 在 X 和 Y 指定的每个数据点显示箭头，箭头方向由 U 和 V 中的相应值表示，结果如图 5-62 所示。

```
x, y = meshgrid2(0:0.2:2, 0:0.2:2);
u = cos.(x) .* y;
v = sin.(x) .* y;
q = quiver(x, y, u, v)
```

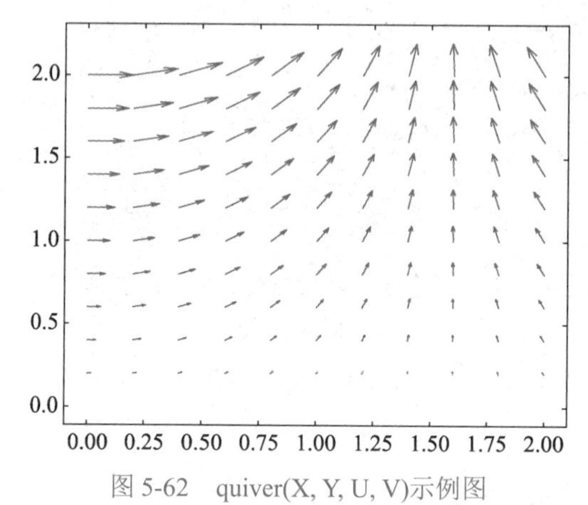

图 5-62 quiver(X, Y, U, V)示例图

4. 三维速度图绘制函数 quiver3

下面给出 quiver3 函数调用方式：

```
quiver3(X,Y,Z,U,V,W)                #绘制三维速度图
quiver3(Z,U,V,W)                    #沿曲面 Z 的等间距点处绘制三维速度图
quiver3(___,Fmt)                    #绘制有格式要求的三维速度图
quiver3(ax,___)                     #在指定坐标区中绘图
h = quiver3(___)                    #返回三维速度图对象，使用 h 修改图像属性
```

quiver3(X, Y, Z, U, V, W)在(X, Y, Z)分量(x, y, z)确定的数据点处绘制向量，其方向由(U, V, W)分量(u, v, w)确定。

quiver3(Z, U, V, W)在沿曲面 Z 的等间距数据点处绘制向量，其方向由(U, V, W)分量(u, v, w)确定。quiver3 将向量定位在曲面上的数据点(i, j, z(i, j))，quiver3 基于向量之间的距离自动缩放向量以避免它们重叠在一起。例如，利用 Syslab 自带数据 0-data.jl 绘制三维速度图，结果如图 5-63 所示。

```
using TyPlot
pkg_dir = pkgdir(TyPlot)
source_path = pkg_dir * "/examples/quiver3/0-data.jl"
include(source_path)
x = -3:0.5:3;
y = -3:0.5:3;
X, Y = meshgrid2(x, y);
Z = Y .^ 2 - X .^ 2;
quiver3(Z, U, V, W, length = 1.5)
plt_view(-35, 45)
```

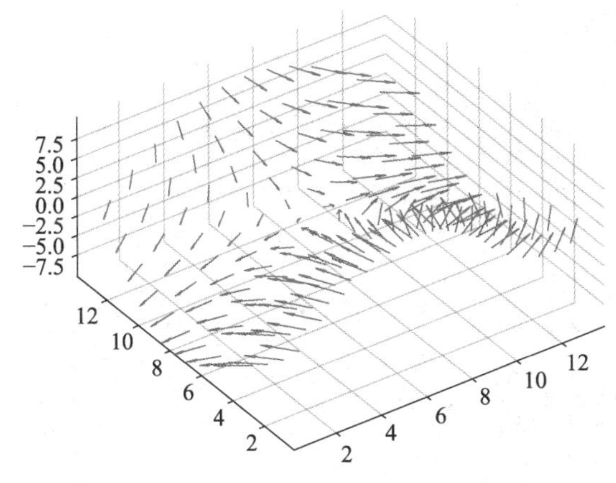

图 5-63 quiver3(Z, U, V, W)示例图

5. 流线图绘制函数 streamline

下面给出 streamline 函数调用方式：

```
streamline(X,Y,U,V,startx,starty)          #绘制流线图
streamline(U,V,startx,starty)              #在 X–Y 平面的等间距点处绘制流线图
streamline(ax,___)                         #在指定坐标区中绘图
h = streamline(___)                        #返回流线图对象，使用 h 修改图像属性
```

streamline(X,Y,U,V,startx,starty)根据二维向量数据 U、V 绘制流线图。数组 X 与 Y 用于定义 U 和 V 的坐标，它们必须是单调的，不需要间距均匀，X 和 Y 必须具有相同数量的元素。startx 和 starty 定义流线图的起始位置。例如，定义数据，创建数据的箭头图，绘制沿线条 y=1 上的不同数据点开始的流线图，结果如图 5-64 所示。

```
x, y = meshgrid2(0:0.1:1, 0:0.1:1);
u = x;
v = -y;
quiver(x, y, u, v)
startx = 0.1:0.1:1;
starty = ones(size(startx));
hold("on");
streamline(x, y, u, v, startx, starty);
hold("off");
```

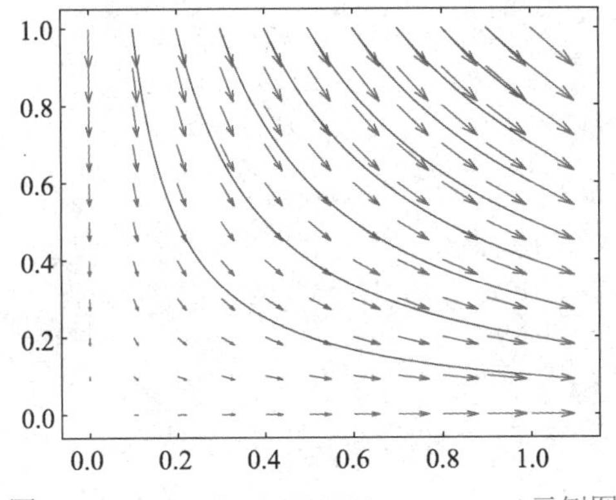

图 5-64 streamline(X,Y,U,V,startx,starty)示例图

5.4 极坐标图

极坐标图是在极坐标中描述数据的线图、离散数据图和数据分布图等图形的总称。相比于直角坐标，极坐标处理几何轨迹等更具优势，学习极坐标绘图可以丰富数据的表达方式，更好地说明数据的信息。本节主要介绍极坐标数据图和极坐标区设置。

5.4.1 极坐标数据图

1. 极坐标线图绘制函数 polarplot

下面给出各种 polarplot 函数调用方式：

```
polarplot(Theta,Rho)                                  #绘制极坐标曲线
polarplot(Theta,Rho,fmt)                              #绘制带修饰的极坐标曲线
polarplot(Theta1,Rho1,...,ThetaN,RhoN)                #绘制多条极坐标曲线
polarplot(Theta1,Tho1,fmt1,...,ThetaN,RhoN,fmtN)      #绘制多条带修饰的极坐标曲线
polarplot(Rho)                                        #按等角度绘制半径值，形成极坐标曲线
polarplot(Rho,fmt)                                    #按等角度绘制半径值，形成带修饰的极坐标曲线
polarplot(Z)                                          #在极坐标中绘制复数值散点图
polarplot(Z,fmt)                                      #在极坐标中绘制带修饰的复数值散点图
polarplot(___,Key=Value)                              #采用关键词参数指定图像属性
polarplot(pax,___)                                    #在指定坐标区中绘图
p = polarplot(___)                                    #返回极坐标图对象，使用 p 修改图像属性
```

polarplot(Theta,Rho)在极坐标中绘制线条，Theta 表示弧度角，Rho 表示每个点的半径值。输入可以为长度相等的向量或大小相等的矩阵；也可以一个输入为向量，另一个输入为矩阵，但向量的长度必须与矩阵的一个维度相等。例如，在极坐标中绘制曲线，结果如图 5-65 所示。

```
theta = 0:0.01:(2 * pi);
rho = sin.(2 * theta) .* cos.(2 * theta);
p = polarplot(theta, rho)
```

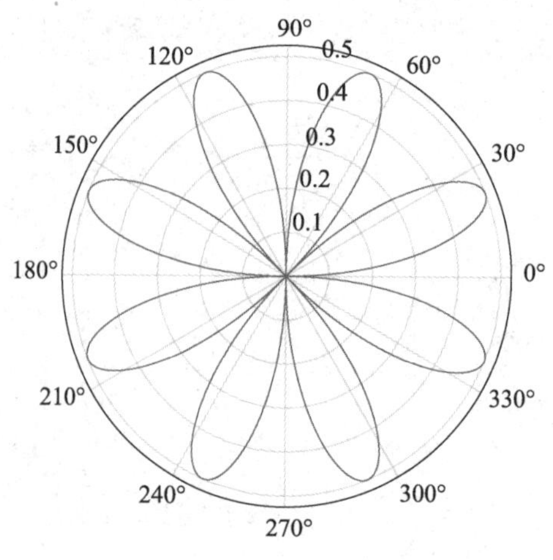

图 5-65　polarplot(Theta,Rho)示例图

polarplot(Z)将 Z 中的复数值绘制为散点图。例如，在极坐标中绘制复数值，在每个数据点显示标记，标记间无连接线，结果如图 5-66 所示。

```
Z = [2 + 3im 2 -1 + 4im 3 - 4im 5 + 2im -4 - 2im -2 + 3im -2 -3im 3im - 2im];
theta = angle.(Z)
rho = abs.(Z)
p = polarplot(Z, "*")
```

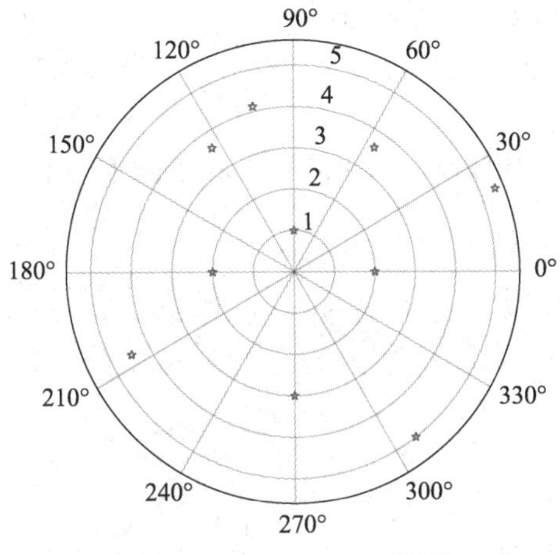

图 5-66　polarplot(Z)示例图

2. 极坐标散点图绘制函数 polarscatter

下面给出 polarscatter 函数调用方式：

```
polarscatter(Th,R)                    #绘制极坐标散点图
polarscatter(Th,R,sz)                 #绘制指定散点大小的极坐标散点图
polarscatter(Th,R,sz,c)               #绘制指定散点大小和颜色的极坐标散点图
polarscatter(___,Key=Value)           #采用关键词参数指定图像属性
polarscatter(pax,___)                 #在指定坐标区中绘图
ps = polarscatter(___)                #返回极坐标散点图对象，使用 ps 修改图像属性
```

polarscatter(Th,R)用于绘制 Th 对 R 的极坐标散点图，并在每个数据点处显示一个圆。Th 和 R 必须是具有相同长度的向量，Th 的单位为弧度。例如，在极坐标中创建散点图，结果如图 5-67 所示。

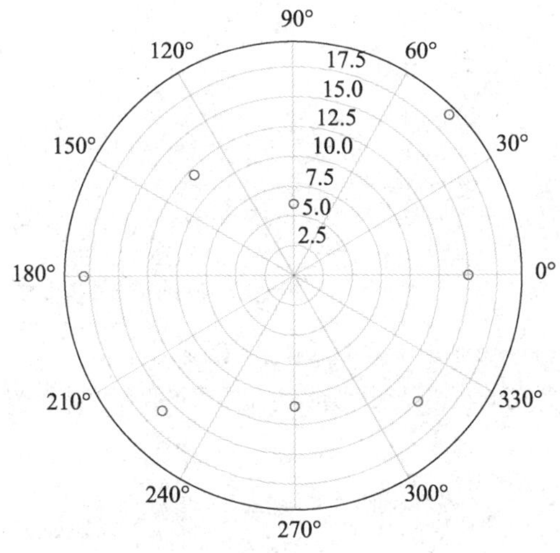

图 5-67　polarscatter(Th,R)示例图

```
th = pi/4:pi/4:2*pi;
r = [19 6 12 18 16 11 15 15];
s = polarscatter(th,r)
```

polarscatter(Th,R,sz)用于绘制指定散点大小的极坐标散点图，其中 sz 以平方磅为单位指定每个散点的面积。若以相同的大小绘制所有散点，则将 sz 指定为标量；若以不同的大小绘制散点，则将 sz 指定为长度与 Th 相同的向量。

polarscatter(Th,R,sz,c)用于绘制指定散点大小和颜色的极坐标散点图，其中 c 是向量或三列矩阵、RGB 三元组或颜色名称。例如，使用具有不同大小和颜色的标记创建散点图，颜色向量中的值指定所需的不同颜色，这些值可映射到颜色图中的不同颜色，结果如图 5-68 所示。

```
th = pi/4:pi/4:2*pi;
r = [19 6 12 18 16 11 15 15];
sz = 100*[6 15 20 3 15 3 6 40];
c = [1 2 2 2 1 1 2 1];
s = polarscatter(th, r, sz, c, filled=true, alpha=.5)
```

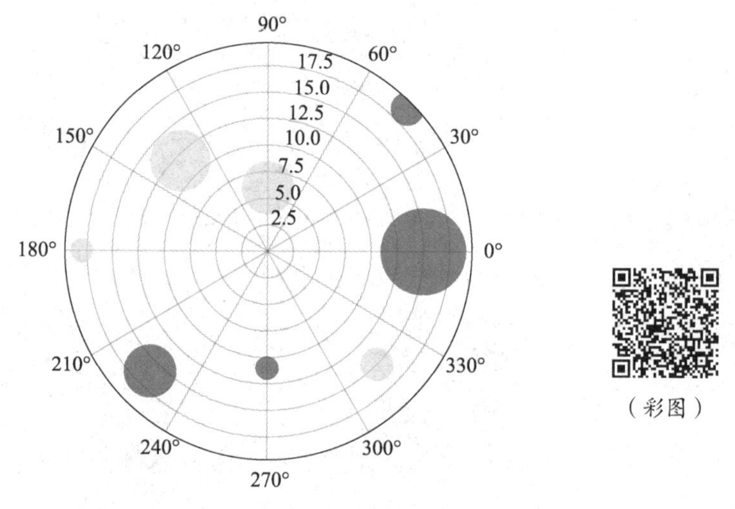

图 5-68　polarscatter(Th,R,sz,c)示例图

3. 极坐标直方图绘制函数 polarhistogram

下面给出 polarhistogram 函数调用方式：

```
polarhistogram(Theta)                 #绘制极坐标直方图
polarhistogram(Theta,nbins)           #绘制指定组数的极坐标直方图
polarhistogram(Theta,edges)           #绘制指定位置的极坐标直方图
polarhistogram(___,Key=Value)         #采用关键词参数指定图像属性
polarhistogram(pax,___)               #在指定坐标区中绘图
h = polarhistogram(___)               #返回极坐标直方图对象，使用 h 修改图像属性
```

polarhistogram(Theta)将 Theta 中的值等角度间距分组，并在极坐标中创建直方图。例如，创建由 0 和 2π 之间的值组成的向量，并绘制包含六个数组的极坐标直方图，结果如图 5-69 所示。

```
theta = [0.1, 1.1, 5.4, 3.4, 2.3, 4.5, 3.2, 3.4, 5.6, 2.3, 2.1, 3.5, 0.6, 6.1]
polarhistogram(theta,6)
```

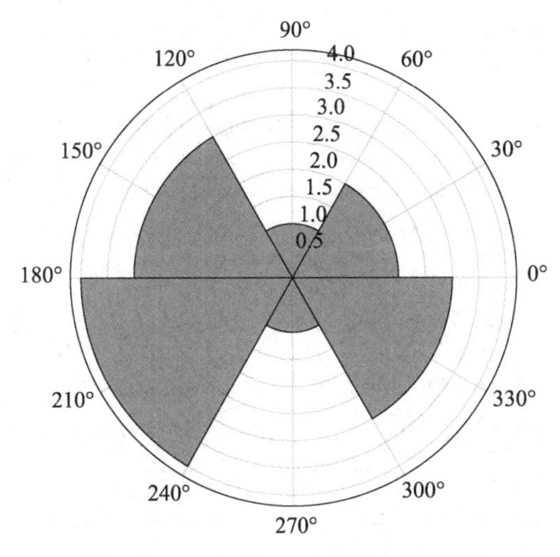

图 5-69 polarhistogram(Theta)示例图

4. 极坐标图绘制函数 ezpolar

下面给出 ezpolar 函数调用方式：

```
ezpolar(fun)                    #绘制 fun 函数极坐标图
ezpolar(fun,[a,b])              #绘制 fun 函数指定域中的极坐标图
ezpolar(ax,...)                 #在指定坐标区中绘图
h = ezpolar(...)                #返回极坐标图对象，使用 h 修改图像属性
```

ezpolar(fun)在默认区间 0≤theta≤2π 内绘制由函数 rho=fun(theta)确定的极坐标曲线，其中 fun 是函数句柄。例如，在区间[0,2π]内绘制由函数 $1+\cos(t)$ 确定的极坐标曲线，结果如图 5-70 所示。

```
figure()
ezpolar((t)->1+cos(t))
```

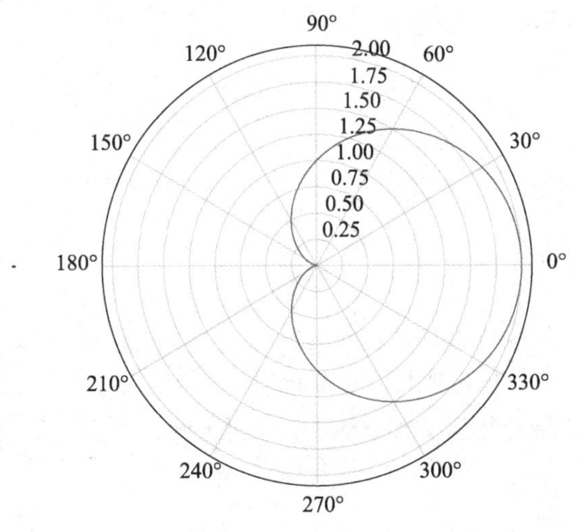

图 5-70 ezpolar(fun)示例图

5.4.2 极坐标区设置

1. 极坐标区 r 坐标轴（简称 r 轴）范围设置查询函数 rlim

下面给出 rlim 函数调用方式：

```
rlim(limits)                    #指定 r 轴范围
rlim("auto")                    #自动修改为合适的 r 轴范围
rlim("manual")                  #防止 r 轴范围自动变化
rl = rlim()                     #返回 r 轴范围向量
___ = rlim(pax,___)             #使用 pax 指定的极坐标区
```

rlim(limits)指定当前极坐标区 r 轴范围。limits 可指定为[rmin rmax]形式的二元素向量，表示 r 轴范围。

rlim("auto")设置自动模式，将 r 轴范围恢复为默认值。例如，创建一个极坐标图并更改 r 轴范围，结果如图 5-71 所示。

```
theta = 0:0.01:2*pi;
rho = sin.(2*theta) .* cos.(2*theta);
polarplot(theta, rho)
rlim([0 1])
```

再将 r 轴范围恢复为默认值，结果如图 5-72 所示。

```
rlim("auto")
```

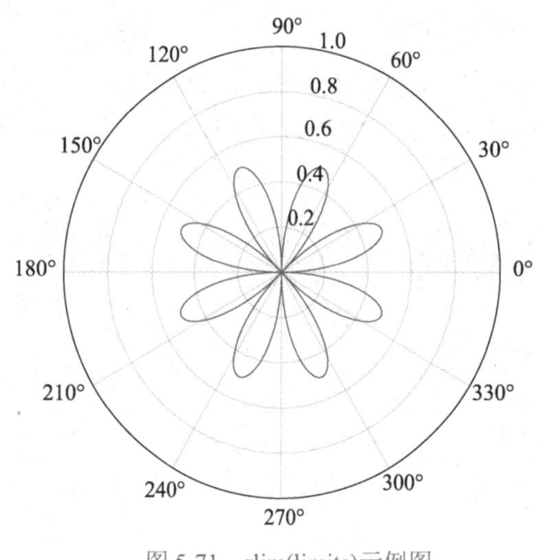

图 5-71 rlim(limits)示例图

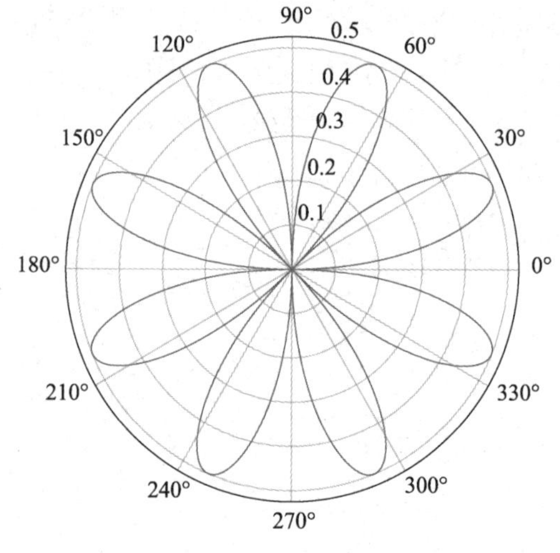

图 5-72 rlim("auto")示例图

rlim("manual")设置手动模式，可防止范围自动更改。当使用 hold("on")命令向极坐标区添加新数据时，如果要保留当前范围，则使用此选项。

rl=rlim()返回包含当前极坐标区 r 轴范围的二元素向量。例如，创建一个极坐标图并返回 r 轴范围。

```
theta = 0:0.01:2*pi;
rho = sin.(2*theta) .* cos.(2*theta);
p = polarplot(theta, rho)
rl = rlim()
```

运行结果如下：

```
(0.0, 0.524999596116187)
```

___ = rlim(pax,___)对 pax 指定的极坐标区使用 rlim 函数，而不是使用当前极坐标区。

用于设置或查询当前极坐标区的 theta 坐标轴范围的 thetalim 函数，用法与 rlim 函数相似，不再详细说明。

2. 设置或查询 r 轴刻度值的函数 rticks

下面给出 rticks 函数调用方式：

```
rticks(ticks)                     #设置 r 轴刻度值
rticks("auto")                    #设置自动模式，恢复默认 r 轴刻度值
rticks("manual")                  #设置手动模式，防止 r 轴刻度值自动变化
rt = rticks()                     #返回当前 r 轴刻度值
___ = rticks(pax,___)             #使用 pax 指定的极坐标区
```

rticks(ticks)设置 r 轴刻度值，即在 r 轴上显示刻度线和网格线的位置，指定 ticks 为递增值向量，例如[0 2 4 6]。此命令作用于当前坐标区。

rticks("auto")设置自动模式，从而允许坐标区使用默认的 r 轴刻度值。如果更改了 r 轴刻度值，然后又想将它们设置回默认值，可以使用此选项。例如，创建一个极坐标图，在 r 轴上的值 0.1、0.3、0.5 处显示刻度线与网格线，结果如图 5-73 所示。

```
theta = LinRange(0, 2 * pi, 50);
rho = theta ./ 10;
polarplot(theta, rho)
rticks([0.1 0.3 0.5])
```

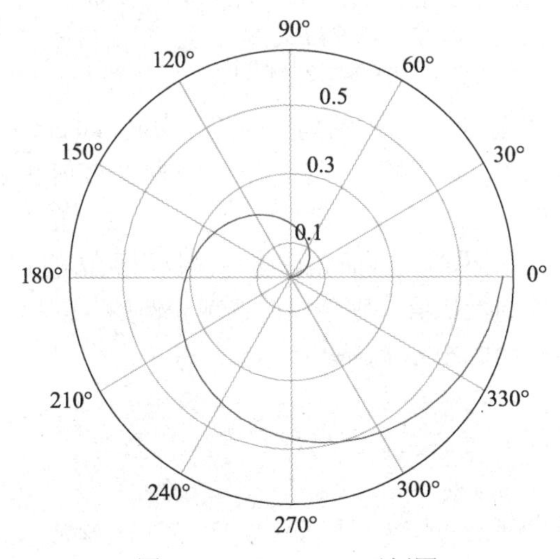

图 5-73　rticks(ticks)示例图

然后将 r 轴刻度值设置回默认值，结果如图 5-74 所示。

```
rticks("auto")
```

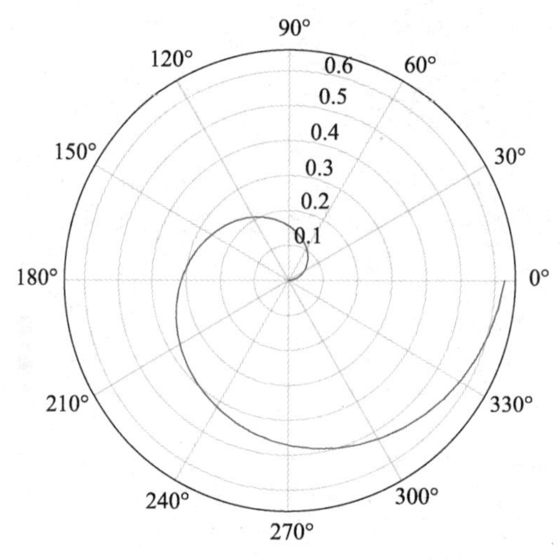

图 5-74　rticks("auto")示例图

rticks("manual")设置手动模式，从而将 r 轴刻度值冻结在当前值。如果希望调整坐标区大小或者向坐标区添加新数据时保留当前刻度值，则使用此选项。

设置或查询极坐标区 theta 轴刻度值的 thetaticks 函数的用法与 rticks 函数类似，不再详细说明。

3. 设置或查询 r 轴刻度标签的函数 rticklabels

下面给出 rticklabels 函数调用方式：

```
rticklabels(labels)                    #设置 r 轴刻度标签
rticklabels("auto")                    #设置自动模式，恢复默认刻度标签
rticklabels("manual")                  #设置手动模式，防止 r 轴刻度标签自动变化
rl = rticklabels()                     #返回当前 r 轴刻度标签
___ = rticklabels(pax,___)             #使用 pax 指定的极坐标区
```

rticklabels(labels)设置当前坐标区 r 轴刻度标签，可将 labels 指定为字符串数组，例如["January","February","March"]。如果指定了标签，则 r 轴刻度值和刻度标签不会再根据对坐标区所做的更改而自动更新。

rticklabels("auto")设置自动模式，从而允许坐标区使用默认的 r 轴刻度标签。如果设置了标签，然后又想将它们设置回默认值，则使用此选项。例如，创建一个极坐标图并指定 r 轴刻度值和对应的标签，结果如图 5-75 所示。

```
theta = LinRange(0, 2 * pi, 50);
rho = theta ./ 10;
polarplot(theta, rho)
rticks([0.1 0.3 0.5])
rticklabels(["r = .1", "r = .3", "r = .5"])
```

然后，将 r 轴刻度值和标签设置回默认值，结果如图 5-76 所示。

```
rticks("auto")
rticklabels("auto")
```

设置或查询 theta 轴刻度标签的 thetaticklabels 函数的用法与 rticklabels 函数类似，不再详细说明。

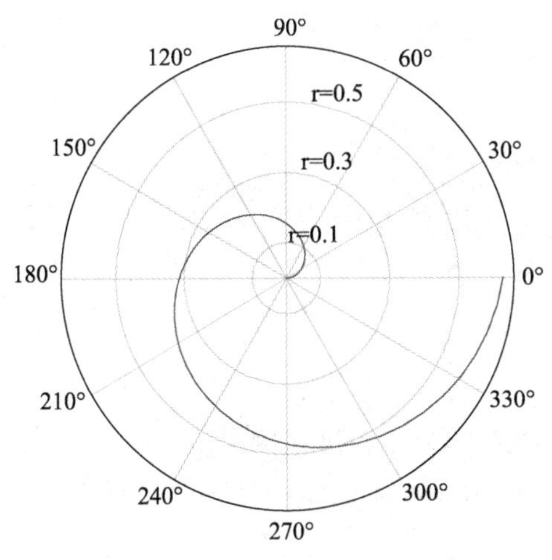

图 5-75　rticklabels(labels)示例图

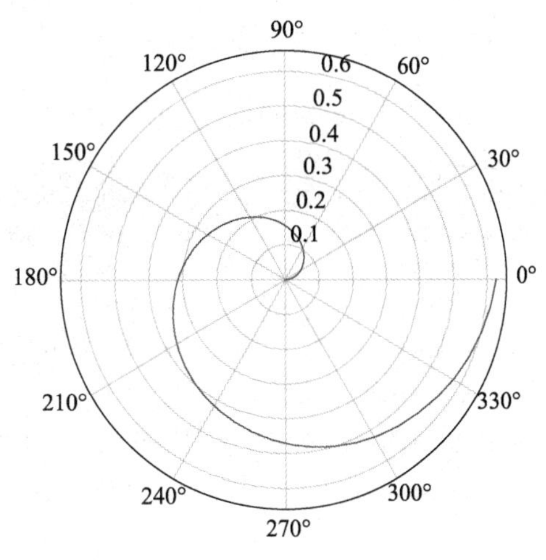

图 5-76　rticklabels("auto")示例图

4. 指定 r 轴刻度标签格式的函数 rtickformat

下面给出 rtickformat 函数调用方式：

```
rtickformat(fmt)                    #设置 r 轴刻度标签格式
rtickformat(pax,___)                #设置特定极坐标区 r 轴刻度标签格式
rfmt = rtickformat()                #返回当前坐标区 r 轴刻度标签使用的格式
rfmt = rtickformat(pax)             #返回指定坐标区 r 轴刻度标签使用的格式
```

rtickformat(fmt)设置 r 轴刻度标签格式。例如，创建一个极坐标图，将 r 轴上的刻度标签显示为百分比值，结果如图 5-77 所示。

```
th = LinRange(0, 2 * pi, 10);
r = [11, 49, 95, 68, 74, 75, 88, 76, 65, 67];
polarplot(th, r, "o")
rtickformat("percentage")
```

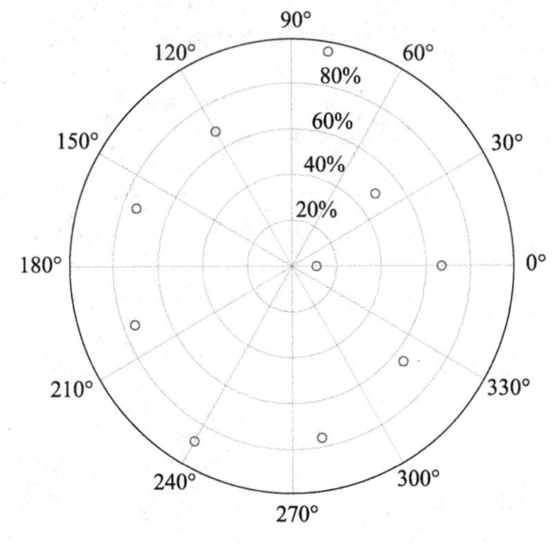

图 5-77　rtickformat(fmt)示例图

设置 theta 轴刻度标签格式的 thetatickformat 函数的用法与 rtickformat 函数类似，不再详细说明。

5. 创建极坐标区的函数 polaraxes

下面给出 polaraxes 函数调用方式：

```
polaraxes()                          #在当前图窗中创建默认极坐标区
polaraxes(pos)                       #在指定图窗中创建极坐标区
polaraxes(Key=Value)                 #采用关键词参数指定极坐标区属性
pax = polaraxes(___)                 #返回创建的极坐标区
polaraxes(pax_in)                    #设置 pax_in 为当前极坐标区
```

polaraxes()在当前图窗中创建默认极坐标区。

polaraxes(pos)根据输入的位置创建极坐标区。

polaraxes(Key=Value)采用一个或多个关键词参数指定极坐标区属性。

pax = polaraxes(___)返回创建的极坐标区。可使用 pax 在创建极坐标区后查询和设置其属性。

polaraxes(pax_in)设置 pax_in 为当前极坐标区。

5.5 标签与注释

标签指图像标题、坐标轴名称及图例等内容。注释指添加到图中的文本说明、数据点坐标等。向图像中添加标签和注释可使图像更好地传达信息，便于用户理解。本节主要介绍与标签和注释相关的函数。

5.5.1 标签

1. 添加标题的函数 title

下面给出 title 函数调用方式：

```
title(txt)                           #给当前坐标区添加标题
title(target,txt)                    #给指定坐标区添加标题
title(___,Key=Value)                 #采用关键词参数指定标题外观
t = title(___)                       #返回标题对象，使用 t 修改标题
```

title(txt)将 txt 指定的标题添加到当前坐标区或图中，重新使用 title 命令可用新标题替换旧标题。例如，在当前坐标区中绘制图像并显示标题，结果如图 5-78 所示。

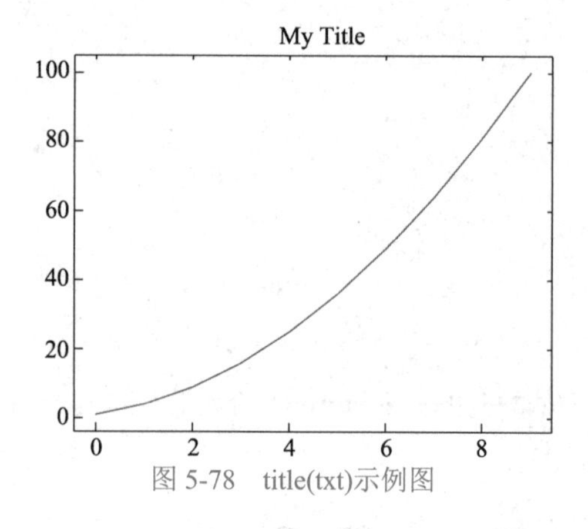

图 5-78　title(txt)示例图

```
plot((1:10).^2)
title("My Title")
```

2. 在包含所有子图的总图的顶部添加总标题的函数 sgtitle

下面给出 sgtitle 函数调用方式：

```
sgtitle(txt)                    #在包含所有子图的当前总图的顶部添加总标题
sgtitle(target,txt)             #在包含所有子图的指定总图的顶部添加总标题
sgtitle(___,Key=Value)          #采用关键词参数指定总标题外观
sgt = sgtitle(___)              #返回总标题对象，使用 sgt 修改总标题
```

sgtitle(txt)在包含所有子图的当前总图的顶部添加总标题，如果总图不存在，则此命令会创建一个总图。例如，创建包含四个子图的总图，先为每个子图添加标题，然后将总标题添加到总图的顶部，结果如图 5-79 所示。

```
subplot(2,2,1)
title("First Subplot")
subplot(2,2,2)
title("Second Subplot")
subplot(2,2,3)
title("Third Subplot")
subplot(2,2,4)
title("Fourth Subplot")
sgtitle("Subplot Grid Title")
```

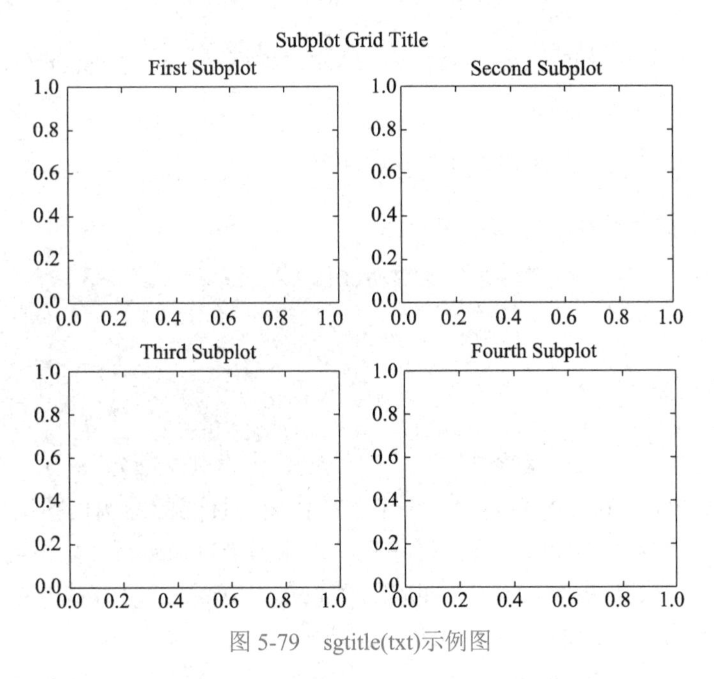

图 5-79 sgtitle(txt)示例图

3. 为 x 坐标轴（简称 x 轴）添加坐标轴名称的函数 xlabel

下面给出 xlabel 函数调用方式：

```
xlabel(txt)                     #给当前坐标区添加 x 轴名称
xlabel(target,txt)              #给指定坐标区添加 x 轴名称
xlabel(___,Key=Value)           #采用关键词参数指定坐标轴名称
```

```
t = xlabel(___)                    #返回 x 轴名称文本对象，使用 t 对其进行修改
```

xlabel(txt)对当前坐标区或独立可视化的 x 轴添加坐标轴名称，重新使用 xlabel 命令会将旧名称替换为新名称。例如，绘制简单图像，将坐标轴名称 Population 显示在 x 轴下方，结果如图 5-80 所示。

```
plot((1:10).^2)
xlabel("Population")
```

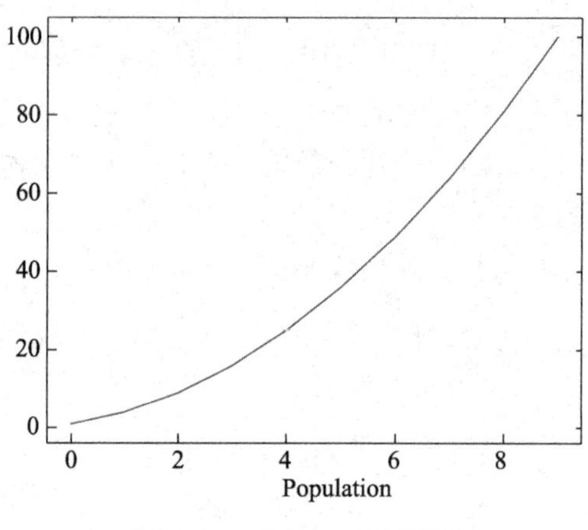

图 5-80　xlabel(txt)示例图

为 y 轴添加坐标轴名称的 ylabel 函数、为 z 轴添加坐标轴名称的 zlabel 函数的用法与 xlabel 函数相似，不再详细说明。

4. 在坐标区中添加图例的函数 legend

下面给出 legend 函数调用方式：

```
legend()                           #使用默认标签创建图例
legend(labels)                     #使用指定标签创建图例
legend(subset,___)                 #创建指定数据的图例
legend(target,___)                 #创建指定坐标区图例
legend(___,Key=Value)              #采用关键词参数指定图例属性
lgd = legend(___)                  #返回图例对象，使用 lgd 对其进行修改
legend("off")                      #删除图例
```

legend()为每个绘制的数据序列创建一个带有描述性标签的图例，图例默认使用"dataN"形式的标签。在坐标区中添加或删除数据序列时，图例会自动更新。如果当前坐标区为空，则图例为空。例如，绘制两个线条，将 label 标签设置为所需文本，在执行绘图命令的过程中指定图例标签，然后添加图例，结果如图 5-81 所示。

```
x = LinRange(0, pi, 100);
y1 = cos.(x);
plot(x, y1; label="cos(x)")
hold("on")
y2 = cos.(2 * x);
plot(x, y2,"--"; label="cos(2x)")
hold("off")
legend()
```

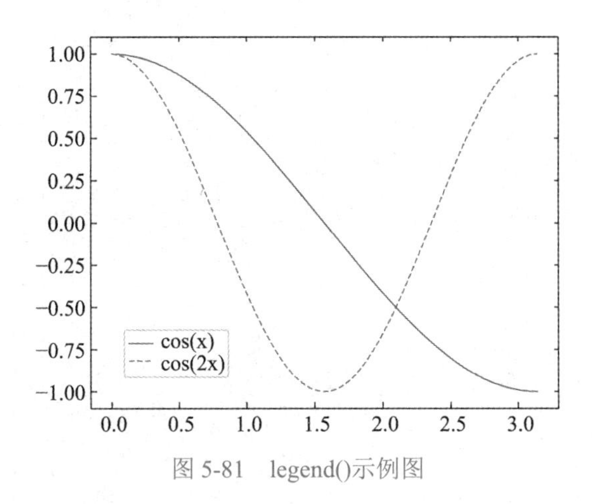

图 5-81　legend()示例图

legend(labels)使用字符向量数组、字符串数组设置图例。例如，绘制两个线条并在当前坐标区中添加一个图例，将图例标签指定为 legend 函数的输入参数，结果如图 5-82 所示。

```
x = LinRange(0, pi, 100);
y1 = cos.(x);
plot(x, y1)
hold("on")
y2 = cos.(2 * x);
plot(x, y2, ":")
legend(["cos(x)", "cos(2x)"])
```

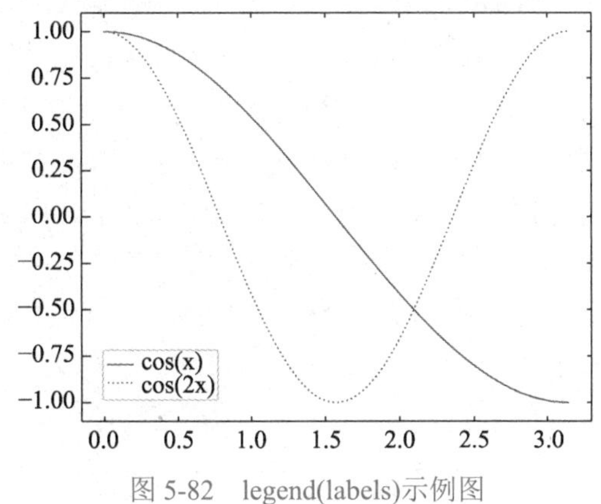

图 5-82　legend(labels)示例图

legend(subset,___)用于创建 subset 中包含的数据序列的图例，subset 以图形对象向量的形式指定，可以在指定图例之前或不指定其他输入参数的情况下指定 subset。例如，绘制三个线条并返回创建的 Line 对象，创建只包含其中两条线的图例，结果如图 5-83 所示。

```
x = LinRange(0, pi, 100);
y1 = cos.(x);
p1 = plot(x, y1);
hold("on")
y2 = cos.(2 * x);
p2 = plot(x, y2,"--");
y3 = cos.(3 * x);
p3 = plot(x, y3, ":");
hold("off")
legend([p1[1], p3[1]], ["First", "Third"])
```

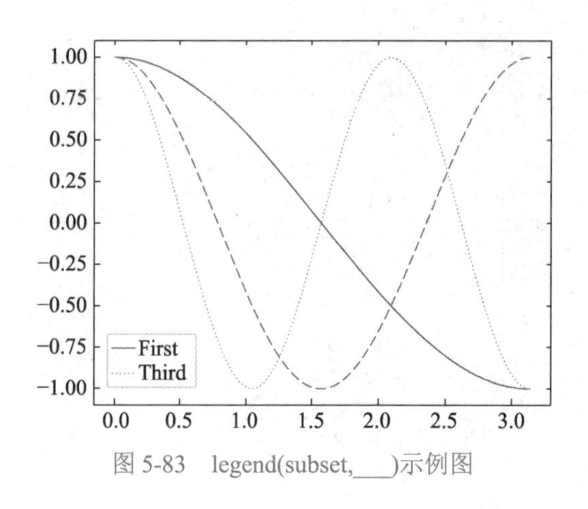

图 5-83　legend(subset,___)示例图

5.5.2　注释

1. 向数据点添加文本的函数 text

下面给出 text 函数调用方式：

```
text(x,y,txt)                  #在二维图指定位置添加文本
text(x,y,z,txt)                #在三维图指定位置添加文本
text(___,Key=Value)            #采用关键词指定文本属性
text(ax,___)                   #在指定坐标区中添加文本
t = text(___)                  #返回文本对象，使用 t 修改文本属性
```

text(x,y,txt)使用 txt 指定的文本，向当前坐标区中的一个或多个数据点添加文本。若要将文本添加到一个数据点，则将 x 和 y 指定为标量；若要将文本添加到多个数据点，则将 x 和 y 指定为长度相同的向量。例如，绘制一条正弦曲线，在点(π,0)处添加文本 sin(π)，使用\pi 表示希腊字母 π，使用\leftarrow 显示一个向左箭头，结果如图 5-84 所示。

```
x = 0:pi/20:2*pi;
y = sin.(x);
plot(x,y)
text(pi,0, raw"$\leftarrow sin(\pi)$")
```

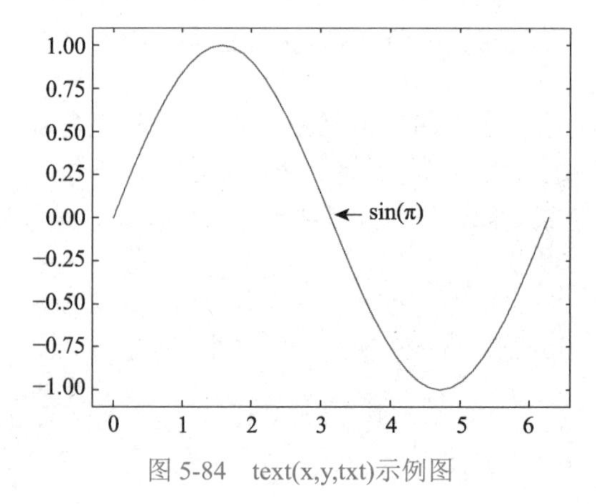

图 5-84　text(x,y,txt)示例图

2. xvalue 值处常量垂直线绘制函数 xline

下面给出 xline 函数调用方式：

```
xline(xvalue)                    #创建 xvalue 值处常量垂直线
xline(___,Key=Value)             #采用关键词参数指定常量垂直线属性
xline(ax,___)                    #在指定坐标区中绘图
xl = xline(___)                  #返回常量垂直线对象，使用 xl 修改常量垂直线属性
```

xline(xvalue)在当前坐标区中 xvalue 值处创建一条常量垂直线。例如，在 x=3 处创建一条常量垂直线，结果如图 5-85 所示。

```
xline(3);
```

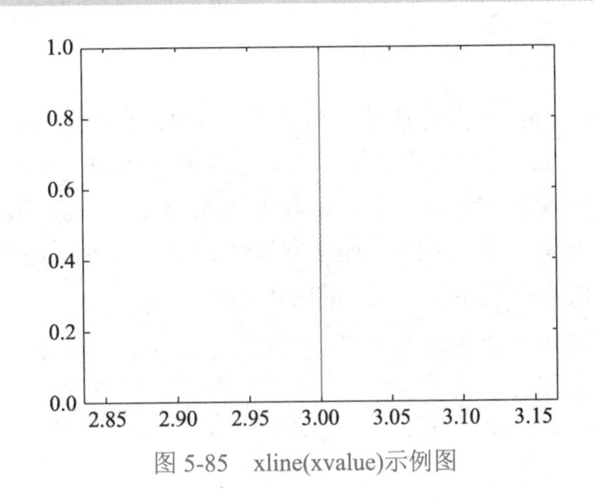

图 5-85　xline(xvalue)示例图

创建 y 值处常量水平线的 yline 函数的用法与 xline 函数类似，不再详细说明。

3. 注释创建函数 annotation

下面给出 annotation 函数调用方式：

```
annotation(lineType,X,Y)         #在指定位置创建线条或箭头注释
annotation(lineType)             #在默认位置创建线条或箭头注释
annotation(shapeType,dim)        #在指定位置创建矩形、椭圆或文本框注释
annotation(shapeType)            #在默认位置创建矩形、椭圆或文本框注释
annotation(___,Key=Value)        #采用关键词参数指定注释属性
an = annotation(___)             #返回注释对象，使用 an 修改注释属性
```

annotation(lineType,X,Y)在指定位置创建线条或箭头注释，lineType 可指定为"line"、"arrow"、"doublearrow"或"textarrow"，将 X 和 Y 分别指定为[x_begin x_end]和[y_begin y_end]形式的二元素向量。例如，创建一个简单线图并向图添加文本箭头，用归一化的图坐标指定文本箭头位置，起点为(0.3,0.6)，终点为(0.5,0.5)，通过设置 string 属性指定文本说明，结果如图 5-86 所示。

```
plot(1:10)
x = [0.3 0.5];
y = [0.6 0.5];
annotation("textarrow", x, y, string ="y = x ")
```

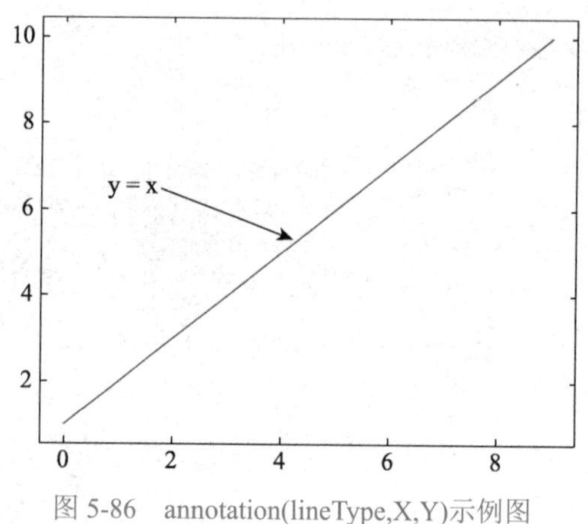

图 5-86　annotation(lineType,X,Y)示例图

annotation(shapeType,dim)在指定位置创建矩形、椭圆或文本框注释，shapeType 可指定为"rectangle"、"ellipse"和"textbox"分别表示矩形、椭圆和文本框，dim 可指定为[x y w h]形式的四元素向量，x 和 y 元素确定注释位置，w 和 h 元素确定注释大小。例如，创建一个简单线图并向图添加文本框注释，通过设置 string 属性指定文本说明，通过将 fitboxtotext 属性设置为"on"，强制使文本框紧贴文本，结果如图 5-87 所示。

```
figure()
plot(1:10)
dim = [.2 .5 .3 .3];
str = "Straight Line Plot from 1 to 10";
annotation("textbox", dim, string=str, fitboxtotext="on");
```

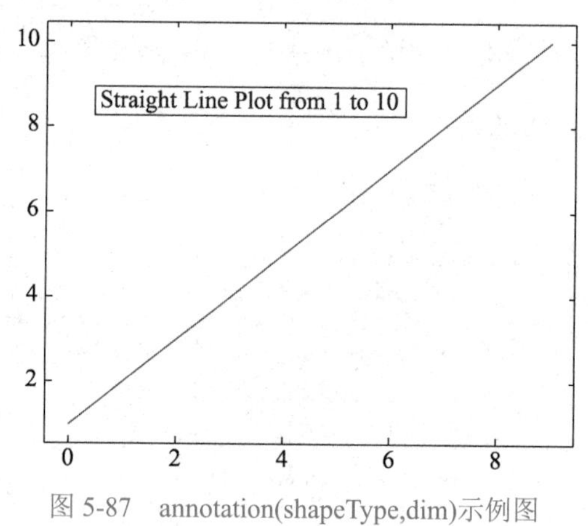

图 5-87　annotation(shapeType,dim)示例图

4. 数据提示创建函数 datatip

下面给出 datatip 函数调用方式：

```
datatip(target)                #创建数据提示
datatip(target,x,y)            #创建指定位置数据提示
datatip(target,x,y,z)          #创建三维数据提示
datatip(___,Key=Value)         #采用多个关键词参数指定属性
dt = datatip(___)              #返回数据提示对象
```

datatip(target)在指定图的第一个绘图数据点上创建数据提示。

datatip(target,x,y)在 x 和 y 指定的二维图数据点上创建数据提示。如果指定近似坐标，则 datatip 会在最近的数据点上创建数据提示。例如，绘制散点图，返回 Scatter 对象，通过指定 x 和 y 坐标，在特定数据点上创建数据提示，结果如图 5-88 所示。

```
x = LinRange(0, 10, 11);
y = x .^ 2;
sc = scatter(x, y);
dt = datatip(sc, 7, 49);
```

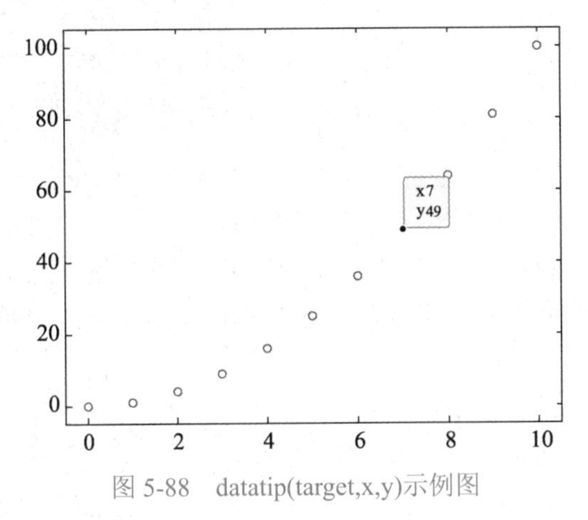

图 5-88　datatip(target,x,y)示例图

5. 基本曲线绘制函数 line

下面给出 line 函数调用方式：

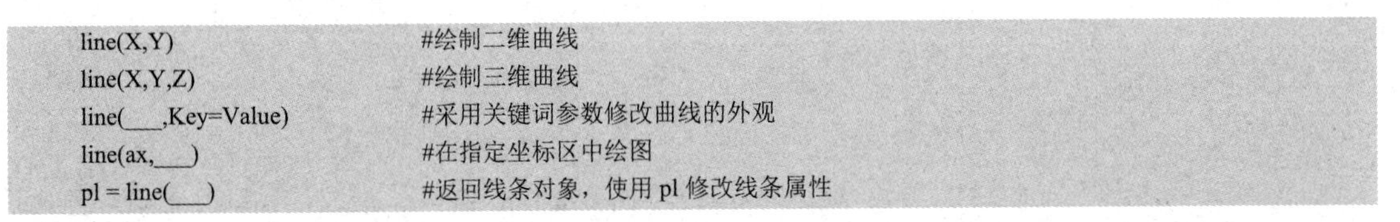

```
line(X,Y)                    #绘制二维曲线
line(X,Y,Z)                  #绘制三维曲线
line(___,Key=Value)          #采用关键词参数修改曲线的外观
line(ax,___)                 #在指定坐标区中绘图
pl = line(___)               #返回线条对象，使用 pl 修改线条属性
```

line(X,Y)使用向量 X 和 Y 中的数据在当前坐标区中绘制二维曲线。如果 X 和 Y 中有一个是矩阵或两者都是矩阵，则 line 将绘制多条曲线。与 plot 函数不同，line 函数会向当前坐标区添加线条，而不删除其他图形对象或重置坐标区属性。例如，以向量形式创建 x 和 y，然后，绘制 y 对 x 的图像，结果如图 5-89 所示。

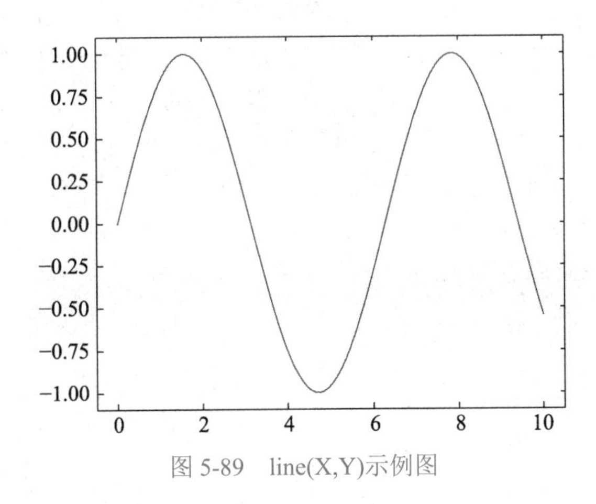

图 5-89　line(X,Y)示例图

```
x = LinRange(0,10,100);
y = sin.(x);
line(x,y)
```

6. 绘制尖角或圆角矩形的函数 rectangle

下面给出 rectangle 函数调用方式：

```
rectangle(position=pos)                           #创建指定位置和大小的矩形
rectangle(position=pos,curvature=cur)             #创建指定位置、大小和有曲率边的矩形
rectangle(___,Key=Value)                          #采用关键词参数指定矩形的属性
rectangle(ax,___)                                 #在指定坐标区中绘图
r = rectangle(___)                                #返回矩形对象，使用 r 修改其属性
```

rectangle(position=pos)在二维坐标区中创建一个矩形，将 pos 指定为[x y w h]形式的四元素向量，x 和 y 元素确定矩形位置，w 和 h 元素确定矩形大小。该函数在当前坐标区中绘制图形，而不清除坐标区中的现有内容。例如，绘制一个左下角位于点(1,2)位置处的矩形，将矩形的宽度设置为 5 个单位，将高度设置为 6 个单位，然后更改坐标轴范围，结果如图 5-90 所示。

```
rectangle(position=[1 2 5 6])
axis([0 10 0 10])
```

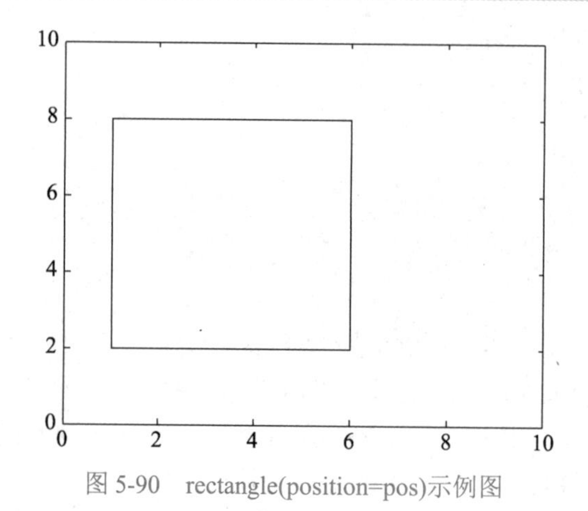

图 5-90　rectangle(position=pos)示例图

rectangle(position=pos,curvature=cur)创建指定位置、大小和有曲率边的矩形。若沿水平边和垂直边使用不同的曲率，则将 cur 指定为[horizontal vertical]形式的二元素向量；若沿所有边使用相同的曲率，则将 cur 指定为一个标量值，曲率值的范围为 0（无曲率）到 1（最大曲率）。例如，绘制一个矩形，其左下角位于点(0,0)位置处，右上角位于点(2,4)位置处，将曲率指定为标量值 0.2 创建具有圆角的矩形，同时要求 x 轴和 y 轴使用相等的长度数据单位，结果如图 5-91 所示。

```
rectangle(position=[0 0 2 4],curvature=0.2)
axis("equal")
```

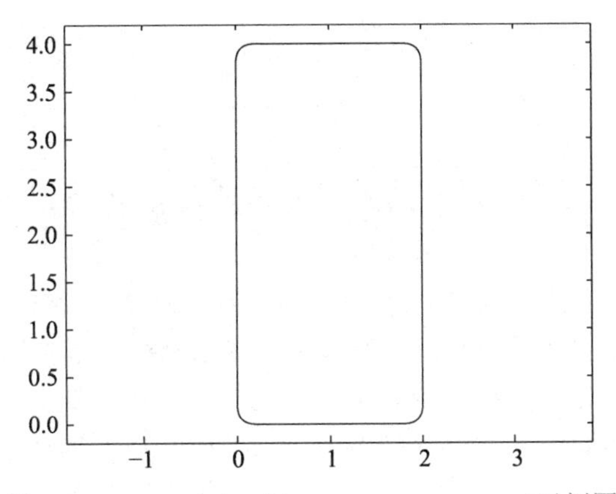

图 5-91　rectangle(position=pos,curvature=cur)示例图

7. 标识坐标区点的坐标的函数 ginput

下面给出 ginput 函数调用方式：

```
X,Y = ginput(n)                    #返回标识的 n 个点的坐标
X,Y,button = ginput(___)           #返回标识的 n 个点的坐标及对应键盘按键或鼠标按键
```

X,Y=ginput(n)返回标识的 n 个点的坐标。先将光标移至所需位置，然后按下鼠标按键或键盘按键，选择一个点，在选中全部 n 个点之后，自动停止选择，ginput 函数向 X 返回所选点的横坐标，并向 Y 返回所选点的纵坐标。例如，使用 ginput 函数标识一个坐标区中的 4 个点，绘制由这些点连成的曲线，结果如图 5-92 所示。

```
x,y = ginput(4)
plot(x,y);
```

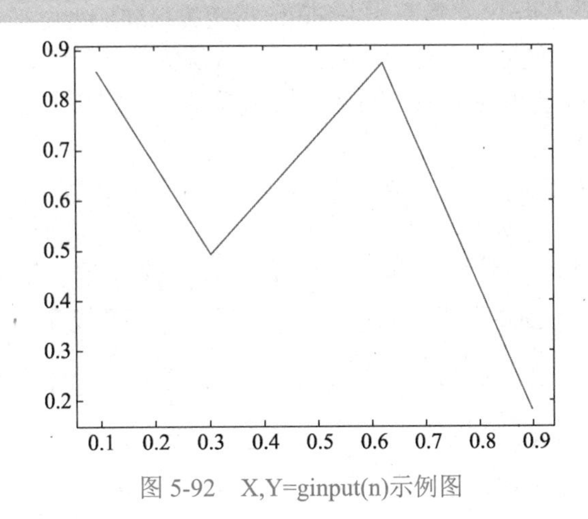

图 5-92　X,Y=ginput(n)示例图

X,Y,button=ginput(___)返回标识的 n 个点的坐标，以及选择每个点的鼠标按键或键盘按键。例如，使用 ginput 标识坐标区中的 5 个点的坐标，选择各点，可按鼠标键、小写字母键、大写字母键、数字键或空格键，返回 5 个点的坐标及选择每个点的鼠标按键或键盘按键。

```
x,y,button = ginput(5, showbutton=true);
println(button)
```

运行结果如下：

```
Union{Nothing, String}[nothing, " ", "r", "e", "+"]
julia>
```

5.6 坐标区外观

为了更合理、美观地表达数据集信息，除绘制图像外，还需对坐标区完成进一步的操作。将坐标区处理统称为坐标区外观处理，该处理主要包括坐标区范围横纵比、网格线、刻度值、标签、多图绘制、清除或创建坐标区等。坐标区范围横纵比包括坐标轴范围设置、坐标轴单位长度设置及坐标轴相对长度设置等；网格线、刻度值和标签包括网格线显示设置、坐标轴刻度值设置、刻度标签及其格式设置等；多图绘制包括保留状态设置、多坐标区创建和色序设置等；清除或创建坐标区包括清除坐标区、创建坐标区和创建绘图窗口等。

5.6.1 坐标区范围横纵比

1. 设置或查询 x 轴范围的函数 xlim

下面给出 xlim 函数调用方式：

```
xlim(limits)                   #设置 x 轴范围
xlim("auto")                   #设置自动模式，使 x 轴范围恢复为默认值
xlim("manual")                 #设置手动模式，防止 x 轴范围自动变化
xl = xlim()                    #返回 x 轴范围
___ = xlim(target,___)         #设置由 target 指定坐标区的 x 轴范围
```

xlim(limits)设置当前坐标区 x 轴范围，limits 指定为[xmin,xmax]形式的二元素向量。

xlim("auto")设置自动模式，使 x 轴范围恢复为默认值。如果更改了 x 轴范围，然后又想将它们恢复为默认值，则使用此选项。例如，绘制线条，并将 x 轴范围设置为从 0 至 5，结果如图 5-93 所示。

```
x = LinRange(0, 10, 100);
y = sin.(x);
plot(x, y)
xlim([0, 5])
```

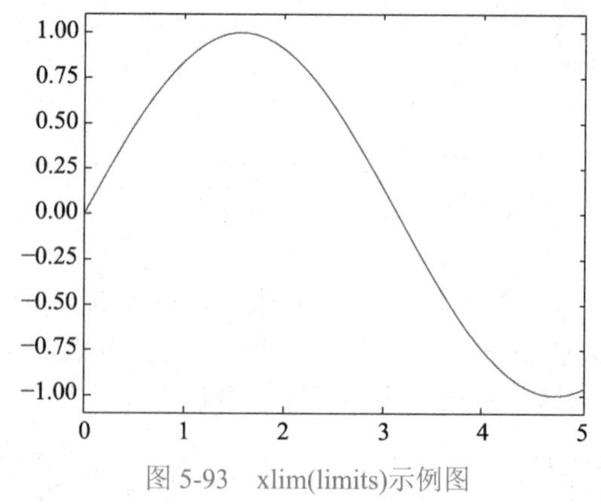

图 5-93　xlim(limits)示例图

然后将 x 轴恢复为默认值，结果如图 5-94 所示。

```
xlim("auto")
```

xlim("manual")设置手动模式，防止 x 轴范围自动变化。当使用 hold("on")命令向坐标区添加新数据时，如果要保留当前 x 轴范围，则使用此命令。

xl=xlim()以二元素向量形式返回当前 x 轴范围。

___ = xlim(target,___)设置由 target 指定坐标区的 x 轴范围。

设置或查询 y 坐标轴（简称 y 轴）范围的 ylim 函数、设置或查询 z 坐标轴（简称 z 轴）范围的 zlim 函数的用法与 xlim 函数类似，不再详细说明。

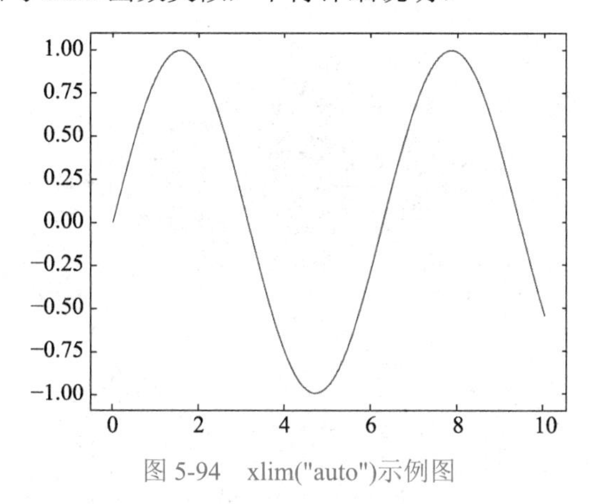

图 5-94　xlim("auto")示例图

2. 设置坐标轴范围和纵横比的函数 axis

下面给出 axis 函数调用方式：

```
axis(limits)                    #指定当前坐标轴范围
axis(style)                     #使用预定义样式设置坐标轴的范围和尺度
lim = axis()                    #返回坐标轴范围
___ = axis(ax,___)              #在指定坐标区中使用 axis 函数
```

axis(limits)用于指定当前坐标轴范围，以包含 4 个或 6 个元素的向量形式指定二维图或三维图坐标轴范围。例如，绘制正弦函数，更改坐标轴范围，使 x 轴的范围从 0 到 2π，y 轴的范围从–1.5 到 1.5，结果如图 5-95 所示。

```
x = LinRange(0, 2 * pi, 100);
y = sin.(x);
plot(x, y, "-o")
axis([0 2*pi -1.5 1.5])
```

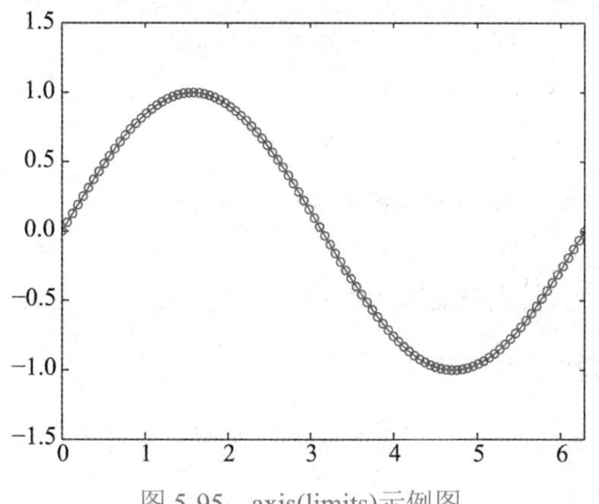

图 5-95　axis(limits)示例图

axis(style)使用预定义样式设置轴的范围和尺度，style 参数表如表 5-5 所示。例如，绘制一个曲面，将坐标轴范围设置为等于数据范围，使绘图可以扩展到坐标区边缘，结果如图 5-96 所示。

```
X,Y,Z = peaks()
surf(X,Y,Z)
axis("tight")
```

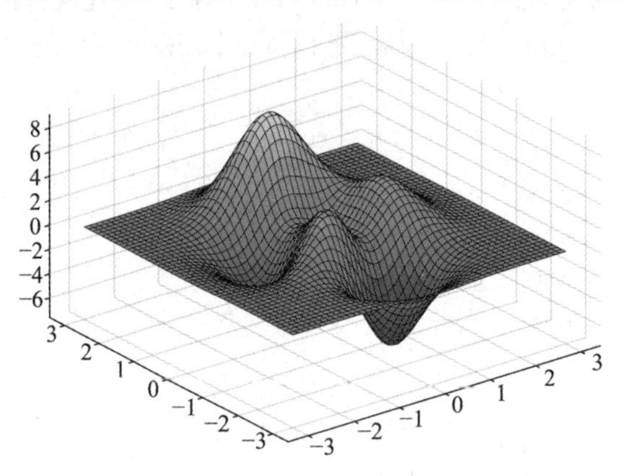

图 5-96　axis(style)示例图

表 5-5　style 参数表

值	说明
"on"	打开轴线和标签
"off"	关闭轴线和标签
"equal"	通过更改轴限制设置相等的缩放比例（使圆成为圆形）。在这种情况下，可能不会遵守明确的数据限制
"tight"	设置大到足以显示所有数据的限制，然后禁用进一步的自动缩放
"auto"	自动缩放（用数据填充绘图框）
"manual"	将所有坐标轴范围冻结在它们的当前值

lim=axis()返回当前坐标区的 x 轴和 y 轴范围，对于三维坐标区，还会返回 z 轴范围；对于极坐标区，返回 theta 轴和 r 轴范围。例如，绘制一个曲面，将坐标轴范围设置为等于数据范围，并返回设置后的坐标轴范围。

```
X,Y,Z = peaks()
surf(X,Y,Z)
axis("tight")
l = axis()
```

运行结果如下：

```
(-3.3, 3.3, -3.3, 3.3, -7.277735427794412, 8.806264448633215)
julia>
```

3. 设置每个轴的单位长度的函数 daspect

下面给出 daspect 函数调用方式：

```
daspect(ratio)                          #设置坐标区数据纵横比
daspect("auto")                         #恢复坐标区默认数据纵横比
d = daspect()                           #返回坐标区数据纵横比
```

```
___ = daspect(ax,___)                    #指定坐标区使用 daspect 函数
```

daspect(ratio)设置当前坐标区数据纵横比。数据纵横比是沿 x 轴、y 轴和 z 轴的数据单位的相对长度，指定 ratio 为一个由正值组成的三元素向量，这些正值表示沿每个轴的数据单位的相对长度。例如，[1,2,3]表示沿 x 轴从 0 到 1 的长度等于沿 y 轴从 0 到 2 的长度和沿 z 轴从 0 到 3 的长度。若要在所有方向上采用相同的数据单位长度，则使用[1,1,1]。

daspect("auto")设置自动模式，恢复坐标区默认数据纵横比。例如，创建一个由随机数据构成的三维散点图，并设置数据纵横比，结果如图 5-97 所示。

```
X = rand(100,1);
Y = rand(100,1);
Z = rand(100,1);
s = scatter3(X,Y,Z)
daspect([3 2 1])
```

然后还原为默认数据纵横比，结果如图 5-98 所示。

```
daspect("auto")
```

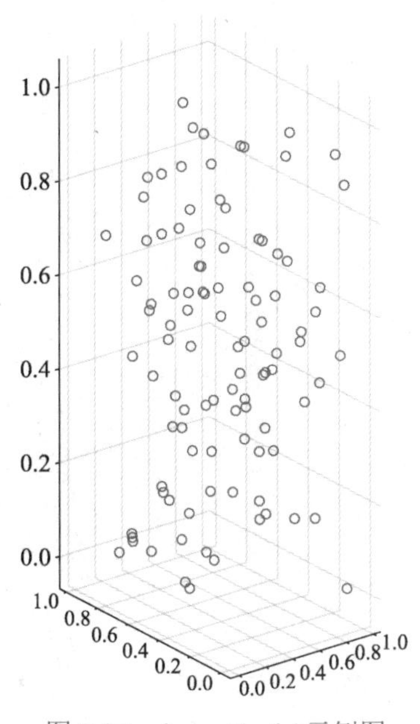

图 5-97　daspect(ratio)示例图

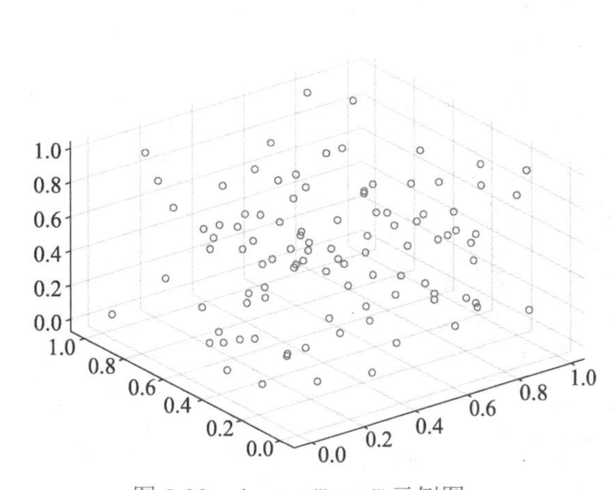

图 5-98　daspect("auto")示例图

4. 设置每个轴的相对长度的函数 pbaspect

下面给出 pbaspect 函数调用方式：

```
pbaspect(ratio)                          #设置坐标区图框纵横比
pbaspect("auto")                         #恢复坐标区默认图框纵横比
pb = pbaspect()                          #返回坐标区图框纵横比
___ = pbaspect(ax,___)                   #指定坐标区使用 pbaspect 函数
```

pbaspect(ratio)设置当前坐标区图框纵横比，图框纵横比是 x 轴、y 轴和 z 轴的相对长度。将 ratio 指定为由正值组成的三元素向量，以表示 x 轴、y 轴和 z 轴长度的比率。例如，[3,1,1]

指定 x 轴的长度等于 y 轴和 z 轴长度的 3 倍。如需轴长度在所有方向上都相等，则使用[1,1,1]。

pbaspect("auto")设置自动模式，恢复坐标区默认图框纵横比。例如，创建随机数据的三维散点图并设置图框纵横比，结果如图 5-99 所示。

```
X = rand(100,1);
Y = rand(100,1);
Z = rand(100,1);
scatter3(X,Y,Z)
pbaspect([3 2 1])
```

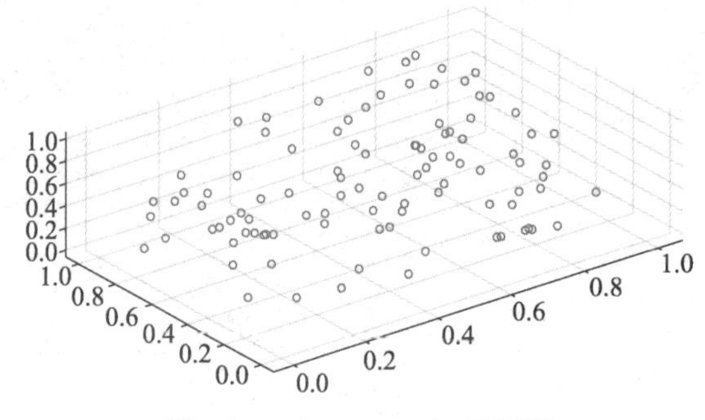

图 5-99　pbaspect(ratio)示例图

然后还原为默认图框纵横比，结果如图 5-100 所示。

```
pbaspect("auto")
```

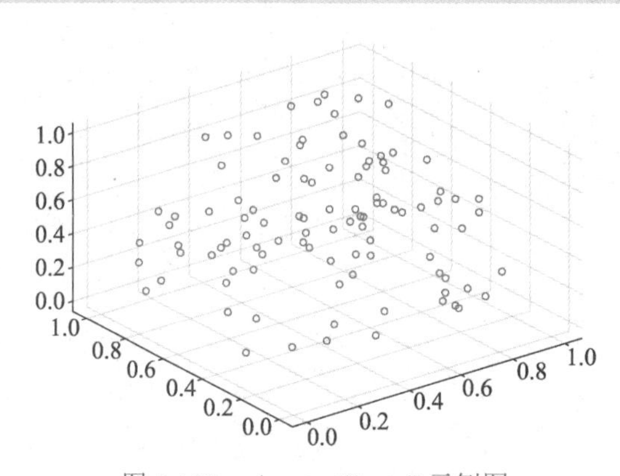

图 5-100　pbaspect("auto")示例图

5.6.2　网格线、刻度值和标签

1. 显示或隐藏坐标区网格线的函数 grid

下面给出 grid 函数调用方式：

```
grid("on")                  #显示主网格线
grid("off")                 #删除网格线
grid()                      #切换主网格线的可见性
grid("on","minor")          #显示次网格线
grid(target,___)            #指定坐标区 target 使用 grid 函数
```

grid("on")显示当前坐标区或图的主网格线，主网格线从每个刻度线延伸。例如，绘制正

弦函数图形，显示主网格线，结果如图 5-101 所示。

```
x = LinRange(0, 10, 100);
y = sin.(x);
plot(x, y)
grid("on")
```

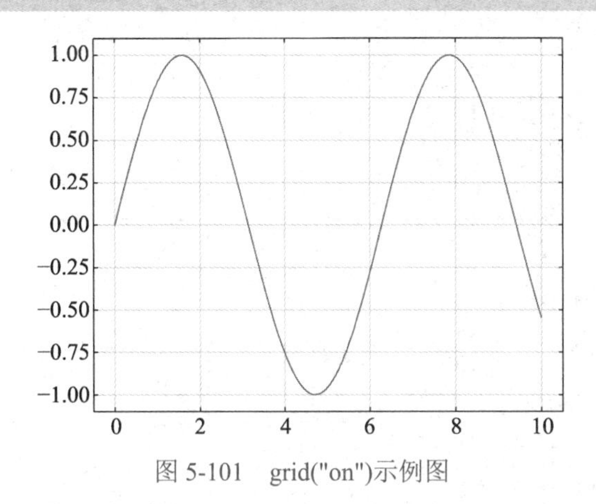

图 5-101　grid("on")示例图

grid("on","minor")显示次网格线，次网格线是出现在刻度线之间的线。例如，绘制正弦函数图形，显示主网格线和次网格线，结果如图 5-102 所示。

```
x = LinRange(0, 10, 100);
y = sin.(x);
plot(x, y)
grid("on")
grid("on", "minor")
```

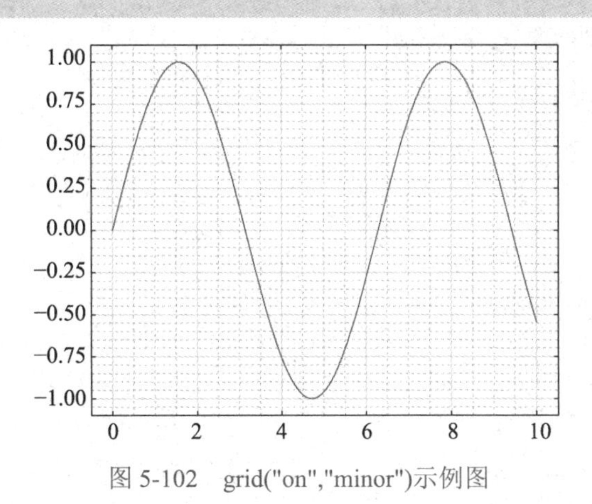

图 5-102　grid("on","minor")示例图

2. 设置或查询 x 轴刻度值的函数 xticks

下面给出 xticks 函数调用方式：

```
xticks(ticks)                  #设置 x 轴刻度值
xticks("auto")                 #设置自动模式，恢复 x 轴默认刻度值
xticks("manual")               #设置手动模式，防止 x 轴刻度值自动变化
xt = xticks()                  #返回当前 x 轴刻度值
___ = xticks(ax,___)           #在指定坐标区使用 xticks 函数
```

xticks(ticks)设置 x 轴刻度值，这些值是 x 轴上显示刻度线的位置，指定 ticks 为递增值向量，例如，[0,2,4,6]，此命令作用于当前坐标区。

xticks("auto")设置自动模式，恢复坐标区的 x 轴默认刻度值。如果更改了刻度值，然后又想将它们设置回默认值，则使用此选项。例如，创建线图，在值 0、5 和 10 处显示 x 轴刻度值，结果如图 5-103 所示。

```
x = LinRange(0, 10, 100);
y = x .^ 2;
plot(x, y)
xticks([0, 5, 10])
```

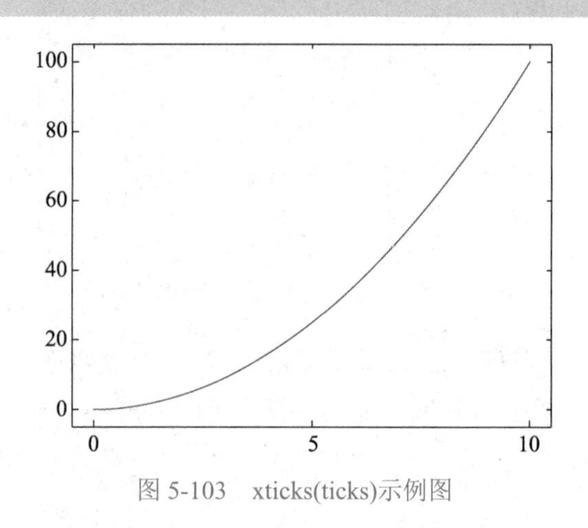

图 5-103　xticks(ticks)示例图

然后将 x 轴刻度值恢复为默认值，结果如图 5-104 所示。

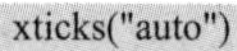

```
xticks("auto")
```

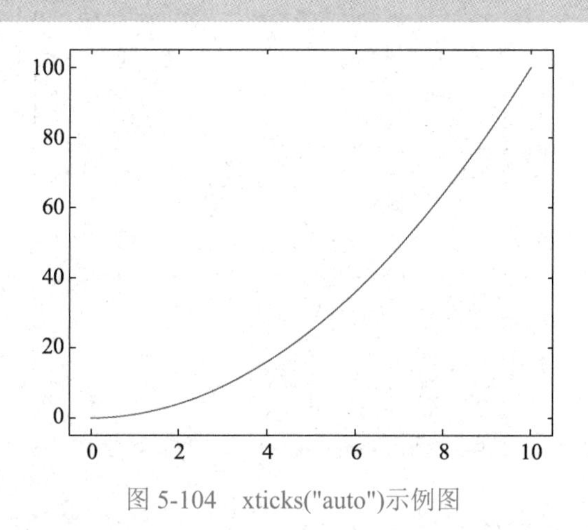

图 5-104　xticks("auto")示例图

xticks("manual")设置手动模式，将 x 轴刻度值冻结在当前值。如果想在调整坐标区大小或者向坐标区添加新数据时保留当前刻度值，则使用此选项。

xt = xticks()以向量形式返回当前 x 轴刻度值。

___ = xticks(ax,___)在 ax 指定的坐标区使用 xticks 函数，设置 x 轴刻度值。

设置或查询 y 轴刻度值的 yticks 函数、设置或查询 z 轴刻度值的 zticks 函数的用法与 xticks 函数类似，不再详细说明。

3. 设置或查询 x 轴刻度标签的函数 xticklabels

下面给出 xticklabels 函数调用方式：

```
xticklabels(labels)                    #设置 x 轴刻度标签
xticklabels("auto")                    #设置自动模式，恢复 x 轴默认刻度标签
xticklabels("manual")                  #设置手动模式，防止 x 轴刻度标签自动变化
xl = xticklabels()                     #返回当前 x 轴刻度标签
___ = xticklabels(ax,___)              #在指定坐标区使用 xticklabels 函数
```

xticklabels(labels)设置当前坐标区的 x 轴刻度标签，可将 labels 指定为字符串数组，如["January","February","March"]。如果指定标签，则 x 轴刻度值和刻度标签不会再基于坐标区的更改而自动更新。

xticklabels("auto")设置自动模式，恢复坐标区的 x 轴默认刻度标签。如果设置了标签，然后又想将它们设置回默认值，则使用此选项。例如，创建针状图，设置 x 轴刻度标签为"A","B","C","D"，结果如图 5-105 所示。

```
x=1:10
stem(x,1:10)
xticks([1,4,6,10])
xticklabels(["A","B","C","D"])
```

然后恢复原始 x 轴刻度标签，结果如图 5-106 所示。

```
xticklabels("auto")
```

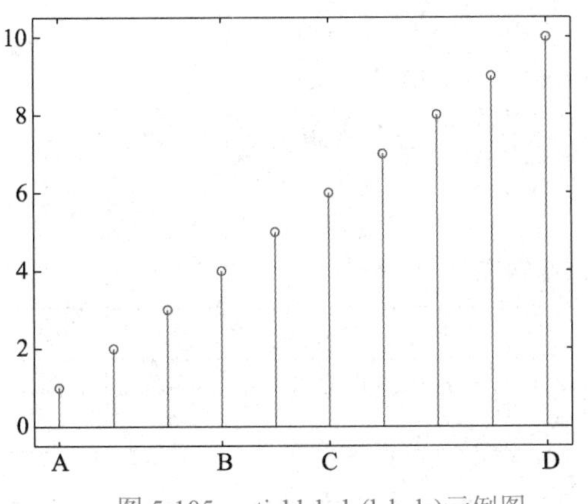

图 5-105　xticklabels(labels)示例图

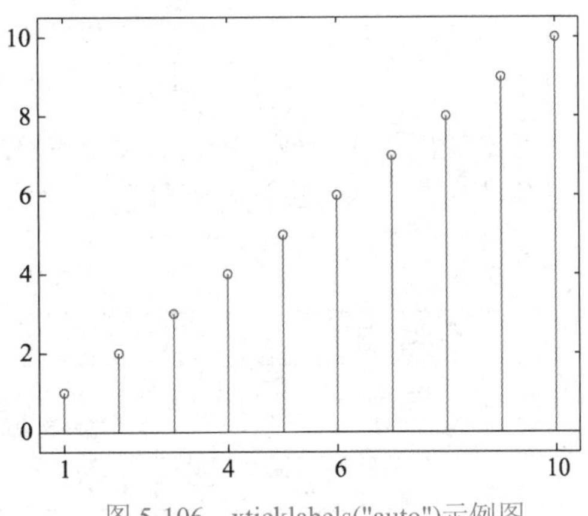

图 5-106　xticklabels("auto")示例图

xticklabels("manual")设置手动模式，将 x 轴刻度标签冻结在当前值，以防止其自动变化。

xl = xticklabels()返回当前坐标区的 x 轴刻度标签。

___ = xticklabels(ax,___)在 ax 指定的坐标区使用 xticklabels 函数，设置 x 轴刻度标签。

设置或查询 y 轴刻度标签的 yticklabels 函数、设置或查询 z 轴刻度标签 zticklabels 函数的用法与 xticklabels 函数类似，不再详细说明。

4. 指定 x 轴刻度标签格式的函数 xtickformat

下面给出 xtickformat 函数调用方式：

```
xtickformat(fmt)                    #设置 x 轴刻度标签格式
xtickformat(datefmt)                #设置 x 轴日期或时间刻度标签格式
xtickformat(durationfmt)            #设置 x 轴持续时间刻度标签格式
xtickformat(ax,___)                 #在指定坐标区设置 x 轴刻度标签格式
xfmt = xtickformat()                #返回当前坐标区刻度标签格式
xfmt = xtickformat(ax)              #返回 ax 指定的坐标区使用的格式样式
```

xtickformat(fmt)设置 x 轴刻度标签格式，如果将 fmt 指定为"usd"，则以美元符号显示标签。例如，创建一个条形图，显示以美元为单位、沿 x 轴的刻度标签，结果如图 5-107 所示。

```
x = 0:20:100;
y = [88 67 98 43 45 65];
bar(x,y)
xtickformat("usd")
```

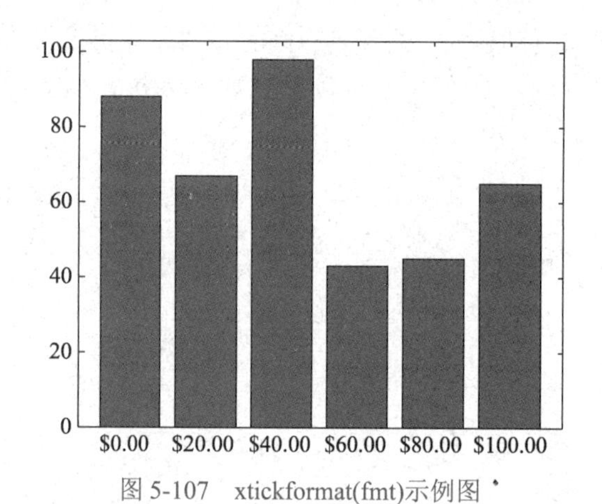

图 5-107　xtickformat(fmt)示例图

参数 fmt 用于指定刻度标签格式，可指定为字符向量或字符串，既可以指定为表 5-6 中列出的格式之一，也可以指定为自定义格式。

表 5-6　fmt 参数表

预定义格式	说明
"usd"	美元。此选项等同于自定义数值格式"$%.0f"。如果标签使用科学记数法，则此选项将指数值设置为 0
"eur"	欧元
"gbp"	英镑
"jpy"	日元
"degrees"	在值之后显示度符号
"percentage"	在值之后显示百分号
"auto"	"%g"的默认格式和默认指数值

自定义数值格式的一般形式为"%-+12.5f"。格式以"%"开头，"+-"为一个或多个标志，各标志参数见表 5-7；"12"为字段宽度，表示刻度标签上要打印的最小字符数，如果刻度值中的有效位数小于字段宽度，则在标签上用空格填充，字段宽度需要指定为整数值；".5"为精度，表示小数点右侧的位数或有效位数，具体取决于转换字符，精度需要指定为整数值；"f"为转

换字符，各转换字符参数见表 5-8。如果指定的转换字符不适合数据，Syslab 则使用"%e"覆盖指定的转换字符。

表 5-7　标志参数

标识符	说明	数值格式示例
+	在正数前加正号，如"+100"	"%+4.4g"
0	用零填充字段宽度，如"0100"	"%04.4g"
-	左对齐，在值的末尾用空格填充。例如，如果字段宽度为 4，则此标志将标签格式化为"100"	"%-4.4g"
#	对于%f、%e 和%g 转换字符，即使精度为 0，仍会打印小数点，如"100."。对于%g，不会删除尾随零	"%#4.4g"

表 5-8　转换字符参数

标识符	说明	示例
d 或 i	底数为 10 的有符号整数。精度值指示有效位数	"%.4d"将 π 显示为 0003
f	定点记数法。精度值指示小数位数	"%.4f"将 π 显示为 3.1416
e	指数记数法	"%.4e"将 π 显示为.1416e+00
g	精度值指示最大小数位数	"%.4g"将 π 显示为 3.141

xtickformat(datefmt)用于设置显示日期或时间刻度标签格式，将 datefmt 指定为"%m-%d-%y"可显示 04-19-16 表示的日期，此选项仅适用于具有日期时间值的 x 轴。例如，创建 x 轴为日期时间值的线图，然后更改日期的格式，结果如图 5-108 所示。

```
using Dates
days = []
for i in 1:10
    push!(days, Dates.Day(i))
end
t = Date(2014,06,28) .+ days
y=[0.8147 0.9058 0.1270 0.9134 0.6324 0.0975 0.2785 0.5469 0.9575 0.9649]
y=[y...]
plot(t,y);
xtickformat("%m-%d", true)
```

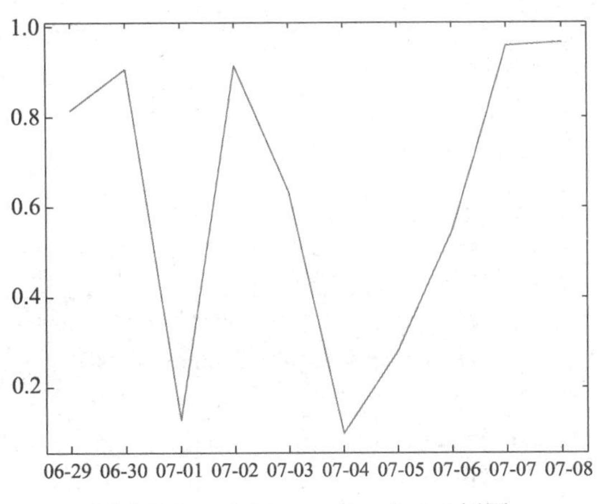

图 5-108　xtickformat(datefmt)示例图

参数 datefmt 用于指定日期和时间的格式，可指定为"auto"、字符向量或字符串标量。默认格式基于具体数据。表 5-9 列出了可用于构造格式的字母标识符。

表 5-9　字母标识符

字母标识符	说明	显示
G	年份，没有前导零	2014
y	年份，使用最后 2 位数	14
u	一周中的星期几	7
m	月份，使用 2 位数	04
W	一年中的第几周	1
e	一月中的第几天，使用 1 位数或 2 位数	5
d	一月中的第几天，使用 2 位数	05
a	星期几，英文名缩写	Sat
H	小时，采用 24 小时制格式，使用 2 位数	21
M	分钟，使用 2 位数	41
S	秒，使用 2 位数	6

xtickformat(durationfmt)用于设置显示持续时间刻度标签的格式，将 durationfmt 指定为"%M"可显示以分钟为单位的持续时间，此选项仅适用于具有持续时间值的 x 轴。例如，创建 x 轴为持续时间值的线图，然后更改刻度标签的格式，结果如图 5-109 所示。

```
using Dates
t = range(Second(0), Second(180), step=Second(30))
t = [t...]
unix_t = unix2datetime(0)
dt = unix_t .+ t
y=[0.8147 0.9058 0.1270 0.9134 0.6324 0.0975 0.2785]
y=[y...]
plot(dt,y);
xtickformat("%M:%S", true)
```

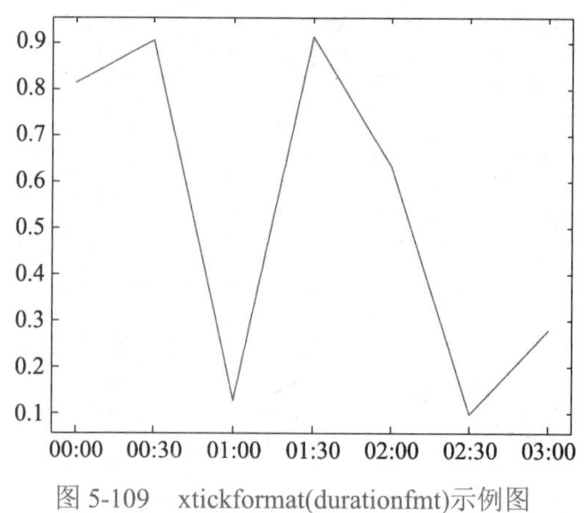

图 5-109　xtickformat(durationfmt)示例图

参数 durationfmt 用于设置持续时间值的格式，指定为字符向量或字符串标量。若将持续时间显示为包含小数部分的单个数字，如 1.234 小时，则指定为表 5-10 的格式之一。

表 5-10　字母标识符参数表

字母标识符	说明
y	精确固定长度的年份的数目。固定长度的一年等于 365.2425 天
d	精确固定长度的天数的数目。固定长度的一天等于 24 小时
H	小时数
M	分钟数
S	秒数

xtickformat(ax,___)在 ax 指定坐标区设置 x 轴刻度标签格式。

xfmt = xtickformat()返回当前坐标区的 x 轴刻度标签使用的格式。xfmt 可以为数值格式、日期格式或持续时间格式的字符向量，具体取决于 x 轴刻度标签的类型。

xfmt = xtickformat(ax)返回 ax 指定的坐标区使用的 x 轴刻度标签格式。

指定 y 轴刻度标签格式的 ytickformat 函数、指定 z 轴刻度标签格式的 ztickformat 函数的用法与 xtickformat 函数类似，不再详细说明。

5. 旋转 x 轴刻度标签的函数 xtickangle

下面给出 xtickangle 函数调用方式：

```
xtickangle(angle)                    #旋转 x 轴刻度标签
xtickangle(ax,angle)                 #旋转指定坐标区 x 轴刻度标签
ang = xtickangle()                   #返回当前坐标区 x 轴刻度标签的旋转角度
ang = xtickangle(ax)                 #返回指定坐标区 x 轴刻度标签的旋转角度
```

xtickangle(angle)将当前坐标区的 x 轴刻度标签旋转到 angle 指定的角度，其中 0 表示水平，正值表示逆时针旋转，负值表示顺时针旋转。例如，创建一个针状图并旋转 x 轴刻度标签，以使它们与 x 轴成 45°，结果如图 5-110 所示。

```
x = LinRange(0, 10000, 21);
y = x .^ 2;
stem(x, y)
ang = xtickangle(45)
```

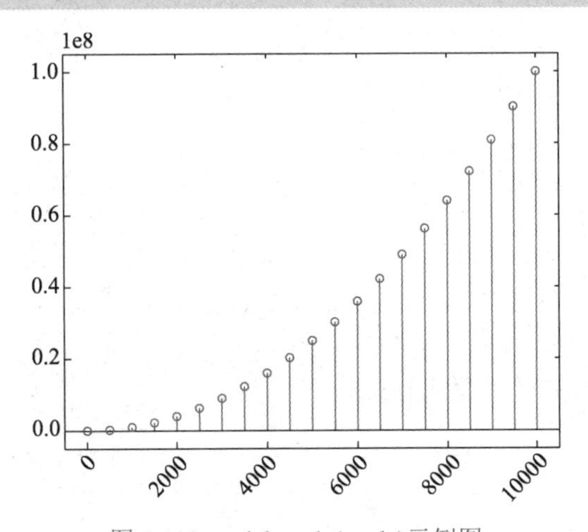

图 5-110　xtickangle(angle)示例图

ang = xtickangle()以标量值形式返回当前坐标区 x 轴刻度标签的旋转角度，正值表示逆时针旋转，负值表示顺时针旋转。

旋转 y 轴刻度标签的 ytickangle 函数、旋转 z 轴刻度标签的 ztickangle 函数的用法与 xtickangle 函数类似，不再详细说明。

5.6.3 多图绘制

1. 设置保留状态的函数 hold

下面给出 hold 函数调用方式：

```
hold("on")                    #保留当前坐标区中的图像
hold("off")                   #关闭保留图像状态
hold(ax,___)                  #为指定坐标区设置 hold 状态
```

hold("on")开启保留（"hold"）状态，即保留当前坐标区中的图像，从而使新添加到坐标区中的图像不会删除现有图像。新图像基于坐标区的 ColorOrder 与 LineStyleOrder 属性使用后续的颜色和线型。Syslab 将调整坐标区的范围、刻度线和刻度标签以显示完整范围的数据。

hold("off")关闭保留图像状态，使新添加到坐标区中的图像清除现有图像并重置所有的坐标区属性。例如，创建一个线图，使用 hold("on")后添加第二个线图，而不删除已有的线图，然后将 hold 状态重置为"off"，结果如图 5-111 所示。

```
x = LinRange(-pi, pi, 100);
y1 = sin.(x);
plot(x, y1)
hold("on")
y2 = cos.(x);
plot(x, y2,"--")
hold("off")
legend(["sin(x)", "cos(x)"])
```

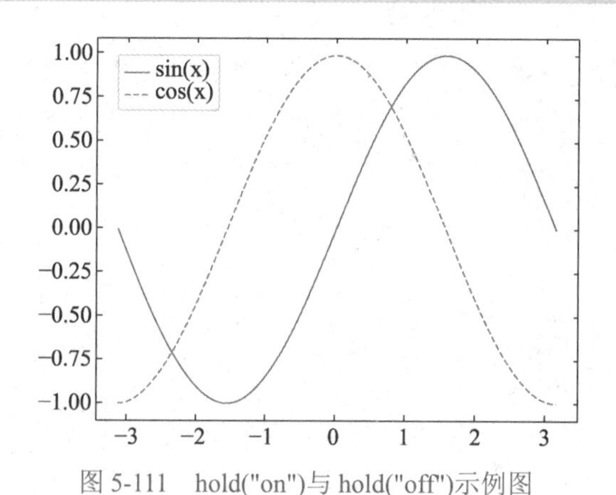

图 5-111　hold("on")与 hold("off")示例图

2. 查询当前保留状态的函数 ishold

下面给出 ishold 函数调用方式：

```
tf = ishold()                 #返回当前坐标区的保留状态
tf = ishold(ax)               #返回指定坐标区对象的保留状态
```

tf = ishold()返回当前坐标区的保留（"hold"）状态。如果 hold 是"on"，则返回 1；如果 hold 是"off"，则返回 0。如果 hold 为"on"，则保留当前图像和大多数的坐标区属性，以便将后续图像命令作用到现有图像中。

tf = ishold(ax)返回指定坐标区对象的保留状态。

3. 创建具有两个 y 轴图像的函数 yyaxis

下面给出 yyaxis 函数的调用方式：

```
yyaxis("left")                         #激活坐标区左侧 y 轴
yyaxis("right")                        #激活坐标区右侧 y 轴
___ = yyaxis(ax,___)                   #激活指定区域 y 轴
```

yyaxis("left")激活当前坐标区左侧 y 轴，后续图形命令的目标为左侧。

yyaxis("right")激活当前坐标区右侧 y 轴，后续图形命令的目标为右侧。例如，创建左、右两侧都有 y 轴的坐标区，基于左侧 y 轴绘制一组数据的图，然后使用 yyaxis("right")激活右侧 y 轴，使后续图像函数作用于右侧，并为右侧 y 轴设置范围，结果如图 5-112 所示。

```
x = LinRange(0, 10, 100);
y = sin.(3 .* x);
yyaxis("left");
plot(x, y)
z = sin.(3 * x) .* exp.(0.5 * x);
yyaxis("right");
plot(x, z,"--")
ylim([-150 150])
legend(["sin(3x)", "sin(3x)e^(0.5x)"])
```

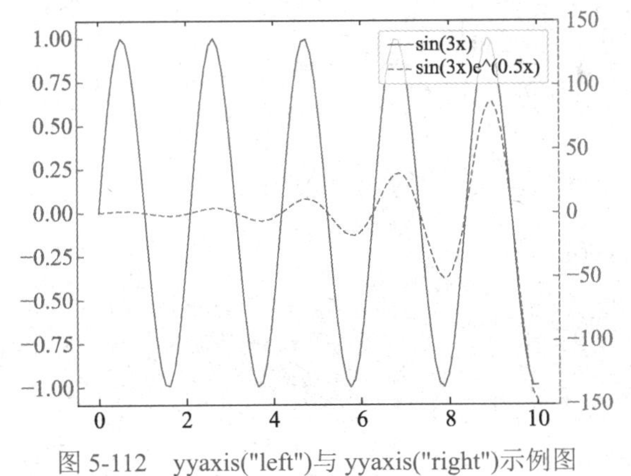

图 5-112　yyaxis("left")与 yyaxis("right")示例图

4. 为多个数据序列设置色序的函数 colororder

下面给出 colororder 函数调用方式：

```
colororder(newcolors)                  #为当前图窗设置色序
colororder(target,newcolors)           #为指定图窗创建色序
C = colororder()                       #返回当前图窗色序
C = colororder(target)                 #返回指定图窗色序
```

colororder(newcolors)为当前图窗设置色序。在设置图窗的色序时，会为该图窗中的所有

坐标区设置色序。例如，将图窗的色序设置为四种颜色，定义一个 x 坐标向量和四个 y 坐标向量，然后绘制每组坐标，结果如图 5-113 所示。

```
newcolors = [0.83 0.14 0.14
             1.00 0.54 0.00
             0.47 0.25 0.80
             0.25 0.80 0.54];
colororder(newcolors)
x = LinRange(0, 10, 50);
y1 = sin.(x);
y2 = sin.(x .- 0.5);
y3 = sin.(x .- 1);
y4 = sin.(x .- 1.5);
plot(x, y1; linewidth=2)
hold("on")
plot(x, y2,"--"; linewidth=2)
plot(x, y3,":"; linewidth=2)
plot(x, y4,"-."; linewidth=2)
hold("off")
legend(["sin(x)", "sin(x-0.5)" , "sin(x-1)" , "sin(x-1.5)"])
```

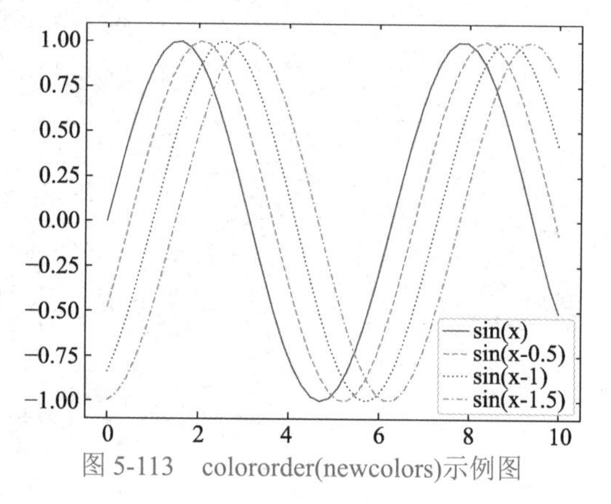

（彩图）

图 5-113　colororder(newcolors)示例图

5. 划分图窗并创建坐标区的函数 subplot

下面给出 subplot 函数调用方式：

```
subplot(m,n,p)                    #划分当前图窗并创建坐标区
subplot(___,Key=Value)            #使用关键词参数指定坐标区属性
ax = subplot()                    #返回子图坐标区对象
subplot(ax)                       #将指定的坐标区设为当前坐标区
```

subplot(m,n,p)将当前图窗划分为 m 行 n 列的子图，并在 p 指定的子图上创建坐标区。Syslab 按行号对子图位置进行编号，第一个子图是第一行的第一列，第二个子图是第一行的第二列，依次类推。如果指定的位置已存在于坐标区，则此命令会将该坐标区设为当前坐标区。例如，创建带有两个堆叠子图的图窗，在每个子图上绘制一条正弦波，结果如图 5-114 所示。

```
subplot(2, 1, 1);
x = LinRange(0, 10, 100);
y1 = sin.(x);
plot(x, y1)
subplot(2, 1, 2);
y2 = sin.(5 * x);
plot(x, y2)
```

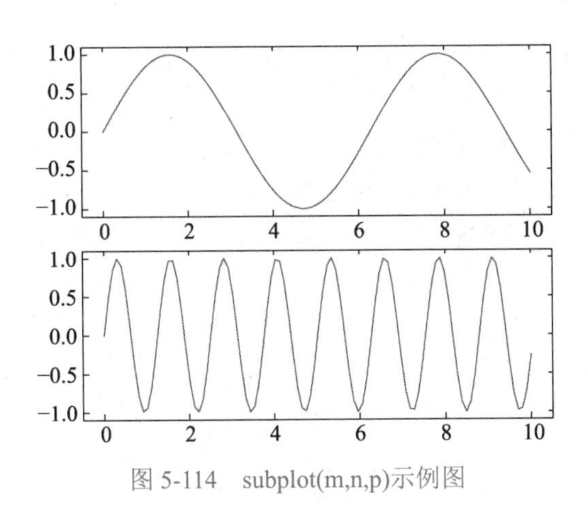

图 5-114　subplot(m,n,p)示例图

5.6.4　清除或创建坐标区

1. 清除坐标区的函数 cla

下面给出 cla 函数调用方式：

```
cla()                          #清除当前坐标区图像
cla(ax)                        #清除指定坐标区图像
cla("reset")                   #清除并重置坐标区属性
cla(ax,"reset")                #清除并重置指定坐标区属性
```

cla()从当前坐标区中删除所有的可见图形对象。例如，绘制正弦波，然后从图中清除线条，结果如图 5-115 所示。

```
x = LinRange(0, 2 * pi, 100);
y1 = sin.(x);
plot(x, y1)
cla()
```

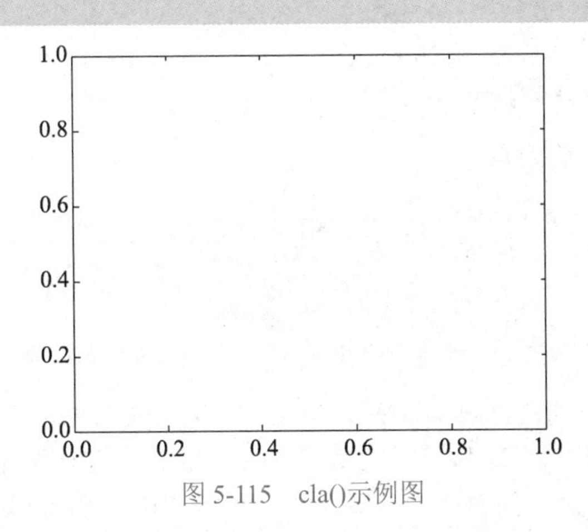

图 5-115　cla()示例图

2. 创建笛卡儿坐标区的函数 plt_axes

下面给出 plt_axes 函数调用方式：

```
plt_axes()                     #创建默认笛卡儿坐标区
plt_axes(pos)                  #创建指定大小和位置的笛卡儿坐标区
plt_axes(Key=Value)            #使用关键词参数指定坐标区外观
```

```
ax = plt_axes(___)                    #返回坐标区对象，使用 ax 修改坐标区属性
plt_axes(cax)                         #将 cax 对应坐标区设为当前坐标区
```

plt_axes()在当前图窗中创建默认笛卡儿坐标区，并将其设置为当前坐标区。

plt_axes(pos)根据输入的位置和大小来创建笛卡儿坐标区。pos 可表示为向量[x y m n]的形式，其中 x 和 y 表示坐标区位置，m 和 n 表示坐标区大小。例如，在图窗中创建两个笛卡儿坐标区，并为每个对象添加一个图像。指定第一个坐标区的位置，使其左下角位于点(0.1 0.1)处，宽度和高度均为 0.7；指定第二个坐标区的位置，使其右上角位于点(0.65 0.65)处，宽度和高度均为 0.28。默认情况下，所有值为基于图窗的归一化值。将这两个坐标区返回为 ax1 和 ax2。结果如图 5-116 所示。

```
figure()
ax1 = plt_axes([0.1 0.1 0.7 0.7]);
ax2 = plt_axes([0.65 0.65 0.28 0.28], projection="3d");
X,Y,Z = peaks(20)
contour(ax1,Z)
surf(ax2,Z)
```

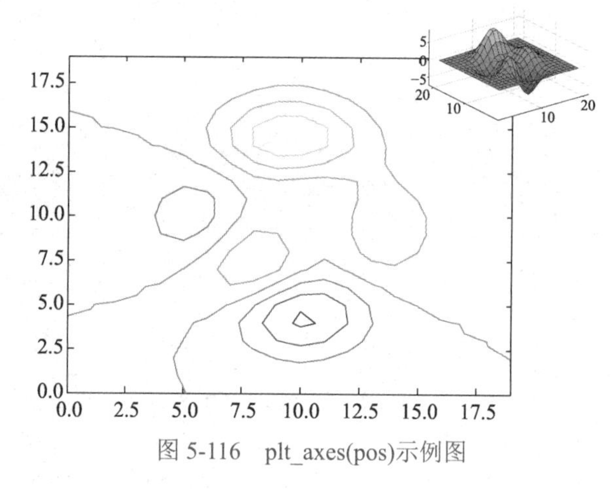

图 5-116　plt_axes(pos)示例图

3. 创建图窗的函数 figure

下面给出 figure 函数调用方式：

```
figure()                              #创建新的图窗
figure(Key=Value)                     #采用关键词参数指定图窗属性
f = figure(___)                       #返回图窗对象，使用 f 修改图窗属性
figure(f)                             #指定图窗 f 作为当前图窗
figure(n)                             #将 Number 属性等于 n 的图窗作为当前图窗
```

figure()使用默认属性值创建一个新的图窗，生成的图窗为当前图窗。

figure(f)将 f 指定的图窗作为当前图窗，并将其显示在其他所有图窗的上方。例如，先创建两个图窗(f1 和 f2)，然后创建一个线图，结果如图 5-117 所示。默认情况下，plot 命令会作用于最新的图窗 f2，然后将当前图窗设置为 f1，使其成为下一个图窗，最后创建一个散点图，结果如图 5-118 所示。

```
f1 = figure()
f2 = figure()
plot([1,2,3],[2,4,6])
```

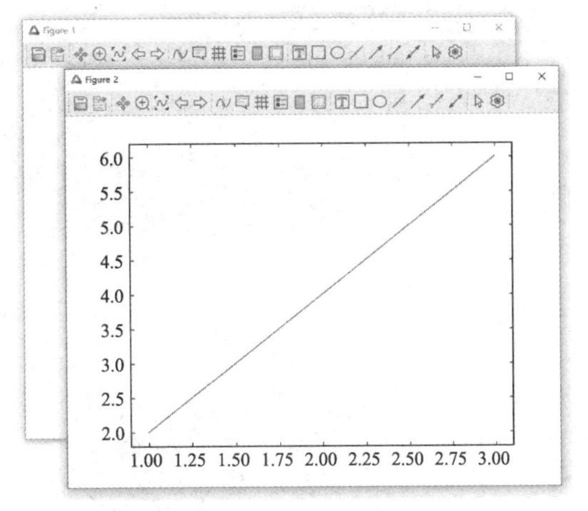

图 5-117　f = figure(___)示例图

```
figure(f1)
scatter(1:20, rand(1,20))
```

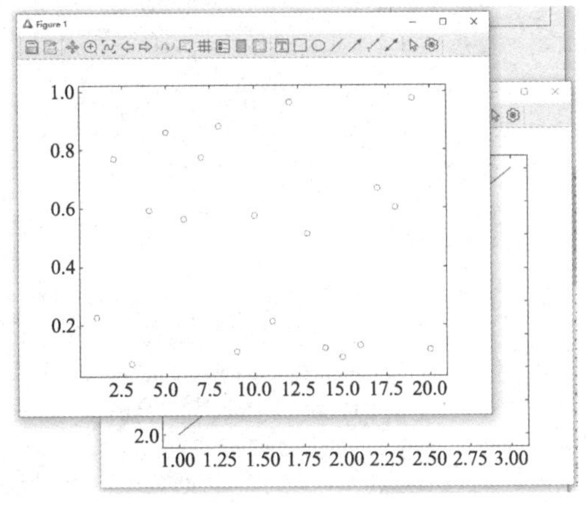

图 5-118　figure(f)示例图

5.7 颜色图与三维场景控制

当绘制彩色图形时，需对 Syslab 的颜色图与颜色空间进行操作。颜色图操作主要包括利用颜色图绘图和颜色栏设置；颜色空间操作主要指 HSV 与 RGB 的转换。同时，Syslab 提供了大量预定义颜色图，即不同的色彩组合，供绘图使用。三维场景控制是指三维图形的视角控制，通过设置可选择合适的角度呈现图像。

5.7.1 颜色图与颜色空间

1. 查看并设置当前图形颜色图的函数 colormap

下面给出 colormap 函数调用方式：

```
colormap(target,map)                    #将指定对象的颜色图设置为 map 指定的颜色图
```

```
cmap = colormap(target)                                    #返回指定对象颜色图
```

colormap(target,map)将指定对象 target 的颜色图设置为 map 指定的颜色图。例如，绘制使用 parula 颜色图的三维图，结果如图 5-119 所示。

```
x,y,z = peaks();
c = mesh(x,y,z);
colormap(c, "parula");
```

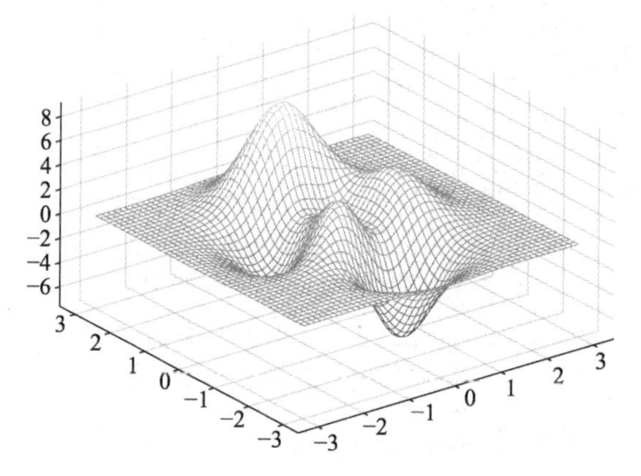

（彩图）

图 5-119　colormap(target,map)示例图

2. 显示颜色栏的函数 colorbar

下面给出 colorbar 函数调用方式：

```
colorbar(target)                                           #添加颜色栏
colorbar(target, Key=Value)                                #使用关键词参数指定颜色栏属性
c = colorbar(___)                                          #返回颜色栏对象，使用 c 指定颜色栏属性
colorbar(ax,___)                                           #创建指定坐标区颜色栏
colorbar("off")                                            #删除颜色栏
colorbar(ax, "off")                                        #删除指定坐标区颜色栏
```

colorbar(target)在给定图的右侧显示一个垂直颜色栏。颜色栏显示当前颜色图并指示数据值到颜色图的映射。例如，在曲面图中添加指示颜色栏，结果如图 5-120 所示。

```
x,y,z = peaks();
s = surf(x,y,z)
colorbar(s)
```

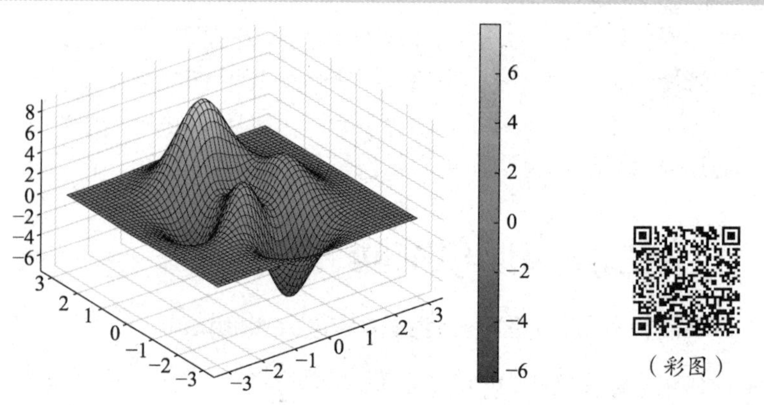

（彩图）

图 5-120　colorbar(target)示例图

3. 将 HSV 颜色转换为 RGB 颜色的函数 hsv2rgb

下面给出 hsv2rgb 函数调用方式：

```
RGB = hsv2rgb(HSV)                          #将 HSV 图像转换为 RGB 图像
rgbmap = hsv2rgb(hsvmap)                    #将 HSV 颜色图转换为 RGB 颜色图
```

RGB=hsv2rgb(HSV)将 HSV 图像的色调、饱和度、亮度值转换为 RGB 图像的红色、绿色和蓝色值。输入参数 HSV 指 HSV 图像，具体为 $m \times n \times 3$ 的数组，m 和 n 表示像素范围，HSV 的三个维度为每个像素分别定义色调、饱和度和亮度。

rgbmap=hsv2rgb(hsvmap)将 HSV 颜色图转换为 RGB 颜色图。输入参数 hsvmap 指 HSV 颜色图，指定为由范围[0, 1]内的值组成的 $c \times 3$ 数值矩阵。hsvmap 的每行都是一个三元素 HSV 三元组，指定颜色图单种颜色的色调、饱和度和亮度分量。

例如，创建一个三列 HSV 矩阵，指定五个蓝色梯度，其中色调和亮度不变，饱和度在 0.0 和 1.0 之间变化，通过调用 hsv2rgb 将 HSV 矩阵转换为 RGB 颜色图，然后在曲面图中使用该颜色图，结果如图 5-121 所示。

```
hsv1 = [.6 1 1; .6 .7 1; .6 .5 1; .6 .3 1; .6 0 1];
rgb = hsv2rgb(hsv1);
X,Y,Z = peaks()
s = surf(X,Y,Z);
colormap(s, rgb);
colorbar(s)
```

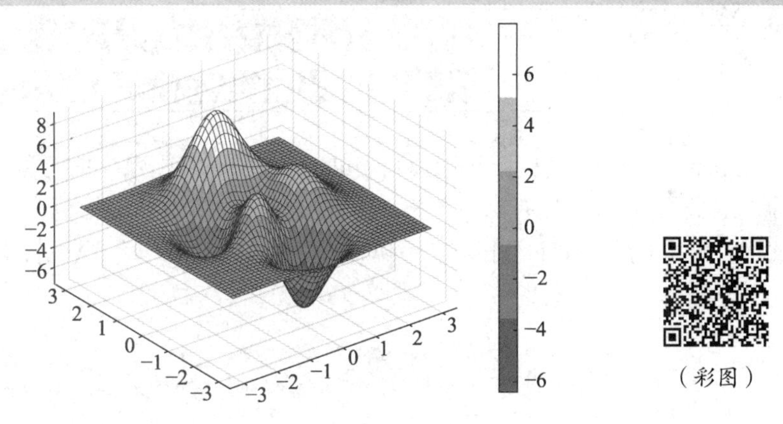

图 5-121　RGB=hsv2rgb(HSV)示例图

将 RGB 颜色转换为 HSV 颜色的 rgb2hsv 函数的用法与 hsv2rgb 函数类似，不再赘述。

4. 预定义颜色图标识

Syslab 提供丰富的预定义颜色图标识，如表 5-11 所示。用户可通过预定义颜色图标识选择适合自己的颜色图，进而绘制合适的图形。

下面以 parula 颜色图调用函数解释预定义颜色图标识使用方法，其他颜色图调用方法类似，只需更换预定义颜色图标识。下面给出 parula 颜色图调用方式：

```
c = parula()                                #返回 parula 颜色图
c = parula(m)                               #返回包含 m 种颜色的 parula 颜色图
```

表 5-11　预定义颜色图标识

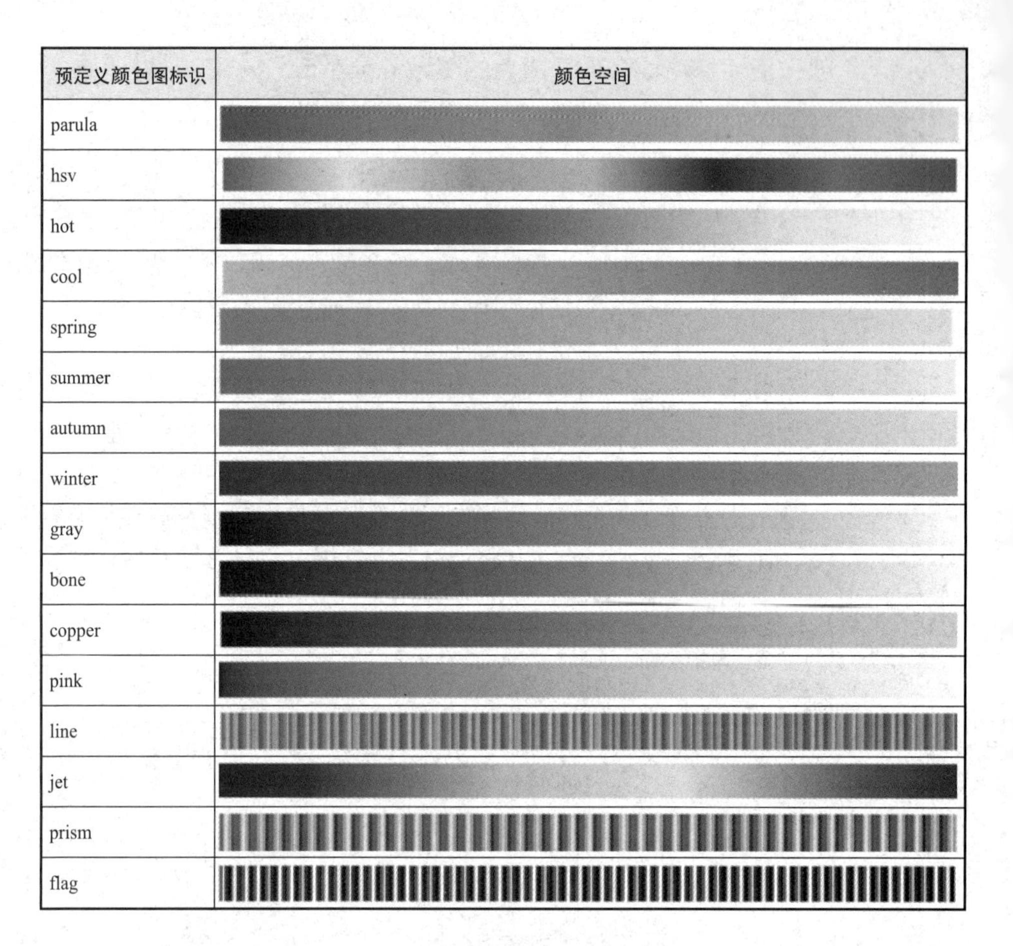

预定义颜色图标识	颜色空间
parula	
hsv	
hot	
cool	
spring	
summer	
autumn	
winter	
gray	
bone	
copper	
pink	
line	
jet	
prism	
flag	

（彩图）

c = parula()以 n×3 数组形式返回 parula 颜色图，其中包含的行数与当前图窗的颜色图相同。如果不存在图窗，则行数等于默认长度 256。数组中的每行包含一种特定颜色的红、绿、蓝强度，强度值介于[0,1]范围内。例如，使用默认的 parula 颜色图绘制一个曲面，结果如图 5-122 所示。

```
X,Y,Z = peaks();
s = surf(X,Y,Z);
```

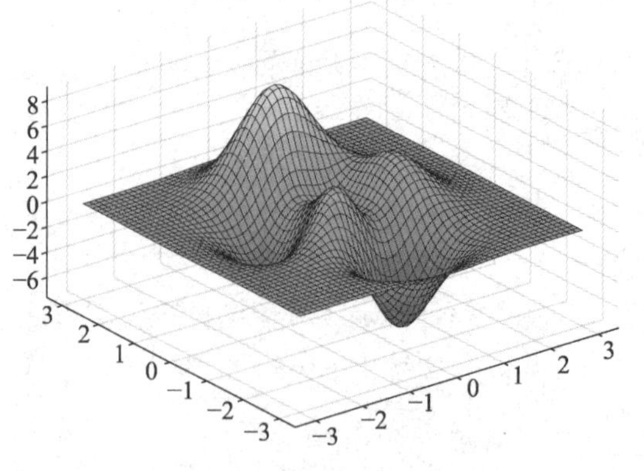

（彩图）

图 5-122　parula 颜色图绘制图

获取 parula 颜色图数组并反转顺序，然后将修改后的颜色图应用于该曲面，结果如图 5-123 所示。

```
c = parula();
c[:,1] = reverse(c[:,1]);
c[:,2] = reverse(c[:,2]);
c[:,3] = reverse(c[:,3]);
colormap(s, c);
```

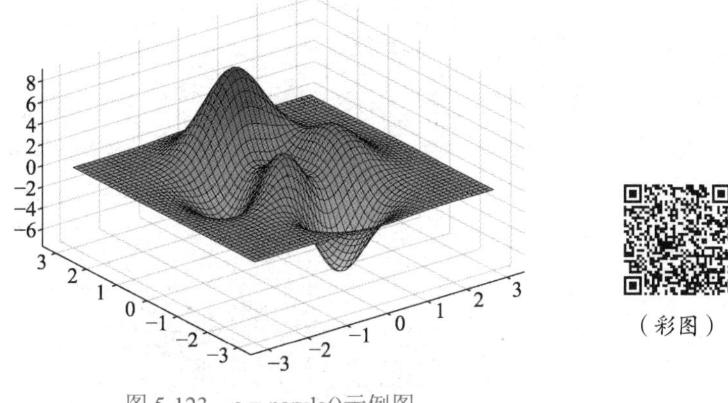

（彩图）

图 5-123　c = parula()示例图

c = parula(m)返回包含 m 种颜色的 parula 颜色图。例如，获取 parula 颜色图的 10 种颜色，进行绘图，结果如图 5-124 所示。

```
X,Y,Z = peaks();
s = surf(X,Y,Z);
c = parula(10);
colormap(s, c);
```

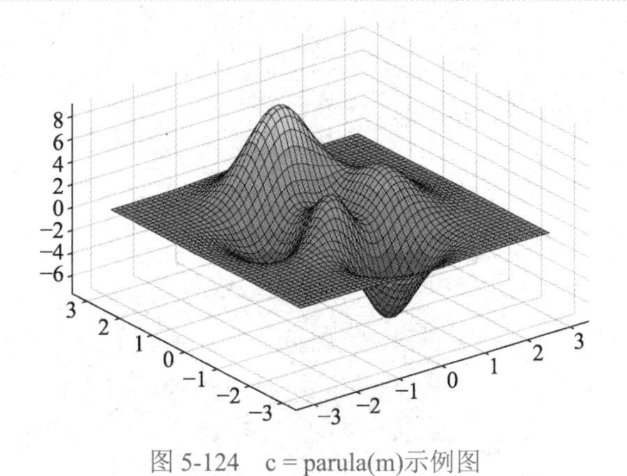

（彩图）

图 5-124　c = parula(m)示例图

5.7.2　三维场景控制

1. 设置相机视线的函数 plt_view

下面给出 plt_view 函数调用方式：

```
plt_view(az,el)                                    #设置相机视线的方位角和仰角
```

```
plt_view(v)                                  #使用数组设置相机视线
plt_view(dim)                                #使用默认视线
plt_view(ax,___)                             #指定目标坐标区的视线
caz, cel = plt_view()                        #返回相机视线的方位角和仰角
```

plt_view(az,el)为当前坐标区设置相机视线的方位角 az 和仰角 el。例如，使用 peaks 函数获取曲面的 x、y 和 z 轴，然后绘制曲面并标记每个轴。使用 90°的方位角和 0°的仰角查看图像，新视线与 x 轴同向，结果如图 5-125 所示。

```
X, Y, Z = peaks();
surf(X, Y, Z)
xlabel("X")
ylabel("Y")
zlabel("Z")
plt_view(90, 0)
```

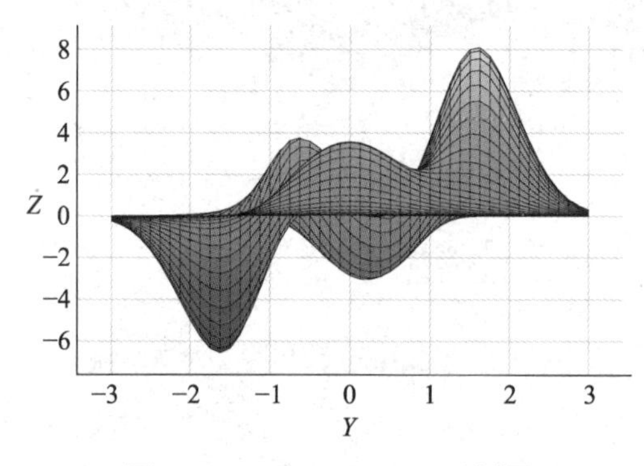

图 5-125 plt_view(az,el)示例图

plt_view(v)根据二元素或三元素数组 v 设置视线。v 为二元素数组时，其值分别是方位角和仰角；v 为三元素数组时，其值是从图框中心点到相机位置所形成向量的 x、y 和 z 坐标。例如，创建一组 x、y 和 z 坐标，使用它们绘制曲面，标记每个轴，通过将 v 指定为一个向量来更改视图，并返回新的方位角和仰角，结果如图 5-126 所示。

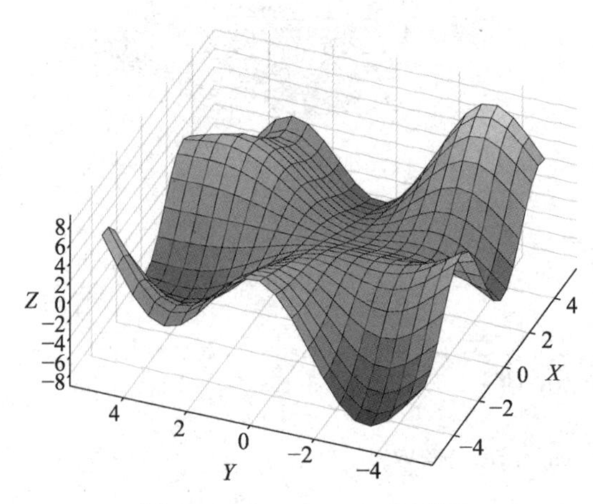

图 5-126 plt_view(v)示例图

```
X, Y = meshgrid2(-5:0.5:5, -5:0.5:5);
Z = Y .* sin.(X) - X .* cos.(Y);
surf(X, Y, Z)
xlabel("X")
ylabel("Y")
zlabel("Z")
v = [-5 -2 5];
caz, cel = plt_view(v)
```

运行结果如下：

```
julia> caz, cel = plt_view(v)
2-element Vector{Float64}:
 -68.19859051364818
  42.87598866663573
```

2. 向坐标区中对象添加透明度的函数 alpha

下面给出 alpha 函数调用方式：

```
alpha(value)                    #设置透明度
alpha(obj,___)                  #设置指定对象透明度
alpha(ax,___)                   #设置指定坐标区透明度
```

alpha(value)为当前坐标区中支持透明度的图形对象设置透明度。将 value 指定为介于 0（透明）和 1（不透明）之间的标量值。例如，创建条形图和散点图，将条形序列和散点序列对象的透明度都设置为 0.5，结果如图 5-127 所示。

```
b = bar(1:10)
hold("on")
s = scatter(10 * rand(10, 1), 10 * rand(10, 1), 200; filled=true)
hold("off")
alpha(0.5)
```

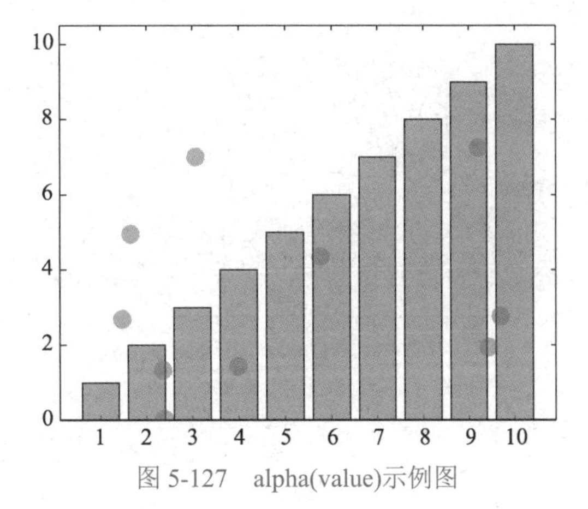

图 5-127　alpha(value)示例图

5.8　面向自定义图形的对象设置

除通过绘图函数绘图外，Syslab 还可以通过设置图像对象来自定义图形。图像对象是 Syslab 用来创建可视化图像的组件，每个对象在图像显示中都具有特定角色。例如，一个线

图基本包含一个图窗对象、一个坐标区对象和一个线条对象。

5.8.1 图像对象属性

1. 查询图像对象属性的命令 get

完成图像绘制后返回图像对象，可使用 get 命令查询图像对象属性。例如，使用圆形标记创建一个线图并将返回的图像赋值给 p。使用 get 命令可查询该对象的 LineWidth、Marker 和 MarkerSize 属性的当前值。

```
p, = plot(1:10,"ro-");
lw = p.get_linewidth()
m = p.get_marker()
ms = p.get_markersize()
```

运行结果如下：

```
julia> lw = p.get_linewidth()
1.0
julia> m = p.get_marker()
"o"
julia> ms = p.get_markersize()
6.0
```

2. 设置图像对象属性的命令 set

完成图像绘制后返回图像对象，可使用 set 命令设置图像对象属性。例如，使用随机数据创建一个包含 4 个线条的图像，并将这 4 个线条对象返回至 P，将所有线条的 Color 属性设置为"red"；将线条的 LineStyle 属性值设为不同的值；将线条的 Marker 属性设置为不同的值，结果如图 5-128 所示。

```
P = plot(rand(4, 4));
ValueArray = ["-", "--", ":", "-."];
ValueArray2 = ["o"; "s"; "*"; "o"];
for i in 1:length(P)
    P[i].set_linestyle(ValueArray[i])
    P[i].set_color("red")
    P[i].set_marker(ValueArray2[i])
end
```

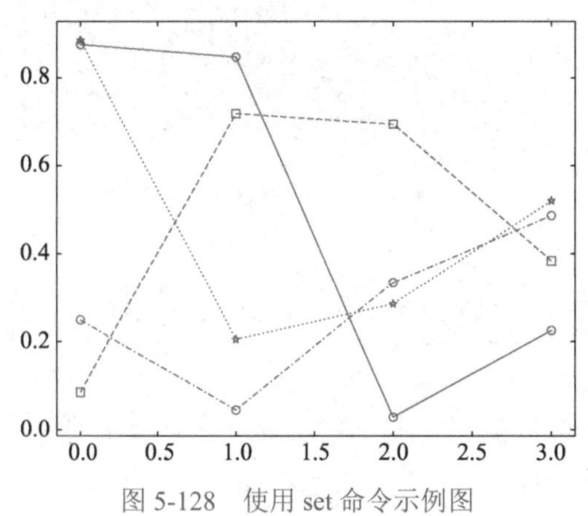

图 5-128　使用 set 命令示例图

5.8.2 图像对象标识

1. 当前坐标区的命令 gca

下面给出 gca 命令调用方式：

```
ax = gca()                                    #返回当前坐标区
```

ax=gca()返回当前图窗中的当前坐标区。如果当前图窗中没有坐标区或图，则 gca 会创建一个笛卡儿坐标区对象。例如，绘制一个正弦波图像，结果如图 5-129 所示。

```
x = LinRange(0, 10, 100);
y = sin.(4 * x);
plot(x, y)
```

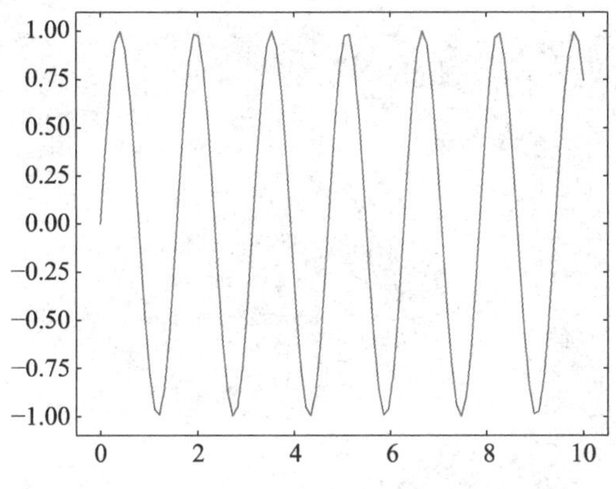

图 5-129　使用 gca 命令修改属性前示例图

使用 gca 命令指代当前坐标区，设置坐标区的字体大小、刻度方向、刻度长度，以及 x 轴和 y 轴范围，结果如图 5-130 所示。

```
ax = gca()
ax.tick_params(labelsize=12)
ax.tick_params(direction="out")
ax.tick_params(length=8)
ax.set_ylim(-2,2)
ax.set_xlim(0,10)
```

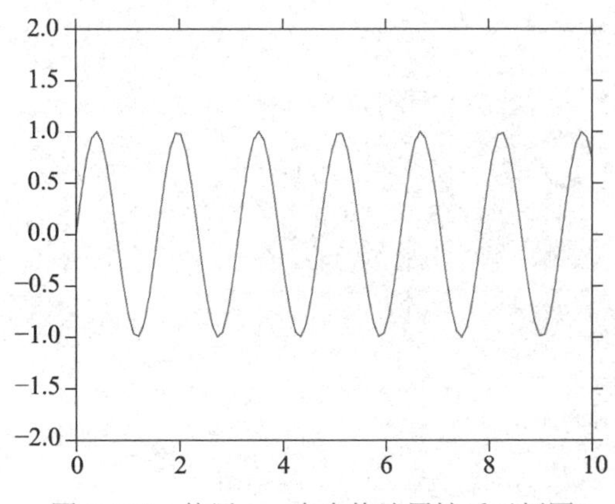

图 5-130　使用 gca 命令修改属性后示例图

2. 当前图窗句柄的命令 gcf

下面给出 gcf 命令调用方式：

```
fig = gcf()                                  #返回当前图窗句柄
```

fig = gcf()返回当前图窗句柄。如果图窗不存在，则 gcf 创建一个图窗并返回其句柄。可以使用图窗句柄查询和修改图窗的属性。例如，使用 gcf 命令获取当前图窗句柄，设置当前图窗的背景色并删除工具栏，结果如图 5-131 所示。

```
X,Y,Z = peaks()
surf(X,Y,Z)
fig = gcf();
fig.set_facecolor([0,0.5,0.5])
fig.canvas.manager.toolbar.hide()
```

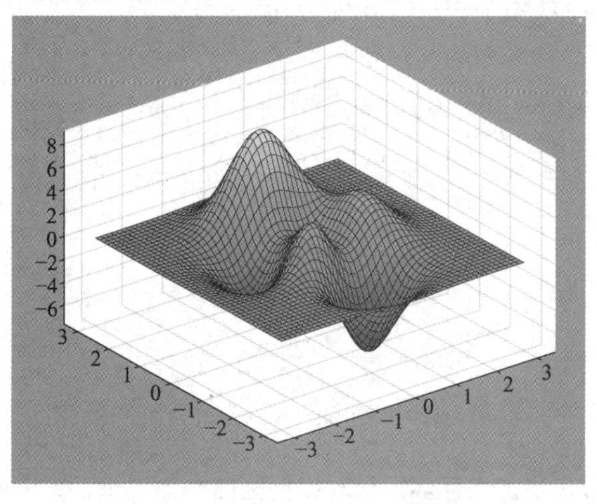

图 5-131　使用 gcf 命令示例图

5.8.3　图像对象清空与删除

1. 清空图窗的命令 clf

下面给出 clf 命令调用方式：

```
clf()                              #清除当前图窗中的可见图形对象
clf("reset")                       #清除当前图窗中的所有图形对象
clf(fig)                           #清除指定图窗中的可见图形对象
clf(fig,"reset")                   #清除指定图窗中的所有图形对象
figure_handle = clf(__)            #清除图窗并返回图窗句柄
```

2. 清除坐标区的命令 cla

下面给出 cla 命令调用方式：

```
cla()                              #清除当前坐标区中的可见图形对象
cla("reset")                       #清除当前坐标区中的所有图形对象
```

```
cla(ax)                          #清除指定坐标区等中的可见图形对象
cla(ax,"reset")                  #清除指定坐标区中的所有图形对象
```

3. 删除指定图窗的命令 plt_close

下面给出 plt_close 命令调用方式：

```
plt_close()                      #删除当前图窗
plt_close(h)                     #删除由 h 标识的图窗
plt_close(name)                  #删除具有指定名称的图窗
plt_close("all")                 #删除可见的所有图窗
status = plt_close(__)           #返回删除图窗结果
```

本章小结

本章主要介绍科学计算数据可视化中的二维图与三维图绘制，曲线、曲面、坐标区样式的设置，以及利用图形对象自定义图形的方法。通过本章的学习，读者可以对 Syslab 科学计算数据可视化的函数和命令有较全面和深刻的认识，能够绘制多种单条、多条二维曲线和单个、多个三维曲面，掌握曲线、曲面样式设定方法，能够实现对坐标区的控制，熟练使用图形对象修改绘图。

习 题 5

1. 在 $-2\pi \leqslant x \leqslant 2\pi$ 区间内，绘制 $y = 3x^2 + \cos x$ 和 $y = 3x^2 + \sin x$ 的曲线，将两条曲线绘制在同一坐标系中，第一条曲线格式指定为红色虚线、线宽为 2 磅，第二条曲线格式指定为蓝色实线、线宽为 2 磅。
2. 自变量定义为 $0 \leqslant t \leqslant 10\pi$，sin($t$)和 cos($t$)定义为关于 t 的正弦与余弦向量。绘制 sin(t)、cos(t)和 t 的三维曲线，并设置图像的标题，x 轴、y 轴和 z 轴的标签。
3. x 定义为 0 到 2π 间具有均匀间隔的 12 个点，y 定义为 $\cos(2x)$，每个数据点显示长度不等的误差条。
4. 绘制半对数图，$\boldsymbol{x}$ 定义为一个由区间[1, 100]内的 100 个具有均匀间隔的点组成的向量，$\boldsymbol{y}$ 定义为 $\boldsymbol{x}^2$。绘制 $\boldsymbol{x}$ 和 $\boldsymbol{y}$，调用 grid()函数显示网格线并向数据点添加文本说明。
5. 创建矩阵 $\boldsymbol{y} = [8\ 15\ 33;\ 30\ 35\ 40;\ 50\ 55\ 62]$，依据矩阵 $\boldsymbol{y}$ 创建水平条形图。水平条形图以 25 为基准值显示 $\boldsymbol{y}$ 值，小于 25 的值显示在基线左侧，大于 25 的值显示在基线右侧。
6. 在同一坐标系中绘制两个针状图。x_1 定义为 0 到 2π 间的 50 个点，y_1 定义为 $\cos(x_1)$；x_2 定义为 π 到 3π 间的 50 个点，y_2 定义为 $0.5\sin(x_2)$，且要求 y_2 对应针状图要填充终止针状图的圆。
7. 将 1000 个随机数划分到 16 个组中并绘制直方图。
8. 创建 x 为 0 到 2π 间的 100 个等间距值，创建 y 为带随机干扰的正弦值。根据 x 和 y 创建散点图，填充标记，并向散点图中任一数据添加数据提示。
9. 创建向量 $\boldsymbol{x} = [5,8,10,4,6]$，依据向量 $\boldsymbol{x}$ 绘制饼图，并通过设置 explode 元素偏移第三

块饼图扇区。

10. 创建向量 $\boldsymbol{x}=\boldsymbol{y}=(-5:0.5:5)$，基于 $\boldsymbol{x}$ 和 $\boldsymbol{y}$，利用 meshgrid2 函数创建二维网格返回矩阵 $\boldsymbol{X}$ 和 $\boldsymbol{Y}$。定义 $\boldsymbol{Z}=\boldsymbol{Y}\sin(\boldsymbol{X})-\boldsymbol{X}\cos(\boldsymbol{Y})$。绘制 $\boldsymbol{X}$、$\boldsymbol{Y}$ 和 $\boldsymbol{Z}$ 的三维曲面图，并设置图像透明度为 0.5。
11. 利用 peaks()函数绘制二维等高线图。要求等高线图包含 10 条等高线。
12. 创建一个复数值向量。使用羽状图显示这些复数值。实部确定每个箭头的 $\boldsymbol{x}$ 分量，虚部确定 $\boldsymbol{y}$ 分量。
13. 利用极坐标绘图函数 ezpolar()绘制笛卡儿心形图。

第 6 章
Syslab 工具箱应用

前 5 章介绍了 Syslab 的基本操作、实现编程的基础语法和进阶内容，以及如何绘制各种图形实现数据可视化。实际上，这些功能均已被集成在 Syslab 的工具箱中。

在 Syslab 中共有 14 个工具箱，它们构成了整个 Syslab 的基座，同时作为一个动态编程语言 Julia 程序的开发平台，Syslab 还提供了科学计算环境中其他工具所需的开放性接口。这些工具箱都由特定领域的专家开发，可分为通用性工具箱和专业性工具箱。通用性工具箱用来丰富 Syslab 的符号计算、数据可视化等功能，而专业性工具箱具有较强的学科相关性，可为通信、控制、金融等多领域赋能。用户使用它们可以方便地进行具有开创性的建模与算法开发工作，并通过 Syslab 强大的图形和可视化能力验证算法的功能和性能。

本章将对 Syslab 各工具箱的功能进行归纳和介绍，并通过实际案例对信号处理工具箱、通信工具箱、DSP（Digital Signal Processing，数字信号处理）系统工具箱和控制系统工具箱的主要函数及使用方法进行详细说明。

通过本章学习，读者可以了解（或掌握）：

- Syslab 工具箱的功能。
- 信号处理工具箱的函数及使用方法。
- 通信工具箱的函数及使用方法。
- DSP 系统工具箱的函数及使用方法。
- 控制系统工具箱的函数及使用方法。

本章学习视频

更多视频可扫封底二维码获取

6.1 Syslab工具箱简介

Syslab 拥有的 14 个工具箱，可以满足各行业在设计、建模、仿真、分析和优化方面的业务需求，为相关领域进行仿真验证提供了国产化的计算平台。这些工具箱从应用层面出发，可分为四类：通用，数学、统计和优化，信号处理和无线通信，控制系统，如图 6-1 所示。

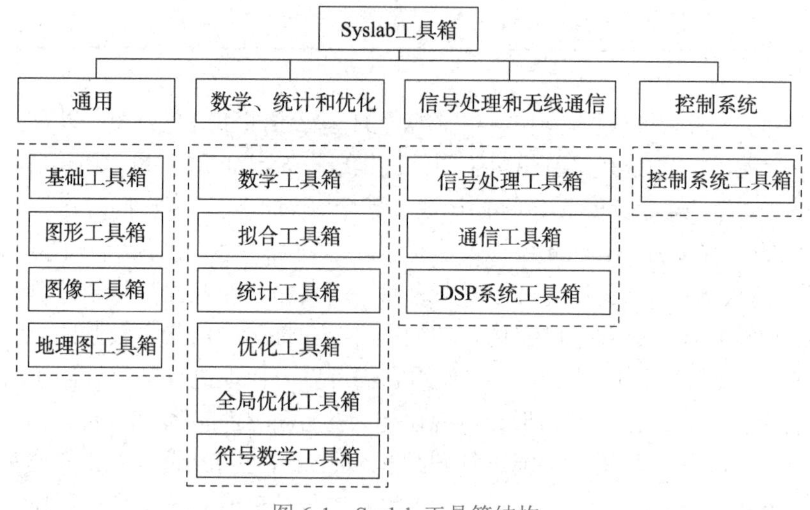

图 6-1 Syslab 工具箱结构

其中，通用部分包括基础工具箱、图形工具箱、图像工具箱和地理图工具箱，提供了通用编程和计算数据可视化的功能；数学、统计和优化部分包括数学工具箱、拟合工具箱、统计工具箱、优化工具箱、全局优化工具箱和符号数学工具箱，提供了科学计算和多种创建、分析数学模型的建模方法；信号处理和无线通信部分包括信号处理工具箱、通信工具箱和 DSP 系统工具箱，提供了设计、分析、测试、验证信号处理系统和通信系统的功能；控制系统部分包括控制系统工具箱，提供了被控对象建模、控制器设计和系统验证实现的功能。本节将分别对这 14 个工具箱的功能进行介绍。

6.1.1 基础工具箱/数学工具箱/图形工具箱

数据类型、集合容器、流程控制、初等函数、初等数学、线性代数、数值积分和微分方程、二维绘图、三维绘图等作为科学计算环境 Syslab 不断发展壮大的基石，被高度集成在了数学工具箱、基础工具箱和图形工具箱中，它们为其他工具箱中函数和算法的开发提供了最有力的支持。在第 3 章、第 4 章和第 5 章中，我们已经分别以 Julia 基础语法、Julia 进阶和数据可视化为主线，对这 3 个工具箱所涉及的主要函数、调用格式及函数功能进行了详细说明和举例。因此，在本节中不再赘述。

6.1.2 图像工具箱

图像泛指照片、动画等形成视觉景象的事物，是人类视觉的基础。图像凭借其信息量大、传输速度快、作用距离远等一系列优点，已成为人类获取信息的重要来源及利用信息的重要手段。随着计算机的发展，以及大数据、人工智能、机器人、汽车自动驾驶等研究热潮的到来，数字图像和相关处理技术的需求与日俱增。

数字图像，又称数码图像或数位图像，是用有限数字像素表示的一种图像。在 Syslab 中常用的图像类型有四种，分别是 RGB 真彩色图像、索引图像、灰度图像和二值图像，它们各有各的优势，且可以实现互相转换。Syslab 的图像工具箱提供了读取、写入、显示和修改图像的函数。通过这些函数，用户可以显示图像文件并控制图像的大小和纵横比，以及处理标准图像文件格式等。

6.1.3 地理图工具箱

地理图是指地表起伏形态和地理位置、形状在水平面上的投影图，具体来讲，就是将地面上的地物和地貌按水平投影（沿铅垂线方向投影到水平面上）的方法以一定比例缩绘形成的图形，是地理空间数据在平面上的可视化表达，通常可分为等高线地理图和分层设色地理图两种。在对地球表面的地理空间数据进行精确定位和计算处理过程中，地理图起至关重要的作用。

Syslab 虽然不像 ArcGIS 等地理信息系统专业软件在地理图可视化方面的功能强大，但也提供了集成的地理图工具箱（可用于地理数据变换和地理图显示创建）。在这个工具箱中，地理图数据是一组表示地理位置、区域属性或地球表面特征的变量集合。利用该工具箱所提供的函数和交互界面，用户可以将各种数据呈现为地理图形式，并能够通过指定坐标在地理图上创建线图、散点图、点密度图和气泡图，以及使用地理坐标区指定地理图范围和使用底图自定义地理图影像。

6.1.4 符号数学工具箱

符号数学运算是指解算数学表达式或方程式时，不在离散化的数值点上进行，而在一系列恒等式和数学定理的基础上，通过推理和演绎获得解析结果。这是一种符号之间的运算，其运算结果仍以标准的符号形式表达。因为这种运算建立在数值完全准确表达和严格解析的基础上，所以其结果完全正确且比数值解具有更好的通用性。

在符号数学运算中，科学计算的对象从具体的数值抽象化为一般的文字符号。要使用符号数学运算，用户必须预先定义符号变量并创建符号表达式。运算时，无须事先对符号变量赋值，运算所得结果直接以标准的符号形式表达。无论多么复杂的科学计算对象，通过符号数学运算都会给出直观的符号形式的解析式，因此符号数学成为科学计算中一个极其重要的组成部分。

Syslab 作为新一代科学计算环境，具有高度集成的符号数学工具箱。利用该工具箱提供的函数，用户可以求解、绘制和操作数学领域常见的符号数学方程，如微积分、线性代数、多项式和常微分方程等，并且能够进行维度计算和单位制之间的相互转换。符号学数学工具箱的结构如图 6-2 所示。

虽然符号数学工具箱是用来解决符号对象问题的，但它也能够解决数值对象问题。这就像对于某个公式，将其已知的数据代入公式来求解未知数的过程一样。从这个角度来看，数值运算是符号数学运算的一个具体应用。

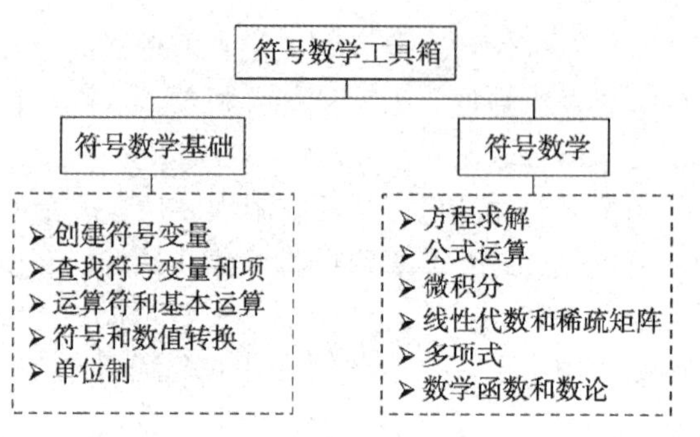

图 6-2　符号数学工具箱的结构

6.1.5　拟合工具箱

自然界和社会生活中的许多现象之间都存在着某种必然联系。为了对这种现象之间的联系方式进行考察，一种重要的科学手段就是从定量分析的角度出发，利用大量的观测数据寻找事物内部隐含的规律。在实际数据处理中，由于受到各种因素影响，所能收集到的数据样本难免不足、不连续或包含误差，使得人们往往无法使用明确的数学方程，而只能通过统计模型来表达现象之间的联系，甚至预测数据未来的发展趋势。

在现有的统计模型中，拟合是一种最常用的分析技术。所谓拟合，就是使用某个适当的曲线（曲面）类型或者方程，将一系列的数据连成平滑的曲线（曲面），并用拟合的曲线（曲面）方程分析两变量或多变量之间的内在联系，以实现对数据之间变化趋势的预测。常用的方法有最小二乘法、梯度下降法、高斯、牛顿（迭代最小二乘）法等。根据自变量的个数，拟合可分为曲线拟合和曲面拟合。

Syslab 的拟合工具箱提供了拟合曲线与曲面的函数和算法，可帮助用户进行数据分析和研究。利用这些函数和算法，用户能够对数据进行预处理和后处理，并比较候选模型及移除数据中存在的极端值。而且，可以使用该工具箱内置的线性与非线性模型或自定义的函数进行回归分析。在内置模型中，可通过参数选择和设置初始条件提高曲线或曲面拟合的质量。在创建拟合之后，用户可以使用多种后处理方法进行绘制、插值、外插、估计信赖区间及计算微分与积分等操作。此外，该工具箱支持非参数建模功能，如样条、插值和平滑。拟合工具箱的结构如图 6-3 所示。

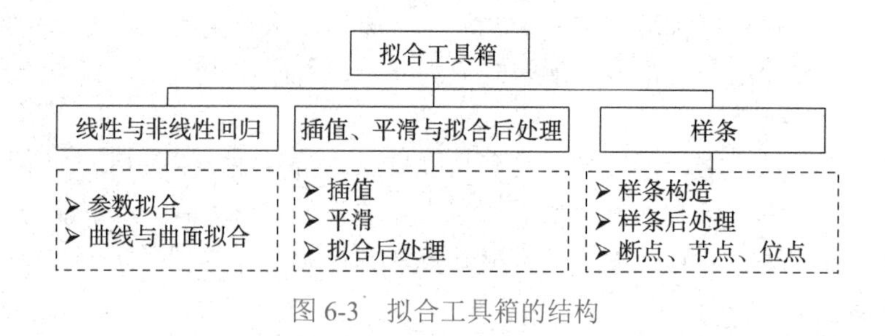

图 6-3　拟合工具箱的结构

1. 线性与非线性回归

回归用于估计输出变量与一个或多个输入变量之间关系，是实现拟合的一种方法。按照自变量与因变量之间的关系类型，回归可分为线性回归和非线性回归两种。前者是指回归函数的输出和输入之间呈现线性关系，一般来说，线性回归（问题）都可以通过最小二乘法解决。而后者是指回归函数的输出和输入之间呈现非线性关系，与估计线性模型的线性回归不同，需要使用迭代估计算法。实际上，非线性回归可以用来建立因变量与一系列自变量之间具有的任何关系。

拟合工具箱中的线性与非线性回归部分提供了众多内置的线性和非线性模型，可以帮助用户对曲线或曲面数据进行回归分析，以预测和估计观测数据点中间的值。在使用 fit 函数拟合一组数据时，可以将内置模型名称与方程作为 fit、fit_options 和 fittype 函数的输入实现不同效果的拟合，如多项式模型拟合、指数模型拟合、傅里叶级数模型拟合等。同样，可以对一个或多个模型的系数进行参数拟合。

2. 插值、平滑与拟合后处理

插值指估计已知数据点对应的值，平滑指降低一组数据集内的噪声，拟合后处理指分析曲线或曲面数据拟合后是否准确，它们都是拟合工具箱的重要组成部分。利用这些功能，用户可以使用 Savitzky-Golay 滤波和 Lowess 模型平滑观测数据，填补缺失的数据，预测未来的数据，以及通过绘制残差和预测区间评估拟合效果。

3. 样条

在数值分析中，样条是一种特殊的函数，通常定义为光滑的分段多项式参数曲线，在使用单一逼近多项式不易实现时可以用来在大区间上表示函数。由于样条构造简单，使用方便且拟合准确，并能近似曲线拟合和交互式曲线设计中复杂的形状，所以成为曲线拟合中常用的表示方法。

拟合工具箱中的样条部分提供了创建、可视化和操作样条的一系列函数，允许用户通过构造样条实现对数据的拟合及平滑。同时，用户也能够使用样条来平滑含有噪声的数据和执行插值。需要说明的是，用户可以在工具箱原有样条函数的基础上，使用 fit 函数创建自己的拟合样条，为曲线拟合三次样条插值和平滑样条，为曲面拟合三次样条插值和薄板样条。

6.1.6 信号处理工具箱

信号，从一般意义上来讲就是信息的载体，数学上表示为一个或多个变量的函数（自变量通常为时间，也可以是其他某种客观变量）。根据定义域的不同，信号可分为连续信号和离散信号。前者在时间轴上的取值是连续的，即在给定的时间间隔内，任意时刻的信号都是存在的；后者在时间轴上的取值是离散的，即只在一些特定的时间点上才有信号。

信号处理，是指对记录在某种载体上的信息进行处理，以便提取出有用信息，它是对信号进行提取、变换、分析和综合等处理的统称。例如，一个信号经过一个滤波器，在这种情况下，信号处理的含义是对包含噪声或干扰的有用信号进行滤波。随着计算机和通信技术的快速发展，信号处理的主战场已经完全转移至计算机软件中。利用这些软件，信号处理变得更加快速和准确，促使某些应用领域发生了质的变化。

Syslab 的信号处理工具箱提供了解决信号处理相关问题的多种函数和算法，可用于均匀和非均匀采样信号的管理、分析、预处理与特征提取。该工具箱包含可用于滤波器设计和分析、重采样、平滑处理、去趋势和功率谱估计的工具。通过它们，用户可以设计与分析数字FIR（Finite Impulse Response，有限脉冲响应）和IIR（Infinite Impulse Response，无限脉冲响应）滤波器，提取特征（如变化点和包络）、寻找波峰和信号模式、量化信号相似性及执行SNR（Signal-Noise Ratio，信噪比）和失真等测量，在时域、频域、时频域中同时可视化和处理信号，以及设计降低维度和提高信号质量的特征，为AI模型训练准备信号数据集等。信号处理工具箱的结构如图6-4所示。

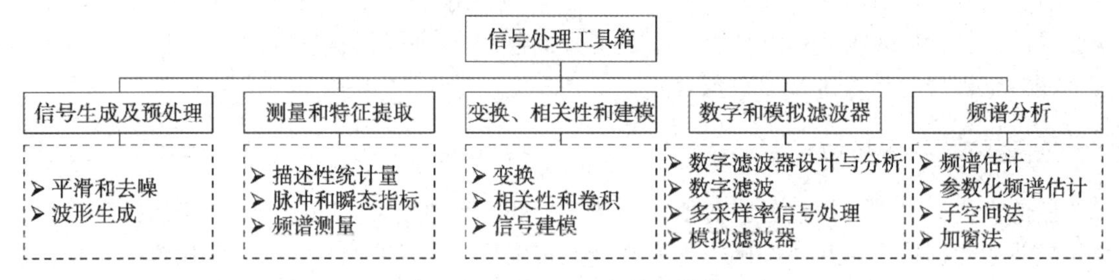

图6-4　信号处理工具箱的结构

1. 信号生成及预处理

信号是信息的载体。为了有效地获取和利用信息，必须模拟信号的生成并对其进行预处理。信号处理工具箱中的信号生成及预处理部分提供的函数可让用户实现：① 从数据中去除噪声、离群值和乱真内容；② 增强信号以对其可视化并发现信号模式；③ 更改信号的采样率，或者使不规则采样信号或带缺失数据信号的采样率趋于恒定；④ 生成脉冲、正弦、周期性/非周期性和编码脉冲等合成信号，为进一步分析信号做好充足准备。

2. 测量和特征提取

通常，信号生成设备或其周围存在多个信号源，这些信号源生成的信号在传输时又会受到传输通道特性的影响，当它们混杂在一起被传感器等处理系统处理时，会呈现出混乱无规律的形态。如何从中剥离我们感兴趣的信号是研究系统特征的基础。

信号处理工具箱中的测量和特征提取部分提供了一系列可用于解决这些问题的函数。使用这些函数，用户能够快速地测量信号的不同特征、定位信号波峰，并确定其高度、宽度和与邻点的距离等统计量，以及描述信号在时域和频域的特征。在时域中，可以获得峰间幅值、信号包络、各种脉冲和瞬态指标，如上升时间、下降时间、压摆率、过冲、下冲、稳定时间、脉冲宽度和占空比等。在频域中，可以测量基频、均值频率、中位数频率和谐波频率、通道带宽和频带功率，也可以通过测量SFDR（Spurious Free Dynamic Range，无乱真动态范围）、SNR、THD（Total Harmonic Distortion，总谐波失真）、SINAD（Signal to Noise and Distortion Ratio，信号与噪声失真比）和IP3（Third Order Intercept Point，三阶截断点）等物理量来描述系统的频域特性。

3. 变换、相关性和建模

信号处理工具箱中提供了可用于计算信号相关性、卷积和变换的函数。使用FFT（Fast Fourier Transform，快速傅里叶变换）、DCT（Discrete Cosine Transform，离散余弦变换）和

Walsh-Hadamard 变换可以将数据分解成若干频率分量或压缩数据；使用互相关、自相关、互协方差、自协方差、线性卷积和循环卷积可以量化信号的相似性；使用线性预测、自回归（Auto Regression，AR）模型、Yule-Walker 和 Levinson-Durbin 等参数化建模方法，可以估计描述信号、系统或过程的有理传递函数。

4. 数字和模拟滤波器

滤波器是由电容、电感和电阻组成的滤波电路，可以对电源线中特定频率的频点或该频点以外的频率进行有效滤除，得到一个特定频率的电源信号或消除一个特定频率后的电源信号。利用滤波器的这种选频作用，可以滤除掉干扰噪声或提取信号的有用部分进行频谱分析。因此，滤波器是信号处理的重要构成部分。根据所处理信号的不同，滤波器可分为模拟滤波器和数字滤波器两种。前者使用模拟电子电路实现滤波效果，后者使用数字处理器（PC 或专用 DSP）在信号的样本值上进行数值计算实现滤波。其中数字滤波器又可分为 IIR 滤波器和 FIR 滤波器。

信号处理工具箱中的数字和模拟滤波器部分提供了大量的函数与算法，可用于设计、分析、实现模拟滤波器，以及各种数字 FIR 和 IIR 滤波器。在模拟滤波器中，用户可以使用 Bessel、Butterworth（巴特沃斯）、Chebyshev 和椭圆等进行设计，并且能够使用冲激不变性和双线性变换等离散化方法执行模数滤波器的转换。在数字滤波器中，用户可以使用 Butterworth、Chebyshev、椭圆、脉冲整形等进行设计，并选择一组设定或设计算法作为起点。当然，用户也可以通过相关函数分析数字滤波器在频域和时域中的响应，可视化幅值、相位、群延迟、冲激和复平面中的滤波器极点与零点，以及通过测试稳定性和相位性来计算滤波器的性能。

5. 频谱分析

频谱是时域中的信号在频域下的表示方式，可以通过对信号进行傅里叶变换得到，所得的结果是分别以幅度和相位为纵轴、以频率为横轴的两张图。简单来说，频谱表示一个信号由哪些频率的弦波所组成，也可以看出各频率弦波的大小及相位等信息。当信号随着时间变化时，若用幅度来表示，则都有其对应的频率。因此，研究频谱是处理信号的一种有效方法。

频谱分析是一种将复杂的噪声信号分解为较简单信号的技术，其本质是找出该信号在不同频率下的信息，包括幅度、功率、强度和相位等。频谱分析既可以对整个信号进行，也可以先将信号分割为几段，然后对各段分别进行。实际上，常用的大部分仪器都采用 FFT 进行分析。

信号处理工具箱中的频谱分析部分提供一系列函数用于表征信号的频率成分，大致分为基于 FFT 的非参数化方法、参数化方法和子空间法。其中，基于 FFT 的非参数化方法适用于任何类型的信号，且不需要对输入数据做任何假设，如 Welch 法和周期图；参数化方法和子空间法能够结合信号的先验知识，产生更准确的频谱估计，如 Burg 法、协方差法和 MUSIC（Multiple Signal Classification，多重信号分类）法。此外，还可以设计与分析 Hamming、Chebyshev、Bartlett 和其他数据窗，比较各数据窗在不同大小和其他参数设置下的主瓣宽度与旁瓣电平。

6.1.7 通信工具箱

通信，即信息的传递，是指由发信者向另一个时空点的收信者进行信息的传输与交换，通信的双方可以是人与人或人与自然。现代通信主要借助电磁波在自由空间的传播或在导引媒介中的传输机理来实现，前者称为无线通信，后者称为有线通信。

实际的通信系统是一个功能结构相当复杂的系统，对这个系统做出的任何改变都可能影响整个系统的功能和性能。因此，在对原有的通信系统做出改进或建立一个新系统之前，通常先要对这个系统进行建模和仿真，通过仿真结果衡量方案的可行性，从而选取最合理的系统配置和参数设置以应用到实际系统中。仿真过程的实施既可以为新系统的建立或原系统的改造提供可靠的参考，又可以为科学研究和工程建设节约大量的时间与经济成本。

Syslab 的通信工具箱为通信系统的设计、分析，以及从发射端到接收端的仿真与验证提供了完整的算法和应用程序。利用该工具箱提供的波形发生器、星座图和眼图、误码率及其他分析工具，用户既可以验证设计方案，又可以生成和分析信号，可视化通道特性，并获得包含误差向量幅度等在内的性能指标。该工具箱还包括 SISO（Simple Input Simple Output，单输入单输出）与 MIMO（Multiple Input Multiple Output，多输入多输出）统计和空间信道模型，并提供 Rayleigh 信道、Rician 信道、WINNER II 信道等配置以供用户选择；射频损耗、射频非线性和载波偏移及补偿算法；载波和符号定时同步器。通过这些算法，用户能够真实地对链路级规范建模，并补偿信道降级的影响。通信工具箱的结构如图 6-5 所示。

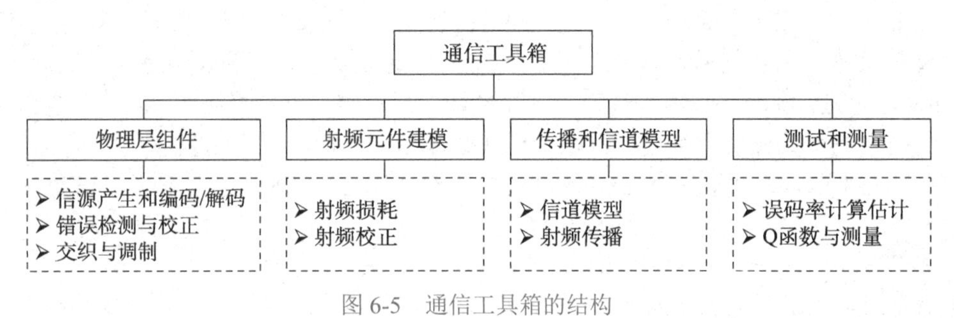

图 6-5　通信工具箱的结构

1. 物理层组件

通信系统一般由信源、信宿（收信者）、发射端、接收端和传输媒介等组成。不同的通信系统有其特有的模型结构，其中最基本的模型是点对点通信系统模型。然而，根据信源输出信号类型的不同，又可进一步分为模拟通信系统模型和数字通信系统模型。无论哪一种通信系统，搭建该系统的基本模型是进行通信仿真工作的基础。通信工具箱中的物理层组件部分提供了许多与通信系统创建有关的函数命令，包括信源产生函数，信源编码/解码函数，信道函数，对信号进行加扰、穿刺、交织等操作函数，模拟和数字调制/解调函数及滤波器函数等。使用这些函数，用户可以快速地构建和表征通信系统的链路。

2. 射频元件建模

通常，通信系统都是在有噪声的环境下工作的，信号在从发射端到接收端传输的过程中会受到各种各样的损耗，包括信号在自由空间中的传输损耗、相位和频率偏移、相位噪声、热噪声及接收机的非线性作用等。如何模拟信号在此过程中产生的损耗从而还原真实的通信情况并进行校正，对于构建完整的通信系统至关重要。通信工具箱中的射频元件建模部分提供了一系列函数和对象，可用于设计、建模、分析和可视化射频元件。通过这些函数，用户可以对包含放大器、混频器、滤波器、传输线、匹配网络和数字预失真的射频前端进行建模仿真，实现对射频信号的损失校正。

3. 传播和信道模型

信道是信号传输的通路。在信道中，信号波形会发生畸变，功率将随传输距离增加而衰减，并混入噪声及各种干扰。在通信系统模型中，我们通常将通信设备内部所产生的噪声等价地归并为信道中混入的噪声，这样信号处理设备就可以被建模为无噪声的，而只需要考虑信道中的噪声。

对于最常用的两种信道，即高斯白噪声信道和二进制对称信道，通信工具箱中的传播和信道模型部分提供了对应的函数 awgn 与 bsc。使用这两个函数建立信道模型可以描述通信系统链路中的空间环境。在此基础上进行分析，对于理解电磁波在不同情况下的损失机理可以起到事半功倍的作用。此外，这部分还提供了创建射频传播模型的函数，能够描述当信号穿过周围环境时，来自传输点的电磁辐射的行为。

4. 测试和测量

Syslab 的通信工具箱还提供了部分测试和测量函数，可用于计算滤波器带宽和测试输入数据的误码率。当然，也能够利用这些函数生成波形及使用定量工具测量通信系统的性能，并通过星座图、眼图等图形工具可视化各种损失和校正的效果。

6.1.8 DSP 系统工具箱

DSP 是一门涉及众多学科的新兴学科，是利用计算机或专用处理设备，以数字形式对信号进行分析、采集、合成、变换、滤波、估算、压缩等加工处理，以便提取有用的信息并进行有效传输与应用的理论和技术。与 ASP（Analog Signal Processing，模拟信号处理）相比，DSP 凭借其准确、灵活、抗干扰能力强、可靠性高、体积小、易于大规模集成等优点，自问世以来飞速发展，并在通信、雷达、声呐、语音合成和识别、图像处理等许多科学与工程领域得到广泛应用。DSP 包括算法的研究和实现两方面内容，Syslab 为此集成了专业的 DSP 系统工具箱用于满足信号处理系统的设计、仿真与分析需求。DSP 系统工具箱的结构如图 6-6 所示。

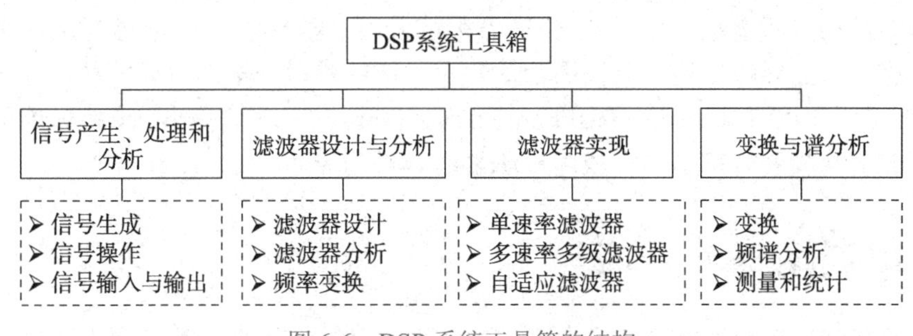

图 6-6 DSP 系统工具箱的结构

1. 信号产生、处理和分析

与信号处理工具箱中的信号生成及预处理部分不同，DSP 系统工具箱中的信号产生、处理和分析部分为用户提供了生成和传输信号的函数与工具，用户利用这些函数与工具可以进一步对信号执行操作，将一个复杂信号分解为若干简单信号分量之和，或者用有限的一组参量去表示一个复杂波形的信号，最后实现实时可视化。

2. 滤波器设计与分析

滤波是根据某一希望的指标对信号的频谱进行修正、整形或处理的过程。它可能对某一范围的频率分量进行放大或衰减，或对某一特定分量进行抑制或分离。通过滤波可以实现多方面的用途：消除信号污染或噪声；消除由于传输信道不完善或者测量不准确而引起的信号失真；把故意混合在一起的两个或多个信号分开；将信号分解为频率分量或解调；将离散信号转换为时间连续信号等。

数字滤波器是一种专门用来过滤时间离散信号的数字系统。通过修改滤波器的参数，可以很容易地改变滤波器的性能，使用一种程序滤波器可完成多重滤波任务。然而，实现上述功能需要先完成滤波器的设计与分析。DSP 系统工具箱中的滤波器设计与分析部分提供的众多函数可用于设计和分析各种数字 FIR 滤波器、IIR 滤波器，包括一些高级滤波器，如奈奎斯特滤波器、准线性相位 IIR 滤波器等。利用这些函数，用户可以分析滤波器响应特性，检查滤波器特性和属性，以及变换滤波器参数。

3. 滤波器实现

对于数字滤波器来说，从实现方法上有 FIR 滤波器和 IIR 滤波器之分。FIR 滤波器的冲激响应在有限时间内衰减为零，其输出仅取决于当前和过去的输入信号值。IIR 滤波器的冲激响应无限长，其输出不仅取决于当前和过去的输入信号值，也取决于过去的输出信号值。这两类滤波器无论在性能上还是在实现方法上都有很大的区别。DSP 系统工具箱中的滤波器实现部分为此提供了专门的 FIR 滤波器和 IIR 滤波器函数，可用于过滤信号；除常规的滤波器外，还提供了多速率多级滤波器和自适应滤波器等。

4. 变换与谱分析

信号分析是 DSP 系统工具箱的重要组成部分，最常用、最基本的方法有时域法和频域法两种。时域法研究信号的时域特性，如波形参数、波形变化、持续时间长短、重复周期，以及信号的时域分解与合成等。频域法将信号通过傅里叶变换后以另外一种形式表达出来，研究信号的频率结构（频谱成分）、频率分量的相对大小（能量分布）、主要频率分量占有的范围等，以解释信号的频域特性，可以揭示信号在时域中难以分析的重要特征。变换与谱分析部分提供的 FFT 和 IFFT（Inverse Fast Fourier Transform，快速傅里叶逆变换）能够将时域信号与频域信号实现相互转换，以完成用户所需的分析功能。

6.1.9 控制系统工具箱

随着信息时代的来临，人工智能在工业、农业、交通运输业、航空航天等领域，以及日常生活中得到越来越广泛的应用。目前，飞速发展的无人驾驶技术、无人机技术等都离不开自动控制理论与装置，可以说，现在是一个自动化无处不在的时代。

在实际控制系统的分析、设计中，控制系统仿真技术应用也越来越多，它已成为对控制系统进行分析、设计和综合的一种非常有效的手段。随着控制系统的日益复杂化、控制任务的多样化和控制系统性能要求的高精化，利用计算机对控制系统进行仿真研究与实验已成为控制领域及相关行业工程技术人员必须掌握的一种技能。

为了方便这些人员系统化地分析、设计和调节控制系统，Syslab 提供了专门的控制系统工具箱。该工具箱集成了各种函数和模块，既可以用于处理以传递函数为特征的经典控制，也可以解决以状态空间为主要特征的现代控制中的问题。同时，该工具箱为线性时不变系统的建模、分析、设计和调整提供了完整的解决方案。控制系统工具箱的结构如图 6-7 所示。

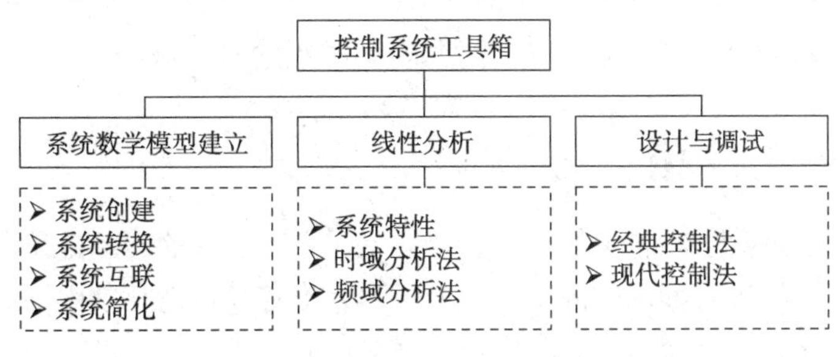

图 6-7　控制系统工具箱的结构

1. 系统数学模型建立

对控制系统进行深入的分析和计算，首先需要把具体的系统抽象成数学模型；然后，以数学模型为研究对象，应用经典或现代控制理论所提供的方法分析该系统的性能，并研究改进系统性能的途径。在此基础上，再应用这些研究成果和结论指导对实际系统的分析与改进。因此建立系统的数学模型是分析和研究控制系统的基础与出发点。

系统数学模型是描述系统或元件的输入量、输出量及内部各变量之间关系的数学表达式。常用的数学模型有微分方程、传递函数、结构图和状态空间等。建立系统数学模型时，必须全面分析系统的工作原理，根据建模的目的和精度要求，忽略一些次要的因素，使建立的数学模型既便于数学分析，又不影响分析的准确性。

控制系统工具箱中的系统数学模型建立部分为此提供了 tf、ss 等函数，可用于将动态系统模型转换为传递函数形式或状态空间形式以完成控制系统的创建；提供了 c2d 和 d2c 函数，可实现系统模型在连续时间形式和离散时间形式之间的相互转换；提供了其他函数，可完成系统互联和系统简化功能。

2. 线性分析

控制系统的数学模型是研究控制系统的理论基础，建立系统数学模型后，就可以运用工程方法对系统的控制性能进行全面的分析和计算。对于线性定常控制系统，通常采用时域分析法和频域分析法分析系统的性能，这两种方法统称为控制系统的线性分析。时域分析法基于系统的微分方程，以拉普拉斯变换为数学工具，直接求解控制系统的时域响应，并利用响应表达式及响应曲线分析系统的控制性能，如稳定性、准确性和快速性等。频域分析法是一种图解分析法，其通过系统开环频率特性的图形来分析闭环系统性能，这对于一些难以采用时域分析法分析系统动态模型的情况具有很大的实用意义。

控制系统工具箱中的线性分析部分较为全面地集成了实现时域分析和频域分析的函数，可以帮助用户直接分析线性控制系统的动态变化情况。通过这些函数，用户可以在时域和频域中可视化控制系统的行为，并提取系统特征，如上升时间、超调量和沉降时间等。当然，用户也可以查看系统的极点、固有频率、阻尼比等系统特性和典型输出信号的时间响应，以及绘制频率响应的伯德图、奈奎斯特图等。

3. 设计与调试

控制系统工具箱的设计与调试部分提供了经典控制法和现代控制法，用于设计与调试控制系统，如PID（Proportion Integration Differentiation，比例—积分—微分）控制器、LQR（Linaer Quadratic Regulator，线性二次型调节器）控制器和卡尔曼滤波器。

6.1.10 优化工具箱

优化理论与算法是数学学科中的一个重要分支，它所研究的问题是在众多方案中什么样的方案更准确及怎样找出更准确的方案。这类问题无论是在自然科学中还是在社会科学（如经济模型、金融计算、网络交通等）中都是普遍存在的。如何有效地求解这些优化问题已经成为影响这些领域发展的关键因素。

由于现代科学技术、工程设计与管理问题的日益复杂化，仅靠传统的方法和手段已难以解决问题。然而，计算机技术的发展使优化问题的研究不仅成为一种迫切需要，而且有了求解问题的有力工具。在该过程中，优化理论与算法成为在许多实际问题与计算机之间架设的一座桥梁，掌握了这种理论与方法就可以将大量的实际问题按其内在的规律抽象成某种形式的数学模型，然后利用计算机寻找和判断更准确的方案与参数。实践表明，优化理论与算法已经在科学研究、工程设计、经济管理中发挥着越来越大的作用，并且产生了直接的经济效益。

为了使相关人员能够将自己的主要精力放到更具有创造性的工作中，而把烦琐的优化工作交给计算机去完成，Syslab 提供了专门的优化工具箱。该工具箱提供的多个函数可在满足约束的同时求出可最小化或最大化目标的参数；同时针对非线性规划、线性规划与线性最小二乘、非线性方程组与非线性最小二乘等具体问题提供了相应的求解器。优化工具箱的结构如图 6-8 所示。

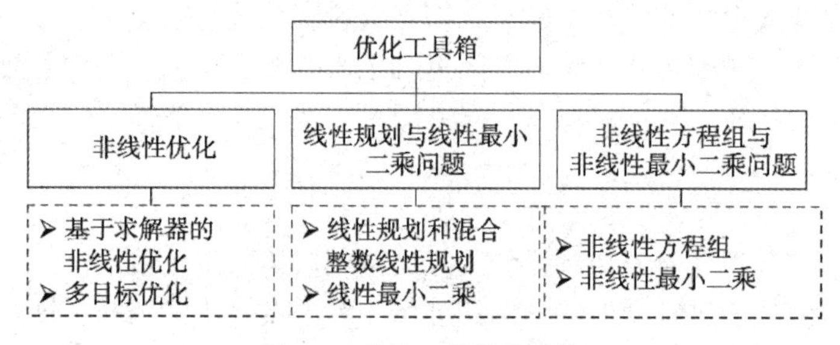

图 6-8　优化工具箱的结构

1. 非线性优化

非线性优化作为优化理论与算法中的一个重要组成部分，主要解决非线性函数的极值问题和约束极值问题。Syslab 优化工具箱中的非线性优化部分可用于求解单变量函数在区间上的最小值、线性或非线性约束条件下多变量函数的最小值、无约束多变量函数的最小值，以及多目标优化问题。

2. 线性规划与线性最小二乘问题

线性规划与线性最小二乘问题是优化中最基本、最常见的一类问题，它们在本质上与非线性规划问题一样，也是求解极大值或极小值问题，只不过它们的目标函数和约束函数均是线性的。针对这两类问题，Syslab 的优化工具箱提供了可用于求解的特定函数：linprog 函数可以求解线性规划问题，intlinprog 函数可以求解混合整数线性规划问题，lsqlin 函数可以求解约束线性最小二乘问题，lsqnonneg 函数可以求解非负线性最小二乘问题。

3. 非线性方程组与非线性最小二乘问题

非线性方程组与非线性最小二乘问题是科学和工程计算中十分常见的两类问题。非线性方程组问题与无约束优化问题可以借助 2-范数和一阶最优性条件实现相互转化，而非线性最小二乘问题是一类特殊的无约束优化问题。非线性方程组与非线性最小二乘问题的区别是：非线性方程组问题所含方程的个数与所含变量的个数一般是相等的，我们所希望得到的是方程组的根；然而，非线性最小二乘问题所对应方程的个数一般大于所含变量的个数，从而使得对应方程组系统可能没有根，这时我们所希望得到的是其残量的最小范数解。对于这两类问题，Syslab 的优化工具箱同样提供了用于求解的特定函数：fsolve 函数可以求解非线性方程组，fzero 函数可以求解非线性函数的根，lsqcurvefit 函数可以用最小二乘法求解非线性曲线拟合问题，lsqnonlin 函数可以求解非线性最小二乘（非线性数据拟合）问题。

6.1.11 全局优化工具箱

全局优化是指在有多个局部最优解的情况下求出全局最优解，是优化理论与算法中更为深层次的一个分支。从应用角度出发，人们真正需要的是全局最优解而非局部最优解，因此，有效解决全局优化问题往往具有更为重要的意义。然而，优化工具箱中提供的线性或非线性规划技术不能直接解决全局优化问题，因此 Syslab 提供了专门的全局优化工具箱。

该工具箱集成了几个主流的全局优化算法，包括全局搜索算法、模式搜索算法、遗传算法、多目标遗传算法、模拟退火算法和粒子群优化算法。对于目标函数或约束函数连续、不连续、随机、导数不存在及包含仿真或黑箱函数的优化问题，都可以使用这些求解器求解。另外，还可以通过设置选项和自定义创建、更新函数来改进求解器的效率，可以使用自定义数据类型配合遗传算法和模拟退火算法来描绘采用标准数据类型不容易表达的问题。同时，利用混合函数选项可在第一个求解器之后应用第二个求解器来改进解算。

6.1.12 统计工具箱

统计作为一门收集、处理、分析、解释数据并从数据中得出结论的科学，无论是在科学研究领域中还是在实际工程领域中都有着非常广泛的应用。为了方便取得统计数据、选择适当的统计方法研究数据并最终将数据用图表等形式展示出来，Syslab 中提供了专门的统计工具箱，可用于描述数据、分析数据，以及为数据建模。该工具箱包含数百个专用于求解概率和统计问题的函数，基于该工具箱，用户可以使用描述性统计量和绘图方式进行探索性数据分析，对数据进行概率分布拟合并生成进行蒙特卡洛模拟的随机数，以及执行假设检验。统计工具箱的结构如图 6-9 所示。

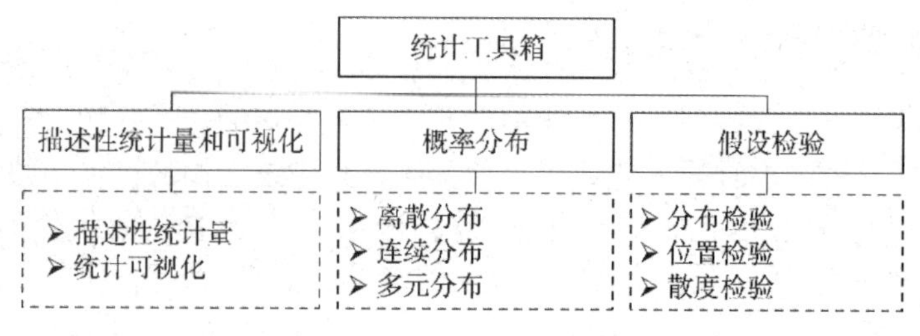

图 6-9　统计工具箱的结构

1. 描述性统计量和可视化

若想全面把握数据分布的特征，则需要找到反映数据分布特征的各个代表值。数据分布的特征可以从三个方面进行测量和描述：一是分布的集中趋势，反映各数据向其中心值靠拢或聚集的程度；二是分布的离散程度，反映各数据远离中心值的趋势；三是分布的形状，反映数据分布的偏态和峰态。统计工具箱中的描述性统计量和可视化部分通过生成汇总统计量，包含集中趋势、散度、形状和相关性方面的度量，以数值方式反映了数据分布特征的不同侧面；同时利用一元图、二元图和多元图实现数据的可视化，具体包括箱线图、直方图和概率图。

2. 概率分布

利用描述性统计量可以使我们对客观事物的概貌有一个初步的了解。然而，简单的描述方法只能实现对统计数据粗浅的利用，它与从统计数据中挖掘出规律性的东西相差甚远。若想有效地充分利用统计数据，则需要运用推断统计的方法，即概率分布。统计工具箱中的概率分布部分提供的函数能够对离散型、连续型和多元型等不同类型样本数据进行拟合，并计算它们的概率密度函数（Probability Density Function，PDF）和累积密度函数（Cumulative Density Function，CDF）等概率函数。

3. 假设检验

假设检验指利用样本对总体进行某种推断，是统计推断中的重要组成部分，主要分为以下两步：① 对某个值提出一个假设；② 利用样本数据检验这个假设是否成立。统计工具箱中的假设检验部分分为参数化假设检验和非参数化假设检验两类，以确定样本数据是否来自具有特定特征的总体，包括可以检验样本数据是否来自具有特定分布总体的分布检验（如卡方拟合优度检验、单样本 Kolmogorov-Smirnov 检验、Lilliefors 检验）、可以检验样本数据是否来自具有特定均值或中位数总体的位置检验（如 Z 检验、单样本 t 检验），以及可以检验样本数据是否来自具有特定方差总体的散度检验（如卡方方差检验）。

6.2 Syslab工具箱实例分析

6.1 节对 14 个工具箱所具有的功能进行了详细阐述，并在第 3、4、5 章中对基础、数学和图形工具箱中具体函数的调用格式和使用方法以示例进行了说明。本节针对专业性工具箱中控制系统、通信与信号处理两个部分共 4 个工具箱中的主要函数的用法，分别借助直流伺服电动机转速 PID 控制和语音信号处理典型案例展开说明。数学、统计和优化部分共 6 个工具箱中的主要函数的用法将在第 7 章中详细介绍。

6.2.1 直流伺服电动机转速 PID 控制

直流伺服电动机由定子和转子构成，定子中有励磁线圈以提供磁场，转子中有电枢线圈。在一定磁场力作用下，通过改变电枢电流可改变电动机的转速。直流伺服电动机原理简图如图 6-10 所示，在此模型中，电动机本身的动态特性是理想化的，例如磁场恒定等。其中，R 为电枢电阻，L 为电枢电感，i 为电枢电流，u 为电枢外电压，e 为电枢电动势，i_f 为励磁电流，T 为电动机转矩，J 为转子的转动惯量，c 为电动机和负载的黏性阻尼系数。

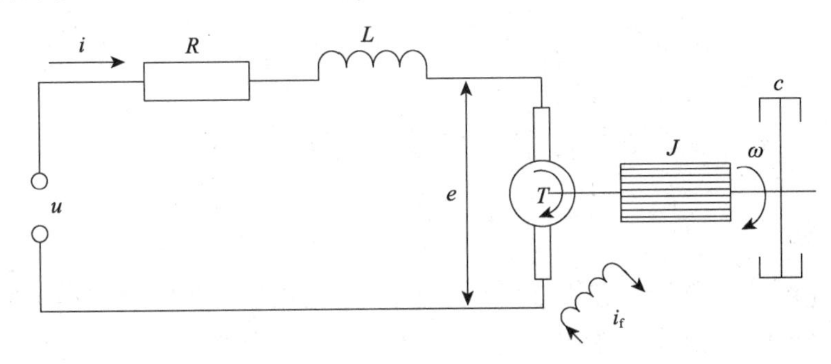

图 6-10 直流伺服电动机原理简图

1. 系统模型

电动机转矩 T 与电枢电流 i 和气隙磁通量 Φ 成正比，而气隙磁通量 Φ 与励磁电流 i_f 成正比，即

$$T = k_1 i\Phi,\quad \Phi = k_f i_f \tag{6-1}$$

式中，k_1、k_f 分别表示磁通系数和励磁系数。则电动机转矩为

$$T = k_1 i k_f i_f \tag{6-2}$$

在励磁电流等于常数的情况下，电动机转矩与电枢电流成正比，即

$$T = Ki \tag{6-3}$$

式中，$K = k_1 k_f i_f$ 为电动机转矩常数。

当电动机转动时，在电枢中会产生电枢电动势，其大小与转子的转动角速度 ω 成正比，即

$$e=k_b\omega \tag{6-4}$$

式中，k_b 表示电枢电动势常数。根据回路定律，可以得到电枢电路的微分方程为

$$L\frac{\mathrm{d}i}{\mathrm{d}t} + Ri + k_b\omega = u \tag{6-5}$$

转子的转动角速度的动力学方程为

$$J\frac{\mathrm{d}\omega}{\mathrm{d}t} + c\omega = Ki \tag{6-6}$$

基于式(6-5)和式(6-6)可得到一组描述电动机行为的微分方程，其中第一个方程用于产生感应电流，第二个方程用于产生转子的转动角速度。

$$\begin{cases}\dfrac{\mathrm{d}i}{\mathrm{d}t}=-\dfrac{R}{L}i-\dfrac{k_\mathrm{b}}{L}\omega+\dfrac{1}{L}u\\ \dfrac{\mathrm{d}\omega}{\mathrm{d}t}=-\dfrac{c}{J}\omega+\dfrac{K}{J}i\end{cases} \tag{6-7}$$

取电枢电流i和转子的转动角速度ω为直流伺服电动机系统的状态变量，施加的电枢外电压u为该系统的输入，转子的转动角速度ω为系统的输出，则可以建立直流伺服电动机系统的状态空间方程为

$$\frac{\mathrm{d}}{\mathrm{d}t}\begin{bmatrix}i\\ \omega\end{bmatrix}=\begin{bmatrix}-\dfrac{R}{L} & -\dfrac{k_\mathrm{b}}{L}\\ \dfrac{K}{J} & -\dfrac{c}{J}\end{bmatrix}\begin{bmatrix}i\\ \omega\end{bmatrix}+\begin{bmatrix}\dfrac{1}{L}\\ 0\end{bmatrix}u \tag{6-8}$$

输出方程为

$$y(t)=\begin{bmatrix}0 & 1\end{bmatrix}\begin{bmatrix}i\\ \omega\end{bmatrix}+\begin{bmatrix}0\end{bmatrix}u \tag{6-9}$$

2. 仿真实例

在建立描述被控对象的数学模型后，使用控制系统工具箱中的函数构造相应的模型。设定电枢电阻$R=1\Omega$，电枢电感$L=0.5\,\mathrm{H}$，电枢电动势常数$k_\mathrm{b}=0.01$，电动机转矩常数$K=0.01\,\mathrm{N\cdot m/A}$，转子的转动惯量$J=0.01\,\mathrm{kg\cdot m^2}$，电动机和负载的黏性阻尼系数$c=0.1\,\mathrm{N\cdot m/s}$。采用 PID 控制电动机的电枢外电压$u$，从而控制电动机转速，使其满足在单位阶跃响应下该动态系统稳定时间小于 2 s，稳态误差小于 1%，超调量小于 5%的设计需求。

在 Syslab 中构造直流伺服电动机的状态空间模型如下：

```
R = 1;   L = 0.5;   k_b = 0.01;   K = 0.01;   J = 0.01;   c = 0.1;     #定义直流伺服电动机的各项参数
A_motor = [-R / L -k_b / L; K / J -c / J];
B_motor = [1 / L, 0];
C_motor = [0 1];
D_motor = [0];
motor = ss(A_motor, B_motor, C_motor, D_motor)
```

运行结果如下：

```
A_motor =
 -2.0  -0.02
 1.0   -10.0
B_motor =
 2.0
 0.0
C_motor =
 0.0  1.0
D_motor =
 0.0
连续时间状态空间模型
```

有了状态空间表示，可以转换为其他模型表示，例如传递函数模型和零极点增益模型。

```
sys_tf = tf(motor)             #传递函数表示
sys_zpk = zpk(motor)           #零点/极点/增益表示
```

运行结果如下：

```
2.000000000000007
-----------------------------------
1.0s^2 + 12.0s + 20.019999999999996
连续时间传递函数模型

                                          1.0
2.0----------------------------------------------------
     (1.0s + 9.997499218261337)(1.0s + 2.0025007817386626)
连续时间传递函数模型
```

在此基础上，通过添加电压放大器以放大电压。这里采用一阶传递函数 $5/(1000s+1)$ 表示，该放大器能够提供 5V 的稳态电压增益和 1000 rad/s 的带宽，将放大器和电动机串联可得到完整的动态系统。

```
amp = tf(5, [1 / 1000 1])      #一阶函数形式电压放大器
plant = series(amp, motor)
```

接下来，通过使用 pole 函数计算动态系统的极点或特征值来判断系统的稳定性。当然，也可以使用稳定函数 isstable 来分析系统的稳定性。

```
pole(plant)
isstable(plant)
```

运行结果如下：

```
3-element Vector{Float64}:
     -2.0025007817386626
     -9.997499218261337
 -1000.0

true
```

在上述结果中，计算得到的三个负实值极点和逻辑值 true 均表明所设计的直流伺服电动机动态系统是稳定的。明确被控对象的稳定性后，我们通过施加单位阶跃形式的电枢外电压分析该系统的动态特性。

```
step(plant, 3.5)
S = stepinfo(plant)
```

直流伺服电动机转速阶跃响应如图 6-11 所示。

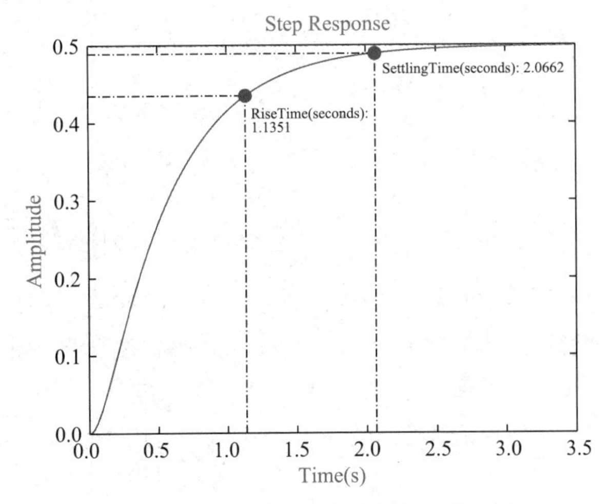

图 6-11　直流伺服电动机转速阶跃响应

由图 6-11 可知，该直流伺服电动机动态系统需要 1.1351 s 的上升时间（Rise Time），并经过 2.0662 s 达到稳定状态，最终转速的稳态值为 0.5 rad/s。显然，当前系统不满足设计需求。

为了消除稳态误差，并且将稳定时间减少到规定指标内，需要设计控制器。在这之前，首先使用 ctrb 函数计算系统的可控性矩阵以检查被控对象是否可控。当然，也可以使用 rank 函数计算可控性矩阵的秩，以便更快地判断系统的可控性。

```
ctrb_matrix = ctrb(plant)
r = rank(ctrb_matrix)
```

运行结果如下：

```
3×3 Matrix{Float64}:
   0.0    10000.0        -1.002e7
   0.0        0.0    10000.0
  64.0   -64000.0         6.4e7

3
```

在上述结果中，$r=3$。由于闭环系统是 3 阶的，因此其状态完全可控，进而可以设计一个全状态反馈控制器测量所有的状态。这里仅设计控制器实现对电动机转速的控制。

首先，从简单的比例控制开始，通过添加一个比例控制的单位负反馈得到新的动态系统。

```
K_P = 50;
controller = pid(K_P);
motor_cl = feedback(controller * plant, 1);
step(motor_cl, 3.5);
S = stepinfo(motor_cl);
```

得到直流伺服电动机转速比例控制阶跃响应结果，如图 6-12 所示。

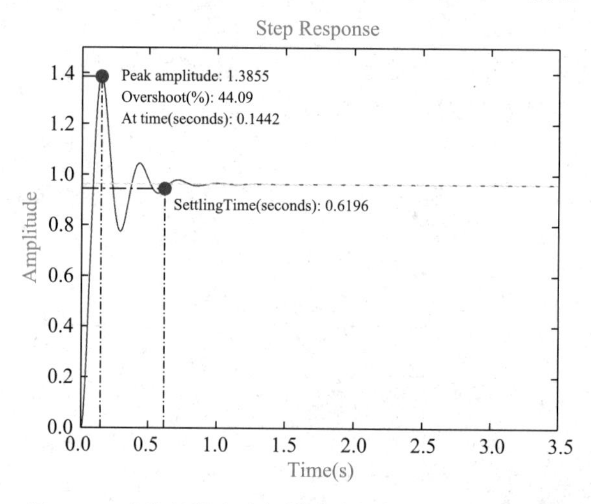

图 6-12　直流伺服电动机转速比例控制阶跃响应结果

由图 6-12 可知，新系统稳定时间（Srttling Time）为 0.6196 s，满足了稳定时间小于 2 s 的设计需求。然而，新系统的超调量（Overshoot）为 44.09%，远超设计指标。回顾控制理论中的知识，尽管减小比例系数 K_P 能够降低超调量，但是会引起稳态误差增大。因此，仅通过调节比例系数以设计满足需求的直流伺服电动机系统是困难的，所以还需要添加微分系数和积分系数。

```
K_P = 50;     K_I = 100;     K_D = 3;
```

```
controller = pid(K_P, K_I, K_D);
motor_cl = feedback(tf(controller) * tf(plant), 1);
step(motor_cl, 3.5);
S = stepinfo(motor_cl);
```

得到直流伺服电动机转速 PID 控制阶跃响应结果，如图 6-13 所示。

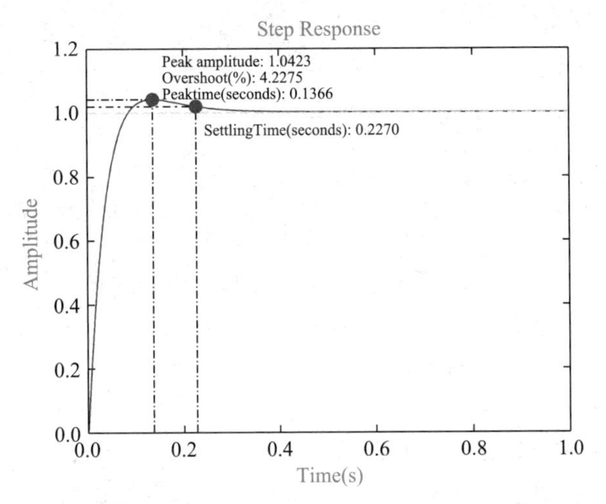

图 6-13　直流伺服电动机转速 PID 控制阶跃响应结果

由图 6-13 可知，当调节 PID 控制器参数为 $K_P = 50$、$K_I = 100$ 和 $K_D = 3$ 时，直流伺服电动机动态系统的稳定时间为 0.2270 s，超调量为 4.2275%，转速的稳态值为 1 rad/s，满足设计需求。

6.2.2　语音信号处理

语言是人类特有的功能，声音是人类常用的工具，通过语音相互传递信息是人们实现思想疏通和感情交流最主要的途径。语音信号处理是信号处理技术的一项典型应用，目的是得到某些参数以实现高效的传输或存储，在一定程度上反映了信号处理技术的发展。语音信号通信系统模型如图 6-14 所示，涉及信号生成、分析、增强、编码译码和调制解调等多种信号处理技术。本节将以语音信号处理为示例，介绍 Syslab 中涉及信号处理方法和算法的相关工具箱的功能和使用。

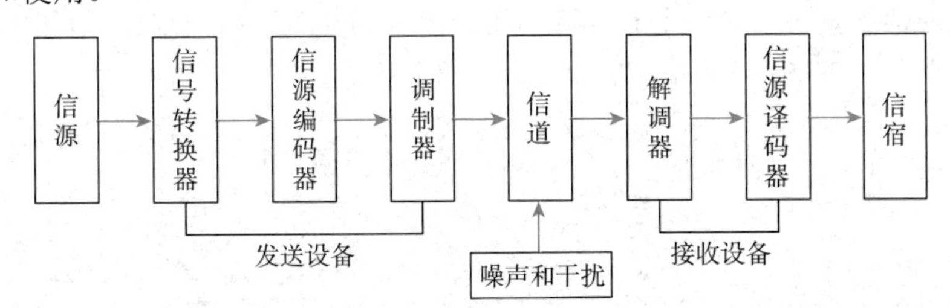

图 6-14　语音信号通信系统模型

1. 语音信号生成及分析

语音信号生成是语音信号处理的基础，而语音信号产生的数学模型与发音器官的特点及语音产生的机理密切相关。根据功能，可以将语音生成系统分为声带（负责产生激励振动）、声道（负责传输振动）和嘴唇（负责将语音辐射出去）三个部分，每个部分均具有相应的数学模型。完整的语音信号数学模型可以用这三个部分的串联来表示，但相关数学模型的建立不是本文讨论的重点，因此在示例中直接从音频文件中读入一段语音代替语音信号生成。

```
#创建读取音频结构体并设置其路径属性
fi = "录音.wav"                                   #在网站中获取
#设置采样率为 fs 和样本数 long
fs = 16000;        long = 80000;
#使用 dsp_AudioFileReader 函数读取语音数据
afr = dsp_AudioFileReader(; Filename = fi, SamplesPerFrame = long, SampleRate = fs)
#以采样频率 fs 将音频信号发送到扬声器
x = step(afr)
sound(x, fs)
```

获得语音信号后，只有分析出可表示语音信号本质特征的参数，才有可能利用这些参数进行高效的语音通信、语音合成和语音识别等处理。根据所分析参数性质的不同，可将语音信号分析分为时域分析、频域分析和倒频域分析等。时域分析具有简单、计算量小、物理意义明确等优点，但由于语音信号最重要的感知特性反映在功率谱中，而相位变化只起着很小的作用，所以相对于时域分析来说，频域分析更为重要。

广义上，语音信号的频域分析包括语音信号的频谱、功率谱、倒频谱分析等，而常用的分析方法有傅里叶变换法和线性预测法。本示例中使用的是傅里叶变换在离散时间上的变形，即离散傅里叶变换（Discrete Fourier Transform，DFT）。

设原信号为$x(t)$，采样信号为$x(n)=x(t)|t=nT$，则$x(n)$的 DFT 定义为：

$$X(\mathrm{e}^{\mathrm{j}\omega})=\sum_{n=0}^{N-1}x(n)\mathrm{e}^{-\mathrm{j}\omega n} \tag{6-10}$$

由于$X(\mathrm{e}^{\mathrm{j}\omega})$是周期为$2\pi$的函数，在一个周期$0\leqslant\omega\leqslant2\pi$内，对$X(\mathrm{e}^{\mathrm{j}\omega})$以等间隔$\omega=2\pi/N$均匀采样，第$k$个频率为$\omega_k=2\pi k/N(0\leqslant k\leqslant N-1)$，于是

$$X(k)=\sum_{n=0}^{N-1}x(n)\mathrm{e}^{-\mathrm{j}\frac{2\pi}{N}kn},\quad 0\leqslant k\leqslant N-1 \tag{6-11}$$

$X(k)(0\leqslant k\leqslant N-1)$表示$X(\mathrm{e}^{\mathrm{j}\omega})$在的一个周期内等间隔取出$N$个样本，这个过程称为频域采样，$X(k)$称为$x(n)$的 DFT。

Syslab 的通信工具箱中提供了 fft 函数可以实现 Galois 数组的 DFT，则利用 fft 函数可以进一步编写语音信号的频谱分析函数。

```
#频谱分析函数
function fspectrum(y1, long)
    Y1 = fft(y1)
    P2 = abs.(Y1 ./ long)
    P1 = P2[1:Int(long / 2 + 1)]
    P1[2:(end-1)] = 2 * P1[2:(end-1)]
    f1 = fs * (0:(long/2)) / long
    return f1, P1
end
```

然后，绘制原始语音信号和它的频谱图以便直观分析。

```
f, P = fspectrum(x, long)
```

```
t = (1:(long)) * (1 / fs)
figure("原始语音信号", facecolor="white")
subplot(2, 1, 1)
plot(x)
grid("on")
xlabel("样本数");      ylabel("幅值");
title("原始语音信号波形");
subplot(2, 1, 2)
plot(f, P)
grid("on")
xlabel("频率/Hz");     ylabel("幅值");
title("原始语音信号频谱")
tightlayout()
```

得到原始语音信号波形和频谱如图 6-15 所示。

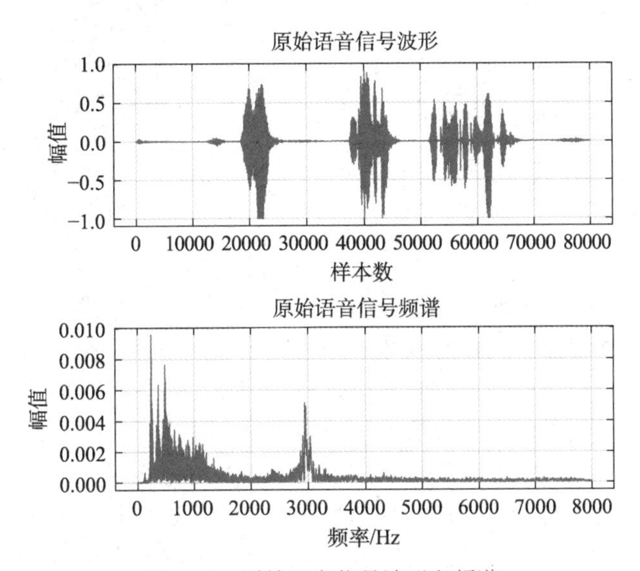

图 6-15　原始语音信号波形和频谱

由图 6-15 中的频谱可知，这段原始语音信号频谱集中在 0~3000Hz 范围内。然而，在实际应用中，语音不可避免地受到周围环境的影响。为了模拟原始语音信号传播过程中在真实世界中的环境噪声，并验证后续滤波算法的健壮性，使用 chirp 函数在原始语音信号中插入一段 6000~7000Hz 的扫频余弦噪声，并绘制加噪后语音信号的波形和频谱，如图 6-16 所示。

```
noise = chirp(collect(t), 6000, 1, 7000)          #产生扫频余弦噪声
x = x + noise                                     #在信号中插入噪声
sound(x, fs)                                      #将加噪后语音信号发送到扬声器
f, P1 = fspectrum(x, long)
figure("加噪后语音信号")
subplot(2, 1, 1)
plot(x)
grid("on")
xlabel("样本数");     ylabel("幅值");
title("加噪后语音信号波形")
subplot(2, 1, 2)
plot(f, P1)
grid("on")
xlabel("频率/Hz");     ylabel("幅值");
```

```
title("加噪后语音信号频谱")
tightlayout()
```

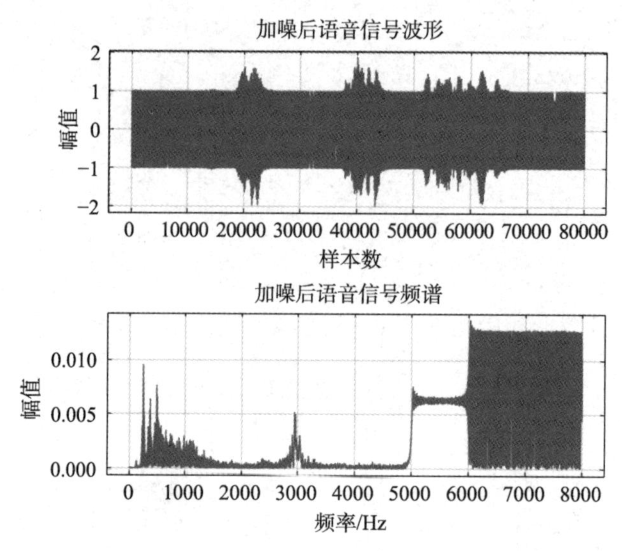

图 6-16　加噪后语音信号波形和频谱

对比图 6-15 和图 6-16 可知，加噪后的语音信号已被严重污染，使得接收端接收到的语音信号参数已非纯净的原始语音信号参数，导致语音质量急剧下降，甚至变得完全不可懂。

语音信号增强是解决噪声污染问题的一种有效方法，其主要目标是从带噪语音信号中提取纯净的语音信号，以改善语音信号质量、提高语音可懂度，其已经发展成为语音信号数字处理的一个重要分支。然而，语音信号增强不但与语音信号数字处理技术有关，还涉及人的听觉感知。此外，噪声来源众多，随着应用场景的不同，其特性也各不相同，因此难以找出一种适用于各种噪声环境的通用语音信号增强算法。本示例中针对周期性扫频余弦噪声采用数字滤波器法实现语音信号增强。

2. 采用数字滤波器法增强语音信号

数字滤波器的分类方法有多种，根据实现的网络结构或单位脉冲响应长度，可分为 IIR 滤波器和 FIR 滤波器；根据滤波特性又可以分为低通滤波器、高通滤波器、带通滤波器和带阻滤波器。

以数字低通滤波器为例，图 6-17 左上角的阴影区代表滤波器的通带，右下角的阴影区代表滤波器的阻带。通带的带宽为 ω_p，高度为 δ_p，即所期望幅度响应必须满足

$$1-\delta_p \leqslant |H(e^{j\omega})| \leqslant 1, \quad 0 \leqslant \omega \leqslant \omega_p \tag{6-12}$$

式中，$0<\omega_p<\pi$ 是通带截止频率；$\delta_p>0$ 是通带波纹；$H(e^{j\omega})$ 是系统的频率响应。与通带类似，阻带的期望幅度响应满足

$$0 \leqslant |H(e^{j\omega})| \leqslant \delta_s, \quad \omega_s \leqslant \omega \leqslant \pi \tag{6-13}$$

在极限情况下，当 $\delta_p=0$、$\delta_s=0$ 并且 $\omega_s=\omega_p$ 时，滤波器称为理想低通滤波器。理想低通滤波器的传递函数及单位脉冲响应分别为

$$H(e^{j\omega})=\begin{cases}1, & 0\leqslant\omega\leqslant\omega_c\\0, & \text{其他}\end{cases} \tag{6-14}$$

$$h(n)=\frac{\sin\omega_c n}{\pi n},\qquad -\infty<n<\infty \tag{6-15}$$

式中，ω_c 称为截止角频率。

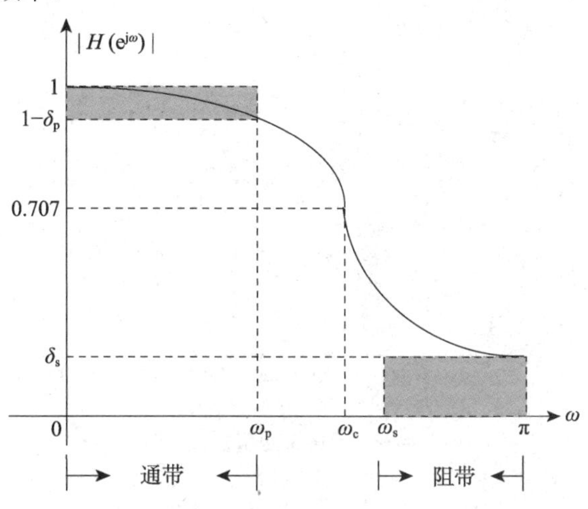

图 6-17　数字低通滤波器的幅频特性

在实际应用中，理想低通滤波器由于频率响应太过完美很难实现，必须生成一种可实现的逼近方法对这些滤波器的冲激响应进行截断，得到一个有限长的冲激响应。示例中的语音信号频谱分布在 0~4000 Hz 频段，集中在 0~3000 Hz 频段，所加噪声在 6000~7000 Hz 频段，因此可以直接选用低通滤波器去除噪声。

本节将利用 Syslab 信号处理工具箱中提供的 butter、kaiserord、fir1 函数分别设计 IIR 巴特沃斯低通滤波器和 FIR 凯撒窗低通滤波器去除语音信号中的噪声频段，其中归一化后的通带截止频率约为 1500 Hz，阻带起始频率约为 2000 Hz。

```
# ------------------ IIR 巴特沃斯低通滤波器 ---------------------------
#设置通带截止频率、阻带截止频率、幅度响应下降到通带幅度−6dB 时的截止频率
Fp = 1500; Ft = 8000; Fc = 2000;
#归一化频率
wp1 = 2 * pi * Fp / Ft;     wc1 = 2 * pi * Fc / Ft;
fp1 = tan(wp1 / 2);         fc1 = tan(wc1 / 2);
#计算巴特沃斯滤波器阶数和截止频率
n1, wn1 = buttord(fp1, fc1, 1, 50, "s");
#设计巴特沃斯滤波器
b1, a1 = butter(n1, wn1, "s");
#用双线性变换法实现模数滤波器转换
num1, den1 = bilinear(b1, a1, 0.5);
#求解系统函数
h1, w1 = freqz(num1, den1);
#进行一维数字滤波和频谱分析
x1, = filter1(num1, den1, x)
f1, P11 = fspectrum(x1, long)
sound(x1, fs)
#绘制 IIR 低通滤波后的信号波形和频谱
figure("IIR 低通滤波器", facecolor="white")
subplot(2, 1, 1)
```

```
plot(x1)
grid("on")
xlabel("样本数");    ylabel("幅值");
title("IIR 巴特沃斯低通滤波器滤波后信号的波形")
subplot(2, 1, 2)
plot(f1, P11)
grid("on")
xlabel("频率/Hz");    ylabel("幅值");
title("IIR 巴特沃斯低通滤波器滤波后信号的频谱")
tightlayout()
```

得到 IIR 巴特沃斯低通滤波器滤波后信号的波形和频谱如图 6-18 所示。

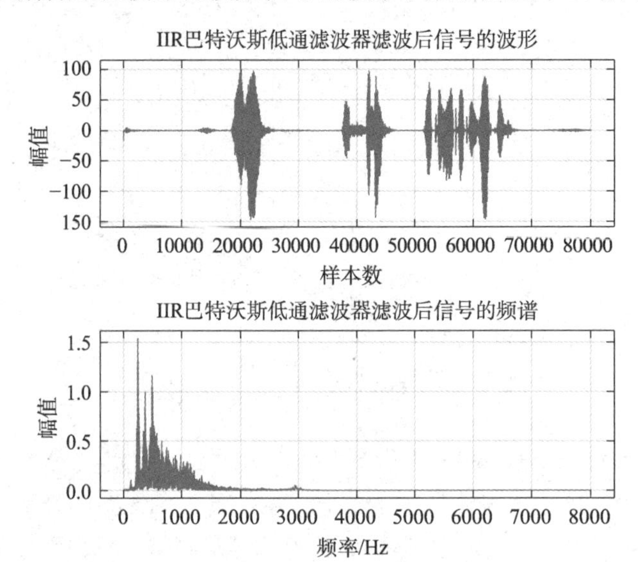

图 6-18　IIR 巴特沃斯低通滤波器滤波后信号的波形和频谱

```
# ---------------- FIR 凯撒窗低通滤波器 -----------------------
#设置凯撒窗的带边、频带幅度和最大允许偏差
wp2 = 2 * Fp / Ft;    wc2 = 2 * Fc / Ft;    fpts = [wp2 wc2];
mag = [1 0];
p = 1 - 10 .^ (-1 / 20);    s = 10 .^ (-100 / 20);    dev = [p s];
#估计 FIR 凯撒窗低通滤波器参数
n2, wc2, beta2, ftype2 = kaiserord(fpts, mag, dev)
#基于窗口的 FIR 低通滤波器设计
b2 = fir1(n2, wc2, kaiser(n2 + 1, beta2))
#基于 FFT 的 FIR 凯撒窗低通滤波并进行频谱分析
h2, w2 = freqz(b2, 1)
x2 = fftfilt(b2, x)
f2, P12 = fspectrum(x2, long)
sound(x2, fs)
#绘制 FIR 凯撒窗低通滤波器滤波后的信号波形和频谱
figure("FIR 凯撒窗低通滤波器", facecolor="white")
subplot(2, 1, 1)
plot(x2)
grid("on")
xlabel("样本数");    ylabel("幅值");
title("FIR 凯撒窗低通滤波器滤波后信号的波形")
subplot(2, 1, 2)
plot(f2, P12)
grid("on")
xlabel("频率/Hz");    ylabel("幅值");
```

```
title("FIR 凯撒窗低通滤波器滤波后信号的频谱")
tightlayout()
```

得到 FIR 凯撒窗低通滤波器滤波后信号的波形和频谱如图 6-19 所示。

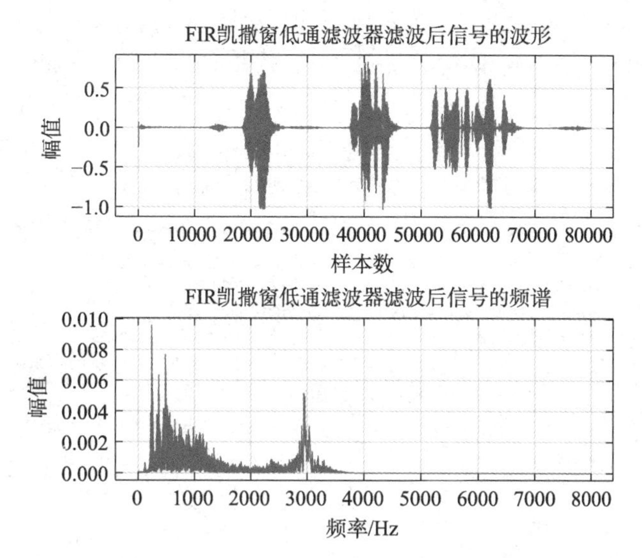

图 6-19　FIR 凯撒窗低通滤波器滤波后信号的波形和频谱

由图 6-18 和图 6-19 可知，经过 IIR 滤波器或 FIR 滤波器增强后均能较好地去除噪声频段，恢复原始语音信号。其中，FIR 凯撒窗低通滤波器拥有更好的去噪效果，滤波后语音信号的波形和频谱与原始语音信号的波形和频谱基本保持一致。

3. 信源编码、调制、解调与译码

经过数字滤波器滤波后的语音数据将作为信源输出。通常，为了提高通信效率或提高信息传输的安全性，还需要对信源进行编码。信源编码指用量化的方式将一个源信号转换为一个数字信号，所得信号的符号为某个有限范围内的非负整数，编码方式有差分编码、量化编码等。

差分编码又称为增量编码，它用一个二进制数来表示前、后两个抽样信号之间的大小关系。输入的信号可以是标量、向量或帧格式的行向量。如果输入信号为 $m(t)$、输出信号为 $d(t)$，则 t_k 时刻的输出 $d(t_k)$ 不仅与当前时刻的输入信号 $m(t_k)$ 有关，而且与前一时刻的输出 $d(t_{k-1})$ 有关，即输出信号的值取决于当前时刻及上一时刻所有输入信号的值。

在 Syslab 中，提供了 dpcmenco 函数用于实现差分编码。这里使用前面 FIR 凯撒窗低通滤波器滤波后的数据作为信源完成编码。

```
y = x1
initcodebook = collect(-1:0.005:2)
predictor, codebook, partition = dpcmopt(vec(y), 1, initcodebook);      #优化差分脉冲编码调制参数
encodex, _ = dpcmenco(vec(y), codebook, partition, vec(predictor)); #使用差分脉冲编码调制进行编码
i_b = int2bit(encodex, 9);                                           #将十进制整数转换为二进制数
```

然而，在一般情况下，信道不能直接传输由信源产生的原始信号，特别是由语音、音乐、图像等信源直接转换得到的数字信号。这类信号的频率一般较低，被称为基带信号。把具有

较低频率基带信号的频谱搬移至较高载波频率（适合信道传输）上的过程称为调制，而把已搬到给定频带内的频谱还原为基带信号频谱的过程称为解调。

根据调制信号有模拟信号和数字信号之分，调制也可分为模拟调制和数字调制，示例中所用为数字调制。常用的数字调制方法有幅移键控调制（Amplitude Shift Keying，ASK）、频移键控调制（Frequency Shift Keying，FSK）、相移键控调制（Phase Shift Keying，PSK）等。其中，PSK 通过二进制符号 0 和 1 判断信号前后相位，实现起来最为简单。

Syslab 提供了二相（二进制）PSK（BPSK）、四相（正交）PSK（QPSK）、8 相 PSK（8PSK）和 16 相 PSK（16PSK）函数，分别使用这些函数对编码后的信号进行调制并通过信噪比为 10 dB 的 AWGN（Additive White Gaussian Noise，加性高斯白噪声）信道。

```
myBPSK = comm_BPSKModulator();       bpskData = step(myBPSK, i_b)
myQPSK = comm_QPSKModulator(; BitInput=true);       qpskData = step(myQPSK, i_b)
my8PSK = comm_PSKModulator(; ModulationOrder=8, BitInput=true);       pskData = step(my8PSK, i_b)
my16PSK = comm_PSKModulator(; ModulationOrder=16, BitInput=true);psk16Data = step(my16PSK, i_b);
rxSig1 = awgn(bpskData, 10);       rxSig2 = awgn(qpskData, 10);
rxSig3 = awgn(pskData, 10);       rxSig4 = awgn(psk16Data, 10)
```

然后，绘制四种调制方法下信号的星座图如图 6-20 所示，以观测调制信号的特性和信道对调制信号的干扰特性。

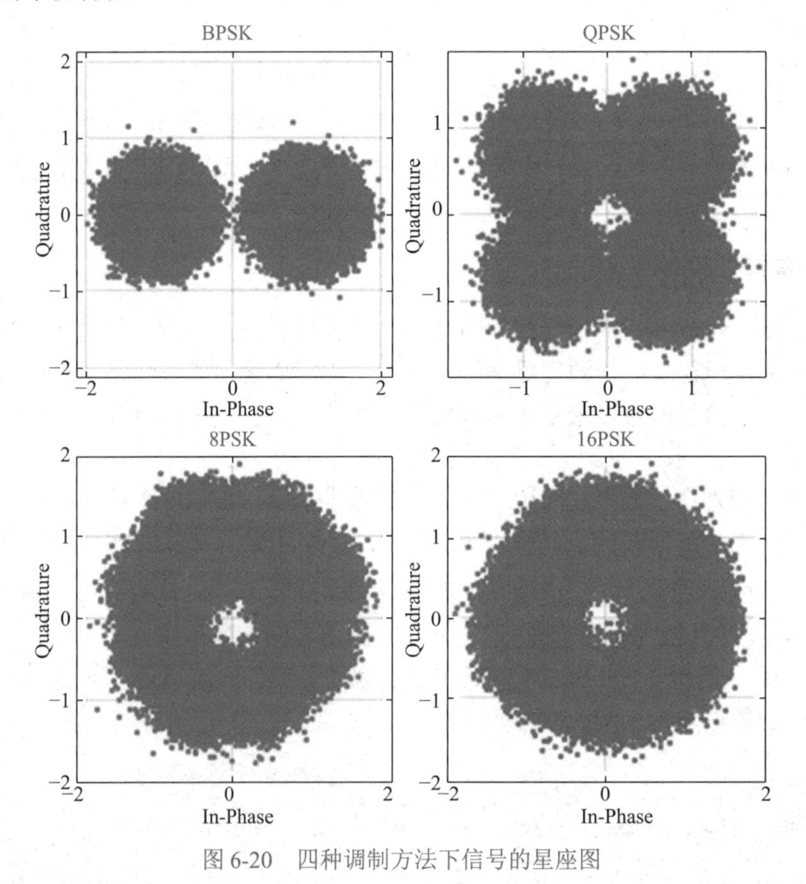

图 6-20　四种调制方法下信号的星座图

```
figure("信号调制后的散点图", facecolor="white")
subplot(2, 2, 1)
scatterplot(rxSig1)
```

```
grid("on")
title("BPSK")
subplot(2, 2, 2)
scatterplot(rxSig2)
grid("on")
title("QPSK")
subplot(2, 2, 3)
scatterplot(rxSig3)
grid("on")
title("8PSK")
subplot(2, 2, 4)
scatterplot(rxSig4)
grid("on")
title("16PSK")
tightlayout()
```

通过上述步骤后，语音信号完成了在发送端的相关工作。在接收端，接收信号经过滤波、变频等处理后被送入解调器完成频带信号到基带信号的转换，并在信源译码器中进行译码将信源编码的信号恢复至原始信号。

在示例中，使用与调制、编码一一对应的解调函数和译码函数，即二相（二进制）PSK 解调、四相（正交）PSK 解调、8 相 PSK 解调、16 相 PSK 解调和差分译码。

```
# --------------- 对调制后的信号进行 PSK 解调 ----------------------
myBPSKD1 = comm_BPSKDemodulator();
bpskdData1 = step(myBPSKD1, rxSig1);
myQPSKD1 = comm_QPSKDemodulator(; BitOutput=true);
qpskdData1 = step(myQPSKD1, rxSig2);
my8PSKD1 = comm_PSKDemodulator(; ModulationOrder=8, BitOutput=true);
pskdData1 = step(my8PSKD1, rxSig3);
my16PSKD1 = comm_PSKDemodulator(; ModulationOrder=16, BitOutput=true);
pskd16Data1 = step(my16PSKD1, rxSig4);
# --------------- 对解调后的信号进行差分译码 ----------------------
b1 = bi2de(collect(transpose(reshape(bpskdData1, 9, :))), "left-msb")   #将十进制向量转换为二进制向量
decodedx1, = dpcmdeco(vec(b1), codebook, vec(predictor));               #使用差分脉冲编码调制进行译码
b2 = bi2de(collect(transpose(reshape(qpskdData1, 9, :))), "left-msb")
decodedx2, = dpcmdeco(vec(b2), codebook, vec(predictor));
b3 = bi2de(collect(transpose(reshape(pskdData1, 9, :))), "left-msb")
decodedx3, = dpcmdeco(vec(b3), codebook, vec(predictor));
b4 = bi2de(collect(transpose(reshape(pskd16Data1, 9, :))), "left-msb")
decodedx4, = dpcmdeco(vec(b4), codebook, vec(predictor));
```

然后，绘制四种调制解调方法下恢复信号的波形和频谱，如图 6-21 和图 6-22 所示。

```
# ----------------- 绘制四种调制解调方法下恢复信号的波形 --------------------
figure("BPSK、QPSK 恢复后信号波形图", facecolor="white")
subplot(2, 1, 1)
plot(decodedx1)
grid("on")
xlabel("样本数");     ylabel("幅值");
title("BPSK");
subplot(2, 1, 2)
plot(decodedx2)
grid("on")
xlabel("样本数");     ylabel("幅值");
title("QPSK");
tightlayout()
figure("8PSK、16PSK 恢复后信号波形图", facecolor="white")
subplot(2, 1, 1)
plot(decodedx3)
```

```
grid("on")
xlabel("样本数");     ylabel("幅值");
title("8PSK");
subplot(2, 1, 2)
plot(decodedx4)
grid("on")
xlabel("样本数");     ylabel("幅值");
title("16PSK");
tightlayout()
# ------------------ 绘制四种调制解调方法下恢复信号的频谱图 --------------------
figure("BPSK、QPSK 恢复后信号频谱图", facecolor="white")
subplot(2, 1, 1)
ft1, pt1 = fspectrum(decodedx1, long)
plot(ft1, pt1)
grid("on")
xlabel("频率/Hz");     ylabel("幅值");
title("BPSK");
subplot(2, 1, 2)
ft2, pt2 = fspectrum(decodedx2, long)
plot(ft2, pt2)
grid("on")
xlabel("频率/Hz");     ylabel("幅值");
title("QPSK");
tightlayout()
figure("8PSK、16PSK 恢复后信号频谱图", facecolor="white")
subplot(2, 1, 1)
ft3, pt3 = fspectrum(decodedx3, long)
plot(ft3, pt3)
grid("on")
xlabel("频率/Hz");     ylabel("幅值");
title("8PSK");
subplot(2, 1, 2)
ft4, pt4 = fspectrum(decodedx4, long)
plot(ft4, pt4)
grid("on")
xlabel("频率/Hz");     ylabel("幅值");
title("16PSK");
tightlayout()
```

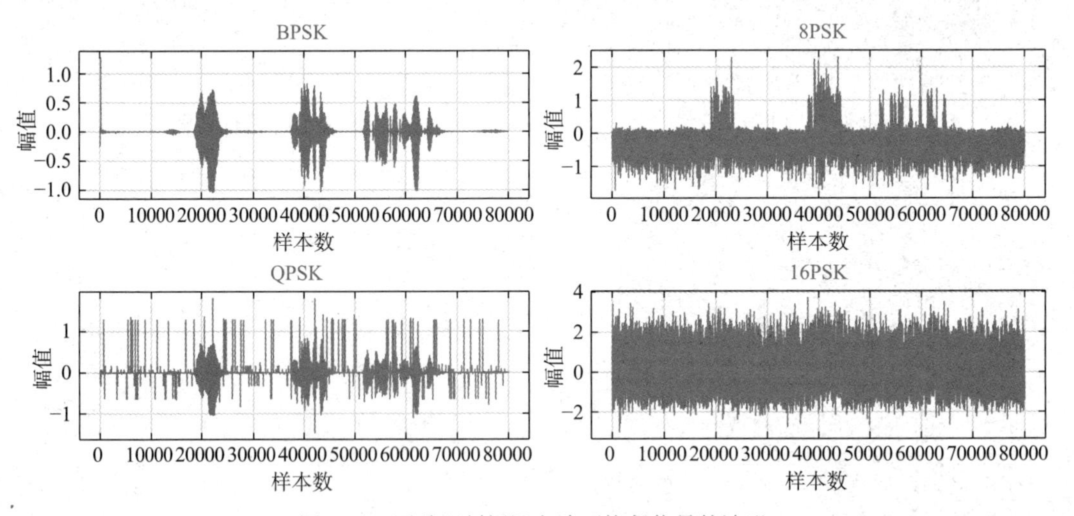

图 6-21　四种调制解调方法下恢复信号的波形

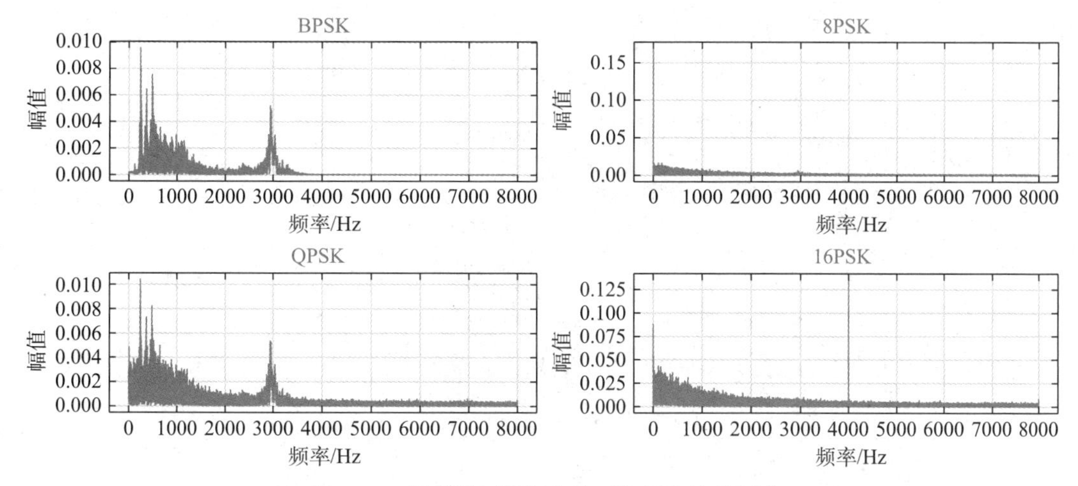

图 6-22　四种调制解调方法下恢复信号的频谱

由图 6-21 和图 6-22 可知，当编码后的信号均通过信噪比为 10dB 的 AWGN 信道时，相较 QPSK、8PSK 和 16PSK，经过 BPSK 调制解调后恢复的信号更接近原始语音信号，在波形和频谱上都能保持高度一致。对比 QPSK、8PSK 和 16PSK 调制解调后恢复信号的波形图和频谱图，也可以说明随着调制相位的增加，信道对调制信号的干扰越强，接收端接收的信号质量越差。

当然，我们也可以研究不同信噪比对不同调制方法下信号的干扰特性。这里选用新的评价指标误码率来衡量。由于示例中传输的信号是二进制数据，误码率又等价于误比特率（单比特时间内差错比特的数量）。Syslab 中提供的 biterr 函数可用于直接实现该功能。

```
#设置最大信噪比为 20dB，步长为 2dB
snrmax = 20;      snrdet = 2;
#声明数组存储四种调制解调方式下的误码率
ber1 = zeros(Int(snrmax / snrdet) + 1);        ber2 = zeros(Int(snrmax / snrdet) + 1);
ber3 = zeros(Int(snrmax / snrdet) + 1);        ber4 = zeros(Int(snrmax / snrdet) + 1);
#计算误码率
for snr in 0:snrdet:snrmax
  #调制
  psk2 = comm_BPSKModulator();        psk2_Data = step(psk2, i_b);
  psk4 = comm_QPSKModulator(; BitInput=true);          psk4_Data = step(psk4, i_b);
  psk8 = comm_PSKModulator(; ModulationOrder=8, BitInput=true);      psk8_Data = step(psk8, i_b);
  psk16 = comm_PSKModulator(; ModulationOrder=16, BitInput=true);psk16_Data = step(psk16, i_b);
  #加噪，信噪比为 snr
  rx1 = awgn(psk2_Data, snr);         rx2 = awgn(psk4_Data, snr);
  rx3 = awgn(psk8_Data, snr);         rx4 = awgn(psk16_Data, snr);
  #解调
  pskd2 = comm_BPSKDemodulator();          pskd2_Data = step(pskd2, rx1);
  pskd4 = comm_QPSKDemodulator(; BitOutput=true);          pskd4_Data = step(pskd4, rx2);
  pskd8 = comm_PSKDemodulator(; ModulationOrder=8, BitOutput=true);pskd8_Data = step(pskd8,rx3);
  pskd16 = comm_PSKDemodulator(;ModulationOrder=16,BitOutput=true);pskd16_Data=step(pskd16, rx4)
  #对比传输过程的位误差
  (NumberError1, ErrorRate1, ErrorLoaction1) = biterr(i_b, pskd2_Data);
  (NumberError2, ErrorRate2, ErrorLoaction2) = biterr(i_b, pskd4_Data);
  (NumberError3, ErrorRate3, ErrorLoaction3) = biterr(i_b, pskd8_Data);
  (NumberError4, ErrorRate4, ErrorLoaction4) = biterr(i_b, pskd16_Data);
  ber1[Int(snr / snrdet)+1] = ErrorRate1;       ber2[Int(snr / snrdet)+1] = ErrorRate2;
  ber3[Int(snr / snrdet)+1] = ErrorRate3;       ber4[Int(snr / snrdet)+1] = ErrorRate4;
```

```
end
#绘制不同信噪比下四种调制解调方法的误比特率图
figure("误比特率图", facecolor="white")
plot([0:snrdet:snrmax;], ber1, "r-", linewidth=2)
hold("on")
grid("on")
plot([0:snrdet:snrmax;], ber2, "g--", linewidth=2)
plot([0:snrdet:snrmax;], ber3, "b-.", linewidth=2)
plot([0:snrdet:snrmax;], ber4, "c:", linewidth=2)
legend(["BPSK", "QPSK", "8PSK", "16PSK"])
axis([snrdet snrmax -0.1 0.3])
xlabel("信噪比")
ylabel("误比特率")
```

得到不同信噪比下四种调制/解调方法的误比特率图如图 6-23 所示。

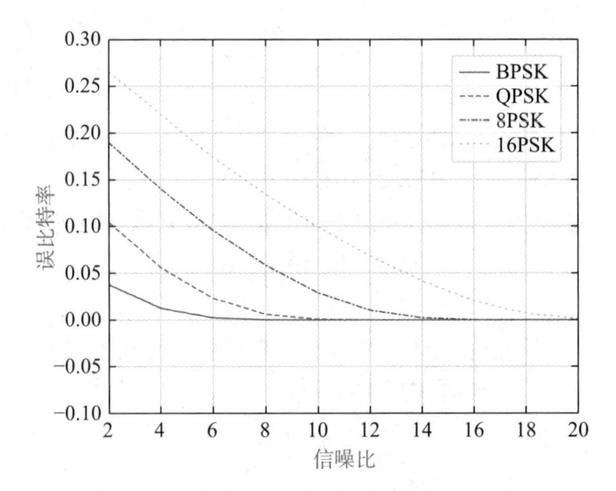

图 6-23　不同信噪比下四种调制解调方法的误比特率图

由图 6-23 可知，在同一信噪比下，误比特率随着调制相位的增大而增大，此时接收端接收到的信号质量也随之降低，与图 6-21 和图 6-22 所得结论一致；对于同一调制解调方法，误比特率随着信噪比的增大而逐渐减小，并且当信噪比足够大时可以实现数据的 100%精确传输。

基于上述三步处理，语音信号实现了从信源到信宿的通信，寻找到了适合示例中语音信号过滤的滤波器及编码调制解调译码的方法，能够确保接收端接收到的信号质量高且精确可懂。

本 章 小 结

本章以 Syslab 工具箱为主，将各个工具箱的函数分类，详细介绍了它们的功能，使读者对科学计算环境 Syslab 的功能有了整体性了解。通过直流伺服电动机转速 PID 控制和语音信号处理两个示例，对专业性工具箱中控制系统工具箱、通信工具箱、信号处理工具箱和 DSP 系统工具箱的主要函数的用法进行展示，可以帮助读者更快地熟悉相关函数的使用，为完成所需算法开发奠定基础。示例中所用到的函数较为典型，但限于篇幅有限，望读者能够自行学习其他函数以更深入地体会 Syslab 的强大之处。

习　题　6

1. 设双自由度系统如图 6-24 所示，试建立基础位移 $x(t)$ 引起的振动位移 x_2 的响应。已知两个质量块的质量分别为 $m_1 = 10\ \text{kg}$ 、 $m_2 = 100\ \text{kg}$ ，两个阻尼器的阻尼系数均为 $c_1 = c_2 = 50\ \text{kg/s}$ ，两个弹簧的弹性模量分别为 $k_1 = 50\ \text{N/m}$ 、 $k_2 = 200\ \text{N/m}$ 。

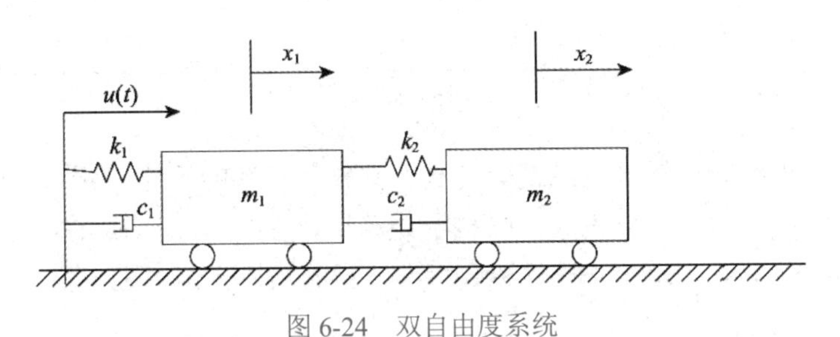

图 6-24　双自由度系统

2. 对于 1000 Hz 采样的数据，设计一个低通滤波器，在 0~40 Hz 的通带中，波纹不超过 3 dB，在阻带中衰减至少 60 dB，求滤波器的阶数和截止频率。
3. 设某二进制数字通信系统的码元传输速率为 100 bit/s，系统的采样速率为 1000 Hz，比较信号经过高斯白噪声信道前、后的不同。

第 7 章
Syslab 的科学计算实例

在科学研究及工程计算领域中经常会遇到一些较为复杂的计算问题，使用计算器或手工计算不易实现，只能借助计算机完成。在科学计算领域中，Syslab 具有编程效率高、图形界面友好等优点，适用于多种行业。本章结合科学计算的具体实例，进一步介绍 Syslab 在科学计算方面的实现方法。

通过本章学习，读者可以了解（或掌握）：

- Syslab 中的方程组求解。
- Syslab 中的插值与拟合。
- Syslab 中的概率统计分布计算。
- Syslab 中的优化问题。

本章学习视频

更多视频可扫封底二维码获取

7.1 方程组求解

方程组求解按照方程组类型可分为线性方程组求解和非线性方程组求解，线性方程组求解按照求解结果可分为求数值解与求解析解，非线性方程组只能求数值解。利用 Syslab 中的线性代数函数可实现快速且数值稳健的矩阵计算，并支持线性方程组求解。对于非线性方程组，则可通过迭代等算法进行求解。Syslab 中的符号数学工具箱支持求解析解。本节将结合线性代数函数及符号函数介绍方程组的求解，重点介绍算法在 Syslab 中的实现。

7.1.1 线性方程组求数值解

线性方程组通常可以化为 $\boldsymbol{A}x=\boldsymbol{b}$ 或 $x\boldsymbol{A}=\boldsymbol{b}$ 的矩阵形式。在 Syslab 中求解线性方程组可构造矩阵运算，通过直接求逆等方式实现。

对于形如 $\boldsymbol{A}x=\boldsymbol{b}$ 的线性方程组，若系数矩阵 $\boldsymbol{A}$ 的大小为 $m\times n$，则解的情况可大致分为表 7-1 中的三种。

表 7-1 线性方程组解的情况

条件	解的情况
$m=n$	方阵方程组，有唯一确定的解
$m<n$	欠定方程组，即方程个数少于未知数个数。使用最多 m 个非零分量求基本解
$m>n$	超定方程组，即方程个数多于未知数个数。可求最小二乘解

线性方程组 $\boldsymbol{A}x=\boldsymbol{b}$ 的通解描述了所有可能的解，可以通过以下方法求通解。

（1）求对应的齐次方程组 $\boldsymbol{A}x=0$ 的通解。使用 null 函数，输入 null(A)查看解的零空间，即求解 $\boldsymbol{A}x=0$，可以得到解的基向量。

（2）求非齐次方程组 $\boldsymbol{A}x=\boldsymbol{b}$ 的特解。

将 $\boldsymbol{A}x=\boldsymbol{b}$ 的任意解写成（2）中 $\boldsymbol{A}x=\boldsymbol{b}$ 的特解与（1）中基向量的线性组合之和。

由于通解只需要使用 null 函数就可实现，所以本节剩下内容将主要介绍如何在 Syslab 中求 $\boldsymbol{A}x=\boldsymbol{b}$ 的特解。

对于一般系数矩阵满秩的方阵方程组，直接对系数矩阵求逆即可进行求解。

【例 7.1.1】求解线性方程组 $\begin{cases}8x_1-3x_2+2x_3=20\\4x_1+11x_2-x_3=33\\6x_1+3x_2+12x_3=36\end{cases}$。

首先，将方程组化为 $\boldsymbol{A}x=\boldsymbol{b}$ 的矩阵形式，则有 $\boldsymbol{A}=\begin{bmatrix}8&-3&2\\4&11&-1\\6&3&12\end{bmatrix}$，$\boldsymbol{b}=\begin{bmatrix}20\\33\\36\end{bmatrix}$。然后，向量 $\boldsymbol{b}$ 乘以矩阵 $\boldsymbol{A}$ 的逆即可得到线性方程组的解，即 $x=\boldsymbol{A}^{-1}\boldsymbol{b}$。

使用 inv 函数或 linsolve 函数或“\”运算符在 Syslab 中编写程序求解该方程组。

```
A = [8 -3 2; 4 11 -1; 6 3 12];
b = [20, 33, 36];
x1 = inv(A) * b;
```

```
x2 = linsolve(A, b);
x3 = A \ b;
```

运行结果如下：

```
3-element Vector{Float64}:
 3.0
 2.0
 1.0
```

若系数矩阵为方阵的奇异矩阵，则 $\boldsymbol{Ax}=\boldsymbol{b}$ 的解将不存在或不唯一。此时可用 pinv 函数进行求解。pinv(A)表示计算矩阵 $\boldsymbol{A}$ 的伪逆，如果 $\boldsymbol{Ax}=\boldsymbol{b}$ 没有精确解，则 pinv(A)返回最小二乘解。

【例 7.1.2】验证线性方程组是否有精确解，如果没有，则求出其最小二乘解并验证。其中 $\boldsymbol{A}=\begin{bmatrix}1 & 3 & 7\\ -1 & 4 & 4\\ 1 & 10 & 18\end{bmatrix}$，$\boldsymbol{b}=\begin{bmatrix}6\\3\\0\end{bmatrix}$。

首先查看 $\boldsymbol{A}$ 方阵的秩，可通过输入以下程序进行查看。

```
A = [1 3 7; -1 4 4; 1 10 18]
r = rank(A)
```

运行结果为 $r = 2$，说明矩阵 $\boldsymbol{A}$ 不满秩，有等于零的奇异值。此时，若直接使用 inv(A)或"\"运算符求解，则会报错。使用 pinv(A)计算方程组的最小二乘解并验证精确解，输入程序进行计算。

```
b = [6; 3; 0]
x = pinv(A) * b
A * pinv(A) * b
```

运行结果如下：

```
3-element Vector{Float64}:
 0.9999999999999991
 0.49999999999999956
 2.499999999999998
```

因为与 $\boldsymbol{b}$ 的实际值有较大差别，所以计算得到的 x 只是最小二乘解。超定方程组为包含未知数小于方程数的方程组，没有非零通解，无法求得精确解，但具有最小二乘解。使用 pinv 函数、"\"运算符、linslove 函数均可直接计算，在此不再赘述。

欠定方程组为包含未知数大于方程数的方程组，同样可使用 pinv 函数、"\"运算符、linslove 函数计算方程组的最小二乘解。其实际非零通解数量不唯一，可通过非零解向量的组合进行表示。

【例 7.1.3】计算欠定方程组 $\begin{cases}6x_1+8x_2+7x_3+3x_4=7\\ 3x_1+5x_2+4x_3+x_1=8\end{cases}$ 的解。

首先，将方程组化为 $\boldsymbol{Ax}=\boldsymbol{b}$ 的矩阵形式，则有 $\boldsymbol{A}=\begin{bmatrix}6 & 8 & 7 & 3\\ 3 & 5 & 4 & 1\end{bmatrix}$，$\boldsymbol{b}=\begin{bmatrix}7\\8\end{bmatrix}$。然后，计算矩阵 $\boldsymbol{A}$ 的通解。

```
R = [6 8 7 3; 3 5 4 1]
b = [7; 8]
e = null(R, 'r')
```

得到 e 的解如下：

```
julia> e
```

```
4×2 Matrix{Float64}:
 -0.5  -1.16667
 -0.5   0.5
  1.0   0.0
  0.0   1.0
```

若令第 1 列为 e_1、第 2 列为 e_2，则得到基础解为 $x_1 = ue_1 + we_2$。

计算方程的特解，输入程序：

```
x = linsolve(R, b)
```

若令特解为 x_2，则通解为 $x = x_1 + x_2$。

对于线性方程组也可以使用高斯消元法、雅可比迭代法、双共轭梯度法等算法求解，在 Syslab 中可在数学工具箱稀疏数组部分进行查看。该迭代算法在矩阵 ***A*** 很大且 ***A*** 为稀疏矩阵时的计算效果较好。

【例 7.1.4】构造一个 900 阶的三对角稀疏矩阵及线性方程组 ***Ax=b***，使用稳定双共轭梯度法求解并验证算法结果的正确性。

创建一个三对角稀疏矩阵，使用每行的总和作为 ***Ax=b*** 右侧的向量，使 x 的预期解是由 1 组成的向量。

```
n = 900
e = vec(ones(n, 1))
A = spdiagm(n, n, -1 => e[1:end-1], 0 => 2 .* e, 1 => e[1:end-1])
b = sum(A, dims=2)
```

使用 bicgstabl 函数求解，绝对容差选为 1e-6，相对容差选为 1e-6，并检验 x 与 1 之间的误差。

```
x = bicgstabl(A, b, abstol=1e-6, reltol=1e-6)
isapprox(x, ones(900), atol=1e-3, rtol=1e-3)
```

返回运行结果如下：

```
ans = true
```

使用 gauss_seidel 迭代法求解，并检验 x 与 1 之间的误差。

```
using IterativeSolvers
x = gauss_seidel(A,b)
isapprox(x, ones(900), atol=1e-3, rtol=1e-2)
```

返回运行结果如下：

```
ans = true
```

7.1.2 非线性方程组求数值解

非线性方程的标准形式如下：

$$f(x) = 0 \tag{7-1}$$

Syslab 中的优化工具箱提供了求解非线性方程的函数 fzero。该函数采用数值解求方程 $f(x)=0$ 的根，调用语法格式如下：

```
result = fzero(fun, x0)
result = fzero(fun, bracket)
result = fzero(fun, x0, options)
result = fzero(fun, bracket, options)
```

该函数以 x0 为初始点，在 bracket 范围内，按照 options=optimset()的方式尝试求解方程 fun(x) = 0。

【例 7.1.5】求非线性方程 $f(x)=\sin(x)$ 在 3 附近的根。

```
using TyOptimization
f(x) = sin(x)
x0 = (3 - 0.1, 3 + 0.1)
result = fzero(f, x0)
println("计算结果: x=", result.x)
```

运行结果如下：

```
计算结果: x=3.141592653589793
```

非线性方程组的标准形式如下：

$$\boldsymbol{F}(x)=0 \tag{7-2}$$

Syslab 中的优化工具箱提供了求解非线性方程组的函数 fsolve，调用语法格式如下：

```
result = fsolve(fun, x0)
```

该函数以 x0 为初始点，在 bracket 范围内，按照 options=optimset()的方式尝试求解方程组 fun(x) = 0，使用该函数需调用优化工具箱。

【例 7.1.6】求非线性方程组 $\begin{cases} e^{-e(x_1+x_2)}(1+x_1x_2)=0 \\ x_1\cos(x_2)+x_2\sin(x_1)-0.5=0 \end{cases}$ 的解。

```
using TyOptimization
function fun(x)
return exp(-exp(-(x[1] + x[2]))) - x[2] * (1 + x[1] * x[1]), x[1] * cos(x[2]) + x[2] * sin(x[1]) - 0.5
end
x0 = [0, 0]
result = fsolve(fun, x0)
println("计算结果: x=", result.x)
println("目标函数值: f(x)=", result.fun)
```

运行结果如下：

```
计算结果: x=[0.3532453748536403, 0.6060869721387924]
目标函数值: f(x)=[-4.313432096836323e-6, -9.732057667521943e-7]
```

除了 Syslab 自带的求解函数，用户在计算数值解的过程中也可以通过自行编写简单迭代法、二分法、牛顿法等算法进行求解。

7.1.3 线性方程组求解析解

对于不带微积分的代数方程，Syslab 中的符号数学工具箱提供了求符号解析解的相关运算，便于求解含有未知变量的多项式代数方程。使用 solve_for 函数为一组变量求解方程。

在进行符号数学运算前，首先需要定义符号变量与参数变量。定义符号变量 x、y 的语法格式为

```
@variables x y
```

定义参数变量 a、b 的语法格式如下：

```
@parameters a b
```

完成符号变量定义后可创建待求符号表达式。对于未知符号表达式，在使用 solve_for 函数求解前，Syslab 提供 islinear 函数判断待求符号表达式是否为线性表达式以便于求解。

【例 7.1.7】求解方程组 $\begin{cases} x+y+z=a \\ x-y+z=b \\ x+y-z=c \end{cases}$ 的解，其中 x、y、z 为待求变量，a、b、c 为参数。

创建符号变量与参数变量。

```
@variables x y z
@parameters a b c
```

创建表达式并求解。

```
eqs = [x + y + z ~ a, x - y + z ~ b, x+y-z ~ c]
solve_for(eqs, [x, y,z])
```

运行结果如下：

```
julia> ans
3-element  Vector{SymbolicUtils.Add{Real,  Float64,  Dict{SymbolicUtils.Sym{Real,  Base.ImmutableDict{DataType,  Any}}, Float64}, Nothing}}:
 0.5b + 0.5c
 0.5a - 0.5b
 0.5a - 0.5c
```

对于其余方程组，Syslab 提供了符号简化功能。

（1）simplify 函数既可简化合并表达式，也可将嵌套的表达式展开。例如，简化表达式 $\sin^2(x)+\cos^2(x)$ 的程序如下：

```
@variables x
S = Symbolics.simplify(sin(x)^2 + cos(x)^2)
```

简化结果为 1。

展开表达式 $x(x+1)+1$ 的程序如下：

```
@variables x
S2 = Symbolics.simplify(x * (x + 1) + 1, expand=true)
```

此处需要加入展开选项 expand，展开结果如下：

```
julia> S2
1 + x + x^2
```

（2）simplify_fractions 函数可对有理式进行简化。例如，简化表达式 $\frac{y(x^2-1)}{(x+1)(x-1)}$ 的程序如下：

```
@variables x y
fraction = ( y * (x^2 - 1)) / ((x + 1) * (x - 1) )
simplify_fractions(fraction)
```

简化结果为 y。

（3）使用 flatten_fractions 函数可展平相加的嵌套分式。例如，展开表达式 $\frac{1+\frac{1+\frac{1}{x}}{x}}{x}$ 的程

序如下：

```
@variables x
expr = (1 + (1 + 1 / x) / x) / x
flatten_fractions(expr)
```

运行结果如下：

```
julia> ans
(1 + x + x^2) / (x^3)
```

（4）对于化简的分式，可通过 find_poles 函数查看表达式或函数的极点。例如，查看表达式 $\dfrac{1}{x^2-x+1}$ 极点的程序如下：

```
@variables x
p = 1 / (x^2 - x + 1)
find_poles(p, x)
```

该函数可以返回复数解，化简结果如下：

```
julia> ans
(Float64[], ComplexF64[0.5 - 0.8660254037844386im, 0.5 + 0.8660254037844387im])
```

7.2 插值与拟合

在科学计算与工程应用中，除理论推导分析外，也需要通过数值实验对数据进行处理，在处理数据的过程中需要充分地利用数据的信息。由于在获得数据的过程中不可避免地会产生误差，在处理数据进行分析时也需要考虑误差的影响。数据的插值与拟合是处理数据时常用的两种方式，属于函数逼近问题。插值与拟合均为由给定的数据点反映数据的规律。它们的不同之处在于插值要求所求函数通过给定的数据点；而拟合侧重数据点的整体变化趋势，并不要求所求函数通过数据点。在具体问题中是使用插值还是拟合，需要视具体情况而定。

本节将结合 Syslab 中数学工具箱提供的插值函数及拟合工具箱中提供的插值、拟合等功能，通过具体示例讲解 Syslab 中数据的插值与拟合等内容。

7.2.1 插值问题

插值就是将已知数据点，通过代数多项式等简单函数作为插值函数近似代替数据点背后的函数内在规律 $y=f(x)$，其中很多函数是由实验或观测得到的。有时，这些函数只能给出某些点的函数值，或者由于函数解析式太复杂不易计算解析值，通常可利用函数表反映函数值，对于不在表中的数据，使用插值函数求解会更加高效。

已知未知函数在 n+1 个互不相同的观测点 $x_0,x_1,\cdots,x_n$ 处的函数值（或观测值）$y_i=f(x_i),i=0,1,\cdots,n$，寻求一个近似函数（近似曲线）$\phi(x)$，使之满足 $\phi(x_i)=y_i,i=0,1,\cdots,n$，即近似函数也通过观测点。对任意非观测点 $\hat{x}_i$，若估计该点的函数值，则可以用 $\phi(\hat{x}_i)$ 的值作为 $f(\hat{x}_i)$ 的近似估计值。通常称此类建模问题为插值问题，而将构造近似函数的方法称为插值法。观测点 x_i 称为插值节点，含 x_i 的最小区间 $[a,b]$ 称为插值区间。若 $\hat{x}_i\in[a,b]$，则称为内插，否则称为外插。

对于插值函数，按照所选函数的种类可分为多项式插值与非多项式插值，其中因代数多项式较为简洁且易于计算，故多项式插值使用更为广泛。常用的插值法有拉格朗日插值、牛顿均值插值、埃尔米特插值等方法，这些插值法适用于多维插值、网格插值等不同的插值场景。在 Syslab 中，数据插值的具体实现步骤是：数据插值预处理→创建插值模型函数→提取插值数据→图形可视化。

1. 拉格朗日插值

拉格朗日插值属于经典的多项式插值，本质上类似于利用待定系数法确定插值多项式。对于多项式插值，已知 $n+1$ 个数据点 $(x_i, y_i)(i = 0,1,2,\cdots,n)$，可以确定不超过 n 次的插值多项式为

$$P_n(x)=a_0 + a_1 x + \cdots + a_n x^n \tag{7-3}$$

使其满足 $p_n(x_k) = y_k, k = 0,1,\cdots,n$。

实际上，在求解插值多项式时，通常并不直接求解待定系数 a_n，而是先构造一组基函数

$$l_i(x) = \frac{(x-x_0)\cdots(x-x_{i-1})(x-x_{i+1})\cdots(x-x_n)}{(x_i-x_0)\cdots(x_i-x_{i-1})(x_i-x_{i+1})\cdots(x_i-x_n)} = \prod_{\substack{j=0\\j\neq i}}^{n}\frac{(x-x_j)}{(x_i-x_j)},\quad i=0,1,\cdots,n \tag{7-4}$$

式中，$l_i(x)$ 为 n 次多项式，满足

$$\begin{cases} l_i(x_j) = 0, & j \neq i \\ l_i(x_j) = 1, & j = i \end{cases} \tag{7-5}$$

令

$$L_n(x) = \sum_{i=0}^{n} y_i l_i(x) = \sum_{i=0}^{n} y_i \prod_{\substack{j=0\\j\neq i}}^{n}\frac{(x-x_j)}{(x_i-x_j)},\quad i=0,1,\cdots,n \tag{7-6}$$

则可得到拉格朗日插值函数。

【例 7.2.1】编写拉格朗日插值函数，完成对点 $(1,1),(1.5,5.4),(2,-2),(3,3),(4.5,0),(4.7,-3)$ 的拉格朗日插值并绘图。

根据拉格朗日插值原理，编写拉格朗日插值函数。

```
function Lagrange(x0, y0, x)
    n = length(x0)
    m = length(x)
    y = zeros(size(x))
    for i in 1:m
        z = x[i]
        s = 0.0
        for k in 1:n
            p = 1.0
            for j in 1:n
                if j != k
                    p = p * (z - x0[j]) / (x0[k] - x0[j])
                end
            end
            s = p * y0[k] + s
        end
        y[i] = s
    end
```

```
    return y
end
```

创建平面内散点。

```
xdata = [1, 1.5, 2, 3, 4, 4.5, 4.7]
ydata = [1, 5, 4, -2, 3, 0, -3]
```

进行拉格朗日插值并绘图。

```
xq = 1:0.01:4.7
yq = Lagrange(xdata, ydata, xq)
figure("拉格朗日插值", facecolor = "white")
plot(xq, yq)
hold("on")
plot(xdata, ydata, "o", markeredgecolor="k", markerfacecolor="#FFFF00")
xlabel("数据点");      ylabel("插值结果")
title("拉格朗日插值法")
```

例 7.2.1 采用拉格朗日插值法的运行结果如图 7-1 所示。

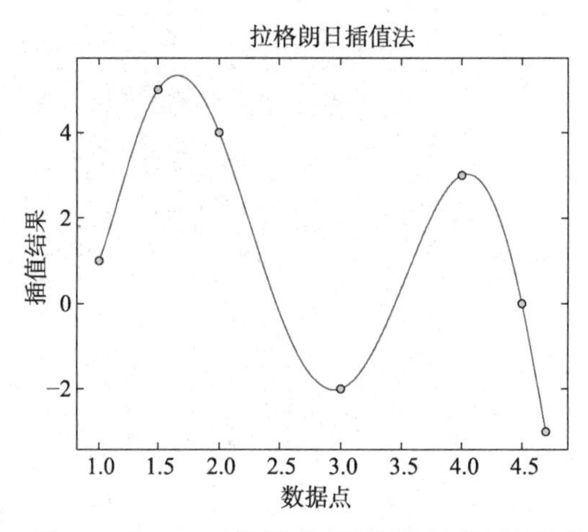

图 7-1　例 7.2.1 采用拉格朗日插值法的运行结果

在插值次数过多时容易产生龙格（Runge）现象，使插值结果偏离原函数，因此拉格朗日插值应避免多项式次数超过四次。实际使用时也并非选取的节点数量越多，多项式就越精确。为避免该情况的出现可使用分段低次插值。此外，Syslab 中的数学工具箱内置了拉格朗日插值函数 LagrangeInterp，调用语法如下：

```
Y = LagrangeInterp(x0, y0, x)
```

其中，x0 为已知数据点的 x 坐标向量，y0 为已知数据点的 y 坐标向量；x 为插值节点的 x 坐标，Y 为求出的拉格朗日插值多项式在 x 处的值。

2. 牛顿均值插值

本质上，牛顿均值插值与拉格朗日插值均为 n 次多项式插值，牛顿均值插值从差商的角度进行计算。差商为同一函数不同节点的差值之比。对于函数 $f(x)$，$x_0, x_1, \cdots, x_n$ 为一系列不同节点，一阶差商为

$$f[x_i, x_j] = \frac{f(x_i) - f(x_j)}{x_i - x_j} \tag{7-7}$$

二阶差商为

$$\frac{f[x_i, x_j] - f[x_j, x_k]}{x_i - x_k} \tag{7-8}$$

依次类推，可归纳 k 阶差商为

$$\frac{f[x_0, x_1, \cdots, x_{k-1}] - f[x_1, x_2, \cdots, x_k]}{x_0 - x_k} \tag{7-9}$$

一次牛顿均值插值多项式可表示为

$$\phi_1(x) = f(x_0) + (x - x_0) f(x_0, x_1) \tag{7-10}$$

一般，根据各阶差商的定义，依次可以推导出

$$\begin{gathered} f(x) = f(x_0) + (x - x_0) f[x, x_0] \\ f[x, x_0] = f[x_0, x_1] + (x - x_1) f[x, x_0, x_1] \\ \vdots \\ f[x, x_0, \cdots, x_{n-1}] = f[x_0, x_1, \cdots, x_n] + (x - x_n) f[x, x_0, \cdots, x_n] \end{gathered} \tag{7-11}$$

各式化简消去相同项后可得

$$f(x) = f(x_0) + (x - x_0) f[x_0, x_1] + \cdots + (x - x_0)(x - x_1)\cdots(x - x_n) f[x, x_0, \cdots, x_n] \tag{7-12}$$

记为

$$\begin{cases} N_n(x) = f(x_0) + (x - x_0) f[x_0, x_1] + \cdots + (x - x_0)(x - x_1)\cdots(x - x_{n-1}) f[x, x_0, \cdots, x_n] \\ R_n(x) = (x - x_0)(x - x_1)\cdots(x - x_n) f[x, x_0, \cdots, x_n] \end{cases} \tag{7-13}$$

式中，$N_n(x)$ 为至多 n 次的多项式，满足插值条件。这种形式的插值多项式称为牛顿均值插值多项式，$R_n(x)$ 为牛顿均值插值余项。

牛顿均值插值的优点为每次多加一个节点，插值多项式只多加一项，即

$$N_{n+1}(x) = N_n(x) + (x - x_0)\cdots(x - x_n) f[x_0, x_1, \cdots, x_{n+1}] \tag{7-14}$$

因此，牛顿均值插值便于递推运算，同时其计算量小于拉格朗日插值。

Syslab 中的牛顿均值插值函数为 NewtonInterp()，调用语法如下：

```
Y = NewtonInterp(x0, y0, x)
```

其中，x0 为已知数据点的 x 坐标向量，y0 为已知数据点的 y 坐标向量；x 为插值节点的 x 坐标，Y 为牛顿均值插值法求出的插值多项式在 x 处的值。

【例 7.2.2】使用 Syslab 内置的牛顿均值插值函数，完成例 7.2.1 的内容。

```
xdata = [1, 1.5, 2, 3, 4, 4.5, 4.7]
ydata = [1, 5, 4, -2, 3, 0, -3]
xq = 1:0.01:4.7
yq = NewtonInterp(xdata, ydata, xq)
figure("牛顿均值插值", facecolor="white")
plot(xq, yq)
hold("on")
plot(xdata, ydata, "o", markeredgecolor="k", markerfacecolor="#FFFF00")
xlabel("数据点")
ylabel("插值结果")
title("牛顿均值插值法")
```

例 7.2.2 采用牛顿均值插值法的运行结果如图 7-2 所示。

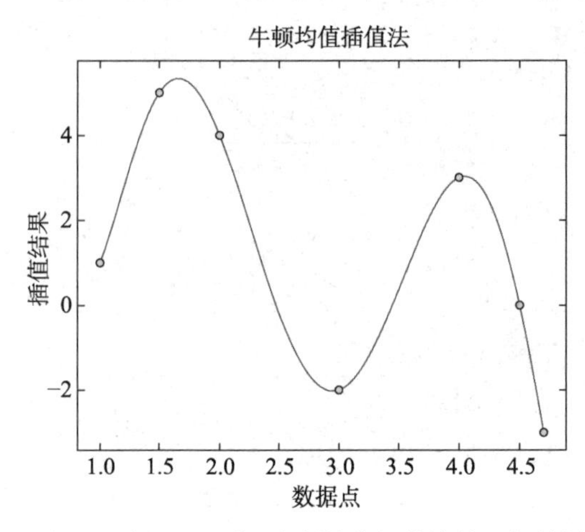

图 7-2　例 7.2.2 采用牛顿均值插值法的运行结果

3. 埃尔米特插值

对于许多实际插值的问题，需要让插值函数与原函数更加重合，不仅需要两个函数在插值节点的值相等，还要求函数相切，对应导数值相等或更高阶的导数值相等。这种插值称为埃尔米特插值，满足这种插值的多项式为埃尔米特插值多项式。

埃尔米特插值函数为

$$H(x)=\sum_{i=1}^{n} h_i[(x_i-x)(2a_i y_i-y_i')+y_i] \tag{7-15}$$

式中，$y_i=y_i(x)$，$y_i'=y_i'(x)$。步长及系数表达式为

$$h_i=\prod_{\substack{j=1\\j\neq i}}^{n}\left(\frac{x-x_j}{x_i-x_j}\right)^2,\quad a_i=\sum_{\substack{j=1\\j\neq i}}^{n}\frac{1}{x_i-x_j} \tag{7-16}$$

该插值函数可使插值节点导数值与原函数相等。

【例 7.2.3】使用埃尔米特插值法，根据表 7-2 中的样本数据点计算插值多项式，并计算 $x=1.8$ 处的 y 值。

表 7-2　例 7.2.3 样本数据点

变量	样本点				
	1	2	3	4	5
x	0.5	1.0	1.5	2.0	2.5
y	1	1.1	1.2	1.3	1.4
y'	0.5	0.4	0.3	0.2	0.1

根据埃尔米特插值原理，编写埃尔米特插值函数。

```
function Hermite(x, y, dy, x0=NaN)
    @variables t
    fun1 = 0
```

```
    if length(x) == length(y)
        if length(y) == length(dy)
            nn = length(x)
        end
    end
    for i in 1:nn
        h = 1
        a = 0
        for j in 1:nn
            if j != i
                h = h * (t - x[j])^2 / ((x[i] - x[j])^2)
                a = a + 1 / (x[i] - x[j])
            end
        end
        fun1 = fun1 + h * (x[i] - t) * (2 * a * y[i] - dy[i]) + y[i]
        if i == nn
            if isnan(x0)
                fun1 = simplify_fractions(fun1)
                    return fun1
            else
                num = substitute(fun1, Dict(t => x0))
                return num
            end
        end
    end
end
```

创建表 7-2 中数据。

```
x = 0.5:0.5:2.5
y = 1:0.1:1.4
dy = 0.5:-0.1:0.1
tx = 1:0.1:1.8
f1 = Hermite(x, y, dy)
f2 = Hermite(x, y, dy, 1.44)
```

运行结果如下：

```
julia> f1
6.0 + 29.39259259259259((t - 0.5)^2)*((t - 1.0)^2)*((t - 1.5)^2)*((t - 2.5)^2)*(2.0 - t) + 5.14074074074074((t - 0.5)^2)*((t - 1.0)^2)*((t - 1.5)^2)*((t - 2.0)^2)*(2.5 - t) - 4.8((t - 0.5)^2)*((t - 1.0)^2)*((t - 2.0)^2)*((t - 2.5)^2)*(1.5 - t) - 28.918518518518514((t - 0.5)^2)*((t - 1.5)^2)*((t - 2.0)^2)*((t - 2.5)^2)*(1.0 - t) - 3.925925925925925((t - 1.0)^2)*((t - 1.5)^2)*((t - 2.0)^2)*((t - 2.5)^2)*(0.5 - t)
julia> f2
6.0102502202892625
```

根据运行结果可以看出，插值节点连线原先为直线，使用埃尔米特插值后为导数连续的多项式函数，其插值效果较好。

7.2.2 一维插值

一维插值是插值节点数据维度为一维的插值，在 Syslab 中一维插值由 interp1 函数通过不同算法计算待求点 x_i 的函数近似值。interp1 函数的调用语法如下：

```
vq = interp1(x,v,xq,method)
vq = interp1(x,v,xq,method,extrapolation)
```

其中，x、v 为等长度已知向量，分别表示采样点和采样值；xq 为待查询点的坐标向量；输入 extrapolation 说明插值包含外插；method 为插值法，一维插值可选择的方法如表 7-3 所示。

表 7-3　一维插值可选择的方法

方法	说明	注释
linear	线性插值	至少需要两个点
nearest	最近邻插值	至少需要两个点
next	下一邻点插值	至少需要两个点
previous	上一邻点插值	至少需要两个点
pchip	保形分段三次插值	至少需要四个点
cubic	三次插值	至少需要三个点
v5cubic	修正 Akima 三次埃尔米特插值	至少需要四个点
spline	三次样条插值	至少需要四个点

若不输入已知向量 x，则默认 x 为从 1 开始的序数数组，长度与 v 一致。若不输入方法 method，则默认使用线性插值（linear）。本节主要介绍常用的线性插值与三次多项式插值。最近邻插值、下一邻点插值、上一邻点的方法如同字面意思，插值节点选取相应邻点的函数值。由于邻点的函数值一般不连续，这些方法插值一般也不连续，此处不再详述。

1. 线性插值

对于多项式插值，在使用插值函数计算时，由于多项式次数会随着插值节点或插值条件的增加而增加，高次插值计算量大且有时效果不理想，可能会出现龙格现象，即插值次数越高，插值结果越偏离原函数。

【例 7.2.4】对函数 $y=\dfrac{1}{1+x^2}$ 进行多项式插值，分别查看节点数量 $n=6$、$n=8$、$n=10$ 时的插值函数结果，并绘制图像与原函数结果进行比较。

使用系统内置牛顿均值插值法进行插值计算。

```
x1 = LinRange(-5, 5, 6);        x2 = LinRange(-5, 5, 8);        x3 = LinRange(-5, 5, 10)
y1 = ones(length(x1), 1) ./ (ones(length(x1), 1) + x1 .* x1)
y2 = ones(length(x2), 1) ./ (ones(length(x2), 1) + x2 .* x2)
y3 = ones(length(x3), 1) ./ (ones(length(x3), 1) + x3 .* x3)
xq = -5:0.1:5
yq = ones(length(xq), 1) ./ (ones(length(xq), 1) + xq .* xq)
yq1 = NewtonInterp(x1, y1, xq)
yq2 = NewtonInterp(x2, y2, xq)
yq3 = NewtonInterp(x3, y3, xq)
figure("多项式插值与原函数图形对比", facecolor="white")
plot(xq, yq, "-", color=[0, 0.4470, 0.7410], linewidth=1.5)
hold("on")
plot(xq, yq1, "--", color=[0.8500, 0.3250, 0.0980], linewidth=1.5)
plot(xq, yq2, "-.", color=[0.9290, 0.6940, 0.1250], linewidth=1.5)
plot(xq, yq3, ":", color=[0.4940, 0.1840, 0.5560], linewidth=1.5)
title("n = 6, n = 8, n = 10 时多项式插值与原函数图形比较")
legend(["原函数","n = 6","n = 8","n = 10"])
```

例 7.2.4 使用多项式插值的运行结果如图 7-3 所示。

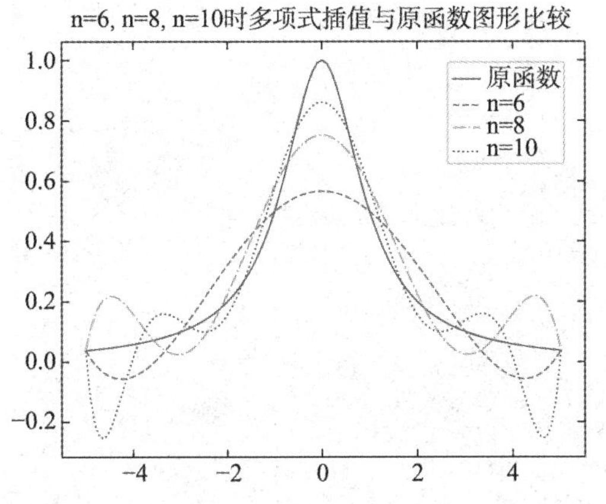

图 7-3　例 7.2.4 使用多项式插值的运行结果

由图 7-3 可知，随着多项式次数的增加，插值函数与原函数相比，失真明显、震荡现象严重。在这种情况下，可采用分段低次插值的方法。最常见的为分段线性插值，它将相邻节点用直线连起来，多个线段共同形成一条折线，对应的插值函数记作 $I_n(x)$ ，满足 $I_n(x_i)=y_i$ ，在每个小区间内为线性函数 $l_i(x)$ 。$I_n(x)$ 可以表示为

$$I_n(x)=\sum_{i=0}^{n} y_i l_i(x) \tag{7-17}$$

其中，插值函数为

$$l_0(x)=\begin{cases}\dfrac{x-x_1}{x_0-x_1}, & x\in[x_0,x_1]\\ 0, & 其他\end{cases}$$

$$l_i(x)=\begin{cases}\dfrac{x-x_{i-1}}{x_i-x_{i-1}}, & x\in[x_{i-1},x_i]\\ \dfrac{x-x_{i+1}}{x_i-x_{i+1}}, & x\in[x_i,x_{i+1}]\\ 0, & 其他\end{cases},i=1,2,\cdots,n-1 \tag{7-18}$$

$$l_n(x)=\begin{cases}\dfrac{x-x_{n-1}}{x_n-x_{n-1}}, & x\in[x_{n-1},x_n]\\ 0, & 其他\end{cases}$$

分段线性函数具有良好的收敛性。一般而言，随着节点数量 n 的增加，分段越多，插值误差越小。Syslab 提供的 interp1、interpolate 和 griddedInterpolant 函数可用于一维插值时使用分段线性插值，在调用的时候选择方法为线性插值（linear）即可，调用语法如下：

```
etp =   LinearInterpolation(knots,A;extrapolation_bc=Throw())
```

其中，knots 为插值节点，A 为插值节点的值，extrapolation_bc 为边界条件，默认为 Throw()。

【例 7.2.5】使用分段线性插值法在 Syslab 中完成例 7.2.4 中的内容，并查看节点数量 n 分别为 10、20、30 时的图像结果。

```
x1 = LinRange(-5, 5, 10);       x2 = LinRange(-5, 5, 20);       x3 = LinRange(-5, 5, 30);
```

```
y1 = ones(length(x1), 1) ./ (ones(length(x1), 1) + x1 .* x1)
y2 = ones(length(x2), 1) ./ (ones(length(x2), 1) + x2 .* x2)
y3 = ones(length(x3), 1) ./ (ones(length(x3), 1) + x3 .* x3)
xq = -5:0.01:5
yq = ones(length(xq), 1) ./ (ones(length(xq), 1) + xq .* xq)
yq1 = interp1(x1, y1, xq, "linear")
yq2 = interp1(x2, y2, xq, "linear")
yq3 = interp1(x3, y3, xq, "linear")
figure("分段线性插值与原函数图形对比", facecolor="white")
plot(xq, yq, "-", color=[0, 0.4470, 0.7410], linewidth=1.5)
hold("on")
plot(xq, yq1, "--", color=[0.8500, 0.3250, 0.0980], linewidth=1.5)
plot(xq, yq2, "-.", color=[0.9290, 0.6940, 0.1250], linewidth=1.5)
plot(xq, yq3, ":", color=[0.4940, 0.1840, 0.5560], linewidth=1.5)
title("n = 10, n = 20, n = 30 时分段线性插值与原函数图形比较")
legend(["原函数", "n = 10", "n = 20", "n = 30"])
```

例 7.2.5 使用分段线性插值的运行结果如图 7-4 所示。

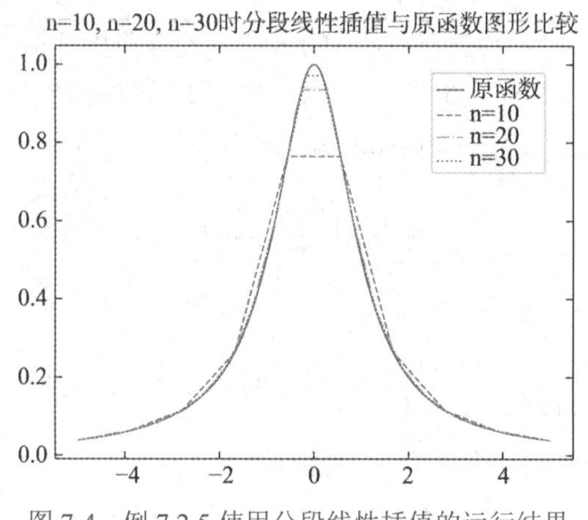

图 7-4　例 7.2.5 使用分段线性插值的运行结果

由图 7-4 可知，随着节点数量的增加，分段线性插值结果与原函数逐渐贴近，同时比图 7-3 的多项式插值法结果更准确、计算效率更高。

2. 三次多项式插值

三次多项式插值为多个三次多项式的组合，它是用三次插值多项式逼近原函数，求得原函数近似最小点的一种迭代算法。它比分段线性插值的精度更高，插值曲线更平滑；但具有更大的计算量，占用计算机更大的内存。当节点数量为四个及以上时，插值法中的 cubic、v5cubic、pchip、makima 和 spline 均表示分段三次多项式插值。此外，Syslab 中的 CubicSplineInterpolation 函数也能够提供三次多项式插值的功能。

分段三次多项式可分为三次卷积插值法、三次样条插值法和三次埃尔米特插值法，其中 cubic 和 v5cubic 基于三次卷积插值，spline 基于三次样条插值，makima 和 pchip 基于三次埃尔米特插值。三次多项式插值能够保证插值函数在插值节点插入的值与导数值均连续，其中三次样条插值同时可以保证插值节点的二阶导数连续。样条（spline）是工程设计中的一种绘图工具，数学上将具有一定光滑性的分段多项式称为样条函数。样条区间整体较为光滑，曲率连续，可应用于许多实际问题中，具有良好的插值效果。

三次样条插值函数 CubicSplineInterpolation 的调用语法如下：

```
etp = CubicSplineInterpolation(knots, A; extrapolation_bc = Throw())
```

其中，knots 为插值节点，A 为插值节点的值，extrapolation_bc 为边界条件，默认为 Throw()，返回三次样条插值对象 etp。若需要 xq 处的插值结果，则需要输入程序 etp(xq)。

【例 7.2.6】根据表 7-4 中的插值数据，分别使用 spline、cubic、makima 与 linear 方法计算 x 每变化 0.1 时的 y 坐标，并求出 $x=0$ 处的曲线斜率，以及 x 在[13, 15]范围内 y 的最小值。

表 7-4　例 7.2.6 样本数据点

变量	样本点									
	1	2	3	4	5	6	7	8	9	10
x	0	3	5	7	9	11	12	13	14	15
y	0	1.2	1.7	2.0	2.1	2.0	1.8	1.2	1.0	1.6

```
x0 = [0, 3, 5, 7, 9, 11, 12, 13, 14, 15];    y0 = [0, 1.2, 1.7, 2.0, 2.1, 2.0, 1.8, 1.2, 1.0, 1.6]
xq = 0:0.1:15
yq1 = interp1(x0, y0, xq, "spline")
yq2 = interp1(x0, y0, xq, "cubic")
yq3 = interp1(x0, y0, xq, "makima")
yq4 = interp1(x0, y0, xq, "linear")
plot(xq, yq1, "-", color=[0, 0.4470, 0.7410], linewidth=1.5)
hold("on")
plot(xq, yq2, "--", color=[0.8500, 0.3250, 0.0980], linewidth=1.5)
plot(xq, yq3, "-.", color=[0.9290, 0.6940, 0.1250], linewidth=1.5)
plot(xq, yq4, ":", color=[0.4940, 0.1840, 0.5560], linewidth=1.5)
legend(["spline", "cubic", "makima", "linear"])
```

spline、cubic、makima 与 linear 运行结果比较如图 7-5 所示。

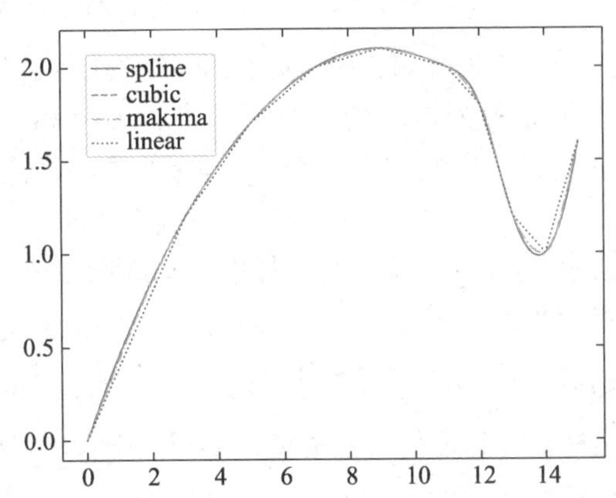

图 7-5　spline、cubic、makima 与 linear 运行结果比较

由图 7-5 可知，上述 4 种插值法的结果较为贴近，其中 spline 方法运行结果的光滑性较差。此外，由于插值节点并非等间距，cubic 方法会退回至 spline 方法，因此具有完全相同的插值结果。

7.2.3　多维插值

插值除一维插值外，还包括二维插值，三维插值，…，n 维插值。对于多维插值，其插值函数的构造思想与一维插值基本相同，插值法较为类似，区别在于插值节点的维度不同，因此关于插值法的内容不再赘述。

以二维插值为例，其问题描述为：在给定 xOy 平面上，存在 $m\times n$ 个不同的插值节点 $(x_i, y_j), i=1,2,\cdots,m, j=1,2,\cdots,n$，对应观测节点为 $z_{ij}, i=1,2,\cdots,m, j=1,2,\cdots,n$，求一个近似的二元插值曲面函数 $f(x,y)$，使其通过全部已知节点，即满足

$$f(x_i, y_j)=z_{ij}, i=1,2,\cdots,m, j=1,2,\cdots,n \tag{7-19}$$

则对于任意插值节点 (x^*, y^*) 处的函数值可利用插值函数近似得到 $z^*=f(x^*, y^*)$。

二维插值的常见情况可分为网格节点插值与散点插值两种。网格节点插值类似于一维插值，用于规则网格点插值情况；散点插值适用于一般的数据点，尤其是数据点杂乱无章的情况，Syslab 中的散点插值函数为 scatteredInterpolant。

1. 网格节点插值

以二维插值为例，假定插值节点在 $[a,b]\times[c,d]$ 的范围内构成 xOy 平面上的一个矩形插值区域。

$$a=x_1<x_2<\cdots<x_m=b, c=y_1<y_2<\cdots<y_n=d \tag{7-20}$$

则一系列平行直线 $x=x_i, y=y_j, i=1,2,\cdots,m, j=1,2,\cdots,n$ 将区域 $[a,b]\times[c,d]$ 划分为 $(m-1)\times(n-1)$ 个子矩形网络，网络交叉点为 $m\times n$ 个插值节点。

在 Syslab 中，既可以通过手动输入网格数据，也可以使用 meshgrid2 函数自动生成网格，调用语法如下：

```
X, Y = meshgrid2(x, y)
```

此函数基于输入向量 x 和 y 中每行的坐标返回二维网格坐标。X 是一个矩阵，每行是 x 的一个副本；Y 也是一个矩阵，每列是 y 的一个副本。坐标 X 和 Y 表示的网格有 length(y) 行和 length(x)列。若不输入第二个向量 y，则默认 y 与 x 一致，即返回 X, Y = meshgrid(x, x) 的方形网格。

得到插值节点并计算出插值处的函数值后，使用 interp2 函数或 griddedInterpolant 函数计算二维插值。interp2()的调用语法如下：

```
Vq = interp2(X, Y, V, Xq, Yq, method, extrapval)
```

其中，X、Y 为网格点的坐标，V 为插值节点的值，Xq 和 Yq 为查询点的坐标，method 为指定备选插值法，包括 linear、nearest、cubic、makima 和 spline，默认方法为 linear。输入 extrapval 则表明要对输入范围外的插值节点使用外插，若此时选择 method 为 cubic，则返回 NaN 值。

【例 7.2.7】创建并绘制一个三维数据集，表示函数 z 在[–5, 5]范围内以 0.2 为网格长度与以 0.1 为网格长度的一组网格样本点计算的结果，并进一步计算在(–4.8, 2.2)、(–3.6, 3.8)、(–0.4, 2.2)、(2.4, 3.1)、(3.9, 0)处的插值函数结果。

$$z(x,y)=\frac{\sin(x^2+y^2)}{x^2+y^2+1}$$

使用网格向量的方式生成插值节点与查询点。

```
x1 = -5:0.1:5
```

```
z1 = zeros(length(x1), length(x1))
for i in CartesianIndices(z1)
    xp = x1[i[1]]
    yp = x1[i[2]]
    z1[i] = sin(xp^2 + yp^2) / (xp^2 + yp^2)
end
x2 = -5:0.8:5
z2 = zeros(length(x2), length(x2))
for i in CartesianIndices(z2)
    xp = x2[i[1]]
    yp = x2[i[2]]
    z2[i] = sin(xp^2 + yp^2) / (xp^2 + yp^2)
end
xq = [-4.8, -3.6, -0.4, 2.4, 3.9]
yq = [2.2, 3.8, 2.2, 3.1, 0]
```

生成插值网格、计算查询点的值并绘制图形。

```
xq = [-4.8, -3.6, -0.4, 2.4, 3.9]
yq = [2.2, 3.8, 2.2, 3.1, 0]
F1 = griddedInterpolant((x1, x1), z1, "spline")
vq1 = F1((xq, yq))
F2 = griddedInterpolant((x2, x2), z2, "spline")
vq2 = F2((xq, yq))
figure("网格节点插值", facecolor="white")
subplot(1, 2, 1)
surf(x1, x1, z1)
subplot(1, 2, 2)
surf(x2, x2, z2)
```

例 7.2.7 网格节点插值的运行结果如图 7-6 所示。

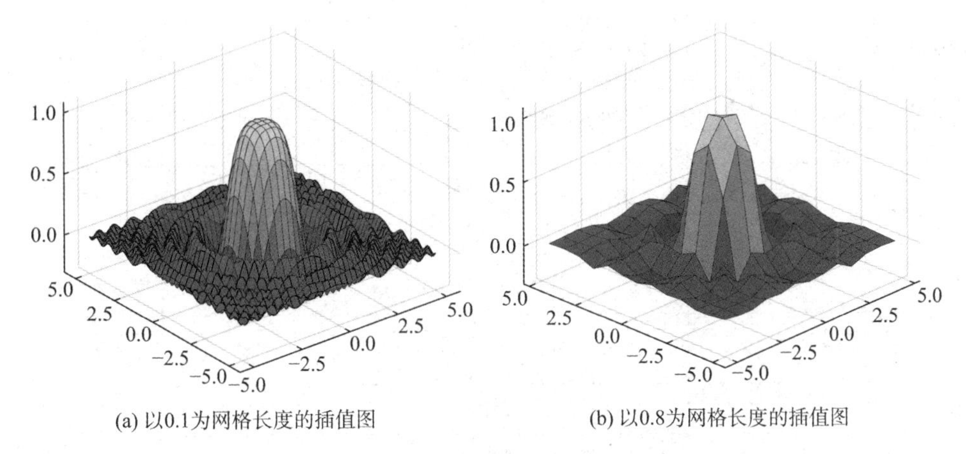

(a) 以0.1为网格长度的插值图

(b) 以0.8为网格长度的插值图

图 7-6 例 7.2.7 网格节点插值的运行结果

插值的计算结果如下：

```
julia> vq1
5×5 Matrix{Float64}:
  0.0133031   -0.00564872   0.0133031    0.0280488   -0.0385834
 -0.0461278    0.0270111   -0.0461278   -0.0232101    0.0631922
 -0.159821     0.0573584   -0.159821    -0.0314211    0.418724
 -0.0795496    0.0460293   -0.0795496    0.0202545    0.037371
  0.044285    -0.0320073    0.044285    -0.0119159   -0.0180375
julia> vq2
5×5 Matrix{Float64}:
```

```
0.0133031  -0.00564872  0.0133031  0.0278338  -0.0385819
-0.0461278  0.0270111  -0.0461278  -0.0230937  0.0631959
-0.159821  0.0573584  -0.159821  -0.0311881  0.4187
-0.0795496  0.0460293  -0.0795496  0.019978  0.037389
0.0431498  -0.0311812  0.0431498  -0.0112578  -0.0176414
```

2. 散点插值

散点插值可以描述为：已知 n 个插值节点 $(x_i, y_i, z_i)(i = 1, 2, \cdots, n)$，求点 (x, y)。Syslab 中的 scatteredInterpolant 函数支持对散点数据的插值，该函数返回给定数据集的插值 F，可以计算一组查询点（如二维节点(xq, yq)）的 F 值，以得出插入的值 vq = F(xq,yq)。函数的调用语法如下：

```
itp = scatteredInterpolant(method, points, samples)
```

其中，itp 为返回的数据插值对象；method 为插值法，可使用的插值法分为最邻近插值、径向基函数插值等方法，详见表 7-5。points 为散点自变量，形式为 $n\times k$ 的矩阵，n 是采样空间的维度，k 是点的数量；samples 为散点因变量，形式为 $k\times m$ 的数组，m 是采样数据的维度。

表 7-5　散点插值可选择的插值法

方法	说明	注释
Multiquadratic	2 次径向基函数 $\phi(r)=\sqrt{1+(\varepsilon r)^2}$	默认 $\varepsilon=1$
InverseMultiquadratic	逆 2 次径向基函数 $\phi(r)=\dfrac{1}{\sqrt{1+(\varepsilon r)^2}}$	默认 $\varepsilon=1$
Gaussian	高斯径向基函数 $\phi(r)=\mathrm{e}^{(\varepsilon r)^2}$	默认 $\varepsilon=1$
InverseQuadratic	逆 2 次径向基函数 $\phi(r)=\dfrac{1}{1+(\varepsilon r)^2}$	默认 $\varepsilon=1$
Polyharmonic	多调和样条径向基函数 $\begin{cases}\phi(r)=r, k=1,3,5,\cdots \\ \phi(r)=r\ \ln(r), k=2,4,6,\cdots\end{cases}$	默认 $\varepsilon=1$
ThinPlate	薄板样条基函数 $\phi(r)=r^k\ln(r)$	默认 $\varepsilon=1$
GeneralizedMultiquadratic	广义多 2 次径向基函数 $\phi(r)=\left(1+(\varepsilon r)^2\right)^\beta$	默认 $\varepsilon=1$
Shepard(P)	具有幂参数 P 的标准 Shepard 插值	默认 P=2
NearestNeigbor	最近邻插值	

使用 scatteredInterpolant 函数进行插值后还需要估计待插值节点的值，在 Syslab 中使用 evaluate 函数可求得对应插值结果，调用语法如下：

```
evaluate(itp, points)
```

其中，itp 为插值对象；points 为待求插值节点；函数返回待插值节点的值。

【例 7.2.8】创建包含 50 个散点的样本数据集，使用 Multiquadratic 和 Gaussian 方法进行样本数据插值，查看插值的结果。

创建散点数据集，生成对应的网格点。

```
rng = mt19937ar(5489)
x = -3 .+ 6 * rand(50,1);
y = -3 .+ 6 * rand(50,1);
v = sin.(x) .^ 4 .* cos.(y)
xq, yq = meshgrid2(-3:0.01:3)
```

生成两种插值的插值对象。

```
itp1 = scatteredInterpolant(Multiquadratic(), [x y]', v)
z1 = evaluate(itp1, [xq[:] yq[:]]')
z1 = reshape(z1, size(xq))
itp3 = scatteredInterpolant(Gaussian(), [x y]', v)
z3 = evaluate(itp3, [xq[:] yq[:]]')
z3 = reshape(z3, size(xq))
```

绘制两种散点的插值图。

```
figure("散点插值", facecolor="white")
subplot(1, 2, 1)
plot3(vec(x), vec(y), vec(v), "mo")
hold("on")
mesh(xq, yq, z1)
title("Multiquadratic", fontname="Times New Roman", fontsize=10)
legend(["样本点", "插值曲面"])
subplot(1, 2, 2)
plot3(vec(x), vec(y), vec(v), "mo")
hold("on")
mesh(xq, yq, z3)
title("Gaussian", fontname="Times New Roman", fontsize=10)
legend(["样本点", "插值曲面"])
```

例 7.2.8 散点插值运行结果如图 7-7 所示。

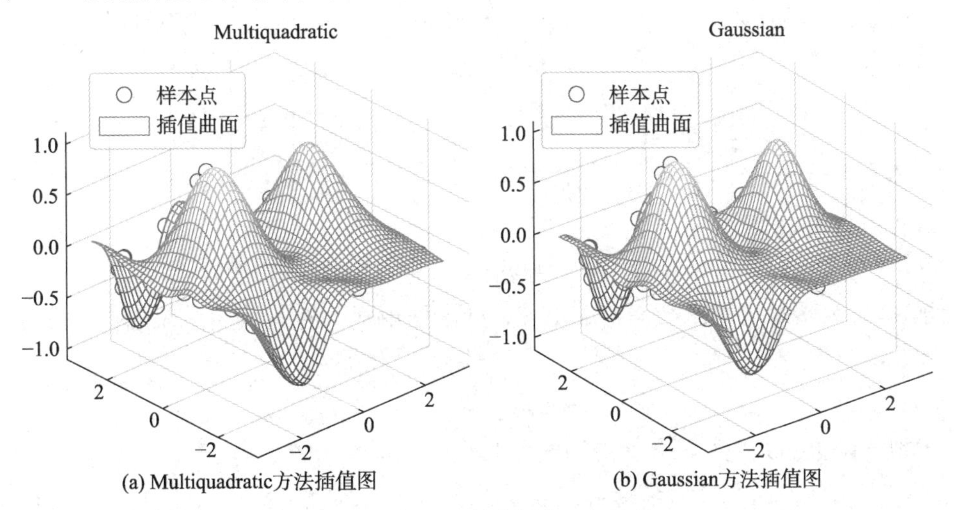

(a) Multiquadratic方法插值图　　(b) Gaussian方法插值图

图 7-7　例 7.2.8 散点插值运行结果

7.2.4　曲线拟合

拟合又称数据拟合或曲线拟合，是将现有数据构建一条曲线或数学函数对其进行近似，使曲线与函数能够贴近数据点的一种方法。在实际使用中，可将插值的方法加入曲线拟合中使拟合更加精确，最常用的方法有最小二乘拟合。Syslab 的拟合工具箱可以使用回归、插值、平滑方法拟合曲线、曲面数据。

1. 最小二乘拟合

已知一组二维数据 $(x_i, y_i), i=1,2,\cdots,n$ ，寻求一个函数或曲线 $y=f(x)$ ，使得 $f(x)$ 在某种准则下与所有数据点最为接近，即曲线拟合得最好。令

$$\delta_i = f(x_i) - y_i \tag{7-21}$$

则 δ_i 表示拟合函数 $f(x)$ 在 x_i 点的残差。

最小二乘拟合是基于各数据点的残差平方和最小为判定准则的一种拟合方法，即

$$\min J = \sum_{i=1}^{n} (f(x_i) - y_i)^2 \tag{7-22}$$

一般而言，拟合函数 $f(x)$ 包含待定参数 a_i ，按照参数是否为线性关系，可将最小二乘拟合分为线性最小二乘拟合与非线性最小二乘拟合。对于线性最小二乘拟合函数，给定一个线性无关函数系 $\{\phi_k(x) \mid k=1,2,\cdots,m\}$ ，则拟合函数为其线性组合的形式：

$$f(x) = \sum_{k=1}^{m} a_k \phi_k(x) \tag{7-23}$$

例如多项式函数

$$f(x) = a_1 + a_2 x + a_3 x^2 + \cdots + a_m x^{m-1z} \tag{7-24}$$

则 $f(x) = f(x, a_o, a_1, \cdots, a_m)$ 为关于参数 a_i 的线性函数。将该函数按照最小二乘原则处理可得

$$\sum_{j=1}^{m} \left[\sum_{i=1}^{n} \phi_j(x_i) \phi_k(x_i) \right] a_j = \sum_{i=1}^{n} y_i \phi_k(x_i),\ k=1,2,\cdots,m \tag{7-25}$$

将式（7-25）转化为关于 $a_1, a_2, \cdots, a_m$ 线性方程组的形式，称为正规方程组。令

$$\boldsymbol{R} = \begin{bmatrix} \phi_1(x_1) & \phi_2(x_1) & \cdots & \phi_m(x_1) \\ \phi_1(x_2) & \phi_2(x_2) & \cdots & \phi_m(x_2) \\ \vdots & \vdots & & \vdots \\ \phi_1(x_m) & \phi_2(x_m) & \cdots & \phi_m(x_m) \end{bmatrix},\ \boldsymbol{A} = \begin{bmatrix} a_1 \\ a_2 \\ \vdots \\ a_m \end{bmatrix},\ \boldsymbol{Y} = \begin{bmatrix} y_1 \\ y_2 \\ \vdots \\ y_m \end{bmatrix} \tag{7-26}$$

则正规方程组可表示为

$$\boldsymbol{R}^{\mathrm{T}} \boldsymbol{R} \boldsymbol{A} = \boldsymbol{R}^{\mathrm{T}} \boldsymbol{Y} \tag{7-27}$$

由于 $\phi_k(x)$ 为线性无关函数系， $\boldsymbol{R}$ 矩阵为列满秩矩阵， $\boldsymbol{R}^{\mathrm{T}}\boldsymbol{R}$ 为可逆矩阵，因此方程有唯一解，即

$$\boldsymbol{A} = (\boldsymbol{R}^{\mathrm{T}} \boldsymbol{R})^{-1} \boldsymbol{R} \boldsymbol{Y} \tag{7-28}$$

$\boldsymbol{A}$ 为所求拟合函数的系数，根据系数可得到最小二乘拟合函数 $f(x)$ 。

对于拟合函数，若其给定的线性无关函数系 $\{\phi_k(x) \mid k=1,2,\cdots,m\}$ 无法写成其线性组合的形式，则 $f(x) = f(x, a_o, a_1, \cdots, a_m)$ 为关于参数 a_i 的非线性函数，例如

$$f(x) = \frac{1}{1 + a_1 x + a_2 x^2} \tag{7-29}$$

对于非线性函数的最小二乘拟合，可根据拟合函数的具体表达式，采用非线性优化的方法求解参数 $a_1, a_2, \cdots, a_m$ 。

在 Syslab 中，可利用 fit 函数进行曲线拟合，调用语法如下：

```
fitobject = fit(fitType,x,y)
fitobject = fit(fitType,[x y],z)
fitobject = fit(fitType,x,y,options=fitOptions)
fitobject = fit(x,y,fitType,Name,Value)
_, output = fit(_)
```

其中，x 和 y 为拟合点，z 为该处的值，fitType 为指定拟合模型，fitOptions 包含拟合的选项，Name、Value 为提供的额外选项，fitobject 为函数返回的拟合结果。

fitType 内置的模型名称与方程包括线性多项式曲线（poly1）、线性多项式曲面（poly11）、2 次多项式曲线（poly2）、分段线性插值（linearinterp）、分段三次插值（cubicinterp）、平滑样条（曲线）（smoothingspline）和局部线性回归（曲面）（lowess）。

对于多项式曲线拟合，在 Syslab 中可利用 polyfit、polyfits2 和 polyfits3 函数创建多项式曲线拟合，调用语法如下：

```
p=polyfit(x,y,n)
p,S=polyfits2(x,y,n)
p,S,mu=polyfits3(x,y,n)
```

其中，p = polyfit(x, y, n)返回次数为 n 的多项式 p(x)的系数；p, S = polyfits2(x, y, n)还返回一个结构体 S；p, S, mu = polyfits3(x, y, n)还返回一个二元素向量 mu，包含中心化值和缩放值。

完成拟合后，在 Syslab 中可利用 plotfit 函数绘制拟合曲线，调用语法如下：

```
H = plotfit(fun,FitLineSpec,x,y,DataLineSpec)
H = plotfit(fun,x,y,outliers,OutlierLineSpec)
H = plotfit(_,ptype,level)
```

其中，fun 为 fit 函数的输出；FitLineSpec 为绘制 fun 所指定的颜色、线型、标志；x 为预测数据；y 为响应数据；DataLineSpec 为绘制 x、y 矩阵指定的颜色、线型、标志；outliers 为指定的点，可以是逻辑值向量，可以使用 excludedata 函数来创建逻辑值向量；OutlierLineSpec 为绘制例外值指定的颜色、线型、标志；level 为指定的置信度预测区间；ptype 为指定的绘图类型，可指定的类型包括数据与拟合（默认类型）（fit）、带拟合预测区间的数据与拟合（predfunc）、带新观测预测区间的数据与拟合（predobs）、残差（residuals）、标准化残差（除以其标准差的残差）（stresiduals）、拟合的一阶导数（deriv1）、拟合的二阶导数（deriv2）和拟合的积分（integral）。

对于三维数据，可以利用 plot3fit 函数进行绘制，方法与 plotfit 函数类似。

【例 7.2.9】根据 Syslab 中内置的从 1790 年到 1990 年每十年的美国人口数据文件 census.jl，创建二次多项式拟合并绘制图形，绘制不同次数的多项式拟合及指数函数拟合，查看拟合图像。

首先加载 Syslab 内置的示例数据，画出散点图进行查看。该数据中包括两种数据：cdate 是从 1790 年到 1990 年每十年的一个切片向量，pop 为 cdate 中的年份时美国的人口数据向量。

```
include(pkgdir(TyCurveFitting) * "/examples/docs/census.jl")
plot(cdate, pop, "o")
hold("on")
```

创建拟合关系和多项式拟合曲线。

```
population2 = fit("poly2", cdate, pop)
plotfit(population2, "-")
```

创建不同次数的多项式拟合及指数形式的拟合。

```
population3 = fit("poly3", cdate, pop, "center_and_scale", true)
population4 = fit("poly4", cdate, pop, "center_and_scale", true)
population5 = fit("poly5", cdate, pop, "center_and_scale", true)
population6 = fit("poly6", cdate, pop, "center_and_scale", true)
populationExp = fit("exp1", cdate, pop)
```

绘制各拟合的图像并添加标注。

```
plotfit(population3, "--");
plotfit(population4, "-.");
plotfit(population5, ":");
plotfit(population6, "--", linewidth=1.5);
plotfit(populationExp, "-.", linewidth=1.5);
legend(["cdate v pop", "poly2", "poly3", "poly4", "poly5", "poly6", "exp1"], loc="northwest")
```

数据多项式拟合及指数拟合结果如图 7-8 所示。

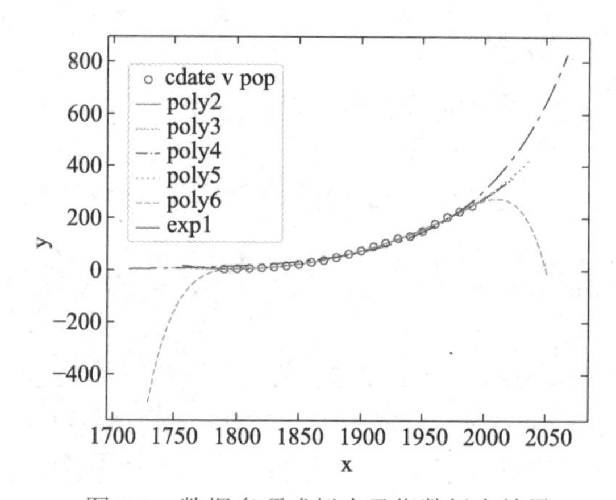

图 7-8　数据多项式拟合及指数拟合结果

2. 拟合设置与后处理

对于拟合，最重要且首要的内容是选取合适的拟合函数。有些问题能够根据背景和问题机理，分析得到变量之间的关系，根据关系确定拟合函数的形式并估计相应参数。但是，在大多数情况下很难直接分析出问题机理或确定变量关系，通常需要根据数据散点图的特点，直观地判断选取什么形式的拟合函数。

回归分析是确定两种或两种以上变量相互依赖的定量关系的一种统计方法，对于插值和拟合，使用回归分析有助于分析函数是否贴合数据。回归分析按照自变量与因变量个数可分为一元回归分析和多元回归分析，按照自变量与因变量之间的关系类型可分为线性回归分析和非线性回归分析。常见的回归模型统计量如下。

（1）总偏差平方和 SST：

$$\text{SST}=\sum_{i=1}^{n}(y_i-\overline{y})^2 \tag{7-30}$$

（2）回归平方和 SSR：

$$\text{SSR}=\sum_{i=1}^{n}(\hat{y}_i-\overline{y})^2 \tag{7-31}$$

（3）残差平方和 SSE：

$$\text{SSE}=\sum_{i=1}^{n}(y_i-\hat{y}_i)^2 \tag{7-32}$$

除此之外，还可以通过计算样本残差分布、*R* 方检验统计量等评估函数的拟合情况。在 Syslab 中完成函数拟合后，可以使用 gof 结构体显示拟合的拟合优度统计信息。对于最小二乘拟合而言，可以通过检查残差平方和 SSE 查看拟合的最小二乘残差，越接近零则说明拟合效果越好。在向模型添加其他系数时，调整后的 *R* 方检验统计量是检验拟合质量的最佳指标。在比较不同拟合函数时，可以利用 confint()函数检查

剩余拟合的置信界限，调用语法如下：

```
ci, params = confint(fitresult)
_ = confint(fitresult, level=0.95)
```

其中，fitresult 为拟合结构体；level 为指定置信度的信赖区间，默认置信度为 0.95；函数返回置信度的信赖区间 ci 及实际使用的参数 params。

拟合完成后，可以通过拟合曲线对数据后续的走向进行预测。在 Syslab 中可利用 predint()函数预测拟合后的未知点的值，调用语法如下：

```
ci,y = predint(fitresult,x)
_ = predint(_,level=0.95)
_ = predint(_,intv="of")
```

其中，fitresult 为拟合结构体，x 为待预测点；level 为指定置信度的信赖区间，默认置信度为 0.95；intv="of"为指示计算的区间类型，区间类型指定为字符串，仅其首尾字母决定区间类型，其首字母可指定为以下值：新观测的区间（默认）"o"和拟合曲线的区间"f"；其尾字母可指定为以下值：非同时区间（默认）"f"和同时区间"n"。函数返回指定置信度下的预测区间 ci 及待预测点的值 y。

【例 7.2.10】评估例 7.2.9 中各拟合函数的拟合效果，并根据拟合函数预测从 2000 年至 2020 年的值。

使用 gof 结构体查看拟合优度统计信息。

```
gof2 = population2.s_data
gof3 = population3.s_data
gof4 = population4.s_data
gof5 = population5.s_data
gof6 = population6.s_data
gofe = populationExp.s_data
```

多项式曲线拟合结果较为类似，SSE 保持在 106~160 之间，以二次多项式为例，其结果如下：

```
julia> gof
R 方: 0.9987129657720093
SSE: 159.02929917675914
DFE: 18
调整 R 方: 0.9985699619688992
RMSE: 2.9723662401150213
```

指数曲线拟合的 SSE 明显更大，其结果如下：

```
julia> gofe
```

```
R 方: 0.9846702259960126
SSE: 1894.186777144439
DFE: 19
调整 R 方: 0.9838633957852765
RMSE: 9.984690325810757
```

上述结果比较说明指数曲线拟合效果更差。当然，通过残差也可以直观地看出拟合效果。绘制残差曲线，指定绘图函数中的绘图类型为"residuals"。

```
figure("曲线拟合残差结果", facecolor="white")
subplot(2, 1, 1)
plotfit(population2, cdate, pop, "residuals")
title("二次多项式拟合")
subplot(2, 1, 2)
plotfit(populationExp, cdate, pop, "residuals")
title("指数曲线拟合")
```

获得二次多项式拟合和指数曲线拟合的残差图如图 7-9 所示。

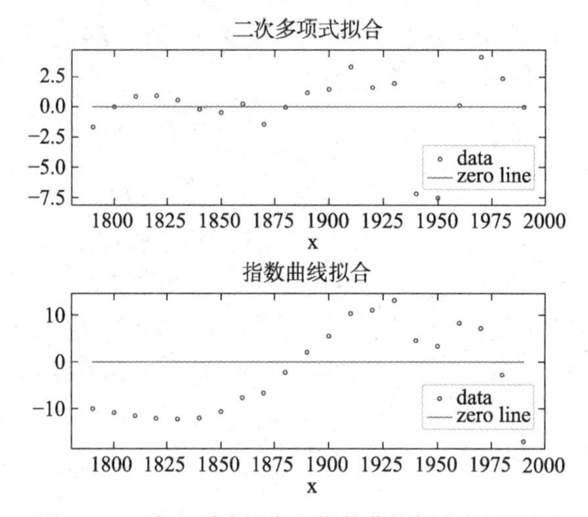

图 7-9　二次多项式拟合和指数曲线拟合的残差图

指数曲线拟合的残差呈现明显的规律性波动，且波动幅度大，说明拟合效果欠佳，证明二次多项式函数已经是拟合程度较好的函数。

通过显示模型、拟合系数和拟合系数的置信区间来检查 population2。

```
population2.params
```

返回拟合的二次多项式函数的各项系数如下：

```
3-element Vector{Float64}:
0.006541130494219047
-23.509745995420683
21129.592119228328
```

使用 confint()函数获取信赖区间。

```
ci, = confint(population2)
```

运行结果如下：

```
julia> ci
```

```
3×2 Matrix{Float64}:
0.00612419        0.00695807
-25.0859          -21.9336
19641.2           22618.0
```

该矩阵为拟合的二次多项式函数中各系数 95%置信度的置信区间。

根据拟合函数，计算查询点的值：

```
cdateFuture = 2000:10:2020
popFuture = population2(cdateFuture)
```

运行结果如下：

```
julia> popFuture
3-element Vector{Float64}:
 274.62210526315175
 301.8239781271259
 330.33407708994855
```

使用 predint 方法计算未来人口预测的 95%信赖区间。

```
ci, = predint(population2, cdateFuture; level = 0.95, intv = "o")
```

运行结果如下：

```
julia> ci
3×2 Matrix{Float64}:
 266.919   282.326
 293.567   310.081
 321.398   339.27
```

绘制包含拟合和数据值在内的未来人口预测及信赖区间。

```
plot(cdate, pop, "o")
xlim([1900, 2040])
hold("on")
plotfit(population2)
h = errorbar(cdateFuture, popFuture, popFuture - ci[:, 1], ci[:, 2] - popFuture, fmt = ".")
hold("off")
legend(["cdate v pop", "poly2", "prediction"]; loc = "northwest")
ylim([50, 400])
```

数据拟合及预测曲线图如图 7-10 所示。

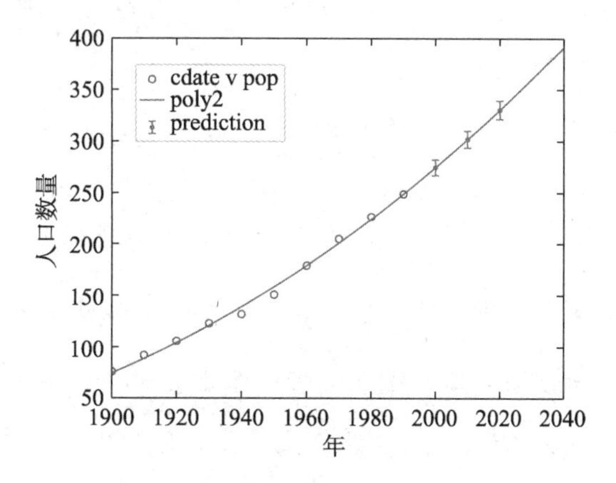

图 7-10　数据拟合及预测曲线图

7.3 概率统计分布计算

概率统计是科学计算的重要部分，反映了自然界与人类社会中的随机现象并揭示了其背后的科学规律，目前广泛应用于各种实际场景中。

本节将结合 Syslab 中的统计工具箱，介绍统计库中以 Syslab 数值计算为基础的多种用于描述数据、分析数据，以及为数据建模的函数，使用统计信息分析数据并进行数据建模；结合具体实例，帮助读者在 Syslab 中构建统计量并绘图分析查看数据，对数据进行概率分布拟合，生成进行蒙特卡罗仿真的随机数，以及执行假设检验。

7.3.1 随机变量的数字特征

在概率统计中，因为所选的随机变量不同，所以往往需要根据随机变量的数值反映出概率统计分布的一般特征。常见的数字特征包括期望、方差和标准差、矩、协方差及相关系数。这些数字特征能够为用户在概率统计计算时提供参考依据。

Syslab 统计工具箱中包含了一些函数和算法，便于用户快捷方便地计算随机变量的数字特征。

1. 期望

设离散型随机变量 X 的分布律为

$$P\{X=k\}=p_k, k=0,1,2,\cdots \tag{7-33}$$

当级数 $\sum_{k=1}^{\infty} x_k p_k$ 绝对收敛时，则离散型随机变量 X 对应的期望为

$$E(x)=\sum_{k=1}^{\infty} x_k p_k \tag{7-34}$$

设连续型随机变量 X 概率密度为 $f(x)$，若积分 $\int_{-\infty}^{\infty} xf(x)\mathrm{d}x$ 绝对收敛，则连续型随机变量 X 对应的期望为

$$E(x)=\int_{-\infty}^{\infty} xf(x)\mathrm{d}x \tag{7-35}$$

由式（7-34）和式（7-35）可知，数学期望完全由随机变量 X 的概率分布确定。

如果对于总体 X 的一个样本，其样本值为 $x=(x_1,x_2,\cdots,x_n)$，则对应的样本均值为 $\overline{x}=1/n\times\sum_{i=1}^{n} x_i$。根据大数定律，样本均值概率收敛于期望，因此实际应用中通常需要求解随机变量均值。Syslab 提供相关计算随机变量均值的函数 mean()，调用语法如下：

```
y = mean(pd)
```

其中，y 表示返回概率分布对象 pd 的均值。pd 为生成的概率分布，具体可见 mean()函数帮助文档中的说明。

计算样本均值可使用 geomean()函数，调用语法如下：

```
m = geomean(X)
m = geomean(X, "all")
m = geomean(X, dim)
m = geomean(X, vecdim)
m = geomean(___, nanflag)
```

其中，

- m = geomean(X)返回 X 的几何平均值。若 X 是向量，则 geomean(X)是 X 中元素的几何平均值。若 X 是矩阵，则 geomean(X)是行向量，包含 X 的每列的几何平均值。若 X 是多维数组，则 geomean 沿 X 的第一个非单维进行运算。
- m = geomean(X, "all")返回 X 中所有元素的几何平均值。
- m = geomean(X, dim)返回沿 X 的操作维度 dim 的几何平均值。
- m = geomean(X, vecdim)返回向量 vecdim 中指定维度的几何平均值。
- m = geomean(___, nanflag)使用前面语法中的任何输入参数组合指定是否从计算中排除 NaN 值。在默认情况下，geomean 在计算中包含 NaN 值（nanflag 的值为"includenan"）。若排除 NaN 值，则需要将 nanflag 的值设置为"omitnan"。

若样本中包含奇异值，可使用 trimmean()函数计算无奇异值的均值，调用语法如下：

```
m = trimmean(X, percent)
m = trimmean(X, percent, flag)
m = trimmean(___, "all")
m = trimmean(___, dim)
m = trimmean(___, vecdim)
```

其中，

- m = trimmean(X, percent)返回去除 X 异常值后的平均值。例如，如果 X 是具有 n 个值的向量，则 m 是 X 的平均值，不包括最高和最低 k 个数据值，其中 k = n × (percent / 100) / 2。如果 X 是一个向量，则 trimmean(X, percent)是 X 在去除异常值后的所有值的平均值。如果 X 是矩阵，则 trimmean(X, percent)是 X 在去除异常值后列均值的行向量。如果 X 是一个多维数组，则 trimmean 沿 X 的第一个非单维进行运算。
- m = trimmean(X, percent, flag)指定当 k（异常值的一半）不是整数时如何修正。
- m = trimmean(___, "all")使用前面语法中的任何输入参数组合返回 X 中所有值的修正平均值。
- m = trimmean(___, dim)返回沿 X 的操作维度 dim 的修正平均值。
- m = trimmean(___, vecdim)返回向量 vecdim 中指定的维度上的修正平均值。

2. 方差、标准差和矩

方差是描述随机变量与其均值的偏离程度的度量标准，对于随机变量 X，其方差为

$$E\{[X-E(X)]^2\} \tag{7-36}$$

记作 $D(X)$ 或 $\mathrm{Var}(X)$。在实际应用中也会用到 $\sqrt{D(X)}$，记为 $\sigma(X)$，称为标准差或者均方差。

对于一个包含 n 个元素的样本，样本方差的估计可分为无偏估计与有偏估计。无偏估计定义为

$$S^2=\frac{1}{n-1}\sum_{i=1}^{n}(x_i-\overline{x})^2 \tag{7-37}$$

有偏估计定义为

$$S^2 = \frac{1}{n}\sum_{i=1}^{n}(x_i - \overline{x})^2 \tag{7-38}$$

标准差也同样分为两种形式：

$$S = \sqrt{S^2} = \frac{1}{n-1}\sum_{i=1}^{n}(x_i - \overline{x})^2$$
$$S = \sqrt{S^2} = \frac{1}{n}\sum_{i=1}^{n}(x_i - \overline{x})^2 \tag{7-39}$$

随机变量的矩表征了随机变量的分布，样本的 k 阶中心距为

$$B_k = \frac{1}{n}\sum_{i=1}^{n}(x_i - \overline{x})^k, k = 0,1,2,\cdots \tag{7-40}$$

Syslab 工具箱中包含了可供用户求解方差、标准差和矩的函数。计算概率分布的方差可使用 var()函数，调用语法如下：

```
v = var(pd)
```

其中，v 表示返回概率分布对象 pd 的方差。pd 为生成的概率分布，具体可见 var()函数帮助文档中的说明。

计算概率分布的标准差可使用 std()函数，调用语法如下：

```
s = std(pd)
```

其中，s 表示返回概率分布 pd 的标准差。

计算样本协方差可使用 ty_cov()函数，调用语法如下：

```
C = ty_cov(A)
```

其中，A 为观测样本，返回 C 为样本的协方差。

计算样本的中心距可使用 moment()函数，调用语法如下：

```
m = moment(X, order)
m = moment(X, order, "all")
m = moment(X, order, dim)
```

其中，

- m = moment(X, order)返回 order 指定的阶数 X 的中心矩。如果 X 是向量，则 moment(X, order)返回一个标量值，它是 X 中元素的 k 阶中心矩。如果 X 是矩阵，则 moment(X, order)返回包含 X 中每列的 k 阶中心矩的行向量。如果 X 是多维数组，则 moment(X, order)沿 X 的第一个非单一维度进行计算。
- m = moment(X, order, "all")返回 X 的所有元素的指定顺序的中心矩。
- m = moment(X, order, dim)沿 X 的操作维度 dim 取中心矩。

随机变量的样本峰度与样本偏度也是特殊的中心距，在 Syslab 中也有专门的函数。计算样本峰度可使用 kurtosis()函数，调用语法如下：

```
k = kurtosis(X)
k = kurtosis(X, flag)
k = kurtosis(X, flag, "all")
k = kurtosis(X, flag, dim)
k = kurtosis(X, flag, vecdim)
```

其中，

- k = kurtosis(X)返回 X 的样本峰度。如果 X 是向量，则 kurtosis(X)返回一个标量值，即 X 中元素的峰度。如果 X 是矩阵，则 kurtosis(X)返回一个行向量，该行向量包含 X 中每列的样本峰度。如果 X 是多维数组，则 kurtosis(X)沿 X 的第一个非单一维度进行计算。
- k = kurtosis(X, flag)指定是否校正偏差，flag 默认值为 1 表示不校正。当 X 代表一个群体中的样本时，X 的峰度是有偏差的，这意味着它往往与群体峰度存在基于样本大小的系统性差异。可以将 flag 设置为 0，以纠正此系统偏差。
- k = kurtosis(X, flag, "all")返回 X 的所有元素的峰度。
- k = kurtosis(X, flag, dim)返回沿 X 的操作维度 dim 的峰度。
- k = kurtosis(X, flag, vecdim)返回向量 vecdim 中指定维度的峰度。

计算样本偏度可使用 skewness()函数，调用语法如下：

```
y = skewness(X)
y = skewness(X, flag)
y = skewness(X, flag, "all")
y = skewness(X, flag, dim)
y = skewness(X, flag, vecdim)
```

其中，函数的返回值 y 是 X 的样本偏度，其他调用方法说明与计算样本峰度的 kurtosis()函数相同。

3. 协方差与相关系数

对于随机变量 x、y，其协方差 cov(x, y)与相关系数 ρ 分别定义为

$$\begin{aligned} \operatorname{cov}(x,y) &= E\{[x-E(x)][y-E(y)]\} \\ \rho &= \frac{\operatorname{cov}(x,y)}{\sqrt{D(x)}\sqrt{D(y)}} \end{aligned} \tag{7-41}$$

对于多维随机变量，通常用协方差矩阵描述其二阶中心距。例如，对于二维随机变量 (X_1, X_2) 存在四个二阶中心距，其协方差矩阵的形式为

$$\begin{bmatrix} c_{11} & c_{12} \\ c_{21} & c_{22} \end{bmatrix} \tag{7-42}$$

该矩阵为对称矩阵，其各元素满足

$$\begin{aligned} c_{11} &= E\{[X_1 - E(X_1)]^2\} \\ c_{12} &= E\{[X_1 - E(X_1)][X_2 - E(X_2)]\} \\ c_{21} &= E\{[X_2 - E(X_2)][X_1 - E(X_1)]\} \\ c_{22} &= E\{[X_2 - E(X_2)]^2\} \end{aligned} \tag{7-43}$$

Syslab 中自带求解协方差函数 ty_cov()与相关系数函数 corrcoef()。协方差函数 ty_cov()的调用语法如下：

```
C = ty_cov(A, B)
C = ty_cov(___, w)
C = ty_cov(___, nanflag)
```

其中，

- C = ty_cov(A, B)返回两个随机变量 A 和 B 之间的协方差。如果 A 和 B 是长度相同的

观测值向量，则 ty_cov(A, B)为 2×2 协方差矩阵。如果 A 和 B 是观测值矩阵，则 ty_cov(A, B)将 A 和 B 视为向量，并等价于 ty_cov(A[:], B[:])，A 和 B 的大小必须相同。如果 A 和 B 为标量，则 ty_cov(A, B)返回零的 2×2 块。如果 A 和 B 为空数组，则 ty_cov(A, B)返回 NaN 的 2×2 块。如果 A 是标量，则 ty_cov(A)返回 0。如果 A 是空数组，则 ty_cov(A)返回 NaN。

- C = ty_cov(___, w)为之前的任何语法指定归一化权重。如果 w=0（默认值），则 C 按观测值数量-1 实现归一化；w = 1 时，按观测值数量对它实现归一化。
- C = ty_cov(___, nanflag)指定一个条件，用于在之前的任何语法的计算中忽略 NaN 值。例如，ty_cov(A, "omitrows")将忽略 A 的具有一个或多个 NaN 元素的所有行。

相关系数函数 corrcoef()的调用语法如下：

```
R = corrcoef(A)
R = corrcoef(A, B)
R,P = corrcoef(___; nargout=2)
R,P,RL,RU = corrcoef(___; nargout=4)
___ = corrcoef(___; Alpha=0.05, Rows = "all", nargout = 1)
```

其中，

- R = corrcoef(A)返回 A 的相关系数矩阵，A 的列表示随机变量，行表示观测值。
- R = corrcoef(A, B)返回两个随机变量 A 和 B 之间的系数。如果 R 包含复数元素，则此语法无效。
- R, P = corrcoef(___; nargout=2)返回相关系数矩阵和 P 值矩阵，用于测试观测到的现象之间没有关系的假设（原假设）。此语法可与上述语法中的任何参数结合使用。如果 P 的非对角线元素小于显著性水平（默认值为 0.05），则 R 中的相应相关性被视为显著。如果 R 包含复数元素，则此语法无效。
- R, P, RL, RU = corrcoef(___; nargout=4)包括矩阵，这些矩阵包含每个系数的 95%置信区间的下界和上界。
- ___ = corrcoef(___; Alpha=0.05, Rows="all", nargout=1)在上述语法的基础上，通过一个或多个 Key、Value 对组参数指定其他选项以返回任意输出参数。例如，corrcoef(A, Alpha = 0.1)指定 90%置信区间，corrcoef(A, Rows="complete")省略 A 的包含一个或多个 NaN 值的所有行，corrcoef(A, nargout = 2)返回两个输出参数。

【例 7.3.1】有两组随机数据 X_1、X_2，分别调用函数计算各自的均值、方差及两者的协方差和相关系数。

$$X_1=[0.0654;0.0656;0.06566;0.065;0.065;0.066;0.0666]$$

$$X_2=[0.00167;0.001;0.00279;0.00200;0.003879;0.0050;0.006]$$

编写 Syslab 程序如下：

```
x1 = [0.0654; 0.0656; 0.06566; 0.065; 0.065; 0.066; 0.0666];
x2 = [0.00167; 0.001; 0.00279; 0.002; 0.003879; 0.005; 0.006];
m1 = geomean(x1);      m2 = geomean(x2);   #计算样本均值
v1 = var(x1);          v2 = var(x2);       #计算样本方差
C = ty_cov(x1, x2);                        #计算协方差
R = corrcoef(x1, x2);                      #计算相关系数
println("E(X1) = $m1\n");   println("E(X2) = $m2\n")
println("D(X1) = $v1\n");   println("D(X2) = $v2\n")
```

```
println("cov(X1, X2) = $C\n");println("R(X1, X2) = $R\n");
```

运行结果如下：

```
E(X1) = 0.06560648398264193
E(X2) = 0.002713931081967364
D(X1) = 3.2051428571428725e-7
D(X2) = 3.388251571428572e-6
cov(X1,X2)=[3.2051428571428725e-7 6.857538095238115e-7;6.857538095238115e-7 3.388251571428572e-6]
R(X1, X2) = [1.0 0.6580466901083114; 0.6580466901083114 0.9999999999999997]
```

7.3.2 概率统计分布计算

1. 生成随机数

生成随机数是概率统计的基础，在实际应用中常常需要生成随机数进行概率统计上的计算。Syslab 的数学工具箱提供了多种生成随机数的方法，包括 mt19937ar 函数、rand 函数、randi 函数、randn 函数、randg 函数、randperm 函数和 bitrand 函数。本节将具体介绍 Syslab 中随机数的生成及各函数的使用方法。

在生成随机数之前，应当明白计算机生成的随机数大多是伪随机数，伪随机数是通过一些复杂的数学算法得到的，随机种子（Random Seed）就是这些随机数的初始值。在 Syslab 中使用伪随机数生成器（Random Number Generator，RNG）mt19937 生成随机数，可以自行设置随机数种子来获取特定的随机数，使用时可利用 mt19937ar 函数生成随机数对象，调用语法如下：

```
rng=mt19937ar()
rng=mt19937ar(seed)
```

其中，mt19937ar()生成随机的 RNG 对象；mt19937ar(seed)根据 seed 生成不同的 RNG 对象。

通常情况下可使用 rand、randn 和 randi 函数创建伪随机数序列，使用 randperm 函数创建随机置换整数向量。rand 函数会生成均匀分布的随机数，调用语法如下：

```
X = rand()
X = rand(n)
X = rand(sz1,...,szN)
X = rand(S)
```

其中，

- X = rand()返回一个在区间(0, 1)内的随机数。
- X = rand(n)返回一个长度为 n 的随机数向量。
- X = rand(sz1,...,szN)返回由随机数组成的 sz1×...×szN 数组，其中 sz1,..., szN 表示每个维度的大小。例如，rand(3, 4)返回一个 3×4 的矩阵。
- X = rand(S)返回数组 S 的元素中的随机数。

randi 函数可以生成均匀分布的伪随机整数，其与 rand 函数的差别是：rand 函数生成的随机数范围在 0~1 内，而 randi 函数可指定生成随机数的范围。

```
X = randi(imax)
X = randi(imax, n)
X = randi(imax, sz1,...,szN)
X = randi(imax, sz)
X = randi((imin,imax),__)
X = randi(rng, __)
```

其中，

- X = randi(imax)返回一个介于 1 和 imax 之间的伪随机整数标量。
- X = randi(imax, n)返回 n×1 向量，包含从区间(1, imax)的均匀离散分布中得到的伪随机整数。
- X = randi(imax, sz1,..., szN)返回 sz1×...×szN 数组，sz1,...,szN 表示每个维度的大小。例如，randi(10, 3, 4)返回一个介于 1 和 10 之间的伪随机整数组成的 3×4 数组。
- X = randi(imax, sz)返回一个数组，其中大小向量 sz 定义 size(X)。
- X = randi((imin, imax), ___)使用以上任何语法返回一个数组，包含从区间(imin, imax)的均匀离散分布中得到的整数。
- X = randi(rng, ___)从随机数流 RNG 而不是默认全局流生成整数。若创建一个流，则使用 mt19937ar。

randg 函数生成具有单位尺度的 Gamma 随机数，调用语法如下：

```
Y = randg()
Y = randg(A)
Y = randg(A,m)
Y = randg(A,m,n,p,...)
Y = randg(A,(m,n,p,...))
```

其中，

- Y = randg()返回从具有单位尺度和形状的 Gamma 分布中选择的标量随机值。
- Y = randg(A)返回从具有形状参数 A 的 Gamma 分布中选择的随机值。
- Y = randg(A, m)返回从具有形状参数 A 的 Gamma 分布中选择的 m×1 随机值向量。
- Y = randg(A, m, n, p, ...)或 Y = randg(A, (m, n, p, ...))返回一个从具有形状参数 A 的 Gamma 分布中选择的 m×n×p×...随机值数组。

randg 函数使用 rand 和 randn 函数生成伪随机数。生成的数字序列是在 rand 和 randn 函数的基础上由均匀随机数生成器的设置决定的。

除了数值类型的随机数，在 Syslab 中还可以生成布尔类型的随机数，使用 bitrand 函数可以生成一个随机布尔值的 BitArray，调用语法如下：

```
p = bitrand(n...)
```

其中，n 为 bool 值的矩阵维度。

生成随机数后，可以使用 randperm 函数对随机数进行重排列，使得随机数序列成为更加便于使用的形式。randperm 函数的调用语法如下：

```
p = randperm(n)
```

其中，p 为返回的行向量，包含从 1 到 n 没有重复元素的整数随机排列。

【例 7.3.2】生成一个种子为 1234 的 RNG 随机数对象，根据该种子生成 10 000 个均匀分布及正态分布下的随机数，并绘制直方图进行查看。

生成 RNG 随机数对象。

```
rng = mt19937ar(1234)
```

根据 rng 生成随机数序列。

```
r1 = rand(rng, 10000);      r2 = randn(rng, 10000);
```

绘制直方图进行查看。

```
figure("随机数分布直方图", facecolor="white")
subplot(1, 2, 1)
hist(r1)
title("均匀分布")
subplot(1, 2, 2)
hist(r2)
title("正态分布")
```

随机数分布直方图如图 7-11 所示。

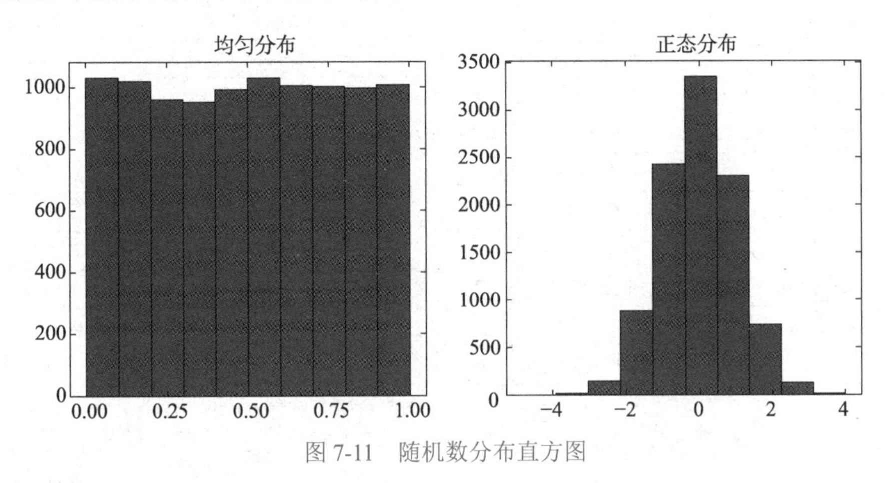

图 7-11 随机数分布直方图

2. 概率分布

生成随机数之后，要掌握这些随机数的统计规律，必须知道它们所有可能取值及取每一可能值的概率。对于离散型随机变量，其所有可能取值是能够被一一列举的，每个可能值的概率也可以通过计算获得，这样就可以用分布律来描述它。然而，对于连续型随机变量，由于其所有可能取值不能被一一列举出来，所以就不能像离散型随机变量那样用分布律来描述它。此时，转而去研究某一取值落在一个区间的概率，则引入了分布函数的概念。

在给定随机变量的概率分布函数后，通常需要对样本数据进行概率分布拟合，计算它的概率密度函数（Probability Density Function，PDF）和累积分布函数（Cumulative Distribution Function，CDF）。

Syslab 的统计工具箱是建立在 Syslab 数值计算环境下的一套统计分析工具，支持多种概率分布的概率统计计算和相当数量的分布类型。计算的内容包括生成对应的概率分布对象、累积分布函数、逆累积分布函数和概率密度函数等；Syslab 支持运算操作的分布类型如表 7-6 所示。

Syslab 中提供的 cdf 函数、pdf 函数、quantile 函数能够分别计算上述分布类型的累积分布函数、概率密度函数和逆累积分布函数，调用语法如下：

```
y = cdf(pd ,x)
y = pdf(pd, x)
x = quantile(pd, p)
```

其中，pd 表示概率分布对象，可以为表 7-6 中的任意一种；若输入参数为 x，则返回 x 值处的 CDF 和 PDF；若输入参数为 p，则返回概率值 p 对应的随机变量取值。

表 7-6　Syslab 支持运算操作的分布类型

分布对象	用于创建概率分布对象的函数	分布对象	用于创建概率分布对象的函数
Beta Distribution	Beta	Nakagami Distribution	Nakagami
Binomial Distribution	Binomial	Negative Binomial Distribution	NegativeBinomial
Chi-square Distribution	Chisquare	Noncentral F Distribution	NoncentralF
BirnbaumSaunders Distribution	Birnbaum	Noncentral T Distribution	NoncentralT
Burr Distribution	Burr	Noncentral Chi-square Distribution	NoncentralChisq
Exponential Distribution	Exponential	Normal Distribution	Normal
ExtremeValue Distribution	ExtremeValue	Poisson Distribution	Poisson
Gamma Distribution	Gamma	Rayleigh Distribution	Rayleigh
GeneralizedExtremeValue Distribution	GeneralizedExtremeValue	Rician Distribution	Rician
GeneralizedPareto Distribution	GeneralizedPareto	Stable Distribution	Stable
HalfNormal Distribution	HalfNormal	Triangular Distribution	Stable
Hypergeometric Distribution	Hypergeometric	Student Distribution	TDist
InverseGaussian Distribution	InverseGaussian	Uniform Distribution	Uniform
Loglogistic Distribution	Loglogistic	Weibull Distribution	Weibull
LogNormal Distribution	LogNormal		

【例 7.3.3】将一温度调节器放置在贮存着某种液体的容器内。调节器设定在 d℃，液体的温度 X（以℃计）是一个随机变量，且 $X \sim N(d, 0.5^2)$。（1）若 $d = 90$℃，则求 X 小于 89℃的概率；（2）若要保持液体的温度至少为 80℃的概率不低于 0.99，则 d 至少为多少？

（1）编写 Syslab 程序如下：

```
pd = Normal(90, 0.5);
p = cdf(pd, 89);
println("X 小于 89℃的概率为：  ", p)
```

运行结果如下：

```
X 小于 89℃的概率为：  0.022750131948179205
```

（2）由题意需求 d 满足

$$P\{X \geqslant 80\} = P\left\{\frac{X-d}{0.5} \geqslant \frac{80-d}{0.5}\right\} = 1 - \Phi\left(\frac{80-d}{0.5}\right) = \Phi\left(\frac{d-80}{0.5}\right) \geqslant 0.99$$

编写 Syslab 程序如下：

```
pd = Normal(0, 1);
x = quantile(pd, 0.99)
println("标准正态分布累积概率值为 0.99 对应的分位值为：  ", x)
```

运行结果如下：

```
标准正态分布累积概率值为 0.99 对应的分位值为：  2.326347874040845
```

计算 d 至少为 81.16317℃。

$$\frac{d-80}{0.5} \geqslant 2.32635, \quad d \geqslant 81.16317$$

7.3.3 假设检验

统计学中的另一类重要问题是假设检验问题。在总体的分布函数完全未知或只知其形式不知其参数的情况下，为了推断总体的某些未知特性，需要提出某些关于总体的假设。然后，在认为此假设成立或不成立的条件下，选择合适的统计量做出最后的判断。本节将介绍常用的几种假设。

1. 正态总体均值的假设检验

1）方差已知，关于均值的检验（Z 检验）

当正态总体 $N(\mu,\sigma^2)$ 中的 σ^2 已知时，关于 μ 的检验问题都是利用统计量 $Z=(\bar{X}-\mu_0)/(\sigma/\sqrt{n})$ 来确定拒绝域的，这种检验方法称为 Z 检验法。在 Syslab 中，提供了 Z 检验法的函数 ztest，调用语法如下：

```
h, p, ci, zval = ztest(x, m, sigma)
h, p, ci, zval = ztest(x, m, sigma; , alpha = 0.05, tail = :both, dim = Int[])
```

其中，

- 输入参数 x 为服从正态分布的样本数据，m 为样本的均值，sigma 为样本的标准差。alpha 表示假设检验的显著性水平，系统默认设置为 0.05。tail 表示备择假设的类型，包括检验总体均值不等于 m 时"both"、大于 m 时"right"和小于 m 时"left"。dim 用于指定进行假设检验的矩阵维度，dim = 1 表示检验矩阵的列均值，dim = 2 表示检验矩阵的行均值。
- 函数的返回参数 h 表示假设检验结果，若 h = 1，则表明在 alpha 显著性水平上拒绝原假设；若 h = 0，则表明不能在 alpha 显著性水平上拒绝原假设。p 表示观测到的检验统计量与原假设下观测到的值一样极端或更极端的概率，p 值较小会让人对原假设的有效性产生怀疑。ci 表示真实总体均值的置信区间，zval 是返回的检验统计量。

2）方差未知，关于均值的检验（t 检验）

当总体方差 σ^2 未知时，由于样本方差 S^2 是 σ^2 的无偏估计，通常可以用 S^2 代替 σ^2，此时关于均值 μ 的检验问题采用统计量 $t=(\bar{X}-\mu_0)/(S/\sqrt{n})$。当观察值 $|t|=|(\bar{X}-\mu_0)/(S/\sqrt{n})|$ 过分大时就拒绝原假设。

上述利用 t 统计量得出的检验法称为 t 检验法。在 Syslab 中，提供了单个总体均值 t 检验的函数 ttest 和两个正态总体均值差的 t 检验函数 ttest2，调用语法如下：

```
h, p, ci, stats = ttest(x)
h, p, ci, stats = ttest(x, y)
h, p, ci, stats = ttest(x, y; alpha = 0.05, tail = "both", dim = Int[])
h, p, ci, stats = ttest(x, m)
h, p, ci, stats = ttest(x, m; alpha = 0.05, tail = "both", dim = Int[])

h, p, ci, stats = ttest2(x, y)
h, p, ci, stats = ttest2(x, y; alpha = 0.05, tail = "both", dim = Int[], vartype = "equal")
```

其中，各输入参数和输出参数中的符号与 ztest 函数中所使用符号相同，所表示的含义也相同，在此不再赘述。值得注意的是，ttest 函数的第二种调用方法和 ttest2 函数的第一种调用方法会输入两个服从正态分布的样本数据 x、y，这种 t 检验法称为逐对比较法。这是因为有时为了比较两种产品、两种仪器等的差异，常在相同的条件下做对比实验，得到一批成对的观察值，然后分析数据并做出推断。

2. 正态总体方差的假设检验

1）单个总体的检验（χ^2 检验）

当正态总体 $N(\mu,\sigma^2)$ 中的 σ^2 和 μ 均未知时，关于 σ^2 的检验问题可以选择 $\chi^2=(n-1)S^2/\sigma_0^2$ 作为检验统计量，这种检验方法称为 χ^2 检验法。在 Syslab 中，提供了 χ^2 检验法的函数 vartest，调用语法如下：

```
h = vartest(x, v)
h = vartest(x, v; alpha = 0.05, tail = "both", dim = "")
h, p = vartest(___; nargout = 2)
h, p, ci, stats = vartest(___; nargout = 4)
```

其中，输入参数 v 是假设的方差 σ_0^2，nargout 用于声明函数的输出参数个数，其他参数与上文中一致。

2）两个总体的检验（F 检验）

当两个总体的样本 $X\sim N(\mu_1,\sigma_1^2)$、$Y\sim N(\mu_2,\sigma_2^2)$ 相互独立，且 μ_1、μ_2、σ_1^2、σ_2^2 均为未知时，对它们进行假设检验，需要构造形如 $F=S_1^2/S_2^2$ 的检验统计量（S_1^2、S_2^2 分别为 X 和 Y 的样本方差），这种检验方法称为 F 检验法。在 Syslab 中，提供了 F 检验法的函数 vartest2，但其要求两个样本的方差相等，即满足 $\sigma_1^2=\sigma_2^2$，调用语法如下：

```
h, p, ci, stats = vartest2(x, y; Alpha = 0.05, Tail = "both", dim = "")
```

其中，各参数的含义与上文一致。返回结果中的 stats 是结构体形式的检验统计量，包含检验统计量的值和检验的分子自由度。

【例 7.3.4】下面列出的是某工厂随机选取的 20 个部件的装配时间（min）。

9.8	10.4	10.6	9.6	9.7	9.9	10.9	11.1	9.6	10.2
10.3	9.6	9.9	11.2	10.6	9.8	10.5	10.1	10.5	9.7

设装配时间的总体服从正态分布 $N(\mu,\sigma^2)$，σ^2 和 μ 均未知。问：是否可以认为装配时间的均值显著大于 10（取 $\alpha=0.02$）？

由题意可知，本题涉及的假设检验问题类型是 σ^2 和 μ 均未知时的关于 μ 的检验，因此可以使用 t 检验法。假设 $H_0:\mu\leqslant\mu_0=10$、$H_1:\mu>10$，则编写 Syslab 程序如下：

```
x = [9.8, 10.4, 10.6, 9.6, 9.7, 9.9, 10.9, 11.1, 9.6, 10.2,
     10.3, 9.6, 9.9, 11.2, 10.6, 9.8, 10.5, 10.1, 10.5, 9.7];
h, p, ci, stats = ttest(x, 10; alpha=0.02, tail="right")
println("假设检验结果 h = ：  ", h)
```

运行结果如下：

```
假设检验结果 h = ：  0.0
```

在显著性水平 $\alpha=0.02$ 时，进行单边检验，输出结果为 h = 0，表示可以接受原假设，即认为装配时间的均值显著大于 10 min。

7.4 优化问题

Syslab 的优化工具箱提供了丰富的优化工具函数，这些函数可以在满足约束条件的情况下求出目标函数的最小值或最大值。该工具箱包含适用于线性规划（Linear Programming，LP）、混合整数线性规划（Mixed Integer LP，MILP）、二次规划（Quadratic Programming，QP）、二阶锥规划（Second-Order Cone Programming，SOCP）、非线性规划（Nonlinear Programming，NLP）、约束线性最小二乘、非线性最小二乘、非线性方程组求根等优化问题的求解算法。

本节将从线性规划、非线性规划和最大值最小化三个方面出发，结合具体的科学计算实例详细说明优化工具箱中主要函数和算法的使用，并将全局优化工具箱中的三个主流优化算法归在这部分内容中一起介绍，以求覆盖更为广泛的优化问题。

7.4.1 线性规划

线性规划是研究线性约束条件下线性目标函数极值问题的一种较为成熟的数学理论和方法，是一类最优化方法。从结构上看，它的数学模型包括目标函数、约束条件和变量非负约束三个部分，其中目标函数是未知参量的线性函数，约束条件由线性等式和线性不等式构成。尽管约束条件的具体形式会因规划问题而异，但任何一个线性规划都可以转换成标准形式的数学模型：

$$
\begin{aligned}
\min\ & c_1x_1 + c_1x_1 + \cdots + c_1x_1 \\
\text{s.t.}\ & a_{11}x_1 + a_{12}x_2 + \cdots + a_{1n}x_n = b_1 \\
& a_{21}x_1 + a_{22}x_2 + \cdots + a_{2n}x_n = b_2 \\
& \vdots \\
& a_{m1}x_1 + a_{m2}x_2 + \cdots + a_{mn}x_n = b_m \\
& x_1 \geqslant 0, x_2 \geqslant 0, \cdots, x_n \geqslant 0
\end{aligned}
\tag{7-44}
$$

式中，b_i、c_i 和 a_{ij} 为固定的实值常数；x_i 为待定的实值变量。

当然，式(7-44)也可以表示成更简洁的向量形式：

$$
\begin{aligned}
\min\ & \boldsymbol{c}^{\mathrm{T}}\boldsymbol{x} \\
\text{s.t.}\ & \boldsymbol{A}\boldsymbol{x} = \boldsymbol{b} \\
& \boldsymbol{x} \geqslant 0
\end{aligned}
\tag{7-45}
$$

式中，$\boldsymbol{x}$、$\boldsymbol{c}^{\mathrm{T}}$ 分别为 n 维列向量和 n 维行向量；$\boldsymbol{A}$ 为 $m\times n$ 阶矩阵；$\boldsymbol{b}$ 为 m 维列向量。向量不等式 $\boldsymbol{x} \geqslant 0$ 表示 $\boldsymbol{x}$ 的每一分量都是非负的。

Syslab 中提供了可用于直接求解线性规划问题的 linprog 函数，调用语法如下：

```
result = linprog(f, A, b)
result = linprog(f, A, b, Aeq, beq)
result = linprog(f, A, b, Aeq, beq, lb, ub)
result = linprog(f, A, b, Aeq, beq, lb, ub, options)
```

其中，f、A、b 分别等价于式（7-45）中的 $\boldsymbol{c}$、$\boldsymbol{A}$ 和 $\boldsymbol{b}$，返回的结果 result 为待求变量 $\boldsymbol{x}$。后

面三种调用语法均为标准形式的变形，Aeq、beq 表示添加等式约束 $\mathbf{Aeq} \cdot \boldsymbol{x} = \mathbf{beq}$；lb、ub 表示设定变量 $\boldsymbol{x}$ 的一组下界和上界，使求得的解始终满足 $\mathbf{lb} \leqslant \boldsymbol{x} \leqslant \mathbf{ub}$；options 用于指定优化算法及其他相关参数设置，包括求解器、求解算法等，具体参数选项可参考 Syslab 帮助文档。

然而，在一些实际问题中，部分待定变量被限制为整数，如生产产品数量、人员分派数量等。此时，线性规划问题变成了条件更为严格的混合整数线性规划问题。Syslab 提供了解决此类问题的函数 intlinprog，其调用语法与 linprog 基本一致，区别是添加了 intcon 向量表示整数变量的索引。

```
result = intlinprog(f, intcon, A, b)
```

【例 7.4.1】使用混合整数规划求解函数 intlinprog 求解 0-1 整数规划问题。

$$\max\ z = 3x_1 - 2x_2 + 5x_3$$

$$\text{s.t.} \begin{cases} x_1 + 2x_2 - x_3 \leqslant 2 \\ x_1 + 4x_2 + x_3 \leqslant 4 \\ x_1 + x_2 \leqslant 3 \\ 4x_2 + x_3 \leqslant 6 \\ x_1, x_2, x_3 = 0,1 \end{cases}$$

编写 Syslab 程序如下：

```
using TyOptimization
f0 = [3; -2; 5];        intcon = [3]
A = [1 2 -1; 1 4 1;   1 1 0; 0 4 1];        b = [2; 4; 3; 6]
Aeq = [0 0 0];          beq = [0]
lb = zeros(3);          ub = [1, 1, 1]
result = intlinprog(-f0, intcon, A, b, Aeq, beq, lb, ub)
println("优化问题的解：   ", result.x)
println("目标函数的值：   ", result.fun)
```

运行结果如下：

```
优化问题的解：   [1.0, 0.0, 1.0]
目标函数的值：   -8.0
```

7.4.2 非线性规划

非线性规划是具有非线性约束条件或目标函数的另一类最优化问题，它研究 n 元实函数在一组等式或不等式约束条件下的极值问题，且在目标函数和约束条件中至少有一个是未知参量的非线性函数。一般来说，求解非线性规划问题要比求解线性规划问题困难得多。而且，非线性规划目前还没有一种通用于解决各种问题的方法，这使它成为优化问题中的研究重点。

按照自变量之间是否存在约束关系，非线性规划内容可以分为无约束问题和有约束问题。尽管所有有约束问题在一般的框架下讨论时都能变成无约束问题，但仍存在许多实际问题确实是以有约束问题的形式出现的，如一个大公司具体的生产计划。因此，本节仍从无约束和有约束两个方面介绍 Syslab 中的非线性规划求解函数。

1. 无约束最小化问题

对于无约束最小化问题，Syslab 提供的 fminunc 函数和 fminsearch 函数均能求解无约束多变量函数的最小值，不同的是前者使用梯度下降法，而后者使用直接搜索法。两者相比，当函数的阶数大于 2 时，使用 fminunc 函数比 fminsearch 函数更有效；但当所选函数高度不连续时，选用 fminsearch 函数的效果更好。两个函数的调用语法大致相似。

```
result = fminunc(fun, x0)
result = fminunc(fun, x0, options)
result = fminunc(prob)
```

其中，fun 为目标函数，x0 表示开始搜索点，可以是标量、矢量或矩阵；返回的结果 result 为从 x0 开始寻找的目标函数的局部最小值。除上述调用语法外，fminsearch 函数通过增加 bounds 参数可以限制优化变量的边界。

```
result = fminsearch(fun, x0,bounds::Vector)
```

【例 7.4.2】从点（0, 0）处开始搜索函数 $f(x)=2x_1^3+4x_1x_2^3-10x_1x_2+x_2^2+8$ 的最小值。

编写 Syslab 程序如下：

```
using TyOptimization
function fun(x)
    f = 2 * x[1]^3 + 4 * x[1] * x[2]^3 - 10 * x[1] * x[2] + x[2]^2 + 8
    return f
end
x0 = [0, 0];
result = fminsearch(fun, x0)
println("优化结果: x = ", result[1])
println("目标函数值: f(x) = ", result[2])
```

运行结果如下：

```
优化结果: x = [1.001570135316681, 0.8334882827657378]
目标函数值: f(x) = 4.6759115080457665
```

2. 有约束最小化问题

对于有约束最小化问题，Syslab 提供了 fminbnd 函数和 fmincon 函数。前者能够求单变量函数在定区间上的最小值，调用语法如下：

```
result = fminbnd(fun, x1, x2)
result = fminbnd(fun, x1, x2, options)
```

其中，x1 和 x2 是有限标量，返回的结果 result 为目标函数 fun 在区间 $[\mathrm{x1},\mathrm{x2}]$ 内的局部最小值。

fmincon 函数用于求解非线性约束条件下多变量函数的最小值，调用语法如下：

```
result = fmincon(fun, x0, constraints)
result = fmincon(fun, x0, constraints, bounds)
result = fmincon(fun, x0, args, constraints)
result = fmincon(fun, x0, constraints, options)
result = fmincon(fun, x0, args, constraints, options)
```

其中，fun 为目标函数，x0 表示开始搜索点。constraints 表示约束条件，是数组类型，可包含线性及非线性的等式和不等式约束。例如，constraints = [ineq_cons(ineq), eq_cons(eq)]，ineq_cons 为创建不等式约束函数，ineq 为不等式约束表达式；eq_cons 为创建等式约束函数，eq 为等式约束表达式。若不存在不等式约束条件，则将 ineq 设置为空；若不存在等式约束条件，则将 eq 设置为空。result 表示在满足约束 constraints 条件下返回的目标函数 fun 的最小值点。

需要说明的是，这两个函数默认优化算法均采用序列最小二乘法，用户可以通过指定 options 优化选项来选择其他算法，如线性近似优化法和信赖域内点法。

【例 7.4.3】求下列非线性规划问题。

$$\max\ z=\sqrt{x_1}+\sqrt{x_2}+\sqrt{x_3}+\sqrt{x_4}$$

$$\text{s.t.}\quad \begin{cases} x_1 \leqslant 400 \\ 1.1x_1+x_2 \leqslant 440 \\ 1.21x_1+1.1x_2+x_3 \leqslant 484 \\ 1.331x_1+1.21x_2+1.1x_3+x_4 \leqslant 532.4 \\ x_i \geqslant 0, i=1,2,3,4 \end{cases}$$

编写 Syslab 程序如下：

```
using TyOptimization
x0 = [1; 1; 1; 1];
f(x) = -( sqrt(x[1]) + sqrt(x[2]) + sqrt(x[3]) + sqrt(x[4]) )
ineq(x) = [ 400 - x[1]; 440 - 1.1 * x[1] - x[2];
 484 - 1.21 * x[1] - 1.1 * x[2] - x[3]; 532.4 - 1.331 * x[1] - 1.21 * x[2] - 1.1 * x[3] - x[4] ];
constraints = [ineq_cons(ineq)]
result = fmincon(f, x0, constraints)
println("优化结果: x = ", result.x)
println("目标函数值: f(x) = ", result.fun)
```

运行结果如下：

```
优化结果: x = [86.28933993993913, 103.75170416554714, 127.10186532082815, 152.19727305632784]
目标函数值: f(x) = -43.08583580490988
```

3. 二次规划问题

二次规划是非线性规划中一类特殊的优化问题，当非线性规划的目标函数为自变量的二次函数且约束条件全部为线性表达时，就称这种规划为二次规划。二次规划的一般形式可以表示为

$$\min\ \frac{1}{2}\boldsymbol{x}^{\mathrm{T}}\boldsymbol{H}\boldsymbol{x}+\boldsymbol{f}^{\mathrm{T}}\boldsymbol{x}$$
$$\text{s.t.}\quad \begin{cases} \boldsymbol{A}_i^{\mathrm{T}}\boldsymbol{x} \leqslant \boldsymbol{b}_i, i=1,2,\cdots,m \\ \boldsymbol{B}_j^{\mathrm{T}}\boldsymbol{x} = \boldsymbol{c}_j, j=1,2,\cdots,n \end{cases} \tag{7-46}$$

式中，$\boldsymbol{H}$ 是由二阶导构成的 Hessian 矩阵，$\boldsymbol{f}^{\mathrm{T}}$ 是由梯度构成的 Jacobi 矩阵，其余向量均为列向量；i、j 分别表示不等式约束和等式约束的个数。

Syslab 中提供了可用于直接求解二次规划问题的 quadprog 函数，调用语法如下：

```
result = quadprog(H, f)
result = quadprog(H, f, A, b)
result = quadprog(H, f, A, b, Aeq, beq)
result = quadprog(H, f, A, b, Aeq, beq, lb, ub)
result = quadprog(H, f, A, b, Aeq, beq, options)
```

其中，H、f、A、b 与式(7-46)中的 $\boldsymbol{H}$、$\boldsymbol{f}$、$\boldsymbol{A}$ 和 $\boldsymbol{b}$ 一一对应，Aeq、beq 分别对应于等式约束中的矩阵 $\boldsymbol{B}$ 和向量 $\boldsymbol{c}$。第四种调用语法表示为优化变量添加边界，使待求变量限制在[lb, ub]范围内。

【例 7.4.4】求解下面二次规划问题。

$$\min\ f(x)=\frac{1}{2}x_1^2+x_2^2-x_1x_2-2x_1-6x_2$$

$$\text{s.t.}\begin{cases}x_1+x\leqslant 2\\ -x_1+2x_2\leqslant 2\\ 2x_1+x_2\leqslant 3\\ x_1,x_2\geqslant 0\end{cases}$$

将目标函数转换为式（7-46）的标准形式，可得

$$\boldsymbol{H}=\begin{bmatrix}1 & -1\\ -1 & 2\end{bmatrix},\quad \boldsymbol{f}=\begin{bmatrix}-2\\ -6\end{bmatrix},\quad \boldsymbol{x}=\begin{bmatrix}x_1\\ x_2\end{bmatrix}$$

编写 Syslab 程序如下：

```
using TyOptimization
H = [1 -1; -1 2];          f = [-2; -6];
A = [1 1; -1 2; 2 1];      b = [2; 2; 3]
lb = zeros(2);              ub = [Inf; Inf];
result = quadprog(H, f, A, b, [], [], lb, ub)
println("优化问题的解：  ", result.x)
println("目标函数的值：  ", result.fun)
```

运行结果如下：

```
优化问题的解：  [0.6666666666666666, 1.3333333333333333]
目标函数的值：  -8.222222222222223
```

7.4.3 最大值最小化

前面两节中讨论的都是目标函数的最小化和最大化问题，但是在某些情况下常遇到这样的问题：在最不利的条件下寻求最有利的策略，也就是求最大值最小化问题。例如，在城市规划中需要确定急救中心、消防中心的位置，可取的目标函数应该是到所有地点最大距离的最小值，而不是到所有地点距离和的最小值；还有在投资规划中确定最大风险的最低限度等实际问题。

因此，对于每个 $\boldsymbol{x}\in\boldsymbol{R}^n$，需要先求诸目标值 $f_i(\boldsymbol{x})$ 的最大值，然后再求这些最大值中的最小值。最大值最小化问题的一般数学模型可表示为

$$\min_{x}\ \{\max[f_1(x),f_2(x),\cdots,f_m(x)]\}$$
$$\text{s.t.}\begin{cases}\boldsymbol{A}_i^{\mathrm{T}}\boldsymbol{x}\leqslant \boldsymbol{b}_i, i=1,2,\cdots,m\\ \boldsymbol{B}_j^{\mathrm{T}}\boldsymbol{x}=\boldsymbol{c}_j, j=1,2,\cdots,n\end{cases}\tag{7-47}$$

式中，各符号的含义与式(7-46)中符号的含义一致。

Syslab 中提供的 fminimax 函数适用于寻找能够最小化一组目标函数最大值的点，且适用于任何类型的约束，调用语法如下：

```
result = fminimax(fun, x0, constraints)
result = fminimax(fun, x0, constraints, bounds)
```

其中，各参数的含义与 fmincon 函数中参数的含义相同，在此不再赘述。

【例 7.4.5】求下列函数的最大值最小化问题。

$$\min \quad \{\max[f_1(x), f_2(x), f_3(x), f_4(x) f_5(x)]\}$$

$$\text{s.t.} \quad \begin{cases} f_1(x) = 2x_1^2 + x_2^2 - 48x_1 - 40x_2 + 304 \\ f_2(x) = -x_1^2 - 3x_2^2 \\ f_3(x) = x_1 + 3x_2 - 18 \\ f_4(x) = -x_1 - x_2 \\ f_5(x) = x_1 + x_2 - 8 \end{cases}$$

编写 Syslab 程序如下：

```
using TyOptimization
function fun(x)
    return [2 * x[1]^2 + x[2]^2 - 48 * x[1] - 40 * x[2] + 304
        -x[1]^2 - 3 * x[2]^2
        x[1] + 3 * x[2] - 18
        -x[1] - x[2]
        x[1] + x[2] - 8]
end
x0 = [0.1, 0.1];
constraints = [];
result = fminimax(fun, x0, constraints)
println("优化结果: x = ", result.x)
println("目标函数值: f(x) = ", result.fun)
```

运行结果如下：

```
优化结果: x = [4.143074890911741, 3.8587700522000405]
目标函数值: f(x) = 0.001848567397360057
```

7.4.4 全局优化

Syslab 中的全局优化工具箱集成了几个主流的全局优化算法（也称求解器），包含遗传算法（Genetic Algorithms，GA）、粒子群优化算法（Particle Swarm Optimization，PSO）、模拟退火算法（Simulated Annealing，SA）、方向搜索算法和多目标优化算法。对于目标函数包含仿真或黑箱函数的优化问题，都可以使用这些求解器来求解。另外，还可以通过设置选项和自定义等方式创建、更新函数来提高求解器的效率。

1. 遗传算法

遗传算法起源于对生物系统进行的计算机模拟研究，是一种随机全局搜索优化方法。它模拟了在自然选择和基因遗传学中发生的基因重组、交叉和突变等现象，从任一初始种群出发，通过随机选择、交叉和变异操作，产生一群更适合环境的个体，使群体进化到搜索空间中越来越好的区域，这样一代一代地不断繁衍进化，最后收敛到一群最适应环境的个体，从而求得问题的最优解。

在 Syslab 中通过使用 ga 函数可以求解遗传算法问题，调用语法如下：

```
res = ga(func, nvars, lb, ub)
res = ga(func, nvars, lb, ub, constraint_ueq, constraint_eq)
res = ga(func, nvars, lb, ub, constraint_ueq, constraint_eq, options)
res = ga(problem)
```

其中，

- res = ga(func, nvars, lb, ub)将寻找一个带有边界约束的最小值点 x，使目标函数 func 最小，参数 nvars 表示 x 的维数，lb、ub 分别表示 x 的下界和上界。
- res = ga(func, nvars, lb, ub, constraint_ueq, constraint_eq)在第一种调用方法的基础上增加了等式约束和不等式约束，以求解更为复杂的优化问题。
- res = ga(func, nvars, lb, ub, constraint_ueq, constraint_eq, options)通过使用 options 优化选项指定第二种调用方法中的求解器参数，包括种群规模、变异概率、精准度和迭代次数。
- res = ga(problem)将第三种调用方法中的七项参数包含在特定的结构体 problem 中，可用于设置待优化问题和求解器参数。

需要说明的是，上述调用方法中关于等式或不等式约束需要转换为标准形式：eq == 0 或 ineq $\leqslant 0$ 。如果不存在等式或不等式约束，则令 onstraint_eq = ()或 constraint_ueq = ()。

【例 7.4.6】求解下列变量 x_1 和 x_2 的优化问题。

$$\min \ f(x)=100(x_1^2-x_2)^2+(1-x_1)^2$$
$$\text{s.t.}\begin{cases}x_1x_2+x_1-x_2+1.5\leqslant 0\\10-x_1x_2\leqslant 0\\0\leqslant x_1\leqslant 1,0\leqslant x_2\leqslant 13\end{cases}$$

编写 Syslab 程序如下：

```
using TyGlobalOptimization
func(x) = 100 * (x[1]^2 - x[2])^2 + (1 - x[1])^2;
lb = [0.0, 0.0];
ub = [1.0, 13.0];
cons_ueq1(x) = x[1] * x[2] + x[1] - x[2] + 1.5;
cons_ueq2(x) = 10 - x[1] * x[2];
constraint_ueq = (cons_ueq1, cons_ueq2,)
options = ga_options(seed=5489)
result = ga(func, lb, ub, constraint_ueq, (),options)
(best_x, best_y,) = result
println("最优解 = $best_x\n")
println("最优值 = $best_y\n")
```

运行结果如下：

```
最优解 = [0.8121914476402387, 12.315898196632645]
最优值 = 13586.83594006775
```

2. 粒子群优化算法

粒子群优化算法又称微粒群算法，是通过模拟鸟群捕食行为设计的一种群智能算法，其目标是使所有粒子在多维超体中找到最优解。该类问题可以描述为区域内有大大小小不同的食物源，鸟群的任务是找到最大的食物源，即全局最优解。鸟群在整个搜寻过程中，通过相互传递各自位置信息，让其他鸟知道食物源的最终位置，使得整个鸟群都能聚集在食物源周围，即找到最优解，问题收敛。

在 Syslab 中通过使用 particleswarm 函数可以求解粒子群优化问题，调用语法如下：

```
res = particleswarm(func, nvars, lb, ub)
res = particleswarm(func, nvars, lb, ub, constraint_ueq)
```

```
res = particleswarm(func, nvars, lb, ub, constraint_ueq, options)
res = particleswarm(problem)
```

其中，各参数的含义及各调用方法可实现的功能与遗传算法的 ga 函数相同，在此不再赘述。不同之处是，在 particleswarm 函数的 options 优化选项中可指定的求解器参数包括粒子群规模、惯性权重、社会学习因子、自学习因子和迭代次数。

【例 7.4.7】使用粒子群优化算法求解下列函数的最小值。

$$f(x)=\sum_{i=1}^{10}x_i^2+x_i-6$$

设定题中函数的最小点均为 0，粒子群规模为 50，惯性权重为 0.5，社会学习因子为 1.5，自学习因子为 2.5，迭代次数分别为 20、50、100。

编写 Syslab 程序如下：

```
using TyGlobalOptimization
function fun(x)
    f = 0
    for i = 1:10
        f = f + x[i]^2 + x[i] - 6
    end
    return f
end
ub = zeros(10);
lb = ub .- 1;
options1 = pso_options(N=50, ω=0.5, C1=1.5, C2=2.5, iterations=20)
result1 = particleswarm(fun, lb, ub, (),(), options1)
options2 = pso_options(N=50, ω=0.5, C1=1.5, C2=2.5, iterations=50)
result2 = particleswarm(fun, lb, ub, (), (), options2)
options3 = pso_options(N=50, ω=0.5, C1=1.5, C2=2.5, iterations=100)
result3 = particleswarm(fun, lb, ub, (), (), options3)
```

运行结果如表 7-7 所示。

表 7-7　比较不同迭代次数下的目标函数最小值

变量	迭代次数		
	20	50	100
x_1	–0.4946060586763505	–0.49898136654597497	–0.5062308417886197
x_2	–0.5087772070131993	–0.4964766319200059	–0.4955230392801262
x_3	–0.5000971123792387	–0.4990150634227149	–0.49609356242041314
x_4	–0.474979062709579	–0.4971829974421506	–0.5005298787556998
x_5	–0.5166024173915826	–0.4985646907436271	–0.5025203696737495
x_6	–0.4957372200969347	–0.5141820215802411	–0.5008633038973415
x_7	–0.4832990025598807	–0.49278259372693023	–0.4918823969973479
x_8	–0.5073416020138763	–0.4869400533307176	–0.5009602041696942
x_9	–0.4781909664839976	–0.506354638415486	–0.5011369407471858
x_{10}	–0.5095810499519016	–0.48661036954677506	–0.4980412616093676
目标函数最小值	–0.5166024173915826	–0.5141820215802411	–0.5062308417886197

由表 7-7 可知，迭代次数不一定与获得解的精度成正比，即迭代次数越多，获得解的精度不一定越高。这是因为粒子群优化算法是一种随机算法，同样的参数也会算出不同的结果。

3. 模拟退火算法

模拟退火算法来源于固体退火原理，是一种基于概率的随机寻优算法，用来在一个较大的搜寻空间内寻找问题的最优解。模拟退火算法从某一较高初温出发，伴随温度参数的不断下降，结合概率突跳特性在解空间中随机寻找目标函数的全局最优解，即局部最优解能概率性地跳出并最终趋于全局最优。它通过赋予搜索过程一种时变且最终趋于零的概率突跳特性，可以有效地避免陷入局部极小，从而实现最终趋于全局最优。

Syslab 中提供的 simulannealbnd 函数可以使用模拟退火算法求解优化问题，调用语法如下：

```
res = simulannealbnd(func, x0, lb, ub)
res = simulannealbnd(func, x0, lb, ub, options)
res = simulannealbnd(problem)
```

其中，func 为目标函数，x0 表示开始搜索点，lb、ub 分别表示 x 的下界和上界；在 options 优化选项中可指定的求解器参数包括初始温度、冷却因子、当前温度下搜索次数和最大迭代次数。

【例 7.4.8】使用模拟退火算法求解下列函数的最小值。

$$f(x) = 4x_1^2 - 2.1x_1^4 + \frac{1}{3}x_1^6 + x_1x_2 - 4x_2^2 + 4x_2^4$$

$$|x_i| \leqslant 5, \quad i = 1,2$$

设定题中初始温度为 100℃，冷却因子为 0.99，每一温度下迭代次数为 100，最大迭代次数为 1000。

编写 Syslab 程序如下：

```
using TyGlobalOptimization
func(x) = 4 * x[1]^2 - 2.1 * x[1]^4 + 1 / 3 * x[1]^6 +x[1] * x[2] - 4 * x[2]^2 + 4 * x[2]^4;
x0 = [0, 0];
lb = [-5, -5];
ub = [5, 5];
options = sa_options(x_initial=[100], N=100, iterations=1000, seed=5489)
result = simulannealbnd(func, x0, lb, ub, options)
(best_x, best_y,) = result;
println("最优解 = $best_x\n")
println("最优值 = $best_y\n")
```

运行结果如下：

```
最优解 = [-0.08981630880711589, 0.7126764781961594]
最优值 = -1.031628447097581
```

本 章 小 结

本章结合科学计算的具体实例，详细介绍了 Syslab 中数学、统计和优化部分 6 个工具箱的主要函数的用法。重点讲述了拟合工具箱、统计工具箱、优化工具箱、全局优化工具箱中相关函数和算法的实现过程，内容涉及线性方程组求数值解、非线性方程组求数值解、线性方程组求解析解、一维插值、多维插值、曲线拟合、随机变量的数字特征、概率统计分布计算、假设检验、线性规划、非线性规划和全局优化等多个科学计算领域。通过这些实例学习，读者能够快速地掌握 Syslab 的科学计算功能，为更加深入的算法开发奠定基础。

习　题　7

1. 求函数 $y = 0.23t - \mathrm{e}^{-t}\sin t$ 在 $t = 2$ 附近的零点。
2. 求下列方程的数值解。

$$\begin{cases} \sin(x) + y^2 + \ln z = 7 \\ 3x + 2y - z^3 + 1 = 0 \\ x + y + z = 5 \end{cases}$$

3. 已知当 $x = 0:0.2:2$ 时，函数 $y = (x^2 - 3x + 5)\cdot \mathrm{e}^{-3x}\cdot \sin(x)$ 的值，对 $x = 0:0.03:2$ 采用不同的方法进行插值。
4. 有 3 组正态分布的随机数据，每组 20 个数据，其均值为 10，均方差为 2，求置信度为 95%、99%的置信区间和参数估计值。
5. 某工厂生产甲、乙两种产品，已知生产 1 t（吨）产品甲需要 4 t 原料 A，4 m^3 原料 B；生产 1 t 产品乙，需要 1 t 原料 A，6 m^3 原料 B，7 个单位原料 C。若 1 t 产品甲和 1 t 产品乙的经济价值分别为 8 万元与 5 万元，3 种原料的限制量分别为 90 t、220 m^3 和 240 个单位，试分析分别生成甲、乙两种产品各多少吨可以使创造的总经济价值最高。
6. 求下列函数在初始点(0, 1)处的最优解。

$$\min\ x_1^2 + x_2^2 - x_1x_2 - 2x_1 - 5x_2$$

$$\text{s.t.}\ \begin{cases} -(x_1 - 1)^2 + x_2 \geqslant 0 \\ -2x_1 + 3x_2 \leqslant 6 \end{cases}$$

第 8 章 MWORKS 综合应用案例

在第 1 章 1.4 节中提到的关于 Syslab 的 6 种功能，除与 Sysplorer（系统建模仿真环境）深度融合功能外，我们在前面几章中已经对其他功能进行了较为全面的介绍和说明。通过这些内容的学习，读者能够针对具体问题在 Syslab 中独立地完成程序编写。然而，对于涵盖机械、电子、控制、液压等多领域的复杂问题，仅通过编写程序实现，其工作量巨大且烦琐。Sysplorer 作为面向多领域工业产品的系统级综合设计与仿真验证平台，支持多领域统一建模规范 Modelica，且提供了多领域工业模型库，利用它开展相关研究可以极大地提高效率。

本章将围绕 Syslab 与 Sysplorer 的交互融合功能，通过一阶倒立摆系统和四旋翼无人机的路径跟踪两个具体的案例，介绍 MWORKS 在实际工程中的应用能力。其中，本章仅对案例涉及的 Sysplorer 知识点进行说明，因此需要读者预先具备一定的 Sysplorer 知识，学习内容可参考本系列其他教材。

通过本章学习，读者可以了解（或掌握）：

- Sysplorer 的系统建模仿真流程。
- Syslab 与 Sysplorer 的交互融合功能。
- 一阶倒立摆系统的工作原理。
- 四旋翼无人机的飞行原理和数学模型。

8.1 一阶倒立摆系统

倒立摆系统是典型的多变量、高阶次、非线性、强耦合的自然不稳定系统。本节的研究对象是一阶倒立摆系统，其安装在电动机驱动车上。一阶倒立摆系统自身是不稳定的，如果没有合适的控制力作用，它将随时可能向任意方向倾倒，而一阶倒立摆系统的控制目标是在指定位置使摆杆保持垂直。为此，我们将利用科学计算与系统建模仿真系统 MWORKS 对一阶倒立摆系统进行控制律设计并完成该系统的闭环验证。

8.1.1 一阶倒立摆系统介绍

一阶倒立摆系统为支点在下、重心在上，恒不稳定的系统或装置，通常指在小车上一个支点支撑物体转动的系统，其受力情况如图 8-1 所示。

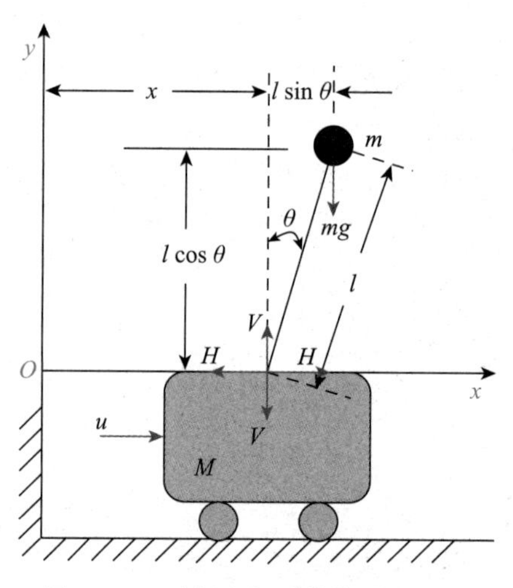

图 8-1 一阶倒立摆系统的受力情况

图 8-1 中的一阶倒立摆系统忽略摆杆质量与地面摩擦，考虑其质量集中在摆杆顶端，即摆杆的重心就是摆球的重心。根据一阶倒立摆系统的受力情况，对一阶倒立摆系统进行受力分析。

摆杆重心的水平运动可以描述为

$$m\frac{d^2}{dt^2}\left(x+l\sin\theta\right)=H \tag{8-1}$$

摆杆重心的垂直运动可以描述为

$$m\frac{d^2}{dt^2}\left(l\cos\theta\right)=V-mg \tag{8-2}$$

小车的水平运动可以描述为

$$M\frac{d^2x}{dt^2}=u-H \tag{8-3}$$

再考虑摆杆转动，其绕重心（摆球重心）的转动运动可以描述为（I 为摆杆绕其中心的转动惯量）

$$I\frac{d^2\theta}{dt^2}=Vl\sin\theta-Hl\cos\theta \tag{8-4}$$

式(8-1)、式(8-2)、式(8-3)、式(8-4)4 个方程联立的非线性方程组可完全描述一阶倒立摆系统的运动行为。

为方便后续的控制律设计，考虑到由于必须保持一阶倒立摆系统垂直，可以认为θ角很小。因此，我们可以假定以下的近似，即$\sin\theta\approx\theta$、$\cos\theta\approx 1$；再考虑到一阶倒立摆系统围绕重心的转动惯量很小，可近似认为：$I\approx 0$。

在以上近似条件下，非线性方程组可以被线性化得到

$$\begin{cases}(M+m)\ddot{x}+ml\ddot{\theta}=u\\ ml^2\ddot{\theta}+ml\ddot{x}=mgl\theta\end{cases} \tag{8-5}$$

将式(8-5)写成状态空间方程，定义以下状态变量：

$$\begin{cases}x_1=\theta\\ x_2=\dot{\theta}\\ x_3=x\\ x_4=\dot{x}\end{cases} \tag{8-6}$$

联立式(8-5)、式(8-6)得到

$$\begin{cases}\dot{x}_1=x_2\\ \dot{x}_2=\dfrac{M+m}{Ml}gx_1-\dfrac{1}{Ml}u\\ \dot{x}_3=x_4\\ \dot{x}_4=-\dfrac{m}{M}gx_1+\dfrac{1}{M}u\end{cases} \tag{8-7}$$

将上式改写成矩阵形式：

$$\begin{bmatrix}\dot{x}_1\\ \dot{x}_2\\ \dot{x}_3\\ \dot{x}_4\end{bmatrix}=\begin{bmatrix}0 & 1 & 0 & 0\\ \dfrac{M+m}{Ml}g & 0 & 0 & 0\\ 0 & 0 & 0 & 1\\ -\dfrac{m}{M}g & 0 & 0 & 0\end{bmatrix}\cdot\begin{bmatrix}x_1\\ x_2\\ x_3\\ x_4\end{bmatrix}+\begin{bmatrix}0\\ -\dfrac{1}{Ml}\\ 0\\ \dfrac{1}{M}\end{bmatrix}\cdot u \tag{8-8}$$

$$y=\begin{bmatrix}0 & 0 & 1 & 0\end{bmatrix}\cdot\begin{bmatrix}x_1\\ x_2\\ x_3\\ x_4\end{bmatrix}$$

因此，式(8-8)为一阶倒立摆系统的状态空间模型方程表达式。

8.1.2 一阶倒立摆系统在 Syslab 中的控制律设计

我们对一阶倒立摆系统进行控制律设计，其目标是让一阶倒立摆系统能够快速地在指定

位置（x）达到平衡（$\theta \to 0$）。本节将基于式(8-8)的一阶倒立摆系统的状态空间模型，采用状态空间理论中的极点配置法进行控制律设计。

首先定义系统参数$M = 2$ kg、$m = 0.1$ kg、$l = 0.5$ m、$g = 9.8$ m/s^2，然后创建一阶倒立摆系统的状态空间模型，对一阶倒立摆系统被控对象的型别进行判定。

在 Syslab 中，创建状态空间模型并转化为零极点增益模型的实现代码如下：

```
using TyControlSystems
using TyMath
using TyPlot
#一阶倒立摆系统参数
M = 2        #小车质量为 2 kg
m = 0.1      #摆球质量为 0.1 kg
l = 0.5      #摆杆长度为 0.5 m
g = 9.8      #重力加速度为 9.8 m/s^2
#一阶倒立摆系统的状态空间矩阵定义
A = [0 1 0 0
    (M+m)*g/(M*l) 0 0 0
    0 0 0 1
    -m*g/M 0 0 0]
B = [0; -1 / (M * l); 0; 1 / M;;]
C = [0 0 1 0]
D = 0
#一阶倒立摆系统的状态空间模型
G = ss(A, B, C, D)
```

运行结果如下：

```
TransferFunction{Continuous, ControlSystems.SisoZpk{Float64, ComplexF64}}
             (1.0s + 4.427188724235732)(1.0s - 4.427188724235732)
0.5-----------------------------------------------------------------
     (1.0s + 4.536518488885502)(1.0s)(1.0s)(1.0s - 4.536518488885503)

Continuous-time transfer function model

julia>
```

在上述结果中，输出的 Gzpk 中有 2 个积分器，判定一阶倒立摆系统被控对象为 2 型系统。为控制小车位置，我们需要针对 2 型系统设计 I 型伺服系统。一阶倒立摆系统安装在小车上没有积分器，因此需要把位置信号反馈到输入端，并且把一个积分器插入前向通路。一阶倒立摆系统的闭环框图如图 8-2 所示。

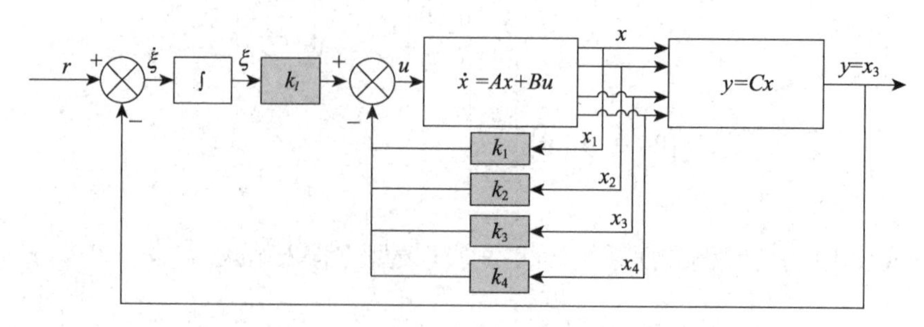

图 8-2　一阶倒立摆系统的闭环框图

根据图 8-2，可以推导闭环系统的方程为

$$\begin{cases}\dot{x} = Ax + Bu \\ y = Cx \\ u = -Kx + k_I\xi \\ \dot{\xi} = r - Cx\end{cases} \tag{8-9}$$

将上式合并处理，得到系统动态特性的方程为

$$\begin{bmatrix}\dot{x}(t) \\ \dot{\xi}(t)\end{bmatrix} = \begin{bmatrix}A & 0 \\ -C & 0\end{bmatrix}\begin{bmatrix}x(t) \\ \xi(t)\end{bmatrix} + \begin{bmatrix}B \\ 0\end{bmatrix}u(t) + \begin{bmatrix}0 \\ 1\end{bmatrix}r(t) \tag{8-10}$$

根据上式对闭环系统的可控性进行判定。实现代码如下：

```
#系统重构
Ahat = [A zeros(size(A, 1), 1); -C 0]
Bhat = [B; 0]
#判定重构系统的可控性
r = rank([Ahat Bhat])
```

计算得到 $r = 5$。由于闭环系统的阶次为 5，因此上述系统的状态是完全可控的，进而可以对系统进行任意极点配置。

基于式(8-10)进行系统极点配置设计以得到控制律 u，实际上就是根据式（8-10）的状态方程及目标极点位置来计算控制律 u 中状态反馈增益 K 及前向积分增益 k_I 的值，即图 8-2 中灰色标记的部分。

我们知道系统闭环极点的位置决定了其时域响应特性，由于闭环系统的阶次为 5，因此需要为其配置 5 个极点。为保证系统的响应性能，配置其中 2 个极点为主导极点（方程 $s^2 + 2\times0.7s + 1 = 0$ 的共轭复根，即阻尼为 0.7 的理想二阶环节极点），并使其余 3 个极点远离主导极点(–10, –15, –20)。这里，我们采用阿克曼公式计算满足主导极点位置的状态反馈增益及前向积分增益，实现代码如下：

```
#计算理想主导极点位置并分配系统所有极点位置
idealPoles = roots([1, 2 * 0.7 * 1, 1])
AllPoles = [idealPoles[1], idealPoles[2], -10, -15, -20]
#极点配置，计算状态反馈增益 K
Khat = place(Ahat, Bhat, AllPoles)
#状态增益值分解
K = reshape(real(Khat[1:4]), 1, 4)
k1 = -real(Khat[end])
```

计算得到状态反馈增益 K 及前向积分增益 k_I 分别如下：

```
julia> K
1×4 Matrix{Float64}:
 -982.029   -255.995   -494.898   -419.19
julia> k1
-306.1224489795918
```

将所设计的控制律 $u = -Kx + k_I\xi$ 代入式（8-10），得到闭环系统的状态方程为

$$\begin{bmatrix}\dot{x} \\ \dot{\xi}\end{bmatrix} = \begin{bmatrix}A - BK & Bk_I \\ -C & 0\end{bmatrix}\begin{bmatrix}x \\ \xi\end{bmatrix} + \begin{bmatrix}0 \\ 1\end{bmatrix}r \tag{8-11}$$

系统的输出为小车的平衡位置 x_3，即

$$y=\begin{bmatrix}0 & 0 & 1 & 0 & 0\end{bmatrix}\begin{bmatrix}x\\ \xi\end{bmatrix} \tag{8-12}$$

系统闭环阶跃响应如图 8-3 所示。

```
#闭环系统状态方程
AA = [A-B*K B*k1; -C 0]
BB = [0; 0; 0; 0; 1;;]
CC = [C 0]
DD = 0
Gclose = ss(AA, BB, CC, DD)
#计算并绘制阶跃响应
y, t, x = step(Gclose, 10, fig = false)
#绘制阶跃响应图
figure("Step Response")
subplot(2, 1, 1)
plot(t,x[1, :,1], "-",t,x[2, :,1], "--"; linewidth = 1.8)
grid("on")
ylabel(raw"${\theta}$ and ${\dot \theta}$")
title("摆角与角速度响应", fontsize = 10)
legend(["摆角", "角速度"])
subplot(2, 1, 2)
plot(t,x[3, :,1], "-",t,x[4, :,1], "--"; linewidth = 1.8)
grid("on")
ylabel(raw"${X}$ and ${\dot X}$")
title("位移与速度响应", fontsize = 10)
legend(["位移", "速度"])
xlabel("时间/秒")
```

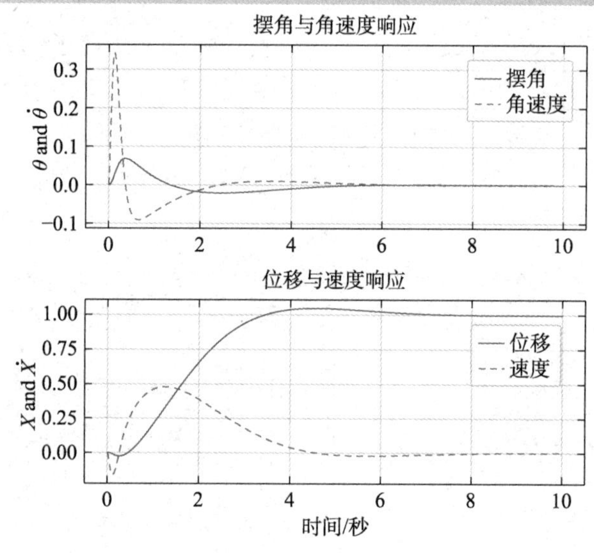

图 8-3　系统闭环阶跃响应

由图 8-3 可知，在控制律作用下，摆杆摆角在 6 s 左右调整为 0，小车同样在 6 s 左右在 1 m 的位置平衡。通过系统闭环阶跃响应，可见系统稳态误差为 0，超调量较小且响应快，因此，所设计的控制律满足控制目标要求。

8.1.3　一阶倒立摆系统在 Sysplorer 中的物理模型搭建

对设计好的控制律已在 Syslab 中进行了系统闭环验证，即完成了系统控制律的设计。在进行控制律设计时，实际上使用的是一个经过线性化处理的模型，基于简化的线性化模型设计得到的控制律在应用于实际对象时，需要进一步验证其控制效果。因此，我们使用系统建模仿真环境 Sysplorer 搭建一阶倒立摆系统的物理模型进行验证。该搭建流程可分为以下三个步骤。

第 1 步：模型创建。单击“文件”按钮打开“文件”菜单，单击其中的“新建”按钮展开“新建模型”下拉菜单，从中选择“model”选项，在打开的“新建模型”对话框中选择类别为“model”，并在填写“模型名”、“描述”和“模型文件存储位置”后，单击“确定”按钮即可完成模型创建，具体流程如图 8-4 所示。创建模型后，单击工具栏窗口中的“图形”按钮即可进入图形建模界面。

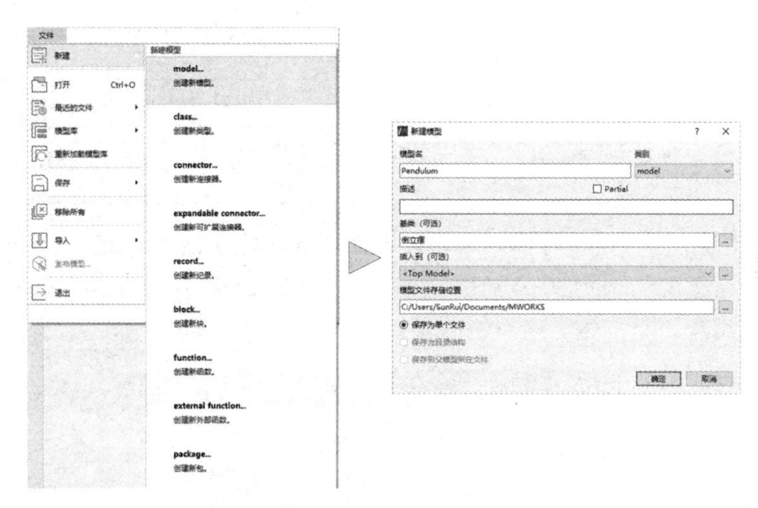

图 8-4　模型创建流程

第 2 步：模块搭建。根据一阶倒立摆系统的物理模型，需要小车、摆杆和摆球三个物体，一个转动副的连接关系及模拟物体所受重力。利用 Modelica 标准库，选中需要的组件并拖至图形建模界面，连接好模块间的各个接口，如图 8-5 所示，具体组件路径如表 8-1 所示。

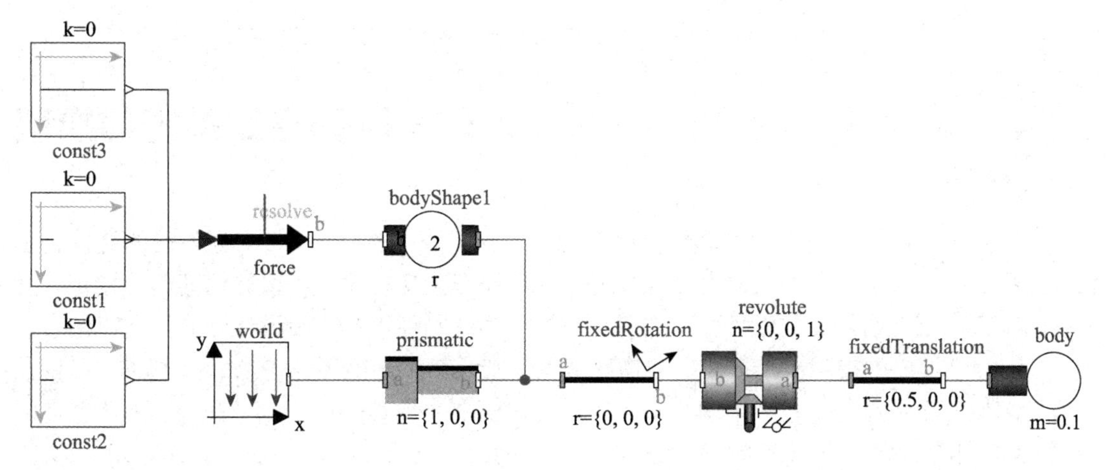

图 8-5　一阶倒立摆系统的物理模型

表 8-1　一阶倒立摆系统的具体组件路径

图标	描述	组件路径
	小车	Modelica.Mechanics.MultiBody.Parts.BodyShape
	摆球	Modelica.Mechanics.MultiBody.Parts.Body
	转动副	Modelica.Mechanics.MultiBody.Joints.Revolute
	棱柱关节	Modelica.Mechanics.MultiBody.Joints.Prismatic
	重力环境	Modelica.Mechanics.MultiBody.World
	外力	Modelica.Mechanics.MultiBody.Forces.WorldForce
	恒值常数	Modelica.Blocks.Sources.Constant

第 3 步：模型仿真。搭建好模块后，设置摆杆的初始摆角为θ=15°，通过模型仿真，查看其仅在重力作用下的动态响应。仿真结束后，单击工具栏中的“动画”按钮，验证一阶倒立摆系统的建模结果，一阶倒立摆系统的无控物理模型如图 8-6 所示。

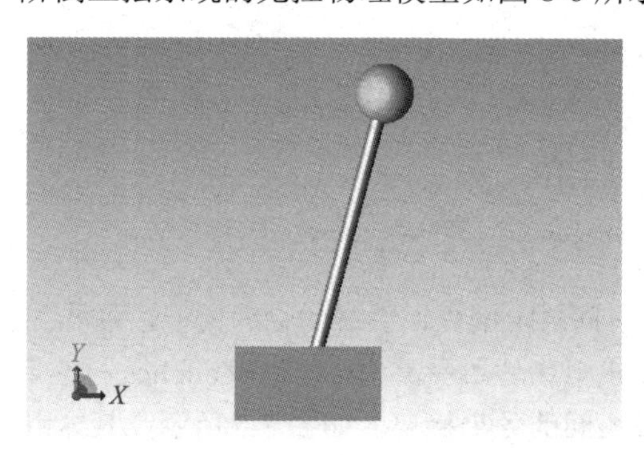

图 8-6　一阶倒立摆系统的无控物理模型

8.1.4　综合 Syslab 与 Sysplorer 的一阶倒立摆系统的模型仿真分析

在 8.1.3 节中，我们在系统建模仿真环境 Sysplorer 中完成了一阶倒立摆系统的无控物理模型的搭建，从仿真结果中可以发现摆杆并不能在小车上保持垂直。要想使其趋于稳定，必须对一阶倒立摆系统的无控物理模型加入合适的外力并与 8.1.2 节中设计好的控制律结合。然而，因为设计好的控制律与搭建好的物理模型分别是在不同的环境/软件中实现的，所以在完成一阶倒立摆系统的有控物理模型搭建的过程中需要实现 Sysplorer 与 Syslab 两款软件的数据互通及交互融合。Sysplorer 为此提供了特定的组件 FromWorkspace 和 ToWorkspace。FromWorkspace 可以从 Syslab 工作区中读取数据并在其输出端口将数据传输至 Sysplorer；ToWorkspace 可以将 Sysplorer 输出端口的数据写入 Syslab 工作区。另外需要说明的是，若实现两款软件的交互，则需要先在 Syslab 中打开 Sysplorer，并确保在 Sysplorer 中加载 SyslabWorkspace 模型库。

完成以上基础工作后，具体交互过程可分为以下 4 个步骤。

第 1 步：在 Sysplorer 中获取被控对象的反馈信号。控制律设计需要物理模型反馈摆杆的角度与角速度、小车的位置和速度信息。在 Sysplorer 中使用相关传感器可以查看对应信息，添加传感器后的一阶倒立摆系统的无控物理模型如图 8-7 所示。其中，X1、X2、X3、X4 分别为摆杆角度传感器、摆杆角速度传感器、小车位移传感器和小车速度传感器，传感器组件路径如表 8-2 所示。

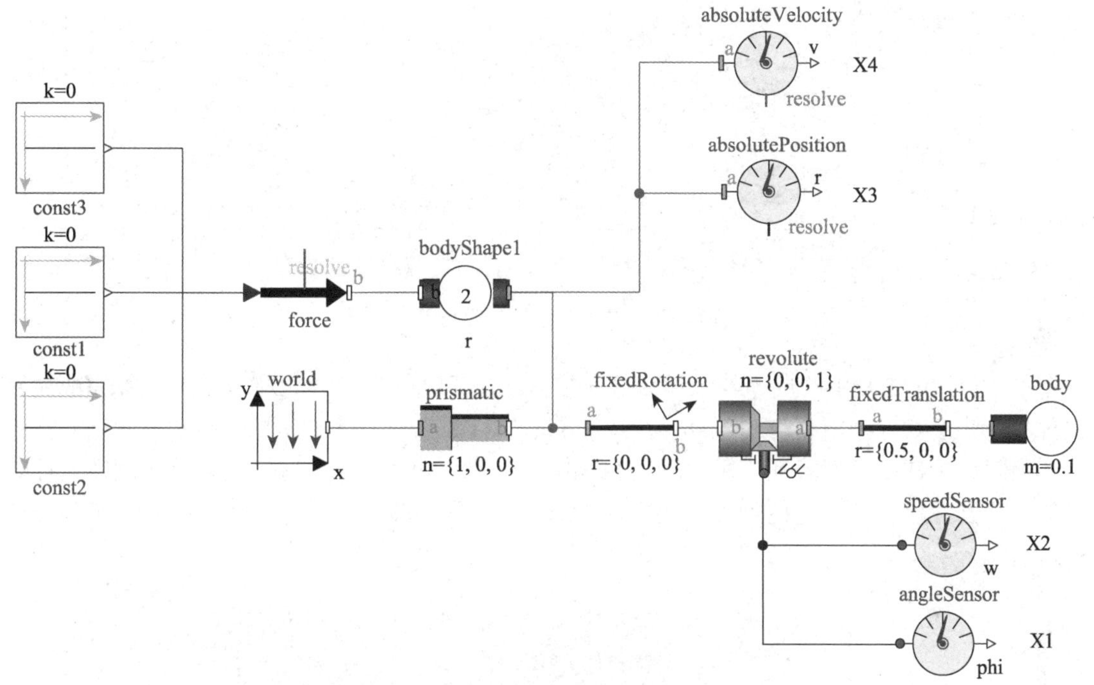

图 8-7　添加传感器后的一阶倒立摆系统的无控物理模型

表 8-2　传感器组件路径

图标	描述	组件路径
angleSensor	摆杆角度传感器	Modelica.Mechanics.Rotational.AngleSensor
speedSensor	摆杆角速度传感器	Modelica.Mechanics.Rotational.SpeedSensor
absolutePosition	小车位移传感器	Modelica.Mechanics.MultiBody.Sensors.AbsolutePosition
absoluteVelocity	小车速度传感器	Modelica.Mechanics.MultiBody.Sensors.AbsoluteVelocity

第 2 步：根据所需反馈信息，结合图 8-2 中的反馈回路，在 Sysplorer 中搭建基于状态反馈的一阶倒立摆系统，如图 8-8 所示。

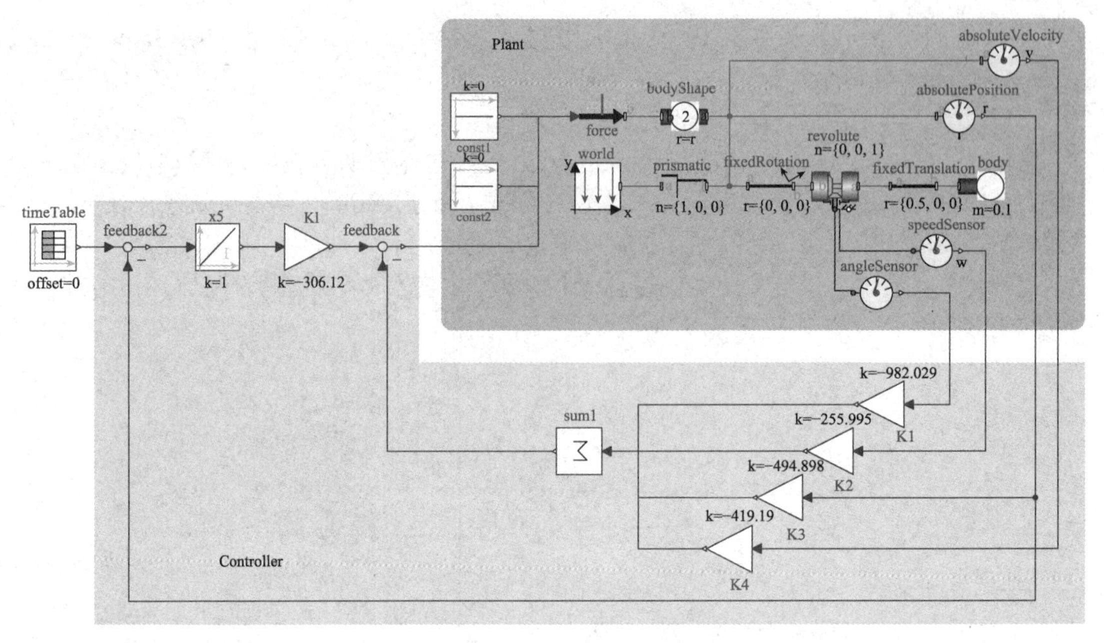

图 8-8　基于状态反馈的一阶倒立摆系统

第 3 步：图 8-8 中的反馈控制模块的各参数均为手动输入，若想在 Syslab 计算完成后直接传输这些参数，则需要将 Syslab 与 Sysplorer 进行数据交互才能实现完整的一阶倒立摆系统的控制律设计和模型验证。通过添加 FromWorkspace 和 ToWorkspace 模块将控制律设计结果与一阶倒立摆系统的无控物理模型进行集成，形成的一阶倒立摆系统的有控物理模型如图 8-9 所示。

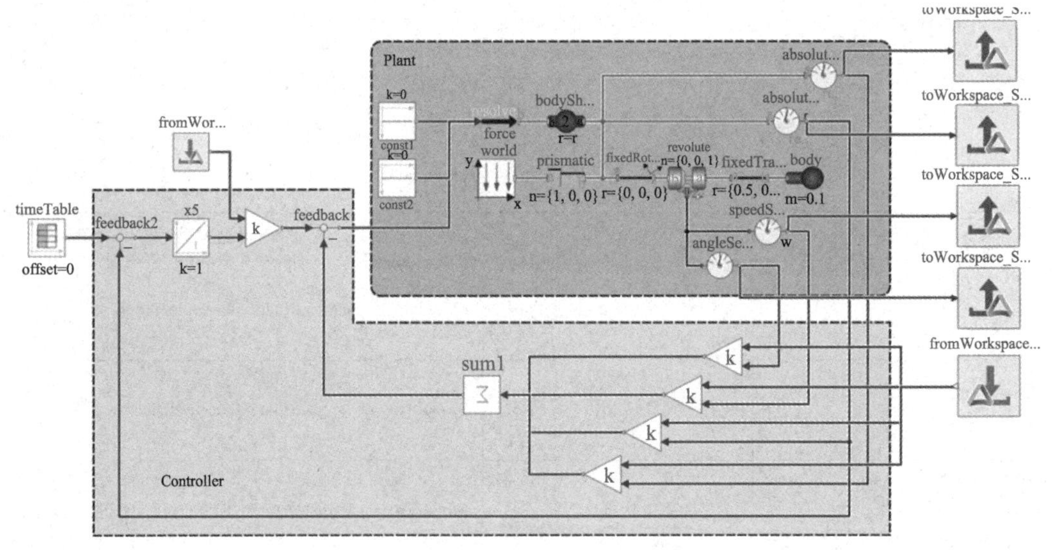

图 8-9　一阶倒立摆系统的有控物理模型

第 4 步：搭建好模块后对一阶倒立摆系统的有控物理模型进行仿真验证。同样设置摆杆的初始摆角为 θ=15°，同时设置较为复杂的工况，每隔数秒给予系统外力扰动。单击“仿真”按钮，查看系统的响应曲线和动画展示，如图 8-10 所示。

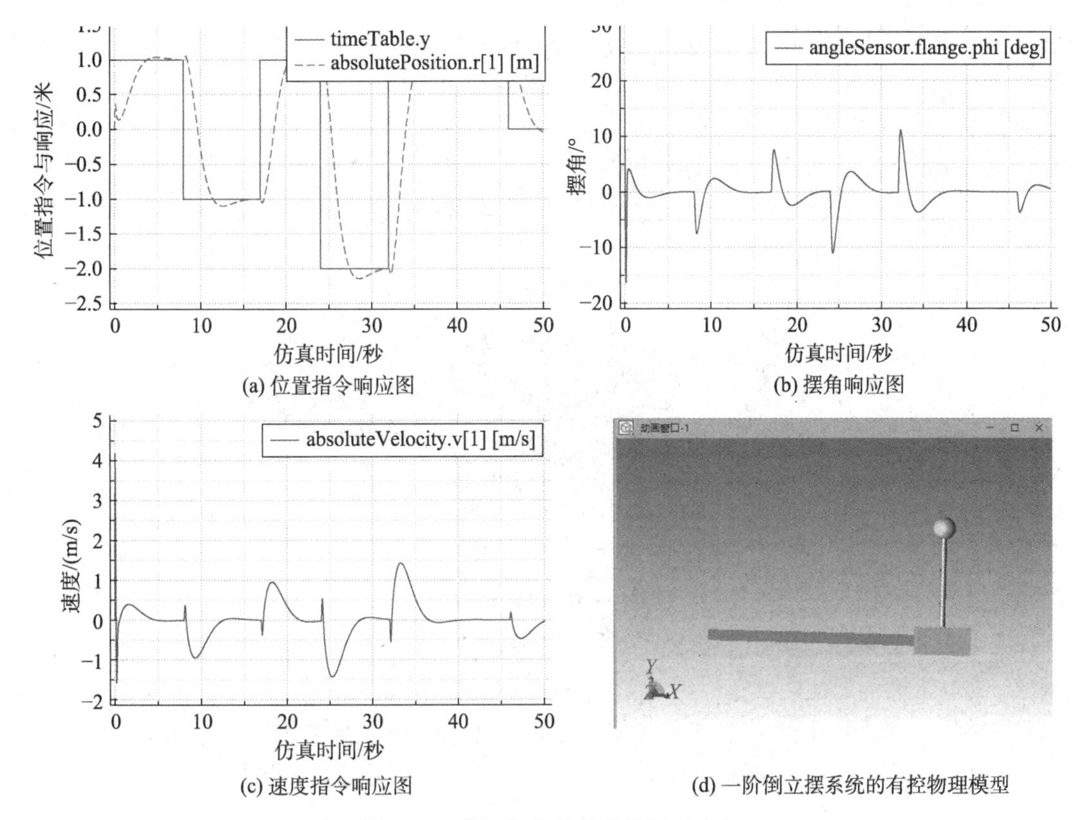

(a) 位置指令响应图

(b) 摆角响应图

(c) 速度指令响应图

(d) 一阶倒立摆系统的有控物理模型

图 8-10　带初始偏角的系统伺服响应

利用该交互模型进行工况测试。通过仿真结果，可以看出本实验所设计的状态反馈控制律针对一阶倒立摆系统的控制效果良好，该系统可在外界扰动下收敛，仿真效果较好。

8.2　四旋翼无人机的路径跟踪

四旋翼无人机是一个典型的多输入多输出、非线性、各通道强耦合的欠驱动系统，它能够实现垂直起降和自由悬停，且具有机动性好、结构简单、易于操作等优点，其应用前景十分广泛。在军事应用方面，四旋翼无人机可以用于战场侦察、情报搜集、通信中继和空中巡逻等方面，大大增强了战场监控的能力；在民用方面，四旋翼无人机可以用于重大自然灾害发生之后的搜索和救援，以及航拍和成像等。近些年，随着微型处理设备的不断发展，四旋翼无人机扩展出更多新的应用市场。

此外，四旋翼无人机具有的多输入多输出、各通道强耦合和非线性的特点还综合体现了多学科交叉的技术应用，如计算机视觉、嵌入式设备、无线通信和飞行控制理论等。同时，四旋翼无人机具有良好的视觉展示效果，是验证科学计算与系统建模仿真交互融合的理想平台。因此，本节将以更为复杂的四旋翼无人机为例讲述 MWORKS 的相关功能。

8.2.1　四旋翼无人机的飞行原理

四旋翼无人机主要由机架、电动机、飞控板、四个螺旋桨、电池等部分组成，如图 8-11

所示，并且四个螺旋桨的旋转平面与机身平行。四旋翼无人机通过改变分布在边缘的四个电动机转速来改变螺旋桨的转速，进而改变四旋翼受到的力和力矩。根据经典力学理论，刚体在某点所受的力可以平移至另一点，变成一对力和力矩。其中，力矩可以直接平移至刚体的中心轴上，则力和力矩都统一到刚体中心。

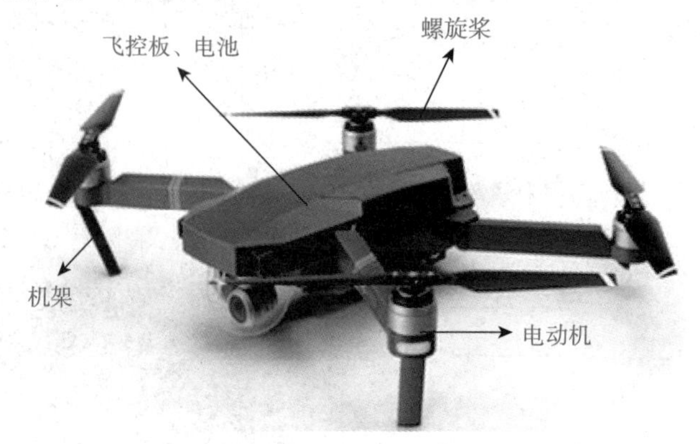

图 8-11　四旋翼无人机

在四个旋翼的协同作用下，随着力和力矩的变化，无人机的姿态和位置得以控制，从而实现悬停、滚转、俯仰和偏航等飞行运动。四旋翼无人机根据电动机分布的不同，通常可分为十字形和 X 形两种形式，如图 8-12 所示。十字形四旋翼无人机的四个电动机分别位于机头、机尾及左右四个方向上，而 X 形四旋翼无人机的四个电动机分别安装于机头、机尾方向的两侧。

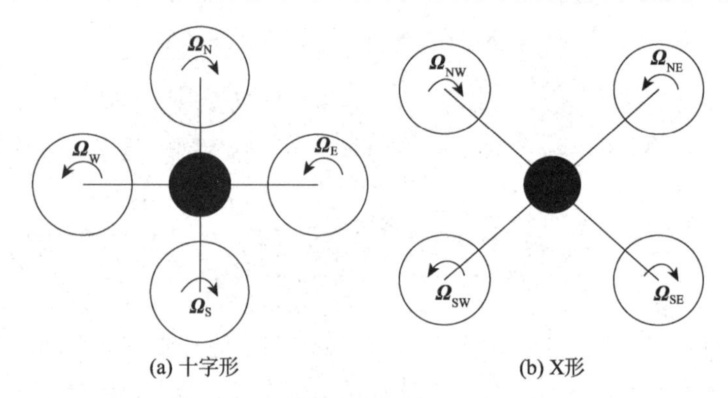

图 8-12　四旋翼无人机的两种常见布局

十字形四旋翼无人机和 X 形四旋翼无人机的飞行原理相似，区别之处在于控制分配方式不同，本节将以十字形四旋翼无人机为例进行介绍。

四旋翼无人机通过改变电动机转速带动螺旋桨旋转，可以产生沿机体纵向对称面垂直向上的拉力。但是，当电动机带动螺旋桨高速旋转时，螺旋桨会对空气产生力矩（扭矩），同时空气也会产生一个大小相等的反向力矩作用于螺旋桨（反扭矩），从而使得旋翼类飞行器沿着螺旋桨旋转的方向自转。四旋翼无人机运动时共有 6 个自由度，分别沿 3 个坐标轴做平移和旋转运动。对于每个自由度的控制是通过调节四旋翼无人机上的电动机转速实现的，下面将对其飞行原理进行分析。

1. 垂直机动

如图 8-13 所示，假定四个电动机的转速相同，其中 1 号和 3 号电动机逆时针旋转，2 号和 4 号电动机顺时针旋转来平衡其对机身的反扭矩。如果同时增加四个电动机的转速（图中各个电动机中心引出的向上箭头表示加速，向下箭头表示减速，没有箭头表示速度不变），则每个电动机将带动螺旋桨产生更大的拉力，当总拉力足以克服整机的重力时，四旋翼无人机便离地垂直上升；反之，同时减小四个电动机的转速，四旋翼无人机则在重力的作用下垂直下降，直至平衡落地。当旋翼产生的升力等于无人机机体的自重且无外界干扰时，无人机便可保持悬停状态。

2. 俯仰运动

如图 8-14 所示，在保证两对电动机转速之和相等的情况（保证偏航稳定）下，分别同量地增加 1 号电动机转速和减小 3 号电动机转速，并保持 2 号和 4 号电动机转速不变。由于旋翼 1 的升力上升，旋翼 3 的升力下降，产生的不平衡力矩使机身绕 *Y* 轴旋转。同理，当分别同量的减小 1 号电动机转速和增加 3 号电动机转速时，机身便绕 *Y* 轴向另一方向旋转，实现四旋翼无人机的俯仰运动。

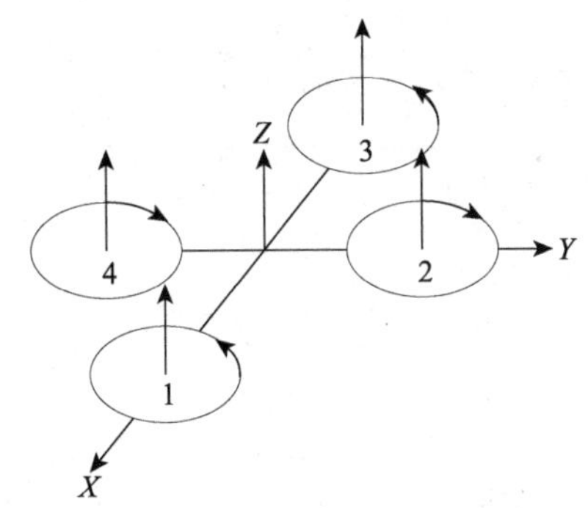

图 8-13　垂直运动时四旋翼无人机受力图

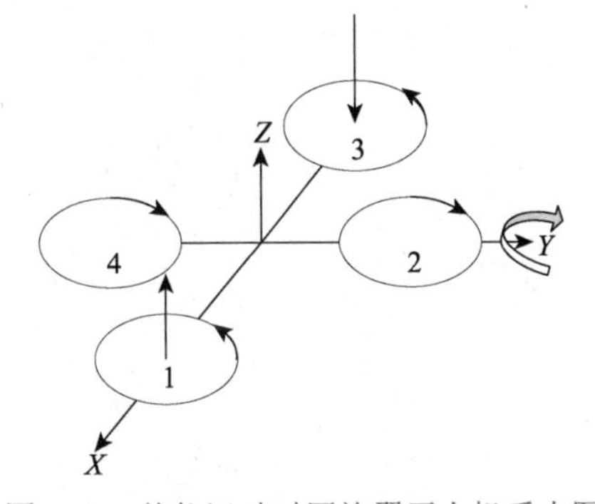

图 8-14　俯仰运动时四旋翼无人机受力图

3. 滚转运动

如图 8-15 所示，四旋翼无人机的滚转运动原理与俯仰运动的原理相同。在保证两对电动机转速之和相等的情况下，分别同量地增加 2 号电动机转速和减小 4 号电动机转速，并保持 1 号和 3 号电动机转速不变。由于旋翼 2 的升力上升，旋翼 3 的升力下降，产生的不平衡力矩使机身绕 *X* 轴旋转。同理，当分别同量地减小 2 号电动机转速和增加 4 号电动机转速时，机身便绕 *X* 轴向另一方向旋转，实现四旋翼无人机的滚转运动。

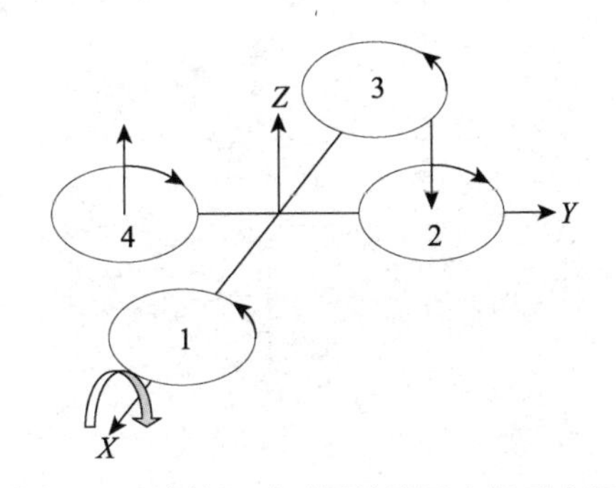

图 8-15　滚转运动时四旋翼无人机受力图

4. 偏航运动

四旋翼无人机的偏航运动是绕自身垂直轴 Z 轴进行旋转，可以借助旋翼产生的反扭矩来实现。在旋翼转动过程中，由于空气阻力作用会形成与转动方向相反的反扭矩。为了克服反扭矩的影响，可使四个旋翼中的两个正转，另两个反转，且保证对角线上的各个旋翼的转动方向相同。反扭矩的大小与旋翼转速有关，当四个电动机转速相同时，四个旋翼产生的反扭矩相互平衡，无人机不发生任何转动；当四个电动机转速不完全相同时，不平衡的反扭矩会引起无人机转动。

如图 8-16 所示，当 1 号和 3 号电动机转速上升，2 号和 4 号电动机转速下降时，旋翼 1 和旋翼 3 对机身的反扭矩大于旋翼 2、旋翼 4 对机身的反扭矩，机身便在不平衡反扭矩的作用下绕 Z 轴旋转，实现无人机的偏航运动，转向与 1 号电动机、3 号电动机的转向相反。同理，当 1 号和 3 号电动机转速下降，2 号和 4 号电动机转速上升时，机身在反扭矩的作用下绕 Z 轴向另一方向转动，转向与 2 号和 4 号电动机的转向相反。

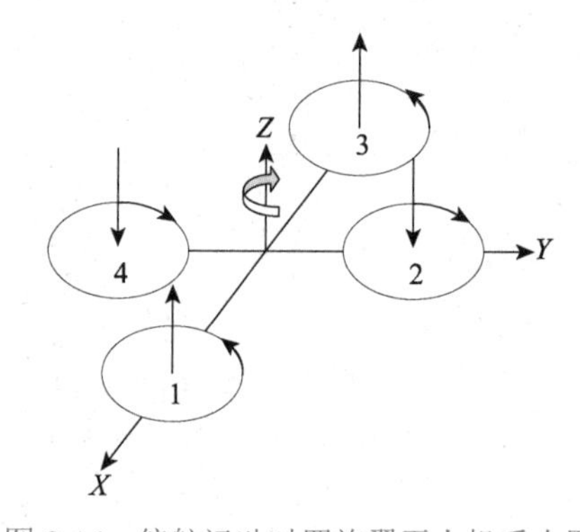

图 8-16　偏航运动时四旋翼无人机受力图

5. 前后/左右机动

若想实现四旋翼无人机在水平面内前后、左右机动，则必须在水平面内对该无人机施加一定的拉力。如图 8-17 所示，增加 1 号电动机转速，使尾部拉力增大，相应地减小 3 号电动机转速，使头部拉力减小，同时保持其他两个电动机转速不变，使得反扭矩仍然保持平衡。此时，前后电动机的拉力差会引起四旋翼向前进行俯仰运动，发生一定程度的倾斜，从而使旋翼拉力产生水平分量，因此可以实现无人机的向前飞行运动。同理，可以实现向后飞行运动。

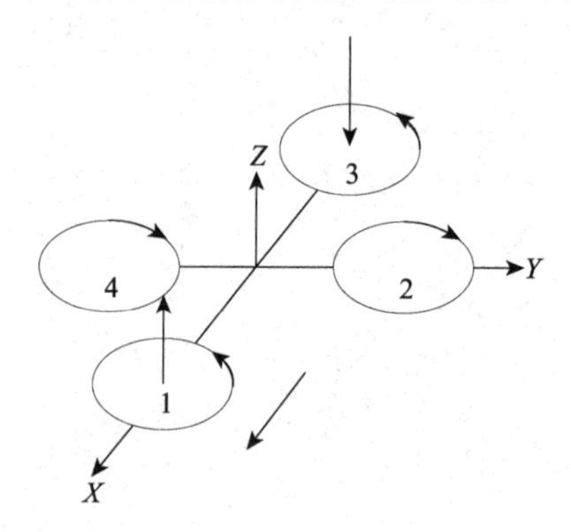

图 8-17　前后机动时四旋翼无人机受力图

由于四旋翼无人机具有结构对称的特点，所以实现左右机动的工作原理与前后机动完全一样。实际上，在图 8-14 和图 8-15 中，四旋翼无人机产生俯仰、滚转运动时，也会有沿 X 轴和 Y 轴的水平机动。

8.2.2　四旋翼无人机的数学模型

对研究对象建模是实现系统分析和控制的重要手段与前提，而模型的准确程度也将影响控制效果和飞行表现。一般而言，四旋翼无人机的模型指四旋翼无人机的刚体模型，但该无人机上的各个部件都会对飞行机理和性能产生影响。因此，四旋翼无人机的模型不仅只是运动学及动力学模型，还包括电调模型、电动机模型和电池模型等。本节选用四旋翼无人机实现指定路径跟踪任务，根据需求可将无人机分为刚体模型、动力系统模型和控制系统模型，如图 8-18 所示。

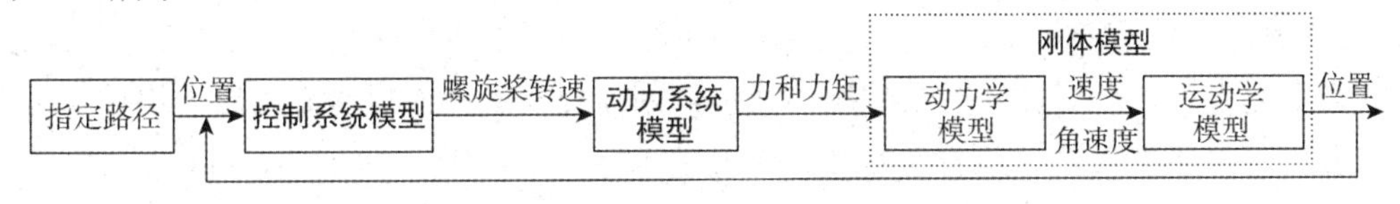

图 8-18　四旋翼无人机的数学模型框图

1. 刚体模型

四旋翼无人机的刚体模型包括动力学模型和运动学模型两个部分。其中，动力学模型涉及四旋翼无人机的受力情况，与刚体的质量和转动惯量有关。通过动力学模型，可以将四旋翼无人机所受的合外力和合外力矩转换为它的速度与角速度。运动学模型与四旋翼无人机的质量和受力情况无关，只研究位置、速度、角速度和姿态等状态量之间的关系。通过运动学模型，可以将四旋翼无人机的速度和角速度转换为它的位置与姿态。下面将介绍四旋翼无人机的动力学模型和运动学模型，为后续的控制系统模型设计奠定基础。

四旋翼无人机的动力学模型描述了作用在四旋翼无人机上的外力和外力矩与四旋翼无人机运动状态参数之间的关系。但由于四旋翼无人机的真实运动是一个非常复杂的动力学系统，建立精确的四旋翼无人机的动力学模型几乎是不可能的。因此，为了简化系统的复杂度，本案例对所研究的四旋翼无人机进行如下假设。

- 四旋翼无人机可视作一个质量分布均匀且成轴对称的刚体，其质量和转动惯量保持恒定。
- 四旋翼无人机的重心和几何中心一致，且具有严格中心对称的结构。
- 四旋翼无人机的螺旋桨产生的升力与其转速的平方成正比关系。

四旋翼无人机在空间中的运动可以认为是质心的空间平动和绕质心的转动的合成运动。为了描述其在惯性空间中的运动，我们首先建立以下两个坐标系。

（1）惯性坐标系 $O_n - x_n y_n z_n$。

惯性坐标系的原点 O_n 位于四旋翼无人机的起飞点；$O_n x_n$ 轴沿起飞点当地子午线方向指向北，并与当地水平面平行；$O_n y_n$ 轴沿起飞点当地垂线方向指向天空；$O_n z_n$ 轴指向东向，并与 $O_n x_n$ 轴和 $O_n y_n$ 轴构成右手直角坐标系。可以看出，此时的惯性坐标系即当地地理坐标系中的北天东（NUE）坐标系。

（2）机体坐标系 $O_b - x_b y_b z_b$。

机体坐标系的原点 O_b 位于四旋翼无人机的质心；$O_b x_b$ 轴与四旋翼机体的某一机臂重合，指向螺旋桨轴；$O_b y_b$ 轴位于包含 $O_b x_b$ 轴的机体纵向对称面内并与 $O_b x_b$ 轴垂直，指向下为正方向；$O_b z_b$ 轴根据右手直角坐标系确定。

惯性坐标系 $O_n - x_n y_n z_n$ 至机体坐标系 $O_b - x_b y_b z_b$ 的转换关系可由以下方向余弦矩阵得到。

$$\boldsymbol{R}_{\mathrm{n}}^{\mathrm{b}} = \begin{bmatrix} \cos\theta\cos\psi & \sin\theta & -\cos\theta\sin\psi \\ -\cos\phi\sin\theta\cos\psi+\sin\phi\sin\psi & \cos\phi\cos\theta & \sin\psi\cos\phi\sin\theta+\sin\phi\cos\psi \\ \sin\phi\sin\theta\cos\psi+\cos\phi\sin\psi & -\sin\phi\cos\theta & -\sin\psi\sin\phi\sin\theta+\cos\phi\cos\psi \end{bmatrix} \tag{8-13}$$

式中，$\theta \in (-\pi/2, \pi/2)$、$\phi \in (-\pi/2, \pi/2)$、$\psi$ 分别表示机体的俯仰角、滚转角和偏航角。机体坐标系到惯性坐标系的转换矩阵满足 $\boldsymbol{R}_{\mathrm{b}}^{\mathrm{n}} = \left(\boldsymbol{R}_{\mathrm{n}}^{\mathrm{b}}\right)^{\mathrm{T}}$。

1）运动学模型

若确定无人机相对惯性坐标系的运动轨迹，则需要建立无人机质心相对于惯性系运动的运动学方程。假定无人机在惯性坐标系中的位置为 $\boldsymbol{\xi} = [n, u, e]^{\mathrm{T}}$，速度为 $\boldsymbol{v} = [v_n, v_u, v_e]^{\mathrm{T}}$，由此可得四旋翼无人机质心运动的运动学方程为

$$\dot{\boldsymbol{\xi}} = \boldsymbol{v} \tag{8-14}$$

若确定无人机在空间中的姿态，则需要建立描述机体相对惯性坐标系姿态变化的运动学方程。描述四旋翼无人机旋转的运动学模型的方法有很多种，如四元数法和欧拉角法。这里使用欧拉角参数化得到的角运动的运动学方程为

$$\dot{\boldsymbol{\eta}} = \boldsymbol{W}\boldsymbol{\Omega} \tag{8-15}$$

式中，$\boldsymbol{\eta} = [\phi, \psi, \theta]^{\mathrm{T}}$ 和 $\boldsymbol{\Omega} = [p, q, r]^{\mathrm{T}}$ 分别表示无人机的姿态欧拉角与机体坐标系下的转动角速度；欧拉变换矩阵 $\boldsymbol{W}$ 为

$$\boldsymbol{W} = \begin{bmatrix} 1 & -\cos\phi\tan\theta & \sin\phi\tan\theta \\ 0 & \cos\phi\sec\theta & -\sin\phi\sec\theta \\ 0 & \sin\phi & \cos\phi \end{bmatrix} \tag{8-16}$$

2）动力学模型

四旋翼无人机在实际中所受的力包括电动机拉力、自身重力及空气阻力，如图 8-19 所示。

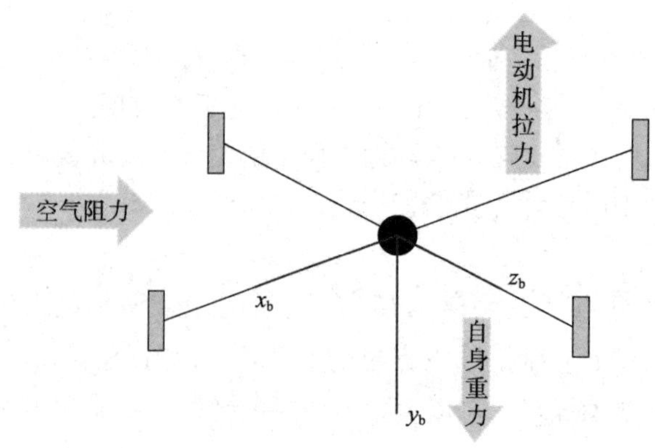

图 8-19　四旋翼无人机受力图

在案例中，我们假设无人机只受重力和拉力，其中重力沿$O_n y_n$轴负方向，拉力沿$O_b y_b$轴正方向。根据牛顿第二定律，四旋翼无人机在合外力作用下质心运动的动力学方程可以表示为

$$m\dot{\boldsymbol{v}} = \boldsymbol{R}_{\mathrm{b}}^{\mathrm{n}}\boldsymbol{T}|_{\mathrm{b}} + \boldsymbol{G}|_{\mathrm{n}} \tag{8-17}$$

式中，m 表示无人机的质量；$\boldsymbol{T}|_{\mathrm{b}} = [0,T,0]^{\mathrm{T}}$ 表示机体坐标系下无人机的总拉力；$\boldsymbol{G}|_{\mathrm{n}} = [0,mg,0]^{\mathrm{T}}$ 表示惯性坐标系下无人机所受的重力。

根据动量矩定理，四旋翼无人机在合外力矩作用下角运动的动力学方程为

$$\boldsymbol{J}\dot{\boldsymbol{\Omega}} = -\boldsymbol{\Omega} \times \boldsymbol{J}\boldsymbol{\Omega} + \boldsymbol{\tau}|_{\mathrm{b}} \tag{8-18}$$

式中，$\boldsymbol{J}$ 表示无人机三轴的转动惯量；$\boldsymbol{\tau}|_{\mathrm{b}} = [\tau_\phi, \tau_\psi, \tau_\theta]^{\mathrm{T}}$ 表示机体坐标系下由于各螺旋桨拉力不同而产生的控制力矩。

$$\boldsymbol{J} = \begin{bmatrix} J_{xx} & J_{xy} & J_{xz} \\ J_{yx} & J_{yy} & J_{yz} \\ J_{zx} & J_{zy} & J_{zz} \end{bmatrix} \tag{8-19}$$

综上所述，联立式(8-14)、式(8-15)、式(8-17)和式(8-18)，可以得到四旋翼无人机的刚体模型为

$$\begin{cases} \dot{\boldsymbol{\xi}} = \boldsymbol{v} \\ m\dot{\boldsymbol{v}} = \boldsymbol{R}_{\mathrm{b}}^{\mathrm{n}}\boldsymbol{T}|_{\mathrm{b}} + \boldsymbol{G}|_{\mathrm{n}} \\ \dot{\boldsymbol{\eta}} = \boldsymbol{W}\boldsymbol{\Omega} \\ \boldsymbol{J}\dot{\boldsymbol{\Omega}} = -\boldsymbol{\Omega} \times \boldsymbol{J}\boldsymbol{\Omega} + \boldsymbol{\tau}|_{\mathrm{b}} \end{cases} \tag{8-20}$$

展开上式，可得到质心平动的运动学和动力学方程为

$$\begin{cases} \dot{n} = v_n \\ \dot{v}_n = (-\cos\phi\sin\theta\cos\psi + \sin\phi\sin\psi)T/m \\ \dot{u} = v_u \\ \dot{v}_u = (\sin\psi\cos\phi\sin\theta + \sin\phi\cos\psi)T/m \\ \dot{e} = v_e \\ \dot{v}_e = (\cos\phi\cos\theta)T/m - g \end{cases} \tag{8-21}$$

绕质心转动的运动学和动力学方程为

$$\begin{cases} \dot{\phi} = p - (q\cos\phi + r\sin\phi)\tan\theta \\ \dot{p} = ((J_{yy} - J_{zz})qr + \tau_\phi)/J_{xx} \\ \dot{\psi} = (q\cos\phi + r\sin\phi)\sec\theta \\ \dot{q} = ((J_{zz} - J_{xx})pr + \tau_\psi)/J_{yy} \\ \dot{\theta} = q\sin\phi + r\cos\phi \\ \dot{r} = ((J_{xx} - J_{yy})pq + \tau_\theta)/J_{zz} \end{cases} \tag{8-22}$$

2. 动力系统模型

四旋翼无人机等小型和微型无人机中普遍采用电动发动机。它的动力系统主要包含无刷电动机、电调（控制电动机转速）、螺旋桨及电池，如图 8-20 所示。无刷电动机是整个动力

系统的动力输出，用来带动螺旋桨旋转并克服螺旋桨转动的阻力矩，具有低干扰、低噪声、运转顺畅、维护成本低等优点。然而，单独的无刷电动机并不能工作，需要配合电调。电调是动力系统最关键的部分，能够将直流电源变成特定脉冲的交流电，以供无刷电动机运行，还可以发挥调速的作用。

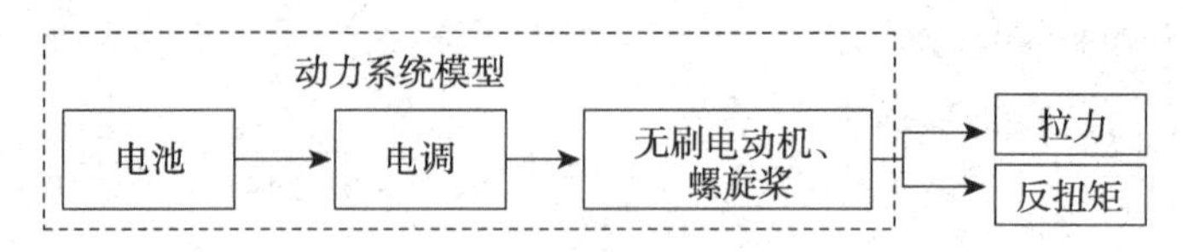

图 8-20　四旋翼无人机的动力系统模型框图

本案例中的四旋翼无人机拟采用一种位置伺服的无刷电动机（简称电动机），考虑到无刷电动机伺服结构的动力学特点，它的动力学模型可用一阶惯性环节近似：

$$\frac{\omega(s)}{\omega_{\mathrm{d}}(s)}=\frac{1}{T_{\mathrm{m}}s+1} \tag{8-23}$$

式中，T_{m} 是电动机模型的时间常数；ω_{d} 和 ω 分别表示电动机（螺旋桨）的期望转速与实际转速。

需要说明的是，由于电动机动力学系统与四旋翼无人机动力学系统为两个不同时标的研究对象，所以这里不进一步研究电动机动力学系统的控制，仅以一阶惯性环节近似是合理的。

3. 控制系统模型

四旋翼无人机控制系统的主要作用是，利用机载传感器获取的位置和姿态信息，通过控制律解算形成控制指令驱动电动机带动螺旋桨旋转，从而使四旋翼完成期望的空间运动。在整个控制过程中，四旋翼无人机有四个独立的输入，分别是总拉力 $\boldsymbol{T}_{\mathrm{d}}$ 和三轴力矩 $\boldsymbol{\tau}_{\mathrm{d}}$；而输出状态量有六个，分别为三维位置 $\boldsymbol{\xi}$ 和姿态欧拉角 $\boldsymbol{\eta}$。因此，四旋翼只能跟踪偏航角 ψ_{d} 和三维位置 ξ_{d} 这四个期望指令，剩余变量俯仰角 θ_{d} 与滚转角 ϕ_{d} 需由期望指令和位置控制器确定。

考虑到上述四旋翼无人机的动力学模型可以分为线运动和角运动两个部分，所以采用如图 8-21 所示的分层控制策略。在该分层控制策略中，四旋翼无人机的线运动控制器，即控制系统的外环控制器，用以控制四旋翼无人机的空间位置并给出无人机升力大小和内环期望姿态角；四旋翼无人机的角运动控制器，即控制系统的内环控制器，用以控制无人机的俯仰、滚转和偏航。

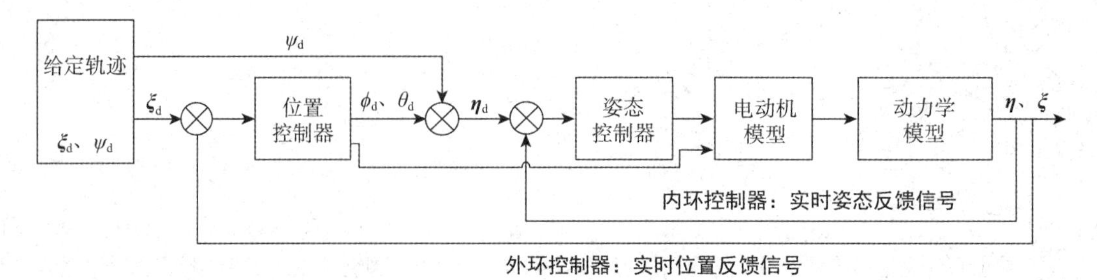

图 8-21　四旋翼无人机分层控制框图

在如图 8-21 所示的控制框图中，控制律设计是整个控制系统的核心技术。目前，成功应用在四旋翼无人机上的控制方法大致可以分为三类：线性控制方法、非线性控制方法和智能控制方法。线性控制方法主要包括 PID 控制方法、LQR/LQG 控制方法和 H_∞控制方法。其中，PID 控制方法凭借其适用性广、参数调节方便、结构简单等优点，在各个领域得到了广泛的应用。非线性控制方法主要包括自适应控制方法、滑模控制方法和反步法，常用于具有强烈非线性特性的动力学系统。智能控制方法是伴随着人工智能的发展出现的，其中应用较为广泛的主要有模糊控制方法和神经网络方法。本案例的核心内容是介绍 MWORKS 的交互融合功能，不对控制方法开展深入研究，因此这里采用能够满足任务需求的传统串级 PID 控制方法。

1）串级 PID 位置环控制器

顾名思义，串级 PID 表示两级 PID 控制器串联使用。在串级 PID 位置环控制器中，位置环被分为位置环 PID 控制器和速度环 PID 控制器，采用级联 PID 控制分别实现位置回路和速度回路的稳定。串级 PID 位置环控制器框图如图 8-22 所示。

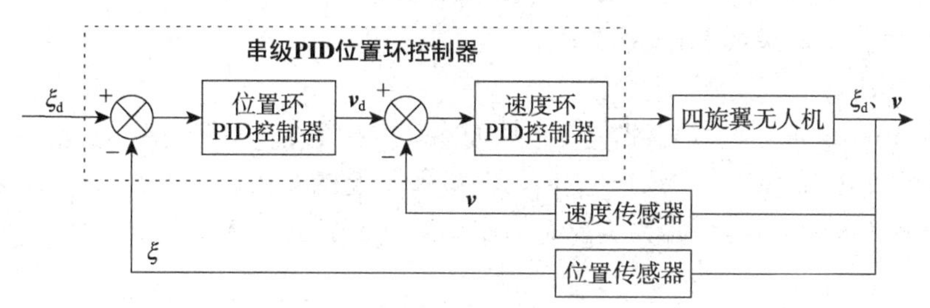

图 8-22　串级 PID 位置环控制器框图

在位置回路中，根据 PID 控制计算期望速度为

$$\boldsymbol{v}_{\mathrm{d}}=K_{\mathrm{P}}\left(\xi_{\mathrm{d}}-\xi\right)+K_{\mathrm{I}}\int_{0}^{t}\left(\xi_{\mathrm{d}}-\xi\right)\mathrm{d}t+K_{\mathrm{D}}\frac{\xi^{k}-\xi^{k-1}}{\mathrm{d}t}\tag{8-24}$$

式中，ξ_{d}和ξ分别表示期望位置与实际位置；K_{P}、K_{I}、K_{D}分别表示比例系数、积分系数和微分系数；ξ^{k}和ξ^{k-1}分别表示当前时刻与上一时刻无人机的实际位置；$\mathrm{d}t$表示离散控制器的时间间隔。根据得到的期望速度，利用 PID 控制计算所需控制量为

$$\boldsymbol{u}=K_{\mathrm{P}}\left(\boldsymbol{v}_{\mathrm{d}}-\boldsymbol{v}\right)+K_{\mathrm{I}}\int_{0}^{t}\left(\boldsymbol{v}_{\mathrm{d}}-\boldsymbol{v}\right)\mathrm{d}t+K_{\mathrm{D}}\frac{\boldsymbol{v}^{k}-\boldsymbol{v}^{k-1}}{\mathrm{d}t}\tag{8-25}$$

式中，$\boldsymbol{v}$表示实际速度；$\boldsymbol{v}^{k}$、$\boldsymbol{v}^{k-1}$分别表示当前时刻和上一时刻无人机的速度。

2）串级 PID 姿态环控制器

在串级 PID 姿态环控制器中，姿态环被分为角度环 PID 控制器和角速度环 PID 控制器，均采用 PID 控制。串级 PID 姿态环控制器框图如图 8-23 所示。

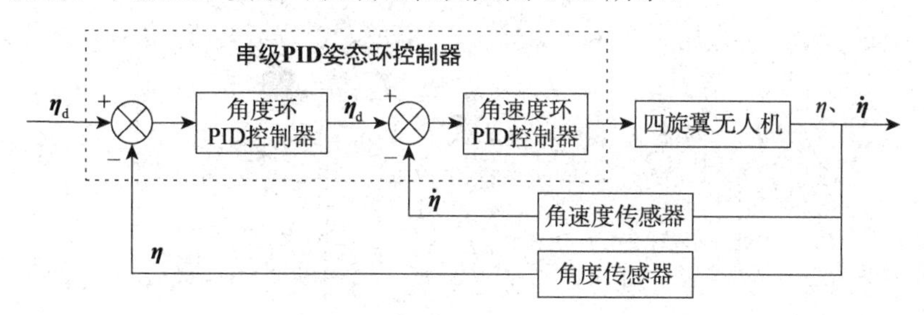

图 8-23　串级 PID 姿态环控制器框图

由于四旋翼无人机自身结构的对称性，俯仰和滚转控制器在调节参数时基本一致，因此这里以俯仰通道为例介绍串级 PID 姿态环控制器的原理。首先，根据 PID 控制计算俯仰角速度的期望值为

$$\dot{\theta}_{\mathrm{d}} = K_{\mathrm{P}}\left(\theta_{\mathrm{d}} - \theta\right) + K_{\mathrm{I}}\int_0^t \left(\theta_{\mathrm{d}} - \theta\right)\mathrm{d}t + K_{\mathrm{D}}\frac{\theta^k - \theta^{k-1}}{\mathrm{d}t} \tag{8-26}$$

式中，θ_{d} 和 θ 分别表示期望俯仰角与实际俯仰角；θ^k 和 θ^{k-1} 分别表示当前时刻与上一时刻无人机的俯仰角。根据得到的俯仰角速度期望值，利用 PID 控制计算最终控制量为

$$\boldsymbol{u} = K_{\mathrm{P}}\left(\dot{\theta}_{\mathrm{d}} - \dot{\theta}\right) + K_{\mathrm{I}}\int_0^t \left(\dot{\theta}_{\mathrm{d}} - \dot{\theta}\right)\mathrm{d}t + K_{\mathrm{D}}\frac{\dot{\theta}^k - \dot{\theta}^{k-1}}{\mathrm{d}t} \tag{8-27}$$

式中，$\dot{\theta}$ 表示实际俯仰角速度；$\dot{\theta}^k$ 、$\dot{\theta}^{k-1}$ 分别表示当前时刻和上一时刻无人机的俯仰角速度。

从图 8-22、图 8-23 和式（8-24）~式（8-27）可以看出，串级 PID 控制能够实现对四旋翼无人机位置、速度、角度和角速度控制指令的跟踪，可以很好地满足本案例的路径跟踪任务，且控制结构简单，实现方便。

3）控制分配

通过串级 PID 位置环控制器和串级 PID 姿态环控制器，计算得到了实现指定路径跟踪最终所需的控制量，即总拉力和力矩。然而，四旋翼无人机的总拉力和力矩是由四个旋翼共同提供的，因此如何合理地将总拉力分配至四个旋翼从而实现无人机机动是下一步需要解决的问题。

每个旋翼所产生的拉力和力矩是通过其螺旋桨高速转动实现的。当已知螺旋桨转速时，可以通过控制效率模型计算出它所产生的拉力和力矩。控制效率模型的逆过程称为控制分配，即当通过控制器设计获得总拉力和力矩时，可以通过控制分配模型解算出所需的螺旋桨转速，从而发出控制信号给对应的电动机，信号通过电调转化成电动机的 PWM（Pulse Width Modulation，脉冲宽度调制）信号，实现对电动机转速的控制。

螺旋桨转速、电动机布局决定了无人机所受的总拉力和力矩。对于十字形四旋翼无人机，其螺旋桨旋转所产生的总拉力 $\boldsymbol{T}$ 和力矩 $\boldsymbol{\tau}$ 分别为

$$\boldsymbol{T} = \sum_{i=1}^{4}\boldsymbol{T}_i = c_T\left(\omega_1^2 + \omega_2^2 + \omega_3^2 + \omega_3^2\right) \tag{8-28}$$

$$\begin{cases} \tau_\phi = d\cdot c_T\left(\omega_2^2 - \omega_4^2\right) \\ \tau_\theta = d\cdot c_T\left(-\omega_1^2 + \omega_3^2\right) \\ \tau_\psi = c_M\left(\omega_1^2 - \omega_2^2 + \omega_3^2 - \omega_4^2\right) \end{cases} \tag{8-29}$$

式中，c_T 、c_M 分别表示螺旋桨的拉力系数和转矩系数；ω_i 表示第 i 个电动机的转速；d 为无人机机体到任一电动机的几何距离。将式（8-28）和式（8-29）联立并写成矩阵形式为

$$\begin{bmatrix} \tau_\phi \\ \tau_\theta \\ \tau_\psi \\ T \end{bmatrix} = \begin{bmatrix} 0 & d\cdot c_T & 0 & -d\cdot c_T \\ -d\cdot c_T & 0 & d\cdot c_T & 0 \\ c_M & -c_M & c_M & -c_M \\ c_T & c_T & c_T & c_T \end{bmatrix}\begin{bmatrix} \omega_1^2 \\ \omega_2^2 \\ \omega_3^2 \\ \omega_4^2 \end{bmatrix} = \boldsymbol{M}\begin{bmatrix} \omega_1^2 \\ \omega_2^2 \\ \omega_3^2 \\ \omega_4^2 \end{bmatrix} \tag{8-30}$$

为了方便进行控制分配，可以直接建立总拉力、力矩与四个电动机拉力之间的关系。

$$
\begin{bmatrix} \tau_\phi \\ \tau_\theta \\ \tau_\psi \\ T \end{bmatrix} = \begin{bmatrix} 0 & d & 0 & -d \\ -d & 0 & d & 0 \\ \dfrac{c_M}{c_T} & -\dfrac{c_M}{c_T} & \dfrac{c_M}{c_T} & -\dfrac{c_M}{c_T} \\ 1 & 1 & 1 & 1 \end{bmatrix} \begin{bmatrix} T_1 \\ T_2 \\ T_3 \\ T_4 \end{bmatrix} = \boldsymbol{P} \begin{bmatrix} T_1 \\ T_2 \\ T_3 \\ T_4 \end{bmatrix} \tag{8-31}
$$

式中，$\boldsymbol{M}$ 和 $\boldsymbol{P}$ 称为控制效率矩阵。

至此，我们建立了完整的控制系统模型。

8.2.3 基于 MWORKS 的四旋翼无人机建模

在上一节中，我们从理论推导出发，建立了四旋翼无人机的数学模型。本节将根据如图 8-18 所示的四旋翼无人机的数学模型框图，搭建四旋翼无人机路径跟踪的物理模型，如图 8-24 所示，并介绍 Syslab 与 Sysplorer 的交互融合功能。具体分为以下三个步骤。

（1）在 Syslab 中完成串级 PID 位置环控制器、串级 PID 姿态环控制器和控制分配模型的设计。

（2）在 Sysplorer 中完成目标轨迹、刚体模型和动力系统模型的建模。

（3）将 Syslab 中控制分配的结果传至 Sysplorer 中的电动机模型，控制电动机转动；并将 Sysplorer 中刚体模型输出的四旋翼无人机实际三维位置和姿态返回至 Syslab 中的控制系统模型，与目标轨迹进行对比，实现对四旋翼无人机姿态和运动的闭环控制。

在图 8-24 中，“PIDController Julia”模块对应四旋翼无人机的控制系统模型，四个电动机模块构成四旋翼无人机的动力系统模型，“QuadrotorBody”模块对应四旋翼无人机的刚体模型，“Sensors”模块表示机载的传感器设备，包括位置传感器、速度传感器、角度传感器和角速度传感器。由于四旋翼无人机的对称结构，在建立动力系统模型和刚体模型时，只需要对其中任一机臂和它承载的动力系统进行建模，其他三个机臂和承载的动力系统与它一致即可。下面将对每个模块的建模过程进行详细说明。

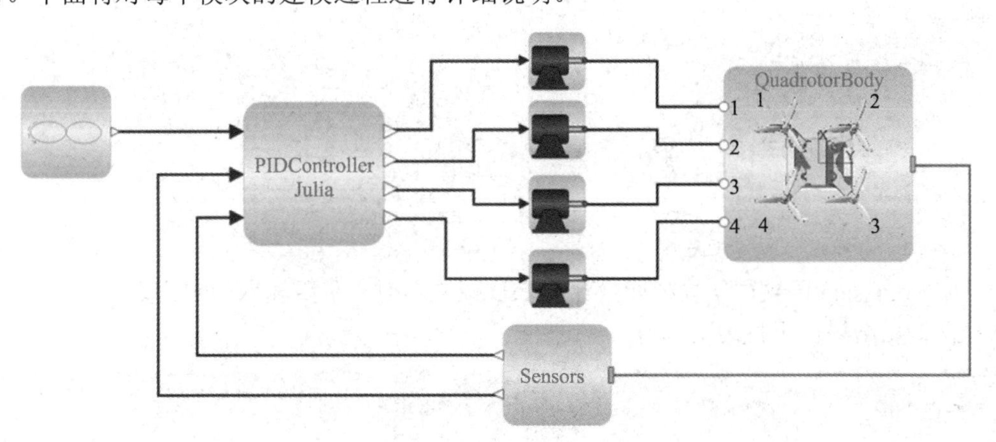

图 8-24　四旋翼无人机路径跟踪的物理模型

1. 控制系统模型

控制系统模型包括位置环控制器、姿态环控制器和控制分配三个部分。根据在上一节中建立的相关数学模型，位置环控制器中涉及位置反馈和速度反馈，姿态环控制器中涉及角度反馈和角速度反馈，因此需要 12 个 PID 控制器才能完成整个控制系统的设计。为了简化设计过程，这里只考虑位置反馈信号和角度反馈信号，共设置 6 个 PID 控制器。

在 Syslab 中，控制系统设计可以分为以下三步。

（1）创建 PID 模块并计算其初值——bulidpid 函数。

bulidpid 函数的调用格式如下：

```
buildpid(position_command::AbstractArray,position_feedback::AbstractArray,angle_feedback::AbstractArray,st::Real)
```

首先，定义 PID1、PID2、PID3、PID4、PID5、PID6 分别用于控制四旋翼无人机的三维位置 $\boldsymbol{\xi}=[n,u,e]^{\mathrm{T}}$ 和姿态 $\boldsymbol{\eta}=[\phi,\psi,\theta]^{\mathrm{T}}$，其各 PID 控制参数如下：

```
Kp1 = 1.5;      Ki1 = 0; Kd1 = 1;
Kp2 = 1.5;      Ki2 = 0; Kd2 = 1;
Kp3 = 8;        Ki3 = 6; Kd3 = 4;
Kp4 = 5;        Ki4 = 0; Kd4 = 0;
Kp5 = 14.142;   Ki5 = 0; Kd5 = 1.414;
Kp6 = 14.142;   Ki6 = 0; Kd6 = 1.414;
Tf = 0.01;
```

然后，以状态空间模型形式创建各 PID 控制器。

```
pid1_tf = pid(Kp1, Ki1, Kd1, Tf=Tf); pid1 = ss(pid1_tf);
pid2_tf = pid(Kp2, Ki2, Kd2, Tf=Tf); pid2 = ss(pid2_tf);
pid3_tf = pid(Kp3, Ki3, Kd3, Tf=Tf); pid3 = ss(pid3_tf);
pid4_tf = pid(Kp4, Ki4, Kd4, Tf=Tf); pid4 = ss(pid4_tf);
pid5_tf = pid(Kp5, Ki5, Kd5, Tf=Tf); pid5 = ss(pid5_tf);
pid6_tf = pid(Kp6, Ki6, Kd6, Tf=Tf); pid6 = ss(pid6_tf);
```

最后，计算位置控制器和姿态控制器中的 PID 初值。

```
#计算位置控制器中的 PID 初值
err1 = position_command[1] - position_feedback[1] * 1
err2 = position_command[2] - position_feedback[2] * 1
err3 = position_command[3] - position_feedback[3] * 1
_, pid1_x0 = pid_step(pid1, err1, 0, st)
_, pid2_x0 = pid_step(pid2, err2, 0, st)
_, pid3_x0 = pid_step(pid3, err3, [0, 0], st)
pid1_out, pid1_x0 = pid_step(pid1, err1, pid1_x0, st)
pid2_out, pid2_x0 = pid_step(pid2, err2, pid2_x0, st)
pid3_out, pid3_x0 = pid_step(pid3, err3, pid3_x0, st)
#计算姿态控制器中的 PID 初值
err4 = 0 - angle_feedback[3]
err5 = ulimit(pid1_out[1] * 0.1, 15 / 57.3, -15 / 57.3) - angle_feedback[2]
err6 = ulimit(pid2_out[1] * 0.1, 15 / 57.3, -15 / 57.3) - angle_feedback[1] * (-1)
pid4_x0 = 0.0
_, pid5_x0 = pid_step(pid5, err5, 0, st)
_, pid6_x0 = pid_step(pid6, err6, 0, st)
```

其中，pid_step 函数用于模拟所设计的 PID 控制器对于阶跃输入的响应效果；ulimit 函数能够保证输出结果位于特定范围内。

```
#pid_step 函数
function pid_step(pid_ss, u::Real, x0::Union{Real,AbstractArray}, st::Real)
    x0 = isscalar(x0) ? [x0] : x0
    out = lsim(pid_ss, [u u], [0, st], x0=x0)
    y = out.y[Int(end / 2 + 1):end]
    xt = out.x[Int(end / 2 + 1):end]
    return y, xt
end
#ulimit 函数
```

```
function ulimit(u::Real, umax::Real, umin::Real)
    if u > umax
        return umax
    elseif u < umin
        return umin
    else
        return u
    end
end
```

（2）设计位置控制、姿态控制和控制分配模型——controller 函数。

controller 函数的调用格式如下：

```
controller(position_command::AbstractArray,position_feedback::AbstractArray,angle_feedback::AbstractArray,pid_x0::AbstractAr
ray, st::Real)
```

位置控制的实现代码如下：

```
pid1_x0 = pid_x0[1]; pid2_x0 = pid_x0[2]; pid3_x0 = pid_x0[3];
pid1_out, pid1_x0 = pid_step(pid1, err1, pid1_x0, st)
pid2_out, pid2_x0 = pid_step(pid2, err2, pid2_x0, st)
pid3_out, pid3_x0 = pid_step(pid3, err3, pid3_x0, st)
```

姿态控制的实现代码如下：

```
pid4_x0 = pid_x0[4]; pid5_x0 = pid_x0[5]; pid6_x0 = pid_x0[6];
pid4_out = Kp4 * err4
pid5_out, pid5_x0 = pid_step(pid5, err5, pid5_x0, st)
pid6_out, pid6_x0 = pid_step(pid6, err6, pid6_x0, st)
```

控制分配的实现代码如下：

```
pid4_out_limit = 0.707 * ulimit(pid4_out, 7, -7)
pid5_out_limit = 0.707 * ulimit(pid5_out[1], 7, -7)
pid6_out_limit = 0.707 * ulimit(pid6_out[1], 7, -7)
y = pid3_out[1] - pid4_out_limit - pid5_out_limit + pid6_out_limit
y1 = -(pid3_out[1] + pid4_out_limit - pid5_out_limit - pid6_out_limit)
y2 = pid3_out[1] - pid4_out_limit + pid5_out_limit - pid6_out_limit
y3 = -(pid3_out[1] + pid4_out_limit + pid5_out_limit + pid6_out_limit)
```

最终通过控制分配模型输出的 y、y1、y2、y3 将作为动力系统模型的输入分别用于控制 1 号、2 号、3 号和 4 号电动机的转速。

（3）主控制函数——mcontroller 函数。

mcontroller 函数用于启动和暂停控制系统工作，以保证控制系统能够实时跟踪目标轨迹直至仿真结束，其调用格式如下：

```
mcontroller(position_command, position_feedback, angle_feedback, st)
```

其中，position_command 表示位置指令，position_feedback、angle_feedback 分别表示 Sysplorer 中刚体模型输出的四旋翼无人机实际三维位置和姿态，st 表示仿真步长。具体实现代码如下：

```
function mcontroller(position_command, position_feedback, angle_feedback, st)
    #初始化
    global initialfin, pid_x0_cal
    if !initialfin
        pid_x0_cal = buildpid(position_command, position_feedback, angle_feedback, st)
    end
    #步进仿真
    y, pid_x0_cal, initialfin_new = controller(position_command,position_feedback,angle_feedback, pid_x0_cal, st)
    y1 = y[1]
```

```
        y2 = y[2]
        y3 = y[3]
        y4 = y[4]
        initialfin = true
        return y1, y2, y3, y4
    end
```

为便于读者理解 Syslab 中控制系统模型设计的思路，同时搭建了它的物理模型，如图 8-25 所示。当然，读者也能够以此为参考，将速度反馈信号和角速度反馈信号添加至控制系统模型中，还原四旋翼无人机的真实控制情况。

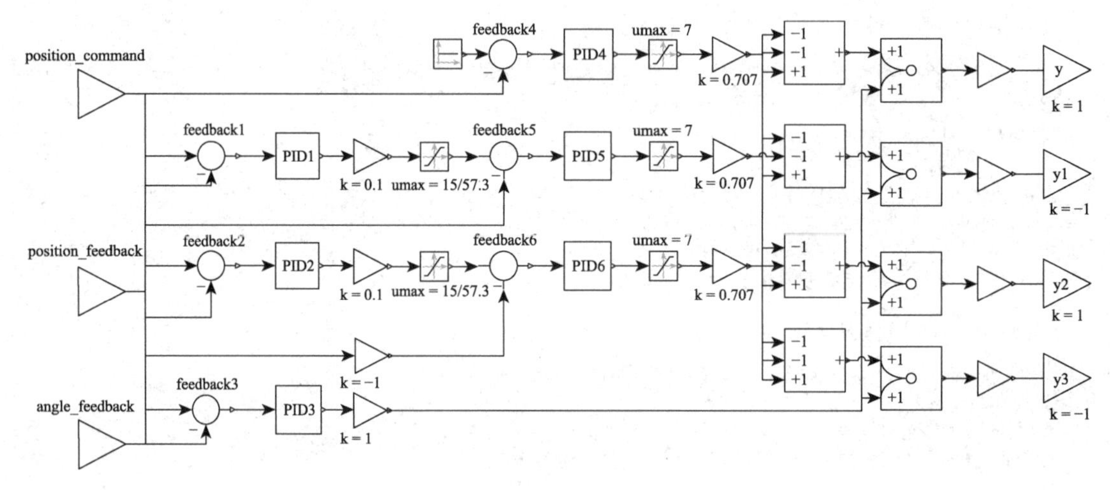

图 8-25　控制系统的物理模型

2. 动力系统模型

四旋翼无人机动力系统的输入是螺旋桨（电动机）的转速，输出是螺旋桨所产生的拉力和反扭矩。利用 Modelica 标准模型库中的相关组件进行一定处理，按照如图 8-20 所示的框图搭建动力系统的物理模型，如图 8-26 所示。使用到的组件主要有恒压电池、直流电变换器、直流永磁电动机、速度/电流控制器和串级 PI（Proportion Integration，比例积分）控制器。电动机模型组件的路径如表 8-3 所示。

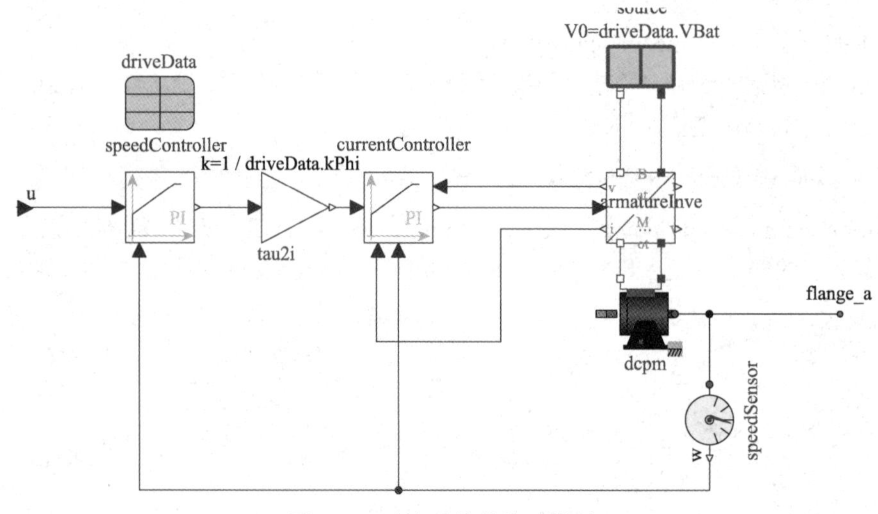

图 8-26　动力系统的物理模型

表 8-3　电动机模型组件的路径

图标	描述	组件路径
	恒压电池	Modelica.Electrical.Machines.Examples.ControlledDCDrives.Utilities.Battery
	直流电变换器	Modelica.Electrical.Machines.Examples.ControlledDCDrives.Utilities.DcdcInverter
	直流永磁电动机	Modelica.Electrical.Machines.BasicMachines.DCMachines.DC_PermanentMagnet
	速度/电流控制器	Modelica.Electrical.Machines.Examples.ControlledDCDrives.Utilities.LimitedPI

3. 刚体模型

四旋翼无人机的刚体模型的输入为螺旋桨产生的总拉力和扭矩，并将输出的三维位置和姿态经机载的传感器设备测量后返回，与给定指令进行比较，从而实现对四旋翼无人机姿态和运动的闭环控制。

对于每一机臂的刚体模型，首先利用 Modelica 标准模型库中的相关组件建立它的动力学模型，如图 8-27 所示，使用组件的具体路径如表 8-4 所示。这里的输入接口采用 Flange 型力学接口，对应每一电动机的输出轴，输出为该电动机（螺旋桨）能够产生的拉力和力矩。

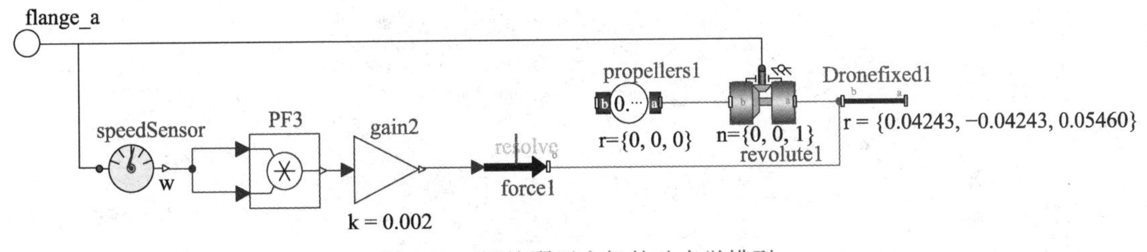

图 8-27　四旋翼无人机的动力学模型

表 8-4　动力学模型组件的具体路径

图标	描述	组件路径
speedSensor	速度传感器	Modelica.Mechanics.Rotational.Sensors.SpeedSensor
PF3	—	Modelica.Blocks.Math.Product
	外力	Modelica.Mechanics.MultiBody.Forces.WorldForce
	机臂	Modelica.Mechanics.MultiBody.Parts.BodyShape
	转动副	Modelica.Mechanics.MultiBody.Joints.Revolute
	—	Modelica.Mechanics.MultiBody.Parts.FixedTranslation

建立每一机臂的动力学模型后，添加重力组件模拟四旋翼无人机所受的重力，并通过设置各项组件的参数完成整个四旋翼无人机的动力学建模。若将动力学模型输出的速度和角速度作为运动学模型的输入，则可输出四旋翼无人机的位置和姿态。这里的运动学模型可通过 Modelica 模型库中的 BodyShape 组件实现，最终搭建的四旋翼无人机的刚体模型如图 8-28 所示。

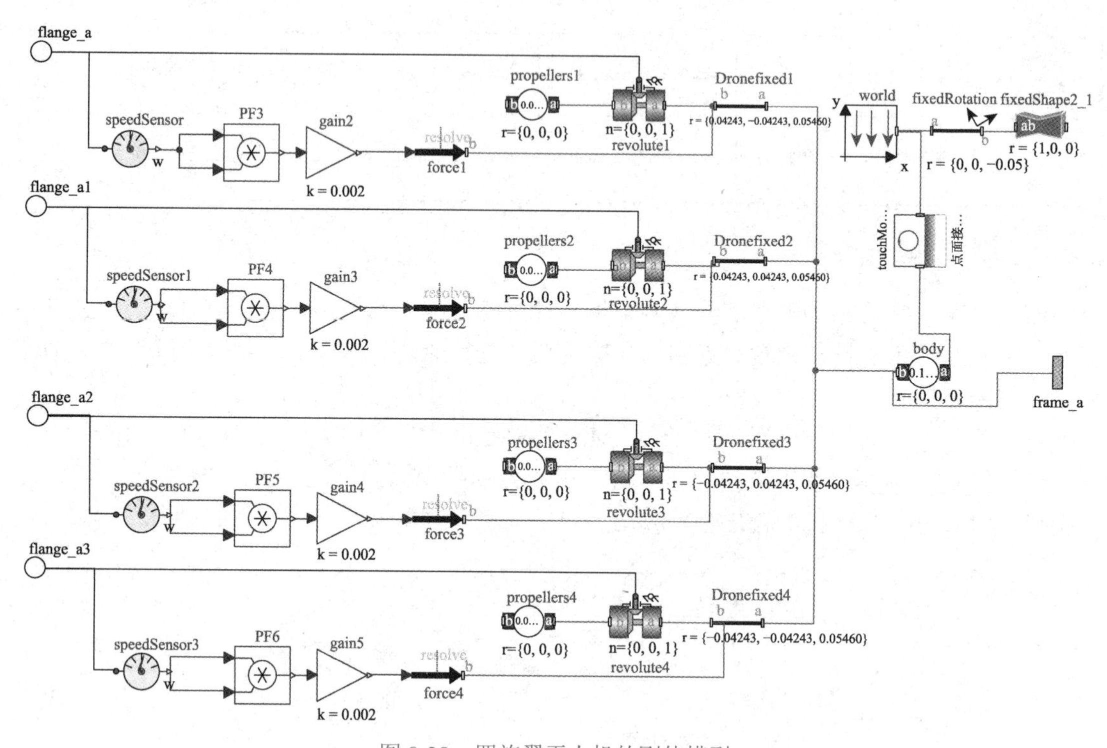

图 8-28　四旋翼无人机的刚体模型

此外，为了更好地展示四旋翼无人机的路径跟踪效果，利用 Solidworks 绘制四旋翼无人机的三维实体模型，并通过插件导入 Sysplorer 软件中。对于导入 Sysplorer 中的模型进行一定简化处理后，加上地面模型得到视觉效果良好的仿真模型，如图 8-29 所示。

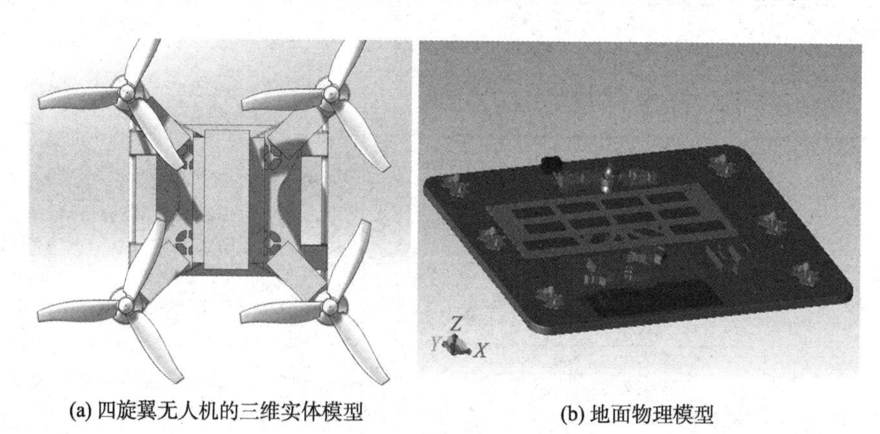

(a) 四旋翼无人机的三维实体模型　　(b) 地面物理模型

图 8-29　视觉效果良好的仿真模型

8.2.4 基于 MWORKS 的路径跟踪仿真

在上一节中，我们分别在 Syslab 中完成了四旋翼无人机控制系统的设计，在 Sysplorer 中完成了动力系统和刚体模型的建模。本节将在 Sysplorer 中构建螺旋上升路径和梯形爬升路径这两个简单的路径，作为整个四旋翼无人机路径跟踪系统的输入，验证所建立的四旋翼无人机模型的跟踪效果，同时介绍 Syslab 与 Sysplorer 软件之间的交互融合功能。

1. 螺旋上升路径

四旋翼无人机螺旋上升路径满足

$$\begin{cases} e = e_{\text{amp}}\cos(2\pi f_{\text{e}}(t - T_{\text{startTime,e}})) \\ n = n_{\text{amp}}\sin(2\pi f_{\text{n}}(t - T_{\text{startTime,n}})) \\ u = Rt \end{cases} \tag{8-32}$$

式中，e_{amp}、n_{amp} 分别表示东向和北向运动的输出幅值；f_{e}、f_{n} 分别表示东向和北向运动的频率；$T_{\text{startTime,e}}$、$T_{\text{startTime,n}}$ 分别表示东向和北向运动开始时间；R 表示天向运动的速度。

根据螺旋上升路径的要求，搭建螺旋上升路径模型如图 8-30 所示，其中 cosine、sine 和 ramp 组件参数设定如表 8-5 所示。

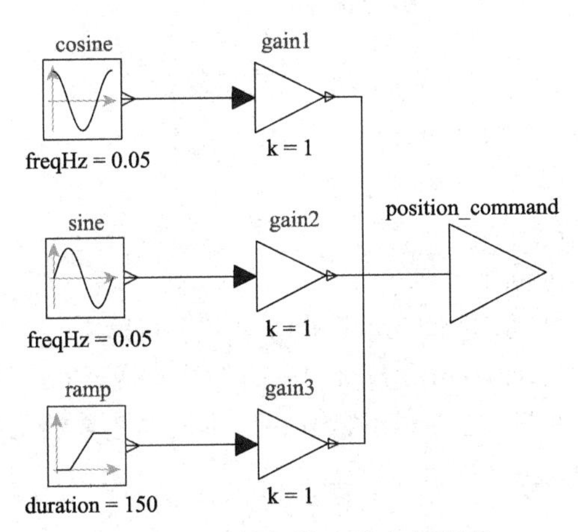

图 8-30 搭建螺旋上升路径模型

表 8-5 螺旋上升路径组件参数

参数	cosine	sine	ramp
offset	0	0	0
startTime/s	10	10	0
amplitude	3	3	20
freqHz/Hz	0.05	0.05	150

螺旋上升路径目标轨迹与实际轨迹对比结果如图 8-31 所示。

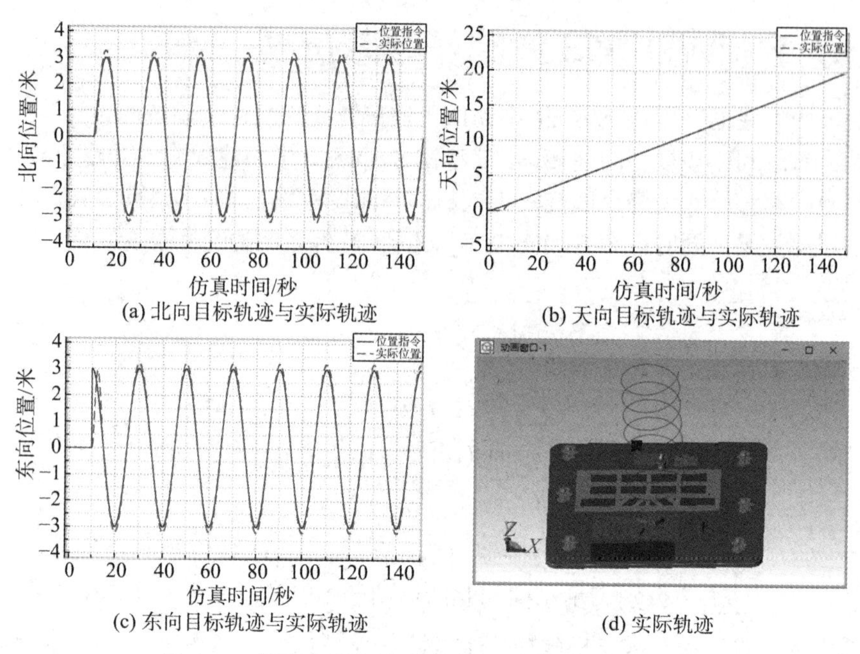

图 8-31　螺旋上升路径目标轨迹与实际轨迹对比结果

2. 梯形爬升路径

设定四旋翼无人机的梯形爬升路径：

- 0 ~ 5 s 内沿天向上升至 10 m。
- 5 ~ 10 s 内保持悬停。
- 10 ~ 15 s 内再次沿天向上升至 15 m。
- 20 ~ 30 s 内沿东向运动 10 m，天向和北向保持不变。
- 30 ~ 40 s 内沿北向运动 10 m，天向和东向保持不变。

根据梯形爬升路径的要求，搭建梯形爬升路径模型如图 8-32 所示，其中 ramp1、ramp2、ramp3 和 ramp4 组件参数设定如表 8-6 所示。

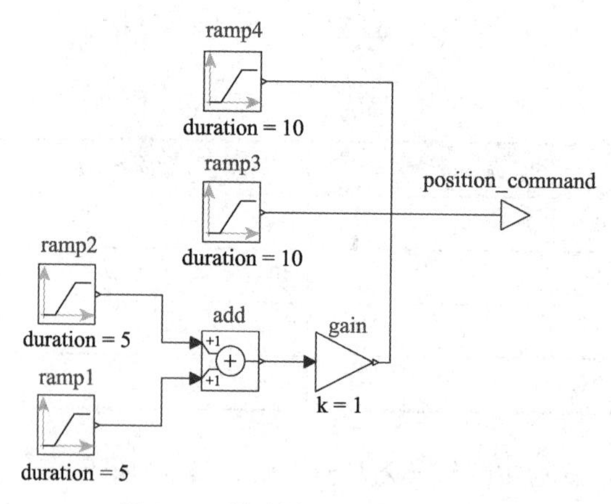

图 8-32　搭建梯形爬升路径模型

表 8-6　梯形爬升路径组件参数

参数	ramp1	ramp2	ramp3	ramp4
offset	0	0	0	0
startTime/s	0	10	20	30
height/m	10	5	10	10
duration/s	5	5	10	10

梯形爬升路径目标轨迹与实际轨迹对比结果如图 8-33 所示。

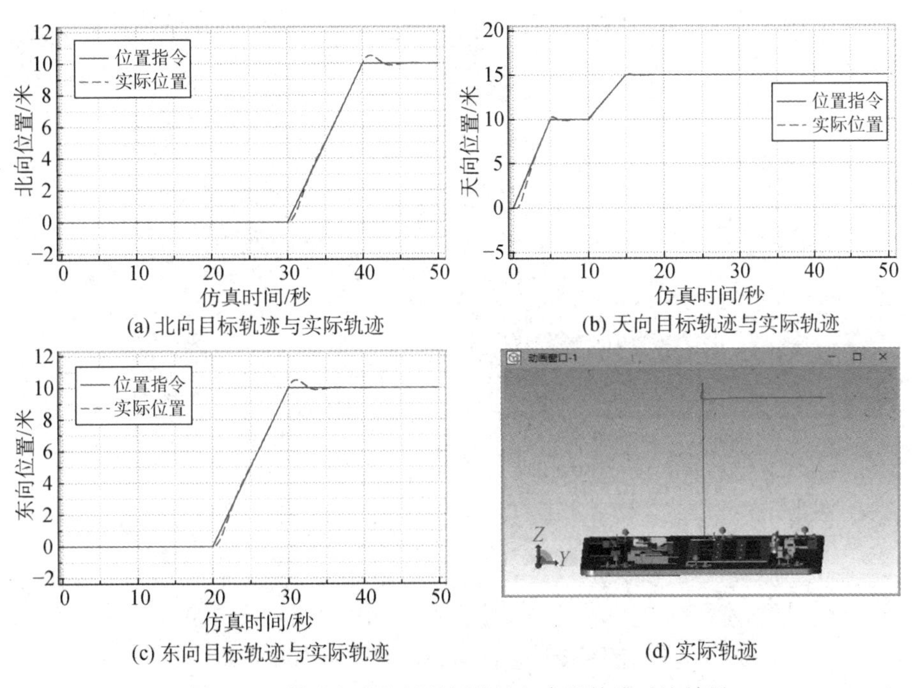

(a) 北向目标轨迹与实际轨迹　(b) 天向目标轨迹与实际轨迹

(c) 东向目标轨迹与实际轨迹　(d) 实际轨迹

图 8-33　梯形爬升路径目标轨迹与实际轨迹对比结果

从图 8-31 和图 8-33 的结果可以发现，本案例中所建立的四旋翼无人机模型具有良好的路径跟踪效果，在北向、天向和东向上均能快速地响应目标指令，而且在一些姿态突变时刻，四旋翼无人机经过微小抖动后能够迅速地恢复平衡并收敛至目标位置。上述良好的跟踪表现是四旋翼无人机控制系统、动力系统和机体本身共同作用的结果，有力地验证了 Syslab 与 Sysplorer 软件之间的交互融合功能强大。

本 章 小 结

本章以一阶倒立摆系统和四旋翼无人机的路径跟踪为例，首先，从理论分析角度分别建立了两个案例对应的数学模型；然后，在 Syslab 中通过编写脚本文件分别设计了一阶倒立摆系统的控制律和四旋翼无人机的控制系统，并利用 Sysplorer 中集成的 Modelica 标准模型库的组件实现了一阶倒立摆系统和四旋翼无人机系统物理模型的搭建；最后，通过 Syslab Function、ToWorkSpace、FromWorkSpace 等组件进行 Syslab 和 Sysplorer 软件之间的数据传递，完成了案例的仿真，以及验证了两款软件的交互融合功能。

通过这两个案例，为读者展示了 MWORKS 在实际工程应用中的流程，也为初学者系统地学习科学计算与系统建模仿真提供了参考。

习　题　8

1. 将 8.2 节中的位置指令和位置反馈数据返回至 Syslab 中，绘制目标轨迹和实际轨迹的对比曲线。
2. 在 8.2 节的基础上，设计新的目标路径（如“8”字路径）完成四旋翼无人机路径跟踪任务。

参 考 文 献

[1] 郝林. Julia 编程基础[M]. 北京：人民邮电出版社，2020.

[2] 权昌贤. Julia 高性能科学计算[M]. 北京：电子工业出版社，2020.

[3] Julia 1.8 Documentation[EB/OL]. [2023-05-15]. https://www.hxedu.com.cn/Resource/OS/AR/202202339/01.pdf.

[4] The Julia Programming Language[EB/OL]. [2023-05-15]. https://www.hxedu.com.cn/Resource/OS/AR/202202339/01.pdf.

[5] Julia 1.7 中文文档[EB/OL]. [2023-05-15]. https://www.hxedu.com.cn/Resource/OS/AR/202202339/01.pdf.

[6] Julia 中文社区[EB/OL]. [2023-05-15]. https://www.hxedu.com.cn/Resource/OS/AR/202202339/01.pdf.

[7] 苏州同元软控信息技术有限公司官网[EB/OL]. [2023-05-15]. https://www.hxedu.com.cn/Resource/OS/ AR/202202339/01.pdf.

[8] 赵海滨. MATLAB 应用大全[M]. 北京：清华大学出版社，2020.

[9] 刘帅奇，李会雅，等. MATLAB 程序设计基础与应用[M]. 北京：清华大学出版社，2016.

[10] 方桂娟，周鹏程，等. MATLAB 程序设计与工程应用[M]. 厦门：厦门大学出版社，2020.

[11] 魏坤. Julia 语言程序设计[M]. 北京：机械工业出版社，2018.

[12] Julia 中文社区. Julia1.7 中文文档[EB/OL]. (2021-03-17)[2023-02-05]. https://www.hxedu.com.cn/Resource/OS/AR/202202339/01.pdf.

[13] 猫叔 Rex. 模块[EB/OL]. (2020-06-30)[2023-02-06]. https://www.hxedu.com.cn/Resource/OS/AR/202202339/01.pdf.

[14] panpan. 类型系统简介（一）[EB/OL]. (2021-02-10)[2023-02-07]. https://www.hxedu.com.cn/Resource/OS/AR/202202339/01.pdf.

[15] 菜鸟教程. Julia 元编程[EB/OL]. (2023-02-17)[2023-02-20]. https://www.hxedu.com.cn/Resource/OS/AR/202202339/01.pdf.

[16] Wikiwand. 卫生宏[EB/OL]. (2023-02-20)[2023-02-25]. https://www.hxedu.com.cn/Resource/OS/AR/202202339/01.pdf./卫生宏.

[17] JSmiles. Julia 快速入门一份简单而粗略的语言概览 v1.0[EB/OL]. (2022-09-14)[2023-02-27]. https://www.hxedu.com.cn/Resource/OS/AR/202202339/01.pdf.

[18] W3Cschool. Julia 元编程[EB/OL]. (2023-02-17)[2023-02-27]. https://www.hxedu.com.cn/Resource/OS/AR/202202339/01.pdf.

[19] 苏州同元软控信息技术有限公司. Syslab 使用手册[EB/OL]. (2023-01-15)[2023-03-15]. https://www.hxedu.com.cn/Resource/OS/AR/202202339/01.pdf.

[20] 扎卡赖亚斯 · 弗格里斯. Julia 数据科学应用[M]. 北京：人民邮电出版社，2018.

[21] 周俊庆，张瑞丽. Julia 编程从入门到实践[M]. 北京：电子工业出版社，2019.

[22] 刘帅齐，李会雅. MATLAB 程序设计基础与应用[M]. 北京：清华大学出版社，2016.

[23] 艾冬梅，李艳晴. MATLAB 与数学实验 [M]. 2 版. 北京：机械工业出版社，2014.

[24] 关治，陈景良. 数值计算方法[M]. 北京：清华大学出版社，1990.

[25] 许波，刘征. Matlab 工程数学应用[M]. 北京：清华大学出版社，2000.

[26] 何晓群，刘文卿. 应用回归分析[M]. 北京：中国人民大学出版社，2019.
[27] 王黎明，陈颖，等. 应用回归分析[M]. 上海：复旦大学出版社，2008.
[28] 谢诺依. 数字信号处理与滤波器设计[M]. 北京：机械工业出版社，2018.
[29] 袁丽娜，陈华君. 通信系统原理[M]. 成都：电子科技大学出版社，2016.
[30] 胡剑凌，曹洪光，等. DSP 技术原理与应用系统设计[M]. 北京：科学出版社，2018.
[31] 胡寿松. 自动控制原理[M]. 7 版. 北京：科学出版社，2019.
[32] 刘豹，唐万生. 现代控制理论[M]. 3 版. 北京：机械工业出版社，2019.
[33] 韦增欣，陆莎. 非线性优化算法[M]. 北京：科学出版社，2016.
[34] 戴维 · G.卢恩伯格，叶荫宇. 线性与非线性规划[M]. 4 版. 北京：中国人民大学出版社，2018.
[35] EDWIN K P CHONG，STANISLAW H ZAK. 最优化导论[M]. 北京：电子工业出版社，2021.
[36] 贾俊平，何晓群，等. 统计学[M]. 6 版. 北京：中国人民大学出版社，2014.
[37] 霍格林，等. 探索性数据分析[M]. 北京：中国统计出版社，1998.
[38] 盛骤，谢式千，等. 概率论与数理统计[M]. 4 版. 北京：高等教育出版社，2020.
[39] 王砚，黎明安，等. Matlab/Simulink 动力学建模与控制仿真实例分析[M]. 北京：机械工业出版社，2021.
[40] 胡航. 语音信号处理[M]. 哈尔滨：哈尔滨工业大学出版社，2000.
[41] 赵力. 语音信号处理[M]. 北京：机械工业出版社，2009.
[42] 张德丰. MATLAB/Simulink 通信系统建模与仿真[M]. 北京：清华大学出版社，2022.
[43] 邵佳，董辰辉. MATLAB/Simulink 通信系统建模与仿真实例精讲[M]. 北京：电子工业出版社，2009.
[44] 王世一. 数字信号处理：修订版[M]. 北京：北京理工大学出版社，2013.
[45] 刘芳，周蜜. 数字信号处理及 MATLAB 实现[M]. 北京：机械工业出版社，2021.
[46] 边肇祺，张学工. 模式识别[M]. 2 版. 北京：清华大学出版社，2000.
[47] 茆诗松，程依明. 概率论与数理统计教程[M]. 北京：高等教育出版社，2004.
[48] 阳明盛，罗长童. 最优化原理、方法及求解软件[M]. 北京：科学出版社，2006.
[49] 王正林，龚纯. 精通 MATLAB 科学计算[M]. 北京：电子工业出版社，2007.
[50] 卓金武，王鸿钧. MATLAB 数学建模方法与实践[M]. 3 版. 北京：北京航空航天大学出版社，2018.
[51] 温正. MATLAB 科学计算[M]. 北京：清华大学出版社，2021.
[52] 王划一，杨西侠. 现代控制理论基础[M]. 北京：国防工业出版社，2015.
[53] 董景新，吴秋平. 现代控制理论与方法概论[M]. 北京：清华大学出版社，2016.
[54] 董朝阳，张文强. 无人机飞行与控制[M]. 北京：北京航空航天大学出版社，2019.
[55] 王佳楠，王春彦，王丹丹，等. 多飞行器协同控制理论及应用[M]. 北京：科学出版社，2020.
[56] 全权. 多旋翼飞行器设计与控制[M]. 北京：电子工业出版社，2018.
[57] 戚煜华. 四旋翼无人机飞行控制及自主降落与搬运的研究[D]. 北京：北京理工大学，2020.
[58] 贾振岳. 多无人机系统协同规划与自主控制关键技术研究[D]. 北京：北京理工大学，2019.
[59] 唐成凯，张玲玲. 四旋翼无人机集群协同关键技术[M]. 西安：西北工业大学出版社，2021.
[60] 沈林成，牛轶峰，朱华勇. 多无人机自主协同控制理论与方法[M]. 北京：国防工业出版社，2013.